半导体科学与技术丛书

半导体太阳电池数值分析基础

（下册）

张 玮 著

科学出版社

北京

内 容 简 介

本书涵盖了实现半导体太阳电池数值分析所需的器件物理模型、数据结构、数值算法和软件实施等四部分内容,着重于物理模型的来龙去脉、数据结构的面向对象、数值算法的简洁高效、软件实施的完整详尽,最终方便读者快速开发面向自己工作的数值分析工具。本书建立在作者 20 年来从事 III-V 族多结太阳电池器件物理与制备技术的经验基础上,相关内容是十几年来开发具有自主知识产权的多异质结太阳电池数值分析软件工作的总结与提炼,部分内容作为上海航天技术研究院研究生的专业课讲授过。

本书可作为从事半导体太阳电池研究和制备工作的技术人员的系统性培训和参考手册,也可作为相关专业高年级本科生、研究生的学习资料,同时相关模型和方法可以直接应用于开发面向半导体光电器件与固态微波器件的数值分析软件。

图书在版编目(CIP)数据

半导体太阳电池数值分析基础. 下册/张玮著. —北京:科学出版社, 2023.5
(半导体科学与技术丛书)
ISBN 978-7-03-075052-5

Ⅰ. ①半… Ⅱ. ①张… Ⅲ. ①太阳能电池-数值分析 Ⅳ. ①TM914.4

中国国家版本馆 CIP 数据核字(2023)第 038705 号

责任编辑:周　涵　田轶静/责任校对:彭珍珍
责任印制:吴兆东/封面设计:陈　敬

科 学 出 版 社 出版
北京东黄城根北街 16 号
邮政编码:100717
http://www.sciencep.com
北京中石油彩色印刷有限责任公司 印刷
科学出版社发行　各地新华书店经销
*
2023 年 5 月第 一 版　开本:720×1000　B5
2023 年 5 月第一次印刷　印张:26 3/4
字数:536 000
定价:158.00 元
(如有印装质量问题,我社负责调换)

《半导体科学与技术丛书》编委会

名誉顾问：王守武　汤定元　王守觉

顾　　问：(按姓氏拼音排序)

陈良惠　陈星弼　雷啸霖　李志坚　梁骏吾　沈学础
王　圩　王启明　王阳元　王占国　吴德馨　郑厚植
郑有炓

主　　编：夏建白

副 主 编：陈弘达　褚君浩　罗　毅　张　兴

编　　委：(按姓氏拼音排序)

陈弘毅　陈诺夫　陈治明　杜国同　方祖捷　封松林
黄庆安　黄永箴　江风益　李国华　李晋闽　李树深
刘忠立　鲁华祥　马骁宇　钱　鹤　任晓敏　邵志标
申德振　沈光地　石　寅　王国宏　王建农　吴晓光
杨　辉　杨富华　余金中　俞育德　曾一平　张　荣
张国义　赵元富　祝宁华

《半导体科学与技术丛书》出版说明

半导体科学与技术在 20 世纪科学技术的突破性发展中起着关键的作用,它带动了新材料、新器件、新技术和新的交叉学科的发展创新,并在许多技术领域引起了革命性变革和进步,从而产生了现代的计算机产业、通信产业和 IT 技术。而目前发展迅速的半导体微/纳电子器件、光电子器件和量子信息又将推动 21 世纪的技术发展和产业革命。半导体科学技术已成为与国家经济发展、社会进步以及国防安全密切相关的重要的科学技术。

新中国成立以后,在国际上对中国禁运封锁的条件下,我国的科技工作者在老一辈科学家的带领下,自力更生,艰苦奋斗,从无到有,在我国半导体的发展历史上取得了许多"第一个"的成果,为我国半导体科学技术事业的发展,为国防建设和国民经济的发展做出过有重要历史影响的贡献。目前,在改革开放的大好形势下,我国新一代的半导体科技工作者继承老一辈科学家的优良传统,正在为发展我国的半导体事业、加快提高我国科技自主创新能力、推动我们国家在微电子和光电子产业中自主知识产权的发展而顽强拼搏。出版这套《半导体科学与技术丛书》的目的是总结我们自己的工作成果,发展我国的半导体事业,使我国成为世界上半导体科学技术的强国。

出版《半导体科学与技术丛书》是想请从事探索性和应用性研究的半导体工作者总结和介绍国际和中国科学家在半导体前沿领域,包括半导体物理、材料、器件、电路等方面的进展和所开展的工作,总结自己的研究经验,吸引更多的年轻人投入和献身到半导体研究的事业中来,为他们提供一套有用的参考书或教材,使他们尽快地进入这一领域中进行创新性的学习和研究,为发展我国的半导体事业做出自己的贡献。

《半导体科学与技术丛书》将致力于反映半导体学科各个领域的基本内容和最新进展,力求覆盖较广阔的前沿领域,展望该专题的发展前景。丛书中的每一册将尽可能讲清一个专题,而不求面面俱到。在写作风格上,希望作者们能做到以大学高年级学生的水平为出发点,深入浅出,图文并茂,文献丰富,突出物理内容,避免冗长公式推导。我们欢迎广大从事半导体科学技术研究的工作者加入到丛书的编写中来。

愿这套丛书的出版既能为国内半导体领域的学者提供一个机会,将他们的累累硕果奉献给广大读者,又能对半导体科学和技术的教学和研究起到促进和推动作用。

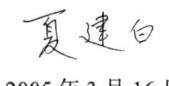

2005 年 3 月 16 日

序

　　上海空间电源研究所张玮教授所著《半导体太阳电池数值分析基础》(上下册)，是我国第一本有关太阳电池器件物理与光电特性分析的模拟计算基础著作。该书涵盖了半导体太阳电池数值分析的物理模型、数据结构、数值算法与软件实施四个部分，建立了四者之间的有机联系，使读者在明晰的物理模型与简洁高效的数值算法的基础上，掌握一套完整的开发体系，由此可开发出自主可控、面向自己工作的数值分析软件。

　　借助数值模拟计算进行器件结构的优化设计与性能分析是半导体太阳电池研制过程中的关键环节。在学术交流中发现，世界上主要的器件研制单位几乎都有自己独立自主的数值分析软件，这使得它们在光伏材料和器件的创新工作中引领风骚。例如，澳大利亚新南威尔士大学从 20 世纪 80 年代以来，就将单晶硅太阳电池的前、后表面钝化作为研究的焦点，将单晶硅电池效率提高到 20% 以上；同时在 20 世纪 80 年代中期开发出 PC-1D 软件，进一步促进了单晶硅电池效率的改善，直到 20 世纪 90 年代后期将电池效率提高到 24.7%，同时 PC-1D 软件也有若干新版本出现。

　　再如，早在 1981 年，美国宾夕法尼亚大学 S. J. Fonash 教授撰写了 *Solar Cell Device Physics* 一书，成为这一领域的经典，被美国各大学广泛采用作为教科书或者教学参考书。在此基础上，1997 年 S. J. Fonash 教授等开发了 AMPS-1D 软件，虽可广泛适用于微电子和光电子器件结构的模拟分析，但实际上主要针对非晶硅薄膜太阳电池。还有一个有趣的背景是，C. R. Wronski 教授——非晶硅电池的发明者之一、非晶硅光致退化效应 (Staebler-Wronski effect) 发现者之一，也在该校任职。2011 年我还采用 AMPS-1D 软件研究了 nc-p/i-a-SiGe 界面失配引起的 J-V 曲线拐弯问题，模拟的结果同实验数据非常吻合，彰显了该软件对非晶硅太阳电池数值模拟的效能。

　　1996 年比利时根特大学发布的 SCAPS-1D 软件，原本针对的是 CIGS 和 CdTe 薄膜电池，后来扩展到其他种类电池的数值模拟。2003 年德国亥姆霍兹柏林材料和能源研究中心开发的 AFORS-HET 软件，主要用于模拟计算异质结光伏电池器件。我国河北工业大学任丙彦等，以及中国科学院电工研究所赵雷等，应用 AFORS-HET 软件分析了非晶硅/晶体硅异质结 (HJT)，他们在 AFORS-HFT 软件使用手册指导下，输入若干相关参数，通过改变参数得到相应电池性能变化趋势，获得了若干有意义的结果。不过，这些数值计算模拟还是属于"应用"层面上。近年来，我国非晶硅/晶体硅异质结电池获得了显著进展，几家公司所获得的效率突破了 25%，甚至达到 26%，很需要有数值软件分析的帮助，以获得进一步的提高。

该书作者有近 20 年从事 III-V 族高效多结叠层太阳电池器件物理与制备技术的实践经验，特别是作为 973 项目首席科学家，有完成"基于光谱匹配材料体系的空间高效太阳电池基础研究"任务的总结与提炼。在该书基础上，张玮教授开发了通用性软件"先进异质结太阳电池模拟器"，可以应用于 III-V 族多结高效电池、非晶硅/晶体硅异质结电池、有机太阳电池等的数值模拟。书中还给出了关于 III-V 族高效五结叠层太阳电池的数值模拟范例。另外，该书部分内容给上海航天技术研究院研究生作为专业课讲授过。

廖显伯

2021 年 12 月 27 日于北京

前　言

本书是《半导体太阳电池数值分析基础》的下册，主要阐述半导体太阳电池数值分析中数值算法与典型性能参数计算过程的软件实施等两部分内容，最后选取了 pin 单结太阳电池与隧穿结等两个源自作者实际工作的器件结构的数值分析过程进行示例说明。主要内容如下。

第 10 章：输运方程及其数值离散。由第 4 章可以看出，输运方程是一系列的偏微分方程组，数值求解的第一步是要将连续性的偏微分方程组转化成以离散点数值为变量的非线性方程组，有效的离散化需要基于对偏微分方程组数学特性的深入理解。本章阐述了上册第 4 章中所建立的半导体太阳电池输运方程的数学特征以及相对应的数值离散方法。在泛函分析框架内描述了方程或方程组的数学特征、解的行为或结构、解的唯一性等基本知识，由此得出了相匹配的空间与时间数值离散方法所应具备的基本条件，最后讨论了数值离散的稳定性与误差来源。

第 11 章：流密度的离散化。半导体太阳电池输运方程都可以表示成流密度散度的形式，输运方程离散化首先遇到的是流密度的离散化，这是一个将流密度转换成链接相邻网格点变量函数关系的过程。半导体输运方程中流密度尽管变化很小，但其中所涉及的部分物理量，如载流子浓度、系综温度等，在某些器件区域起伏较大，采用通常离散方法会产生很大的数值误差。本章基于 Scharffeter-Gummel 方法 (变量指数插值) 给出了不同输运框架内流密度的离散形式以及数值实施程序，讨论了其中所涉及的特殊函数的有效数值计算。

第 12 章：生成 Jacobian 矩阵。求解输运方程数值离散得到的非线性方程组通常采用迭代的方法，其中需要将非线性方程线性化后生成线性系数矩阵 (Jacobian 矩阵)。生成 Jacobian 矩阵在整个半导体器件数值分析里具有关键地位。本章阐述了 Jacobian 矩阵生成过程所涉及的模型与物理量索引、矩阵元的计算与填充、边界条件的影响、矩阵形状等，以一维 Poisson 方程和连续性方程为例，详细描述了相对应 Jacobian 矩阵的生成过程，最后讨论了量子限制和量子隧穿等物理模型对 Jacobian 矩阵生成过程的影响。

第 13 章：非线性方程组的求解。为了得到器件几何区域上离散点物理变量数值，需要有效求解非线性方程组，鉴于其数学形式的复杂性，必须采用给定初始值并选择合适修正量计算框架反复进行直到收敛的方法，这在数值数学中具有重要地位，半导体器件输运方程数值离散后得到的非线性方程组的数值迭代算法具有独特特征。本章针对半导体太阳电池数值分析情形,以 Newton 法为基石,阐述数值实施过程中所遇到的问题,如初始值选取、数值误差、预处理、中止标准、收缩系数等,并提出一些有效的解决方法。最终以 Poisson 方程和连续性方程 (有/无光照) 的迭代过程所遇到的问题为例,对解决方法进行了详细阐述。

第 14 章:稀疏线性方程组。高效求解非线性方程线性化后生成的线性方程组是得到迭代修正量的关键步骤。基于规则网格离散的半导体太阳电池输运方程对应的线性方程 Jacobian 矩阵基本上都是稀疏而且相对比较规则的,尤其是一维情形对应的是带状矩阵或者更简单的三对角矩阵,这种情况下通常采用直接求解的方法即 Gauss 消元法,本章阐述了针对一维情形的直接解法及其数值误差分析。

第 15 章:网格生成。输运方程离散的本质是用器件区域上若干离散点的值逼近其真实连续解,首先需要将半导体太阳电池器件区域分解成适合输运方程离散的若干小区域集合 (网格),高求解精度要求网格必须与输运方程解的空间分布和依时变化相匹配。本章讨论了初始网格生成、网格自适应以及应对量子隧穿等专门物理特征所提出的专有网格等内容。

第 16 章:器件结构编辑器。由第 3~9 章可以看出,数值计算一个器件结构需要输入大量的物理模型参数以及数值计算控制参数,为了减少输入错误,需要能够有效编辑各种物理模型与计算模型参数并链接数值计算模块的编辑器,一个典型编辑器的基本要素为数据类型、词法规则、语法规则、转换树、中间代码与编译、输出文件等六个,面向器件结构的编辑器必须依据太阳电池等光电器件的基本原理、材料生长、器件工艺与测试手段等环节建立这六个基本要素,本章阐述了面向半导体太阳电池数值分析的器件结构编辑器的建立及其对应的数据结构。

第 17 章:架构与过程。软件架构是各个基本模块的组成形式,过程描述了半导体太阳电池性能参数的计算实施流程,这些架构与过程可能因器件而异,但总体上有一些共同点。大多数半导体器件数值分析的书籍里往往没有着墨或者一笔带过,使得初学者难以入手,因此这部分内容是半导体器件数值分析中不可或缺的一个环节。本章阐述了构建太阳电池数值分析软件的总体架构,在此基础上给出了一些典型实施过程。

第 18 章:典型示例。本章以 pin 单结太阳电池与隧穿结等两个源自作者实际工作的器件结构的数值分析过程为例,示例了一些典型过程与运行结果,目的是让读者对数值运算过程有个基本了解,另外,这些典型器件的结构具有广泛的代表性,所涉及的参数都来源于真实情形,被实际工作证明有效精确,数值计算过程与中间值也具有明显的可示范性。

本书得到了上海空间电源研究所出版基金的全额资助,感谢姜文正、陈鸣波、朱凯、张永立等领导在书稿准备和撰写过程中所给予的持续鼓励与大力支持,感谢李欣益、陆宏波、李戈等同事许多有益的建议与对稿件的修正,感谢人力资源部郑贤东、康昱等的大力协助，感谢家人的支持与陪伴。

如果本书的内容能对您的工作有些许帮助，将是作者最大的欣慰。最后限于作者的认知范围，多有不当之处，敬请读者多提宝贵意见 (联系方式: ageli@163.net，本书相关引导性课程视频见哔哩哔哩 (bilibili)：太阳电池的器件物理)。

作　者
2023 年 1 月 30 日

目 录

《半导体科学与技术丛书》出版说明
序
前言
第10章 输运方程及其数值离散 ·· 1
  10.0 概述 ·· 1
  10.1 输运方程体系 ·· 2
    10.1.1 偏微分方程组 ·· 2
    10.1.2 边界条件 ·· 5
    10.1.3 指数变换 ·· 7
    10.1.4 变量选择 ·· 8
  10.2 解的存在性 ·· 10
    10.2.1 古典解 ·· 10
    10.2.2 弱解 ·· 16
    10.2.3 迭代映射 ·· 17
    10.2.4 解耦算法 ·· 21
  10.3 数值离散 ·· 23
    10.3.1 网格基本概念 ·· 23
    10.3.2 有限差分法 ·· 26
    10.3.3 有限体积法 ·· 30
    10.3.4 有限元法 ·· 34
    10.3.5 混合有限元法 ·· 38
    10.3.6 时间导数项 ·· 39
    10.3.7 薛定谔方程 ·· 40
    10.3.8 数值离散的误差 ·· 42
    10.3.9 离散Jacobian矩阵 ······································ 44
    10.3.10 离散模块 ··· 46
  10.4 奇异摄动分析与迭代初始值 ····························· 47
    10.4.1 归一化 ·· 48
    10.4.2 奇异摄动分析 ·· 54

10.4.3 延拓的思想 · 56
参考文献 · 57

第 11 章 流密度的离散化 · 62
11.0 概述 · 62
11.0.1 基本考虑 · 62
11.0.2 Scharffeter-Gummel 方法 · 63
11.0.3 全微分解及插值公式 · 64
11.0.4 人为优化扩散率方法 · 64
11.1 扩散漂移体系电流密度 · 65
11.1.1 基本离散形式 · 65
11.1.2 数值实施细节 · 67
11.1.3 $B(x)$ 的计算 · 70
11.1.4 IB(x) 与 $\exp(x) - 1$ · 74
11.1.5 空穴电流密度 · 75
11.1.6 实施子程序 · 77
11.1.7 迁移率依赖载流子浓度 · 78
11.2 能量输运体系电流密度 · 78
11.2.1 基本离散形式 · 79
11.2.2 $C(x)$ 的计算 · 84
11.2.3 C 函数相关项 · 87
11.2.4 $\langle g_e \rangle$ 及导数 · 90
11.2.5 拓展导带边能量差 · 93
11.2.6 拓展 Fermi 能级差 · 95
11.2.7 数值计算程序 · 97
11.2.8 空穴电流密度 · 103
11.3 能流密度 · 107
11.3.1 基本离散形式 · 107
11.3.2 空穴能流密度 · 108
11.3.3 数值计算程序 · 109
11.4 密度梯度修正的流密度 · 115
参考文献 · 118

第 12 章 生成 Jacobian 矩阵 · 121
12.0 概述 · 121
12.1 网格点的遍历 · 123
12.1.1 基本思路 · 123

目 录

12.1.2 多层结构 ··· 124
12.2 参数与变量索引 ··· 126
12.2.1 内部点 ··· 126
12.2.2 同质界面点 ··· 126
12.2.3 异质界面点 ··· 128
12.2.4 表界面点 ··· 129
12.2.5 矩阵元位置 ··· 129
12.2.6 单元积分 ··· 129
12.3 基本框架 ··· 132
12.3.1 基本思路 ·· 132
12.3.2 一维实施框架 ······································ 133
12.3.3 一维 Jacobian 矩阵形式 ·························· 135
12.3.4 一维函数模版 ······································ 139
12.4 稳态 Poisson 方程 ······································ 149
12.4.1 基本过程 ·· 149
12.4.2 内部网格点 ··· 149
12.4.3 同质/异质界面 ····································· 150
12.4.4 Jacobian 的列对角占优 ·························· 151
12.4.5 一维示例 ·· 152
12.5 连续性方程 ·· 158
12.5.1 基本过程 ·· 158
12.5.2 产生复合项 ··· 159
12.5.3 跨越异质界面的电流密度 ······················· 163
12.5.4 一维形式 ·· 169
12.5.5 量子隧穿 ·· 175
12.5.6 导带/价带隧穿 ····································· 176
12.5.7 能带/界面隧穿 ····································· 191
12.5.8 能带/缺陷隧穿 ····································· 193
12.6 能流方程 ··· 195
12.6.1 源项 ··· 195
12.6.2 跨越异质界面的能流密度 ······················· 196
12.7 Poisson 方程的其他形式 ······························ 197
12.7.1 瞬态 ··· 197
12.7.2 量子限制 ·· 197
参考文献 ··· 200

第 13 章 非线性方程组的求解 ········ 203
13.0 概述 ········ 203
13.1 牛顿–拉弗森方法 ········ 204
13.1.1 基本过程 ········ 204
13.1.2 收敛性 ········ 205
13.1.3 数值准确性 ········ 206
13.1.4 预处理 ········ 208
13.1.5 中止标准 ········ 209
13.1.6 收缩系数 ········ 211
13.1.7 典型算法框架 ········ 214
13.2 细节与示例 ········ 220
13.2.1 故障排除 ········ 220
13.2.2 Poisson 方程 ········ 222
13.2.3 无光照连续性方程 ········ 223
13.2.4 光照连续性方程 ········ 224
13.3 方程组 ········ 228
13.3.1 Gummel 迭代 ········ 228
13.3.2 SOR-Newton 方法 ········ 234
参考文献 ········ 237

第 14 章 稀疏线性方程组 ········ 239
14.0 概述 ········ 239
14.1 高斯消元法 ········ 240
14.1.1 基本过程 ········ 241
14.1.2 选主元 ········ 244
14.1.3 不需要选主元 ········ 245
14.1.4 三对角矩阵 ········ 246
14.1.5 带状矩阵 ········ 247
14.1.6 稀疏矩阵的图表示 ········ 251
14.2 求解精度 ········ 251
参考文献 ········ 254

第 15 章 网格生成 ········ 255
15.0 概述 ········ 255
15.1 基本对象 ········ 256
15.2 基本概念 ········ 258
15.3 生成方法 ········ 260

目 录

- 15.4 初始网格 ··· 261
- 15.5 自适应 ··· 265
- 15.6 等误差分布 ··· 271
- 15.7 自适应过程 ··· 273
- 15.8 专有网格 ··· 275
- 15.9 网格自适应迭代映射 ··· 276
- 参考文献 ··· 278

第 16 章 器件结构编辑器 ··· 281
- 16.0 概述 ··· 281
- 16.1 物理模型 ··· 284
  - 16.1.1 模型分类 ··· 284
  - 16.1.2 模型特点 ··· 286
- 16.2 面向模型的数据类型 ··· 287
  - 16.2.1 种类 ··· 287
  - 16.2.2 成员 ··· 287
  - 16.2.3 树表示 ··· 288
  - 16.2.4 词法与语法 ··· 289
- 16.3 典型数据类型 ··· 290
  - 16.3.1 分布函数模型 ··· 291
  - 16.3.2 光学参数模型 ··· 293
  - 16.3.3 材料参数模型 ··· 294
  - 16.3.4 功能层参数模型 ··· 300
  - 16.3.5 界面参数模型 ··· 305
  - 16.3.6 网格生成参数模型 ··· 309
  - 16.3.7 生长层参数模型 ··· 310
  - 16.3.8 工艺参数模型 ··· 311
  - 16.3.9 非局域参数模型 ··· 312
  - 16.3.10 网格对应模型 ··· 313
  - 16.3.11 器件参数模型 ··· 314
- 16.4 程序功能 ··· 315
  - 16.4.1 内置子程序 ··· 315
  - 16.4.2 用户定义子程序 ··· 316
  - 16.4.3 数值任务主程序 ··· 318
- 16.5 器件结构文件 ··· 319
  - 16.5.1 模型数据库 ··· 319

16.5.2 总体架构 ································ 320
16.5.3 语法树 ··································· 321
16.6 数据读取 ··· 321
16.6.1 声明与读取 ···························· 321
16.6.2 空间分布函数 ························ 326
16.6.3 离散能级寿命 ························ 327
16.6.4 单能级缺陷 ···························· 327
16.6.5 功能层 ··································· 328
16.7 解析过程 ··· 330
16.7.1 基本过程 ································ 330
16.7.2 数据结构 ································ 330
16.7.3 材料生长 ································ 334
16.7.4 器件工艺 ································ 336
16.7.5 用户定义子程序 ···················· 337
16.7.6 子程序 ··································· 338
16.8 输出文件 ··· 338
16.8.1 基本要求 ································ 338
16.8.2 示例：能带模型数据的排列与关联 ············ 341
16.8.3 示例：功能层模型数据的有序化 ·············· 344
16.9 文件读取 ··· 346
16.10 纯光学器件结构编辑器 ················ 346
参考文献 ·· 349

第 17 章 架构与过程 ···································· 350
17.0 概述 ··· 350
17.0.1 总体架构 ································ 350
17.0.2 Numeric 子模块 ····················· 350
17.0.3 模块的分级编译 ···················· 353
17.1 读取过程 ··· 355
17.2 初始化过程 ····································· 356
17.2.1 数值精度与常数 ···················· 357
17.2.2 归一化量 ································ 357
17.2.3 电子态能量从 Φ_B-χ_c 到 E_c-E_v 转换 ············ 358
17.2.4 电荷中性方程 ························ 362
17.2.5 初始化子层模型参数值 ········ 369
17.2.6 计算热平衡约化 Fermi 能 ···· 370

	17.2.7	初始网格离散	371
	17.2.8	初始网格变量	374
	17.2.9	子层变量索引	375
17.3	热平衡能带计算		376
17.4	基本功能		378
	17.4.1	暗电流电压曲线	378
	17.4.2	量子效率	379
	17.4.3	短路	384
	17.4.4	时间分辨荧光	385
第 18 章	典型示例		386
18.0	概述		386
18.1	pin 单结太阳电池		387
18.2	隧穿结		398
参考文献			404

第 10 章 输运方程及其数值离散

10.0 概　　述

第 4~9 章建立了半导体太阳电池所服从的输运模型，假设器件几何区域为 Ω，边界为 $\partial\Omega$，产生了一系列相互耦合的二阶偏微分方程组，这些方程都具有类似的形式 (包括 Poisson 方程和晶格热传导方程)，下面用一个统一的形式表示：

$$\frac{\partial n_\phi}{\partial t} = -\nabla \cdot \boldsymbol{F}_\phi + G_\phi - R_\phi + S_\phi \tag{10.0.1}$$

式中，$\boldsymbol{F}_\phi$、G_ϕ、R_ϕ 和 S_ϕ 分别表示流、产生、复合和带内弛豫或谷间散射的项。

下面我们关心的是，如果要对它们进行数值求解，需要做什么样的准备，需要借助什么方法，这涉及一些基本数学知识。对于半导体太阳电池，鉴于已经制备大量器件并成功测得光电效率，其存在物理意义上的解毋庸置疑，这样就省去了需要分析所建立的物理模型是否存在实际解这一烦琐步骤。从数值模拟的角度来说，我们所关心的是从这些物理模型上能否得到一些有用的信息，使得数值分析可行甚至更简洁高效。

输运方程的数值求解流程是，先将器件几何区域划分成若干凸多面体小区域 (其集合称为网格 G，凸小多面体称为单元 e，顶点称为格点 g)，用某种数学特性的函数逼近小区域上的解，以凸多面体顶点值为变量，类似插值的方式链接整个器件区域网格，最终计算全部顶点离散值得到所谓的近似离散解。这种情形下，输运方程自身的真实连续解 $u(x)$ 与网格 G 上的离散近似解 $\{u_G^j\}$ 之间存在一定的误差。我们最关心的是离散近似解是否能够在某种程度上代表连续解，即当网格单元的尺寸无穷减小时，离散近似解 $\{u_G^j\}$ 是否会收敛到网格点 j 处几何位置的真实连续解 $u(x)$，如果是，则称这种小区域上的数值逼近是收敛的：

$$\|u(x) - u_G\|_{\max_i d(e_i) \to 0} \to 0 \tag{10.0.2}$$

式中，$d(e_i) = \max\limits_{x,y \in e_i} |x - y|$ 表示网格单元 e_i 中最大的两点距离，通常称为直径。

综上所述，对输运方程的认识至少应该包括如下几个方面[1]。

- 方程或方程组的基本特征。

方程基本特征包括方程的归类、各部分系数的数学特征 (对于我们更重要的是要结合其实际物理意义)、边界条件等，这直接决定了所需要采用的离散格式、初始值、迭代映射的建立，以及迭代映射稳定性 (会不会产生奇异) 等问题。

- 解的基本特征或结构。

解在特定区域的组成、解的极值范围等。解在特定区域的构成可以使我们尽可能地构造离真实解最近的数值近似解，以最大可能地减少迭代次数或者加速收敛的步伐。解的极值估计可以帮助我们提前预测数值过程中解的范围，从而避免出现数值的上溢或者下溢，提高最终计算结果的有效位数。

- 解的唯一性。

尽管物理结果表明确实存在实际解，然而并不能确定是唯一的解，或者否定其他解存在的可能性。如果存在多个解，会对数值模拟产生极大的障碍，因为无法保证计算机上得到的结果是实际的结果。

因此，数值方法必须针对半导体器件方程的特征产生，而这往往来自于对解的数学分析，甚至如果没有数学分析，就不能建立有效的数值方法。基本数学认识结论对实际数值方法的指导意义可以分为两个方面：① 这些结论是选择数值方法和确保其成功的前提；② 导出结论的前提能够有效指导排除数值方法中的问题。

10.1 输运方程体系

本节将简要回顾总结输运方程体系的基本数学特征。

10.1.1 偏微分方程组

这里把第 4~9 章中的输运方程整理成表 10.1.1。

连续性方程中所体现的 G 和 R 涵盖第 1 章、第 6 章和第 7 章中的碰撞离化、光学产生速率，第 1 章、第 4 章、第 5 章和第 9 章中的自发辐射复合、SRH(Shockley-Read-Hall) 复合、俄歇 (Auger) 复合、碰撞离化、量子限制、各种缺陷和量子隧穿所引起的复合等。

表 10.1.1 中第 2 列和第 3 列的方程具有如下几个特点。

(1) 都含有时间一阶导数项与空间二阶导数项的耦合的偏微分方程组，时间导数项与空间导数项相互独立，不存在耦合。热传导方程与 Poisson 方程的散度形式的空间二阶导数项不与其他变量耦合，而电流/能流方程则集合了几个变量二阶导数项的耦合，如 (4.5.7.1) 定义的电流密度，在迁移率与带边态密度为常数的情况下，其散度为

$$\nabla \cdot \boldsymbol{J}_\mathrm{n} = \nabla \cdot \{\mu_\mathrm{n} \left[\nabla \left(N_\mathrm{c} F_{3\mathrm{h}}\left(\eta_\mathrm{e}\right) k_\mathrm{B} T_\mathrm{e}\right) + n \nabla E_\mathrm{c}'\right]\}$$
$$= \mu_\mathrm{n} N_\mathrm{c} \{\Delta \left[F_{3\mathrm{h}}\left(\eta_\mathrm{e}\right) k_\mathrm{B} T_\mathrm{e}\right] + \nabla \left[F_{1\mathrm{h}}\left(\eta_\mathrm{e}\right) \nabla E_\mathrm{c}'\right]\} \qquad (10.1.1.1)$$

10.1 输运方程体系

表 10.1.1 输运方程总结

名称	方程	流
电子连续方程	$\dfrac{\partial(qn)}{\partial t} - \nabla \cdot \boldsymbol{J}_\mathrm{n} = q(G-R)$	$\boldsymbol{J}_\mathrm{n} = k_\mathrm{B} T_\mathrm{L} \mu_\mathrm{n} \left[\dfrac{t_\mathrm{e}}{g_\mathrm{e}} \nabla n + n \nabla \left(\dfrac{t_\mathrm{e}}{g_\mathrm{e}} + E_\mathrm{c}' \right) \right]$
电子能流方程	$\dfrac{\partial(nw_\mathrm{n})}{\partial t} + \nabla \cdot \boldsymbol{S}_\mathrm{n} = -\boldsymbol{F} \cdot \boldsymbol{J}_\mathrm{n} + (G-R) w_\mathrm{n} - \dfrac{nw_\mathrm{n} - n^0 w_\mathrm{n}^0}{\tau_{w_\mathrm{n}}}$	$\boldsymbol{S}_\mathrm{n} = -\kappa_\mathrm{n} \nabla T_\mathrm{e} - \dfrac{5}{2} k_\mathrm{B} \dfrac{t_\mathrm{e}}{g_\mathrm{e}} \dfrac{\boldsymbol{J}_\mathrm{n}}{q}$
空穴连续方程	$\dfrac{\partial(qp)}{\partial t} + \nabla \cdot \boldsymbol{J}_\mathrm{p} = q(G-R)$	$\boldsymbol{J}_\mathrm{p} = -k_\mathrm{B} T_\mathrm{L} \mu_\mathrm{p} \left[\dfrac{t_\mathrm{h}}{g_\mathrm{h}} \nabla p + p \nabla \left(\dfrac{t_\mathrm{h}}{g_\mathrm{h}} - E_\mathrm{v}' \right) \right]$
空穴能流方程	$\dfrac{\partial(pw_\mathrm{p})}{\partial t} + \nabla \cdot \boldsymbol{S}_\mathrm{p} = -\boldsymbol{F} \cdot \boldsymbol{J}_\mathrm{p} + (G-R) w_\mathrm{p} - \dfrac{pw_\mathrm{p} - p^0 w_\mathrm{p}^0}{\tau_{w_\mathrm{p}}}$	$\boldsymbol{S}_\mathrm{p} = -\kappa_\mathrm{n} \nabla T_\mathrm{h} + \dfrac{5}{2} k_\mathrm{B} \dfrac{t_\mathrm{h}}{g_\mathrm{h}} \dfrac{\boldsymbol{J}_\mathrm{p}}{q}$
热传导方程	$C_\mathrm{L} \dfrac{\partial T_\mathrm{L}}{\partial t} = \nabla \cdot (\kappa \nabla T_\mathrm{L}) + R \left[w_\mathrm{n} + E_\mathrm{g}(T_\mathrm{L}) + w_\mathrm{p} \right] + \dfrac{nw_\mathrm{n} - n^0 w_\mathrm{n}^0}{\tau_{w_\mathrm{n}}} + \dfrac{pw_\mathrm{p} - p^0 w_\mathrm{p}^0}{\tau_{w_\mathrm{p}}}$	$\kappa \nabla T_\mathrm{L}$
Poisson 方程	$\nabla \cdot [\varepsilon_\mathrm{s} \nabla V] = -\rho = -q \left[N_\mathrm{D}^+(x) - N_\mathrm{A}^-(x) + p(x) - n(x) \right]$	$\varepsilon_\mathrm{s} \nabla V$

(10.1.1.1) 中的第 2 个等号右边第 1 项含有 η_e 和 $k_B T_e$ 的二阶导数,以及两者一阶导数的乘积耦合,第 2 项含有关于静电势的二阶导数,以及 η_e 与静电势一阶导数耦合的乘积。

(2) 电子与空穴的连续性方程以及流密度具有很好的替换原则,如电子 (空穴) 电流密度和能流密度/电流连续性方程之间分别建立变换:

$$\begin{matrix} -E_c \\ -\boldsymbol{J}_n \end{matrix} \to \begin{matrix} E_v \\ \boldsymbol{J}_p \end{matrix} \qquad (10.1.1.2a)$$

$$-\boldsymbol{J}_n \to \boldsymbol{J}_p \qquad (10.1.1.2b)$$

其中,$E_{c(v)} = E_{c(v)} - qV$ 是静电作用下的能量,包含了静电势的影响。

能流方程则完全具有相同的形式,这种良好的替换原则使得在编程实施时仅需要编写针对一种极性的载流子的子程序,另外一种借助变换可以直接取得,即使是准平衡下的载流子分布函数也可以通过类似变换得到

$$\begin{matrix} -E_c \\ -E_{Fe} \end{matrix} \to \begin{matrix} E_v \\ E_{Fh} \end{matrix} \qquad (10.1.1.2c)$$

(3) 流密度的系数中至多只含有各种物理参数的连续函数,例如,迁移率要么是常数,要么是掺杂浓度与温度的有理多项式的形式;热导率是载流子浓度的线性函数 (4.5.7.3);$g_{e(h)}$ 仅是相应物理量的非线性函数。

(4) 产生复合项中最多含有相应物理量的一阶导数,如光学产生速率空间相关的常数项 (忽略载流子占据效应引起的系数的轻微变化),自发辐射复合及光子自循环效应、SRH 复合、Auger 复合、谷间弛豫和散射是载流子浓度的非线性函数,只有离化系数含有物理量的一阶导数 ((1.2.7.1a),通过电流密度隐含)。

(5) 时间项里最多含有一阶导数,而在稳态情况下,各个方程表现为统一的散度形式:

$$\nabla \cdot \boldsymbol{J}_n + q(G-R) = 0 \qquad (10.1.1.3a)$$

$$\nabla \cdot \boldsymbol{S}_n + \boldsymbol{F} \cdot \boldsymbol{J}_n - (G-R)w_n + \frac{nw_n - n^0 w_n^0}{\tau_{w_n}} = 0 \qquad (10.1.1.3b)$$

$$\nabla \cdot \boldsymbol{J}_p - q(G-R) = 0 \qquad (10.1.1.3c)$$

$$\nabla \cdot \boldsymbol{S}_p + \boldsymbol{F} \cdot \boldsymbol{J}_p - (G-R)w_p + \frac{pw_p - p^0 w_p^0}{\tau_{w_p}} = 0 \qquad (10.1.1.3d)$$

$$C_L \nabla \cdot (\kappa \nabla T_L) + R\left[w_n + E_g(T_L) + w_p\right] + \frac{nw_n - n^0 w_n^0}{\tau_{w_n}} + \frac{pw_p - p^0 w_p^0}{\tau_{w_p}} = 0 \qquad (10.1.1.3e)$$

$$\nabla\cdot[\varepsilon_s\nabla V] + q\left[N_D^+(x) - N_A^-(x) + p(x) - n(x)\right] = 0 \qquad (10.1.1.3\text{f})$$

这种散度形式为方程特性分析与数值离散都提供了很大的便利。

10.1.2 边界条件

边界分成几何边界与物理边界，几何边界指的是器件区域边界，物理边界是按照材料特性是否一致而划分的，按照前面所建立的模型，这里的区域是功能层。现在的太阳电池都涉及多层材料，除了两端的接触电极与裸露表面外，每个功能层材料之间可以看作存在适当的边界条件，并且相互连接起来，因此，这里明确 Ω 和 $\partial\Omega$ 是单个功能层区域及其边界。

根据第 1 章、第 8 章与第 9 章中的物理模型，太阳电池物理模型所建立的边界主要有三种：金属半导体接触、氧化物钝化/裸露表面、同质/异质界面。

1\. 金属半导体接触

根据第 1 章与第 8 章中的描述，金属半导体接触分成欧姆 (Ohmic) 接触与肖特基 (Schottky) 接触两种。

1) Ohmic 接触

对于 Ohmic 接触，载流子在此处满足电荷中性条件，即边界处的载流子浓度永远等于热平衡时的载流子浓度，边界上的所有物理量具有固定值 (静电势等于热平衡的值与所施加电压的差 (或和，取决于所施加偏压的方向)，电子和空穴准 Fermi 能级相等且等于金属 Fermi 能级，即所施加的电压、电子与空穴系综的特征温度、晶格温度都等于金属温度)，数学上把这种边界条件称为狄利克雷 (Dirichlet) 边界条件：

$$V|_{\partial\Omega_D} = V_D|_{\partial\Omega_D} \qquad (10.1.2.1\text{a})$$

$$E_{\text{Fe(h)}}|_{\partial\Omega_D} = E_{\text{Fe(h),D}}|_{\partial\Omega_D} \qquad (10.1.2.1\text{b})$$

$$T_{\text{Fe(h)}}|_{\partial\Omega_D} = T_{\text{Fe(h),D}}|_{\partial\Omega_D} \qquad (10.1.2.1\text{c})$$

$$T_L|_{\partial\Omega_D} = T_{L,D}|_{\partial\Omega_D} \qquad (10.1.2.1\text{d})$$

2) Schottky 接触

相较于 Ohmic 接触而言，载流子依然满足电荷中性条件，除了静电势具有固定值外 ((10.1.2.1a))，电子与空穴系综准 Fermi 能级与特征温度不具有固定的数值，但满足某种连续性边界条件[2]，晶格温度则与额外热阻相关，如图 8.3.2(b) 所示的接触，电子系综在热离子发射模型下具有如下的边界条件：

$$p - n + N_D^+ - N_A^- = 0 \qquad (10.1.2.2\text{a})$$

$$\boldsymbol{n}\cdot\boldsymbol{J}_n^- = q\left[v_e(T_e)n_e - v_m(T_C)n_0\right] \qquad (10.1.2.2\text{b})$$

$$\boldsymbol{n} \cdot \boldsymbol{S}_\mathrm{n}^- = -2\left[k_\mathrm{B} T_\mathrm{e} v_\mathrm{e}(T_\mathrm{e}) n_\mathrm{e} - k_\mathrm{B} T_\mathrm{C} v_\mathrm{m}(T_\mathrm{C}) n_0\right] \tag{10.1.2.2c}$$

$$\boldsymbol{n} \cdot \kappa \nabla T_\mathrm{L} = \frac{T_\mathrm{L}^- - T_\mathrm{C}}{R_\mathrm{TH}} \tag{10.1.2.2d}$$

(10.1.2.2a)~(10.1.2.2d) 加上相应的空穴系综的对应部分就组成了完备的边界条件，但对于太阳电池而言，除高倍聚光情形外，Schottky 接触边界条件基本不采用如 (10.1.2.2a)~(10.1.2.2d)，而是假设金属/半导体之间的能量交换很快，电子/空穴系综的特征温度直接为金属温度。

另外，量子隧穿使得 Schottky 接触处的特性拓展到半导体内能够产生不可忽略的隧穿的位置，如 (8.3.2.3a) 所示。

2. 氧化物钝化/裸露表面

对于半导体/氧化物边界，静电势与晶格温度在氧化物法线上的变化量为 0，电子和空穴准 Fermi 势没有什么确定的直接表达式，但可以与表面复合电流联系起来：

$$\boldsymbol{n} \cdot \boldsymbol{D} = \left.\frac{\partial V}{\partial \boldsymbol{n}}\right|_{\partial\Omega_\mathrm{N}} = \sigma_\mathrm{s} \tag{10.1.2.3a}$$

$$\boldsymbol{n} \cdot \boldsymbol{J}_\mathrm{n(p)}\big|_{\partial\Omega_\mathrm{N}} = \mp R_\mathrm{s}\big|_{\partial\Omega_\mathrm{N}} \tag{10.1.2.3b}$$

$$\boldsymbol{n} \cdot \boldsymbol{S}_\mathrm{n(p)}\big|_{\partial\Omega_\mathrm{N}} = 0 \tag{10.1.2.3c}$$

$$\boldsymbol{n} \cdot \kappa \nabla T_\mathrm{L}\big|_{\partial\Omega_\mathrm{N}} = 0 \tag{10.1.2.3d}$$

静电势边界条件只与法向矢量的梯度有关系，称为诺伊曼 (Neumann) 边界条件。而表面复合电流条件是电子和空穴准 Fermi 势的非线性函数，称为第三类边界条件，实际上第三类边界条件还可以是包含变量导数的非线性函数。

对于 Schottky 接触，即存在势垒的金属半导体接触，由于两端能带位置被 Schottky 势垒所固定，静电势是确定的，这时泊松 (Poisson) 方程是 Dirichlet 边界条件，而电子与空穴是满足表面复合的第三类边界条件。

3. 同质/异质界面

由于同质界面是异质界面的简化，这里我们仅列举异质界面边界条件。根据第 1 章和第 8 章中的结论，如果不考虑界面偶极矩的影响，静电势在界面处连续，通常界面偶极矩的影响也被归于界面带阶。如果异质界面上还存在电荷，那么有界面条件：

$$V^- = V^+ \tag{10.1.2.4a}$$

$$\boldsymbol{n}_1 \cdot (\boldsymbol{D}_1 - \boldsymbol{D}_2) = \sigma_\mathrm{s} \tag{10.1.2.4b}$$

晶格温度也有类似的界面边界条件。

电子和空穴准 Fermi 能级与系综特征温度的异质边界条件是通过热离子与量子隧穿所引起的电流表述的，以电子为例：

$$\boldsymbol{n}_1 \cdot \boldsymbol{J}_{n,1} = \boldsymbol{n}_2 \cdot \boldsymbol{J}_{n,2} \tag{10.1.2.4c}$$

$$\boldsymbol{n}_2 \cdot \boldsymbol{S}_{n,2} = \boldsymbol{n}_1 \cdot \boldsymbol{S}_{n,1} + \frac{1}{q}\Delta E_c \boldsymbol{n}_1 \cdot \boldsymbol{J}_{n,1} \tag{10.1.2.4d}$$

鉴于太阳电池中异质界面通常是高密度缺陷聚集的地方，所以界面边界条件还需要增加界面复合这一项。

后面可以看到，上述定义的边界条件不仅反映了其物理模型特征，还决定其数值离散形式，为了综合物理与数值特征，在子层 (sublayer) 中定义如表 10.1.2 所示的界面数据结构。

表 10.1.2　子层中含有界面类型与缺陷地址的数据结构

表面与界面数据结构	
type surf_ 　logical :: is_sd 　integer :: stype 　integer :: sd_ID end type surf_	(1) 逻辑变量 is_sd 及整型变量 sd_ID 表示界面缺陷存在标志与地址，类型如表 8.4.1 所示； (2) 整型变量 stype 表示界面数值类型， 1:ohmic,2:bare,3:Schottky,4:homosurface,5:heterosurface

10.1.3　指数变换

从第 4 章中的结论可以看出，载流子存在麦克斯韦–玻尔兹曼 (Maxwell-Boltzmann) 统计与费米–狄拉克 (Fermi-Dirac) 统计两种形式，抛物色散能带情形下，载流子浓度分别能够以简单指数函数和 Fermi-Dirac 积分的形式表达出来，鉴于指数函数在数值分析中所拥有的巨大便利，通常引入一个参数将 Fermi-Dirac 积分转换成指数函数的形式。对于电子和空穴，引入辅助变量 γ_e 和 γ_h，定义 Fermi-Dirac 积分与 Maxwell-Boltzman 统计的比值的对数：

$$\gamma_e(\eta_e) = \ln \frac{F_{1h}(\eta_e)}{e^{\eta_e}} \tag{10.1.3.1a}$$

$$\gamma_h(\eta_h) = \ln \frac{F_{1h}(\eta_h)}{e^{\eta_h}} \tag{10.1.3.1b}$$

其中，η_e 和 η_h 分别是电子和空穴系综的约化 Fermi 能，Fermi-Dirac 统计下的载流子浓度分别为

$$n = N_c e^{\eta_e + \gamma_e} \tag{10.1.3.2a}$$

$$p = N_{\mathrm{v}} \mathrm{e}^{\eta_{\mathrm{h}} + \gamma_{\mathrm{h}}} \tag{10.1.3.2b}$$

实际上 γ_{e} 和 γ_{h} 是空间缓变的函数，(10.1.3.2a) 和 (10.1.3.2b) 定义的指数形式对于扩散漂移体系具有巨大优势，(4.5.9.2a) 与 (4.5.9.2b) 对应的电流密度 (10.1.1.3a) 和 (10.1.1.3c) 分别为

$$\nabla \cdot \left[\mu_{\mathrm{n}} N_{\mathrm{c}} \mathrm{e}^{E_{\mathrm{Fe}} - E_{\mathrm{c}} + qV + \gamma_{\mathrm{e}}} \nabla \left(E_{\mathrm{Fe}} - E_{\mathrm{c}} \right) \right] + q \left(G - R \right) = 0 \tag{10.1.3.3a}$$

$$\nabla \cdot \left[\mu_{\mathrm{n}} N_{\mathrm{c}} \mathrm{e}^{E_{\mathrm{v}} - qV - E_{\mathrm{Fh}} + \gamma_{\mathrm{h}}} \nabla \left(E_{\mathrm{Fh}} - E_{\mathrm{v}} \right) \right] - q \left(G - R \right) = 0 \tag{10.1.3.3b}$$

类比载流子约化 Fermi 能的定义，相当于在带边能基础上附加一个新的静电能，更广义的做法是把迁移率和带边态密度的空间变化、带隙收缩效应等因素也引入其中[3]。进一步，将显含电子和空穴准 Fermi 势的项归于一个，那么又有

$$\nabla \cdot \boldsymbol{J}_{\mathrm{n}} = \nabla \cdot \left(\mu_{\mathrm{n}} N_{\mathrm{c}} \mathrm{e}^{qV + \gamma_{\mathrm{e}}} \nabla \mathrm{e}^{E_{\mathrm{Fe}} - E_{\mathrm{c}}} \right) + q \left(G - R \right) = 0 \tag{10.1.3.4a}$$

$$\nabla \cdot \boldsymbol{J}_{\mathrm{p}} = \nabla \cdot \left(\mu_{\mathrm{p}} N_{\mathrm{v}} \mathrm{e}^{-qV + \gamma_{\mathrm{h}}} \nabla \mathrm{e}^{E_{\mathrm{v}} - E_{\mathrm{Fh}}} \right) + q \left(G - R \right) = 0 \tag{10.1.3.4b}$$

可以看出电子/空穴系综的连续性方程几乎具有完全一样的形式。

【练习】

1. 验证 (10.1.3.1a) 和 (10.1.3.1b) 的辅助变量 γ_{e} 和 γ_{h} 的定义并不改变 (10.1.1.2a)~(10.1.1.2c) 所定义的替换原则。

2. 计算辅助变量 γ_{e} 和 γ_{h} 关于电子/空穴系综约化 Fermi 能的导数。

10.1.4 变量选择

主变量是指最终求解的载流子在空间和时间坐标上的物理量。依据我们在推导能量输运方程体系过程中依据的热力学与动力学概念，直观上选择静电势、晶格温度、电子/空穴系综的准 Fermi 能/特征温度 $u = (V, T_{\mathrm{L}}, E_{\mathrm{Fe}}, E_{\mathrm{Fh}}, T_{\mathrm{e}}, T_{\mathrm{h}})$ 为主变量。而半导体输运方程中流密度、产生复合项都是以静电势、晶格温度、载流子浓度及特征温度 $u = (V, T_{\mathrm{L}}, n, p, T_{\mathrm{e}}, T_{\mathrm{h}})$ 的形式表达出来，因此也有这种主变量[4-7]。在由 (4.5.9.5a) 和 (4.5.9.5b) 组成的漂移扩散体系中，这种主变量选择 (V, n, p) 是大部分数值软件的方式[8]。

上述两种变量选择是从物理内涵和模型表现形式的角度出发的。现实中依据实际器件特征我们知道，载流子浓度是个变化巨大的物理量，尤其是在耗尽区附近。例如，Si 在 300K 的本征载流子浓度为 $1.02 \times 10^{10} \mathrm{cm}^{-3}$[9]，如果扩散 P 发射区掺杂浓度为 $1 \times 10^{18} \mathrm{cm}^{-3}$，扩散 B 的基区掺杂浓度为 $1 \times 10^{17} \mathrm{cm}^{-3}$，那么电子浓度会大致从发射区的 $10^{18} \mathrm{cm}^{-3}$ 迅速降低到 $10^{3} \mathrm{cm}^{-3}$，同时电流密度 ($J_{\mathrm{n(p)}} = \mu_{\mathrm{n(p)}} n \left(p \right) \nabla E_{\mathrm{Fe(h)}}$) 与能流密度却是幅值有限且变化缓慢的。对于太阳电池，直观或半导体物理告诉我们，静电势导致载流子浓度巨大起伏，而电子/空穴准 Fermi

能和温度又部分抵消了载流子浓度的巨大起伏，使得电流密度和能流密度在空间的变换比较缓慢，实际上 (10.1.3.4a) 和 (10.1.3.4b) 已经体现了这种抵消效应，引入所谓的 Slotboom 变量[10,11]，以 Maxwell-Boltzmann 统计形式描述一遍：

$$\boldsymbol{J}_\mathrm{n} = \mu_\mathrm{n} N_\mathrm{c} \mathrm{e}^{qV} \nabla \mathrm{e}^{E_\mathrm{Fe}-E_\mathrm{c}} = \mu_\mathrm{n} N_\mathrm{c} \mathrm{e}^{qV} \nabla u \tag{10.1.4.1a}$$

$$\boldsymbol{J}_\mathrm{p} = -\mu_\mathrm{p} N_\mathrm{v} \mathrm{e}^{-qV} \nabla \mathrm{e}^{E_\mathrm{v}-E_\mathrm{Fh}} = -\mu_\mathrm{p} N_\mathrm{v} \mathrm{e}^{-qV} \nabla v \tag{10.1.4.1b}$$

相应的载流子浓度成为：$n = N_\mathrm{c} \mathrm{e}^{qV} u$，$p = N_\mathrm{v} \mathrm{e}^{-qV} v$，Fermi-Dirac 统计也有类似形式。

选择了主变量 u 后，方程组 (10.1.1.3a)~(10.1.1.3f) 成为散度型二阶偏微分方程：

$$Qu = \mathrm{div}\,[A(x,u,\mathrm{D}u)] + f(x,u,\mathrm{D}u) = 0 \tag{10.1.4.2}$$

这里明确，稳态方程 (10.1.1.3a)~(10.1.1.3f) 中只有量子隧穿引起的产生复合项使得连续性方程与能流方程的 $f(x,u,\mathrm{D}u)$ 含有静电势的一阶导数，其他情况下 $f(x,u,\mathrm{D}u) = f(x,u)$。

散度形式偏微分方程根据 $A(x,u,\mathrm{D}u)$ 依据一阶项和零阶项之间的耦合程度，又可分为完全非线性、拟线性、半线性和线性方程等四类。以我们上面得到的散度型二阶方程为例，如果 $A(x,u,\mathrm{D}u)$ 是关于 u、$\mathrm{D}u$ 的非线性函数，即一阶与二阶微分项是完全耦合在一块的，则称为完全非线性；如果 $A(x,u,\mathrm{D}u) = A(x,u)\mathrm{D}u$，$A(x,u)$ 是 x、u 的非线性函数，比如电子 (空穴) 电流密度 $\boldsymbol{J}_\mathrm{n} = \mu_\mathrm{n}\{\nabla[N_\mathrm{c} F_\mathrm{3h}(\eta_\mathrm{e}) k_\mathrm{B} T_\mathrm{e}] + n N_\mathrm{c} F_\mathrm{1h}(\eta_\mathrm{e}) \nabla E_\mathrm{c}'\}$ 与能流密度 $\boldsymbol{S}_\mathrm{n} = -\kappa_\mathrm{n} \nabla T_\mathrm{e} - \dfrac{5}{2} k_\mathrm{B} \dfrac{t_\mathrm{e}}{g_\mathrm{e}} \dfrac{\boldsymbol{J}_\mathrm{n}}{q}$，则称为拟线性 (quasilinear)，展开成完全形式为

$$\sum_{|\alpha|=2} a_\alpha(x,u,\mathrm{D}u) D^\alpha u + f(x,u,\mathrm{D}u) = 0 \tag{10.1.4.3}$$

例如，均匀带边态密度下的电子电流密度为

$$\boldsymbol{J}_\mathrm{n} = \mu_\mathrm{n} N_\mathrm{c} \{F_\mathrm{1h}(\eta_\mathrm{e}) k_\mathrm{B} T_\mathrm{e} \nabla \eta_\mathrm{e} + F_\mathrm{3h}(\eta_\mathrm{e}) \nabla(k_\mathrm{B} T_\mathrm{e}) + n N_\mathrm{c} F_\mathrm{1h}(\eta_\mathrm{e}) \nabla E_\mathrm{c}'\} \tag{10.1.4.4}$$

这样电子/空穴连续性方程和能流方程为拟线性二阶方程。

如果 $A(x,u,\mathrm{D}u) = A(x)\mathrm{D}u$ 只是空间位置的函数，则称为半线性 (semilinear)。例如，Poisson 方程，$A(x,u,\mathrm{D}u) = \varepsilon_\mathrm{s}(x)\mathrm{D}u$；热传导方程，$A(x,u,\mathrm{D}u) = \kappa(x)\mathrm{D}u$；Slotboom 变量表示下的方程 (10.1.4.1a) 和 (10.1.4.1b) 中，$A_\mathrm{n}(x,u,\mathrm{D}u) = \mu_\mathrm{n} N_\mathrm{c} \mathrm{e}^{qV+\chi_\mathrm{e}} \mathrm{D}u$ 和 $A_\mathrm{p}(x,u,\mathrm{D}u) = \mu_\mathrm{p} N_\mathrm{v} \mathrm{e}^{-qV-\chi_\mathrm{h}} \mathrm{D}u$；等等。(10.1.4.2) 成为

$$\mathrm{div}\,[A(x)\mathrm{D}u] + f(x,u) = A(x)\mathrm{D}^2 u + \nabla A(x)\mathrm{D}u + f(x,u) = 0 \tag{10.1.4.5}$$

这里我们没有对 $f(x, u, \mathrm{D}u)$ 做任何要求，如果 $f(x, u, \mathrm{D}u) = f_1(x)u + f_2(x)$，则称为线性 (linear)。到目前为止，(10.1.1.3a)~(10.1.1.3f) 不能存在任何线性偏微分方程，依据这种分类，Poisson 方程、热传导方程与 Slotboom 变量的连续性方程为半线性二阶方程。

进一步观察，Poisson 方程 ε_s（每种半导体材料的介电常数都是大于零的）、热传导方程 κ、(10.1.4.4) 定义的电子电流密度（关于迁移率，太阳电池的光生电场与 pn 结内建电场方向相反，综合电场强度比较弱，离化效应小，根据前面的物理分析，这种情况下迁移率存在一个最小值）、能流密度、Slotboom 变量表示下的连续性方程所对应的 $0 < A(x, u)$，具备这种性质的方程称为椭圆偏微分方程，数学表示为

$$0 < \lambda(x) \leqslant A(x, u) \leqslant \Lambda(x) \tag{10.1.4.6}$$

如果 $0 < \lambda_0 < \lambda(x)$，$A(x, u)$ 存在固定下界，如迁移率有最小值，则方程的这种特性称为严格椭圆；进一步，如果 $A(x, u)$ 的上下界的比值 $\dfrac{\Lambda(x)}{\lambda(x)}$ 在 Ω 内有界，则称为一致或均匀椭圆，比值越趋近于 1，椭圆的一致性越好。可以看出，连续性方程和能流方程由于载流子浓度的巨大变化，上下界的比值非常大，这对数值方法提出了新挑战；而 Poisson 方程与热传导方程因介电常数与热传导系数的变化有限，导致上下界比值接近于 1，从而数值分析也不是很困难的事情。需要注意的是，对于非线性方程，需要用 $A(x, u, \mathrm{D}u)$ 的本征值来对方程进行分类，而拟线性方程中 $A(x, u)$ 为对角矩阵 [12]。

10.2 解的存在性

解的存在性包含两层意思：首先，偏微分方程组本身需要在器件区域 Ω 及边界 $\partial\Omega$ 上存在满足一定要求的解；其次，偏微分方程组通常采用迭代的方法求解，所设计的迭代算符存在解，而且这个解需要最终与方程体系所表征的真实解一致。

无论哪种情形，解的存在通常转换成判断算符是否在某个函数集合上存在不动点：

$$Tx = x \tag{10.2.1}$$

10.2.1 古典解

根据方程中 $f(x, u, \mathrm{D}u)$ 都是连续函数的特点，解应该满足：
(1) 器件区域内 Ω 上至少二阶导数连续有界 $C^2(\Omega)$：

$$\int \left[|u(x)|^2 + |\mathrm{D}u(x)|^2 + |\mathrm{D}^2 u(x)|^2 \right] \mathrm{d}x < \infty \tag{10.2.1.1}$$

10.2 解的存在性

(2) 边界区域 $\partial\Omega$ 上连续 $C(\partial\Omega)$(如 Ohmic 或 Schottky 接触的 Poisson 方程金属半导体接触端具有固定值,面电荷为 0 的 Poisson 方程与热传导方程进一步具有异质界面变量一阶导数连续的特征 $C^1(\partial\Omega)$)。这样解的空间可以统一表示成 $C(\partial\Omega)\cup C^2(\Omega)=C(\bar{\Omega})\cap C^2(\Omega)$,满足这种要求的解称为古典解或经典解。

满足 (10.2.1.1) 要求的函数 $u(x)$ 的集合称为 $W_2^2(\Omega)$ 空间,其中下标是导数的最高阶数,上标是绝对值的幂次。在 $W_2^2(\Omega)$ 的基础上可以定义 $\|u\|_{W_2^2(\Omega)}$ 范数[13]:

$$\|u\|_{W_2^2(\Omega)}=\left\{\int\left[|u(x)|^2+|Du(\boldsymbol{x})|^2+|D^2u(\boldsymbol{x})|^2\right]\mathrm{d}x\right\}^{\frac{1}{2}} \quad (10.2.1.2)$$

$W_2^1(\Omega)$ 有个专门的标志,即 $H^1(\Omega)$ 是 Ω 上函数本身及梯度平方可积函数的集合:

$$\int\left[|u(x)|^2+|Du(x)|^2\right]\mathrm{d}x<\infty \quad (10.2.1.3)$$

更一般地,有 Sobolev 空间 $W_p^k(\Omega)$,即开区域 Ω 上直到 k 次微分的各项绝对值的 p 次方的积分值有限的函数集合:

$$W_p^k(\Omega)=\left\{f(x)\bigg|\sum_{|\alpha|\leqslant k}\|D^\alpha\boldsymbol{f}\|_{L^p(\Omega)}<\infty\right\}$$

及其附属范数:

$$\|f\|_{W_p^k(\Omega)}=\left(\sum_{|\alpha|\leqslant k}\|D^\alpha\boldsymbol{f}\|_{L^p(\Omega)}^p\right)^{1/p}$$

另外还有函数空间 $L^p(\Omega)$ 与 $L^\infty(\Omega)$ 及其范数。$L^p(\Omega)$ 表示在区域 Ω 上绝对值的 p 次方积分有限的函数集合,并把积分值的 p 次方根定义成其范数。$L^\infty(\Omega)$ 表示在区域 Ω 上绝对值的最大值,并把绝对值的最大值定义成其范数。即

$$L^p(\Omega)=\left\{f(x)\bigg|\int_\Omega f(x)|^p\mathrm{d}x<\infty\right\}$$
$$\|f\|_{L^p(\Omega)}=\left(\int_\Omega|f(x)|^p\mathrm{d}x\right)^{1/p} \quad (10.2.1.4\mathrm{a})$$

$$L^\infty(\Omega)=\{f(x)\,|\mathrm{ess}\sup|f(x)|<\infty\}$$
$$\|f\|_{L^\infty(\Omega)}=\mathrm{ess}\sup|f(x)| \quad (10.2.1.4\mathrm{b})$$

根据讨论,每层材料内部静电势、晶格温度、电子/空穴系综准 Fermi 能/特征温度 $u=(V, T_{\mathrm{L}}, E_{\mathrm{Fe}}, E_{\mathrm{Fh}}, T_{\mathrm{e}}, T_{\mathrm{h}})$ 属于 Sobolev 空间 $W_2^2(\Omega)$,而边界上不满足,异质界面上除了静电势与晶格温度外物理量发生跳跃,如图 8.1.3 所示的 E_{Fe}、E_{Fh} 的不连续性。

在范数的基础上定义空间中两个成员的距离 $\rho(x,y)$,如 $W_2^2(\Omega)$ 上:

$$\rho(x,y) = \|x-y\|_{W_2^2(\Omega)}$$

如同绝对值用来刻画函数的连续性一样,范数用来刻画更广义的函数空间的连续性,如上述算符的连续性为

$$\rho(u_n, u) = \|u_n - u\|_{W^{2,2}(\Omega)} \to 0 \Longrightarrow \rho(Au_n, Au) = \|Au_n - Au\|_{W^{2,2}(\Omega)} \to 0$$
(10.2.1.5)

如果空间中所有满足 $\lim\limits_{n,m\to\infty} \rho(u_n, u_m) = 0$ 的序列 (柯西 (Cauchy) 序列) 都收敛,即存在某个 u,满足 $\lim\limits_{n\to\infty} \rho(u_n, u) = 0$,则称这个空间是完备的 (标志为巴拿赫 (Banach) 空间);如果某个集合中所有 Cauchy 序列的极限 u 也在集合内,则称集合为闭集合;如果算符在 Banach 空间上有界闭凸集的映射像也都收敛 (极限不一定在映射像中,从 (10.2.1.6) 可以看出算符是连续的,称映射像在有界闭解中预紧致),则这样的算符称为紧致算符 (实空间简化为连续算符)。由此可以引出绍德尔 (Schauder) 不动点定理:Banach 空间上的有界闭凸集到自身的连续算符有不动点 (10.2.1)[14]。因此解的存在性体现出两点:① 证明输运方程中算符是连续算符;② 找到解所存在的有界闭凸集。

(10.1.3.3a)、(10.1.3.3b) 与 (10.1.3.4a)、(10.1.3.4b) 对应的二阶拟线性椭圆偏微分方程体系,算符的连续性是显而易见的,剩下的就是寻找有界闭集。这通常不好寻找,但椭圆方程有一个特性:比较原理,即算符的值大小顺序决定了函数的大小顺序。如非线性二阶椭圆偏微分方程边值问题[15]:

$$\begin{cases} f(x, u, \mathrm{D}u, \mathrm{D}^2 u) = 0, & x \in \Omega \\ au + b\dfrac{\partial u}{\partial \boldsymbol{n}} = \phi, & x \in \partial\Omega \end{cases}$$

其中,f 关于 u 严格递减,$a(x)$、$b(x)$ 和 $\phi(x)$ 在边界上连续,且 $a(x) > 0, b(x) \geqslant 0$。如果有函数 $v, w \in C^1(\bar{\Omega}) \cap C^2(\Omega)$,满足:

$$\begin{cases} f(x, w, \mathrm{D}w, \mathrm{D}^2 w) \leqslant f(x, v, \mathrm{D}v, \mathrm{D}^2 v), & x \in \Omega \\ aw + b\dfrac{\partial w}{\partial \boldsymbol{n}} \geqslant av + b\dfrac{\partial v}{\partial \boldsymbol{n}}, & x \in \partial\Omega \end{cases}$$

10.2 解的存在性

那么在整个器件区域 $\bar{\Omega}$ 上有

$$v \leqslant w \tag{10.2.1.6}$$

关于散度形式 (10.1.4.2) 的比较原理有如下结论 [16]：

如果 $f(x, u, Du)$ 是关于 u 的非增函数的情形，对于包含边界的整个器件区域存在一阶导数连续的两个函数 $(u, v \in C^1(\bar{\Omega}))$，其中一个在 (10.1.4.2) 作用下不小于 0，另外一个不大于 0，边界满足前者不大于后者，则在整个器件区域上前者不大于后者：

$$\begin{cases} Qu \geqslant 0, \quad Qv \leqslant 0, & x \in \Omega \\ u \leqslant v, & x \in \partial\Omega \end{cases} \Rightarrow u \leqslant v, x \in \bar{\Omega}$$

现在观察 (10.1.1.3a)~(10.1.1.3f) 中所定义的椭圆算符的比较特性，有如下几个结论。

(1) Poisson 方程关于静电势是单调递减的，如 Poisson 方程的非齐次项：

$$f(x, u) = q \left[p - n + N_D f^+ (n, p) - N_A f^- (n, p) \right]$$

假设 $f^+(n, p)$ 与 $f^-(n, p)$ 服从单能级统计 (5.6.1.9) 和 (5.6.1.10)，根据定义并结合 (5.9.2.5) 和 (5.9.2.6)，p, $-n$, $f^+(n, p)$ 和 $-f^-(n, p)$ 是 qV 的递减函数，因此可以在静电势的器件区域内寻找其上限与下限，通常上下限是由 $N_D f^+(n, p) - N_A f^-(n, p)$ 的极值所决定的。

(2) 热传导方程关于晶格温度是单调递减的，这可以从带隙以及载流子能量对晶格温度的依赖特性得出。

(3) 扩散漂移体系中的连续性方程关于电子/空穴准 Fermi 能级不是单调递减的，考察 SRH 复合速率关于载流子浓度的偏导数就可以知道。但如果固定住其分母，则 (10.1.3.4a) 及 (10.1.3.4b) 定义的连续性方程就具有很好的关于 Slotboom 变量的单调递减特性。

借助于椭圆方程的比较原理知道，如果能够构造出解所存在的下界与上界，则方程存在位于上下界中的解，如对于 n 维实数空间中有界区域 Ω 上的拟线性椭圆方程：

$$\begin{cases} Lu = -\boldsymbol{A}(x, u, Du) D^2 u + \boldsymbol{B}(x) Du + c(x) u = f(x, u, Du), & x \in \Omega \\ Bu = au + b\dfrac{\partial u}{\partial \boldsymbol{n}} = \phi, & x \in \partial\Omega \end{cases}$$

其中，$c(x) > 0$，$f(x, u, Du)$ 具有由 u 和 Du 所定义的界 (称为 Nagumo 条件)：

$$|f(x, u, Du)| \leqslant \psi(|u|) \left(1 + |Du|^2\right)$$

且存在常数 γ, τ, 满足:

$$\begin{cases} f(x,\tau,0) \leqslant f(x,\gamma,0), & x \in \Omega \\ a(x)\gamma \leqslant \phi(x) \leqslant a(x)\tau, & x \in \partial\Omega \end{cases} \quad (10.2.1.7)$$

则边值问题存在位于区间 $[\gamma,\tau]$ 内的解:

$$\gamma \leqslant u(x) \leqslant \tau \quad (10.2.1.8)$$

且 u 的一阶导数有仅与上述参数相关的界。显而易见，Poisson 方程、热传导方程和 Slotboom 变量表示下的连续性方程中 $c(x)=0$，且 $|f(x,u,\mathrm{D}u)| \leqslant \psi(|u|)$ 不显含一阶导数。如果材料均匀的话，则也不显含坐标 x，这使得 γ 和 τ 的寻找容易起来。

上述定理证明中，构造了一个由 $v \in C^1(\bar{\Omega})$ 初始点所定义的紧致算符迭代 $Tv = u$:

$$T: \begin{cases} Lu = f(x,v,\mathrm{D}v), & x \in \Omega \\ Bu = \phi, & x \in \partial\Omega \end{cases} \quad (10.2.1.9)$$

除了非线性项能够定义式 (10.2.1.7) 的界限外，微分算符也能定义所谓的上下解 $\bar{u}(\underline{u})$，如

$$\begin{cases} L\bar{u}(\underline{u}) \geqslant (\leqslant) f(x,\bar{u}(\underline{u}),\mathrm{D}\bar{u}(\underline{u})), & x \in \Omega \\ B\bar{u}(\underline{u}) \geqslant (\leqslant) \phi, & x \in \partial\Omega \end{cases} \quad (10.2.1.10)$$

若 $\underline{u} \leqslant \bar{u}$，则在区间 $\left[\min\limits_{\Omega} \underline{u}, \max\limits_{\Omega} \bar{u}\right]$ 中存在解 u 且一阶导数有界:

$$\underline{u}(x) \leqslant u(x) \leqslant \bar{u}(x) \quad (10.2.1.11)$$

进一步，如果 $c(x) > -M$，非线性项与一阶导数无关: $f(x,u,\mathrm{D}u) = f(x,u)$ 且满足单边 Lifshitz 条件——对于任意的 $u \geqslant v \in \left[\min\limits_{\Omega} \underline{u}, \max\limits_{\Omega} \bar{u}\right]$, $f(x,u) - f(x,v) \geqslant -M(u-v)$，则在闭集 $[\underline{u},\bar{u}]$ 中存在由紧致算符 T

$$Tv = u: \begin{cases} Lu + Mu = f(x,v) + Mv, & x \in \Omega \\ Bu = \phi, & x \in \partial\Omega \end{cases} \quad (10.2.1.12)$$

所定义的单调递增的收敛下序列 $\{\underline{u}_m = T^m \underline{u}\} \to \hat{\underline{u}}$ 和单调递减的收敛上序列 $\{\bar{u}_m = T^m \bar{u}\} \to \hat{\bar{u}}$，这两个序列极限分别为边值问题在 $[\underline{u},\bar{u}]$ 中的最小解与最大解。

10.2 解的存在性

(10.2.1.7) 和 (10.2.1.10) 告诉我们寻找 $u(x)$ 上下界的一个简单直接的方法，以 Slotboom 变量形式的 3 成员扩散漂移方程体系为例，假设 u 和 v 的界限为：存在常数 $K \geqslant 1$ 满足 $\frac{1}{K} \leqslant u(x), v(x) \leqslant K$，Poisson 方程的非线性项 $f(x, qV) = ue^{qV} - ve^{-qV} - C(x)$ 是关于 qV 和 u 的单调递增函数，关于 v 和 $C(x)$ 的单调递减函数，其上下界分别为

$$\begin{aligned} f(x, \underline{qV}) &= Ke^{qV} - \frac{1}{K}e^{-qV} - \underline{C} \\ f(x, \overline{qV}) &= \frac{1}{K}e^{qV} - Ke^{-qV} - \overline{C} \end{aligned} \quad (10.2.1.13)$$

其中，$\overline{C}$ 和 $\underline{C}$ 分别是掺杂在区域上的上下极值，满足 $L\underline{qV} \leqslant f(x, \underline{qV})$ 和 $L\overline{qV} \geqslant f(x, \overline{qV})$。求解 (10.2.1.13) 分别得到

$$\begin{aligned} \underline{qV} &= \ln \frac{\underline{C} + \sqrt{\underline{C}^2 + 4}}{2K} \\ \overline{qV} &= \ln \frac{K^2 + \sqrt{K^2 + 4\overline{C}K}}{2} \end{aligned} \quad (10.2.1.14)$$

再结合边界条件，可以得到总的静电势上下界为

$$\begin{aligned} \underline{qV} &= \min_{\Omega} \left(qV_{\partial \Omega_{\mathrm{D}}}, \ln \frac{\underline{C} + \sqrt{\underline{C}^2 + 4}}{2K} \right) \\ \overline{qV} &= \max_{\Omega} \left(qV_{\partial \Omega_{\mathrm{D}}}, \ln \frac{K^2 + \sqrt{K^2 + 4\overline{C}K}}{2} \right) \end{aligned} \quad (10.2.1.15)$$

结合式 (5.9.1.1) 以 u 为主变量，复合速率的上下界分别为

$$\begin{aligned} R(x, \underline{qV}) &= \frac{Ku - 1}{\tau_{\mathrm{p}}\left(\frac{e^{qV}}{K} + 1\right) + \tau_{\mathrm{p}}\left(\frac{e^{-\overline{qV}}}{K} + 1\right)} \\ R(x, \overline{qV}) &= \frac{\frac{u}{K} - 1}{\tau_{\mathrm{p}}\left(Ke^{\overline{qV}} + 1\right) + \tau_{\mathrm{p}}\left(Ke^{-\underline{qV}} + 1\right)} \end{aligned} \quad (10.2.1.16)$$

依据 (10.2.1.9) 和 (10.2.1.10) 可以知道 $\underline{u} = \frac{1}{K}$，$\bar{u} = K$，因此 $u(x)$ 在上下解之间有解，同理也适用于 v，这证明了 3 成员漂移扩散体系存在经典解。

现实中，依据太阳电池是一种外加电压主导的器件这一物理内涵，通常先从 Poisson 方程确定静电势关于 (10.2.1.7) 所定义的 γ 和 τ，以及 (10.2.1.9) 所定义

的上下解 $\bar{u}(\underline{u})$，然后再证明连续性方程的解也在这个范围内，这对 3 成员的扩散漂移体系通常是直接的 [17,18]。但是对于 6 成员能量输运方程体系而言，能流方程和热传导方程使得这个过程变得复杂起来 [19-22]，关于量子修正漂移扩散体系的存在性证明请参考文献 [23]。

解的存在还有另外一方面内容：解及其导数范围的估计，这里不再引述，可以参考文献 [24]，通常这种估计是建立在没有解的详细信息的基础上，称为先验估计。

【练习】
1. 证明 $f^+(n,p)$ 和 $-f^-(n,p)$ 是 qV 的递减函数。
2. 观察能量输运方程中非线性项是否满足比较原理的条件。

10.2.2 弱解

散度形式的偏微分方程通过分部积分可以表示成所谓弱解的形式。弱解相对于经典解，对函数导数性质的要求降低了，如 (10.2.2.1) 所示，散度型方程的弱解 $u \in H^1(\Omega)$ 的定义为：对于 Ω 中任何的一阶可微函数 φ，积分等式所定义的解 u 称为其弱解 [25,26]，即

$$\int [A(x,u) \mathrm{D}u \cdot \mathrm{D}\varphi + f(x,u)\varphi] \mathrm{d}x - A(x,u) \mathrm{D}u \varphi|_{\partial\Omega} = 0 \qquad (10.2.2.1)$$

有时把 φ 称为试探函数。表 10.1.1 中输运方程的弱解形式分成两类：一类是 Poisson 方程与热传导方程，另一类是连续性方程与能流方程，弱解形式分别为

$$\int \varepsilon \mathrm{D}V \cdot \mathrm{D}\varphi \mathrm{d}x - \int \rho\varphi \mathrm{d}x - \varepsilon \mathrm{D}V\varphi|_{\partial\Omega} = 0 \qquad (10.2.2.2\mathrm{a})$$

$$\int \boldsymbol{J}_n \cdot \mathrm{D}\varphi \mathrm{d}x - \int (G-R)\varphi \mathrm{d}x - \boldsymbol{J}_n\varphi|_{\partial\Omega} = 0 \qquad (10.2.2.2\mathrm{b})$$

下面假设 $f(x,u) = f(x)$，如果 $A(x,u)$ 不含有 u，则称 $a(u,v) = \int [A(x,u)\mathrm{D}u \cdot \mathrm{D}\varphi]\mathrm{d}x$ 定义了一个所谓关于 u 和 φ 的对称双线型：

$$a(c_1 u_1 + c_2 u_2, v) = c_1 a(u_1, v) + c_2 a(u_2, v) \qquad (10.2.2.3\mathrm{a})$$

$$a(u,v) = a(v,u) \qquad (10.2.2.3\mathrm{b})$$

显而易见，Poisson 方程、热传导方程和 (10.1.3.4a)、(10.1.3.4b) 能够转换成对称双线型。

根据泛函分析的基本结论，如果 $a(u,v)$ 是希尔伯特 (Hilbert) 空间上的双线型，则具有如下特性：

(i) $a(u,v)$ 有界：如果存在常数 $M\geqslant 0$，使得 $|a(u,v)|\leqslant M\|u\|\cdot\|v\|$，$\forall u,v\in H$；

(ii) $a(u,v)$ 强制：如果存在常数 $\alpha\geqslant 0$，使得 $a(v,v)\geqslant\alpha\|v\|_H^2$，$\forall v\in H$，则对于 H 上任一有界线性泛函 $F(v)$，表达式：

$$a(u,v) = F(v), \quad \forall v \in H \tag{10.2.2.4}$$

存在且有唯一的 u。这个定理也称为 Lax-Milgram 定理，它保证了弱解的存在和唯一。(10.2.2.1) 通常称作椭圆方程的变分形式 [27]。

如果进一步限定 v 的函数空间为有限维多项式组成的子空间 $V_h \in H^1$，那么 u 的对应函数空间也是 V_h，这就引出了伽辽金 (Galerkin) 近似问题：

$$a(u_h, v) = F(v), \quad \forall v \in V_h \tag{10.2.2.5}$$

寻找满足 (10.2.2.4) 的 u_h，构成了有限元法的理论基础。

数值方法中的有限体积法与有限元法都对应的是弱解而不是经典解，但弱解与经典解之间存在一定的关联关系。通常还需要考虑弱解是否光滑，即正则性，在我们所遇到的半导体太阳电池方程中，弱解在每层材料内部都是光滑的。

另外还有链接 Hilbert 空间 H 上泛函与内积的里斯 (Riesz) 表示定理，即 H 上的有界线性泛函 $F(u)$ 可以表示成内积的形式：存在唯一的 $u \in H$，使得 $F(u) = \langle u, v\rangle$，$\forall v \in H$，其中 $\langle u, v\rangle$ 是空间 H 中的内积。对于散度型椭圆方程，定义内积：

$$\langle u, v\rangle = \int A(x)\mathrm{D}u \cdot \mathrm{D}v dx \tag{10.2.2.6}$$

10.2.3 迭代映射

(10.2.1.10) 和 (10.2.1.12) 定义了迭代映射，从初始值开始每一步计算得到增量 δu，然后更新变量 $u^{\mathrm{new}} = u^{\mathrm{old}} + \delta u$，一种常用的形式为牛顿 (Newton) 迭代，用弗雷歇 (Fréchet) 导数表示 Jacobian 行列式：

$$\mathrm{D}_u F\left(u^{\mathrm{old}}\right)\delta u = -F\left(u^{\mathrm{old}}\right) \tag{10.2.3.1}$$

含有微分算符的泛函 F 的 Fréchet 导数 D_u 依据范数定义 [28]：

$$\lim_{h\to 0}\frac{\|F(u+h) - F(u) - \mathrm{D}_u F(u)h\|}{\|h\|} = 0 \tag{10.2.3.2}$$

一般的 6 成员能量输运方程体系迭代映射为

$$\frac{\partial f_V}{\partial V}\delta V + \frac{\partial f_V}{\partial \eta_e}\delta\eta_e + \frac{\partial f_V}{\partial \eta_h}\delta\eta_h + \frac{\partial f_V}{\partial T_e}\delta T_e + \frac{\partial f_V}{\partial T_h}\delta T_h + \frac{\partial f_V}{\partial T_L}\delta T_L = -f_V^{\mathrm{old}} \tag{10.2.3.3a}$$

$$\frac{\partial f_{\eta_e}}{\partial V}\delta V + \frac{\partial f_{\eta_e}}{\partial \eta_e}\delta\eta_e + \frac{\partial f_{\eta_e}}{\partial \eta_h}\delta\eta_h + \frac{\partial f_{\eta_e}}{\partial T_e}\delta T_e + \frac{\partial f_{\eta_e}}{\partial T_h}\delta T_h + \frac{\partial f_{\eta_e}}{\partial T_L}\delta T_L = -f_{\eta_e}^{\text{old}} \quad (10.2.3.3\text{b})$$

$$\frac{\partial f_{\eta_h}}{\partial V}\delta V + \frac{\partial f_{\eta_h}}{\partial \eta_e}\delta\eta_e + \frac{\partial f_{\eta_h}}{\partial \eta_h}\delta\eta_h + \frac{\partial f_{\eta_h}}{\partial T_e}\delta T_e + \frac{\partial f_{\eta_h}}{\partial T_h}\delta T_h + \frac{\partial f_{\eta_h}}{\partial T_L}\delta T_L = -f_{\eta_h}^{\text{old}} \quad (10.2.3.3\text{c})$$

$$\frac{\partial f_{T_e}}{\partial V}\delta V + \frac{\partial f_{T_e}}{\partial \eta_e}\delta\eta_e + \frac{\partial f_{T_e}}{\partial \eta_h}\delta\eta_h + \frac{\partial f_{T_e}}{\partial T_e}\delta T_e + \frac{\partial f_{T_e}}{\partial T_h}\delta T_h + \frac{\partial f_{T_e}}{\partial T_L}\delta T_L = -f_{T_e}^{\text{old}} \quad (10.2.3.3\text{d})$$

$$\frac{\partial f_{T_h}}{\partial V}\delta V + \frac{\partial f_{T_h}}{\partial \eta_e}\delta\eta_e + \frac{\partial f_{T_h}}{\partial \eta_h}\delta\eta_h + \frac{\partial f_{T_h}}{\partial T_e}\delta T_e + \frac{\partial f_{T_h}}{\partial T_h}\delta T_h + \frac{\partial f_{T_h}}{\partial T_L}\delta T_L = -f_{T_h}^{\text{old}} \quad (10.2.3.3\text{e})$$

$$\frac{\partial f_{T_L}}{\partial V}\delta V + \frac{\partial f_{T_L}}{\partial \eta_e}\delta\eta_e + \frac{\partial f_{T_L}}{\partial \eta_h}\delta\eta_h + \frac{\partial f_{T_L}}{\partial T_e}\delta T_e + \frac{\partial f_{T_L}}{\partial T_h}\delta T_h + \frac{\partial f_{T_L}}{\partial T_L}\delta T_L = -f_{T_L}^{\text{old}} \quad (10.2.3.3\text{f})$$

显而易见，若 (10.2.3.1) 存在解，至少需要 $D_u F\left(u^{\text{old}}\right)$ 连续可微有界。下面抽取 (10.1.1.3a)~(10.1.1.3f) 所对应的 Fréchet 导数，这些导数确立了所有自函数需要返回的数值个数。

1) Poisson 方程

$$\text{div}\left(\varepsilon_s \nabla \delta V\right) + q\left[\delta N_D^+(x) - \delta N_A^-(x) + \delta p(x) - \delta n(x)\right] = -f_V^{\text{old}} \quad (10.2.3.4\text{a})$$

$$\delta p(x) = \frac{\partial p}{\partial \eta_h}\delta\eta_h \quad (10.2.3.4\text{b})$$

$$\delta n(x) = \frac{\partial n}{\partial \eta_e}\delta\eta_e \quad (10.2.3.4\text{c})$$

$$\delta N_D^+ = N_D\left(\frac{\partial f^0}{\partial \eta_e}\delta\eta_e + \frac{\partial f^0}{\partial \eta_h}\delta\eta_h + \frac{\partial f^0}{\partial T_L}\delta T_L\right) \quad (10.2.3.4\text{d})$$

$$\delta N_A^- = N_A\left(\frac{\partial f^1}{\partial \eta_e}\delta\eta_e + \frac{\partial f^1}{\partial \eta_h}\delta\eta_h + \frac{\partial f^1}{\partial T_L}\delta T_L\right) \quad (10.2.3.4\text{e})$$

(10.2.3.4a) 利用散度算符与变分算符的可交换性可以转换成

$$\text{div}\left[\varepsilon_s \nabla \delta V\right] = \frac{\partial\left[\text{div}\left(\varepsilon_s \nabla V\right)\right]}{\partial V}\delta V \quad (10.2.3.4\text{f})$$

占据概率对约化 Fermi 能的微分可以借助 (5.9.2.5) 和 (5.9.2.6) 计算得到。

2) 晶格热流方程

$$C_L \text{div}\left(\kappa \nabla \delta T_L\right) + \delta\left\{R\left[w_n + E_g(T_L) + w_p\right]\right\} + \frac{\delta\left(nw_n - n^0 w_n^0\right)}{\tau_{w_n}}$$

10.2 解的存在性

$$+\frac{\delta\left(pw_{\mathrm{p}}-p^{0}w_{\mathrm{p}}^{0}\right)}{\tau_{w\mathrm{p}}}=-f_{T_{\mathrm{L}}}^{\mathrm{old}} \tag{10.2.3.5a}$$

$$\delta R=\frac{\partial R}{\partial\eta_{\mathrm{e}}}\delta\eta_{\mathrm{e}}+\frac{\partial R}{\partial\eta_{\mathrm{h}}}\delta\eta_{\mathrm{h}}+\frac{\partial R}{\partial T_{\mathrm{L}}}\delta T_{\mathrm{L}} \tag{10.2.3.5b}$$

$$\delta\left[w_{\mathrm{n}}+E_{\mathrm{g}}\left(T_{\mathrm{L}}\right)+w_{\mathrm{p}}\right]=\frac{\partial w_{\mathrm{n}}}{\partial\eta_{\mathrm{e}}}\delta\eta_{\mathrm{e}}+\frac{\partial E_{\mathrm{g}}\left(T_{\mathrm{L}}\right)}{\partial T_{\mathrm{L}}}\delta T_{\mathrm{L}}+\frac{\partial w_{\mathrm{p}}}{\partial\eta_{\mathrm{h}}}\delta\eta_{\mathrm{h}} \tag{10.2.3.5c}$$

$$\delta\left(nw_{\mathrm{n}}-n^{0}w_{\mathrm{n}}^{0}\right)=\frac{\partial\left(nw_{\mathrm{n}}\right)}{\partial\eta_{\mathrm{e}}}\delta\eta_{\mathrm{e}}-\frac{\partial\left(n^{0}w_{\mathrm{n}}^{0}\right)}{\partial\eta_{\mathrm{e}}^{0}}\delta\eta_{\mathrm{e}}^{\mathrm{L}} \tag{10.2.3.5d}$$

$$\delta\left(pw_{\mathrm{p}}-p^{0}w_{\mathrm{p}}^{0}\right)=\frac{\partial\left(pw_{\mathrm{p}}\right)}{\partial\eta_{\mathrm{h}}}\delta\eta_{\mathrm{h}}-\frac{\partial\left(p^{0}w_{\mathrm{p}}^{0}\right)}{\partial\eta_{\mathrm{h}}^{0}}\delta\eta_{\mathrm{h}}^{\mathrm{L}} \tag{10.2.3.5e}$$

其中,复合速率对约化 Fermi 能的微分可以借助 (5.9.3.4a) 和 (5.9.3.4b) 计算得到。

3) 电子连续性方程

$$\mathrm{div}\left(\delta\boldsymbol{J}_{\mathrm{n}}\right)-q\delta R=-f_{\eta_{\mathrm{e}}}^{\mathrm{old}} \tag{10.2.3.6a}$$

$$\delta\boldsymbol{J}_{\mathrm{n}}=\frac{\partial\boldsymbol{J}_{\mathrm{n}}}{\partial V}\delta V+\frac{\partial\boldsymbol{J}_{\mathrm{n}}}{\partial\eta_{\mathrm{e}}}\delta\eta_{\mathrm{e}}+\frac{\partial\boldsymbol{J}_{\mathrm{n}}}{\partial T_{\mathrm{e}}}\delta T_{\mathrm{e}} \tag{10.2.3.6b}$$

4) 电子能流方程

$$\mathrm{div}\left(\delta\boldsymbol{S}_{\mathrm{n}}\right)+\delta\left(\boldsymbol{F}\cdot\boldsymbol{J}_{\mathrm{n}}\right)-\delta\left[(G-R)w_{\mathrm{n}}\right]+\frac{\delta\left(nw_{\mathrm{n}}-n^{0}w_{\mathrm{n}}^{0}\right)}{\tau_{w_{\mathrm{n}}}}=-f_{T_{\mathrm{e}}}^{\mathrm{old}} \tag{10.2.3.7a}$$

$$\delta\boldsymbol{S}_{\mathrm{n}}=\frac{\partial\boldsymbol{S}_{\mathrm{n}}}{\partial\boldsymbol{J}_{\mathrm{n}}}\delta\boldsymbol{J}_{\mathrm{n}}+\frac{\partial\boldsymbol{S}_{\mathrm{n}}}{\partial T_{\mathrm{e}}}\delta T_{\mathrm{e}} \tag{10.2.3.7b}$$

5) 空穴连续性方程

$$\mathrm{div}\left(\delta\boldsymbol{J}_{\mathrm{p}}\right)+q\delta R=-f_{\eta_{\mathrm{h}}}^{\mathrm{old}} \tag{10.2.3.8a}$$

$$\delta\boldsymbol{J}_{\mathrm{p}}=\frac{\partial\boldsymbol{J}_{\mathrm{p}}}{\partial V}\delta V+\frac{\partial\boldsymbol{J}_{\mathrm{p}}}{\partial\eta_{\mathrm{h}}}\delta\eta_{\mathrm{h}}+\frac{\partial\boldsymbol{J}_{\mathrm{p}}}{\partial T_{\mathrm{h}}}\delta T_{\mathrm{h}} \tag{10.2.3.8b}$$

6) 空穴能流方程

$$\mathrm{div}\left(\delta\boldsymbol{S}_{\mathrm{p}}\right)+\delta\left(\boldsymbol{F}\cdot\boldsymbol{J}_{\mathrm{p}}\right)-\delta\left[(G-R)w_{\mathrm{p}}\right]+\frac{\delta\left(pw_{\mathrm{p}}-p^{0}w_{\mathrm{p}}^{0}\right)}{\tau_{w_{\mathrm{p}}}}=-f_{T_{\mathrm{h}}}^{\mathrm{old}} \tag{10.2.3.9a}$$

$$\delta\boldsymbol{S}_{\mathrm{p}}=\frac{\partial\boldsymbol{S}_{\mathrm{p}}}{\partial\boldsymbol{J}_{\mathrm{p}}}\delta\boldsymbol{J}_{\mathrm{p}}+\frac{\partial\boldsymbol{S}_{\mathrm{p}}}{\partial T_{\mathrm{h}}}\delta T_{\mathrm{h}} \tag{10.2.3.9b}$$

对于 3 成员扩散漂移体系，变量为 $(V, E_{\mathrm{Fe}}, E_{\mathrm{Fh}})$，假设载流子服从 Maxwell-Boltzmann 统计，存在如下关联关系：$\dfrac{\partial n}{\partial V} = \dfrac{\partial n}{\partial \eta_{\mathrm{e}}} = \dfrac{\partial n}{\partial E_{\mathrm{Fe}}} = n$，$\dfrac{\partial p}{\partial V} = \dfrac{\partial p}{\partial E_{\mathrm{Fh}}} = -\dfrac{\partial p}{\partial \eta_{\mathrm{h}}} = -p$，电流密度具有 (10.1.3.4a) 和 (10.1.3.4b) 的形式，$\delta \boldsymbol{J}_{\mathrm{n}} = \boldsymbol{J}_{\mathrm{n}} \delta V + \mu_{\mathrm{n}} N_{\mathrm{c}} \mathrm{e}^{qV} \nabla \mathrm{e}^{E_{\mathrm{Fe}} - E_{\mathrm{c}}} \delta E_{\mathrm{Fe}}$，$\delta \boldsymbol{J}_{\mathrm{p}} = -\boldsymbol{J}_{\mathrm{p}} \delta V - \mu_{\mathrm{n}} N_{\mathrm{c}} \mathrm{e}^{-qV} \nabla \mathrm{e}^{E_{\mathrm{v}} - E_{\mathrm{Fh}}} \delta \eta_{\mathrm{h}}$，$\rho_{\mathrm{loc}} = N_{\mathrm{D}}^{+}(x) - N_{\mathrm{A}}^{-}(x)$，对应的 Jacobian 为

$$\mathrm{div}\left(\varepsilon_{\mathrm{s}} \nabla \delta V\right) - q\left(n + p - \dfrac{\partial \rho_{\mathrm{loc}}}{\partial V}\right) \delta V - q\left(n - \dfrac{\partial \rho_{\mathrm{loc}}}{\partial E_{\mathrm{Fe}}}\right) \delta E_{\mathrm{Fe}}$$
$$-q\left(p - \dfrac{\partial \rho_{\mathrm{loc}}}{\partial E_{\mathrm{Fh}}}\right) \delta E_{\mathrm{Fh}} = -f_{V}^{\mathrm{old}} \qquad (10.2.3.10\mathrm{a})$$

$$\mathrm{div}\left(\boldsymbol{J}_{\mathrm{n}} \delta V + \mu_{\mathrm{n}} N_{\mathrm{c}} \mathrm{e}^{qV} \nabla \mathrm{e}^{E_{\mathrm{Fe}} - E_{\mathrm{c}}} \delta E_{\mathrm{Fe}}\right) - q \delta R = -f_{E_{\mathrm{Fe}}}^{\mathrm{old}} \qquad (10.2.3.10\mathrm{b})$$

$$-\mathrm{div}\left(\boldsymbol{J}_{\mathrm{p}} \delta V + \mu_{\mathrm{p}} N_{\mathrm{v}} \mathrm{e}^{-qV} \nabla \mathrm{e}^{E_{\mathrm{v}} - E_{\mathrm{Fh}}} \delta E_{\mathrm{Fh}}\right) + q \delta R = -f_{E_{\mathrm{Fh}}}^{\mathrm{old}} \qquad (10.2.3.10\mathrm{c})$$

与 (10.2.3.4f) 类似，交换散度算符与微分算符得到

$$\mathrm{div}\left(\boldsymbol{J}_{\mathrm{n}} \delta V\right) = \dfrac{\partial \left(\mathrm{div} \boldsymbol{J}_{\mathrm{n}}\right)}{\partial V} \delta V \qquad (10.2.3.10\mathrm{d})$$

$$\mathrm{div}\left(\mu_{\mathrm{n}} N_{\mathrm{c}} \mathrm{e}^{qV} \nabla \mathrm{e}^{E_{\mathrm{Fe}} - E_{\mathrm{c}}} \delta E_{\mathrm{Fe}}\right) = \dfrac{\partial \left(\mathrm{div} \boldsymbol{J}_{\mathrm{n}}\right)}{\partial E_{\mathrm{Fe}}} \delta E_{\mathrm{Fe}} \qquad (10.2.3.10\mathrm{e})$$

(10.2.3.10b) 和 (10.2.3.10c) 可以方便地转换为 Slotboom 变量形式：

$$\mathrm{div}\left(\varepsilon_{\mathrm{s}} \nabla \delta V\right) - q\left(n + p - \dfrac{\partial \rho_{\mathrm{loc}}}{\partial V}\right) \delta V - q\left(N_{\mathrm{c}} \mathrm{e}^{qV} - \dfrac{\partial \rho_{\mathrm{loc}}}{\partial u}\right) \delta u$$
$$-q\left(N_{\mathrm{v}} \mathrm{e}^{-qV} - \dfrac{\partial \rho_{\mathrm{loc}}}{\partial v}\right) \delta v = -f_{V}^{\mathrm{old}} \qquad (10.2.3.11\mathrm{a})$$

$$\mathrm{div}\left(\boldsymbol{J}_{\mathrm{n}} \delta V + \mu_{\mathrm{n}} N_{\mathrm{c}} \mathrm{e}^{qV} \nabla \delta u\right) - q \delta R = -f_{u}^{\mathrm{old}} \qquad (10.2.3.11\mathrm{b})$$

$$\mathrm{div}\left(-\boldsymbol{J}_{\mathrm{p}} \delta V - \mu_{\mathrm{p}} N_{\mathrm{v}} \mathrm{e}^{-qV} \nabla \delta v\right) + q \delta R = -f_{v}^{\mathrm{old}} \qquad (10.2.3.11\mathrm{c})$$

迭代的过程中，如果所有的耦合项同等对待，数值处理过程会比较繁复，通常根据实际物理内涵，适当舍掉某些项，如下所述。

(1) 局域电荷对有效电子/空穴浓度或准 Fermi 能级的变化比较缓：$\dfrac{\partial \rho_{\mathrm{loc}}}{\partial V} = \dfrac{\partial \rho_{\mathrm{loc}}}{\partial u} = \dfrac{\partial \rho_{\mathrm{loc}}}{\partial v} \approx 0$，则 Poisson 方程简化成

$$\mathrm{div}\left(\varepsilon_{\mathrm{s}} \nabla \delta V\right) - q\left(n + p\right) \delta V - q N_{\mathrm{c}} \mathrm{e}^{qV} \delta u - q N_{\mathrm{v}} \mathrm{e}^{-qV} \delta v = -f_{V}^{\mathrm{old}} \qquad (10.2.3.12\mathrm{a})$$

10.2 解的存在性

(2) 复合对静电势的变化比较缓,即 $\frac{\partial R}{\partial V}\delta V$,则连续性方程变为

$$\text{div}\left(\boldsymbol{J}_\text{n}\delta V + \mu_\text{n}N_\text{c}\text{e}^{qV}\nabla\delta u\right) - q\left(\frac{\partial R}{\partial u}\delta u + \frac{\partial R}{\partial v}\delta v\right) = -f_\text{u}^\text{old} \quad (10.2.3.12\text{b})$$

$$-\text{div}\left(\boldsymbol{J}_\text{p}\delta V + \mu_\text{p}N_\text{v}\text{e}^{-qV}\nabla\delta v\right) + q\left(\frac{\partial R}{\partial u}\delta u + \frac{\partial R}{\partial v}\delta v\right) = -f_\text{v}^\text{old} \quad (10.2.3.12\text{c})$$

(3) 电子与空穴电流对静电势的变化比较缓,则连续性方程为

$$\text{div}\left(\mu_\text{n}N_\text{c}\text{e}^{qV}\nabla\delta u\right) - q\left(\frac{\partial R}{\partial u}\delta u + \frac{\partial R}{\partial v}\delta v\right) = -f_\text{u}^\text{old} \quad (10.2.3.12\text{d})$$

$$-\text{div}\left(\mu_\text{p}N_\text{v}\text{e}^{-qV}\nabla\delta v\right) + q\left(\frac{\partial R}{\partial u}\delta u + \frac{\partial R}{\partial v}\delta v\right) = -f_\text{v}^\text{old} \quad (10.2.3.12\text{e})$$

通过观察 (10.2.3.12a)~(10.2.3.12c),可以发现方程之间的耦合,Poisson 方程中,散度项中只是独立的静电势,与 u 和 v 的耦合主要体现在载流子与局域电荷上;而电子与空穴连续性方程中,在散度项中设计了对静电势的耦合,其他的耦合都体现在复合产生项上,这也是通常把 Poisson 方程与连续性方程分别对待的原因。同时,连续性方程的散度项中存在 $\mu_\text{n}N_\text{c}\text{e}^{qV}$ ($\mu_\text{p}N_\text{v}\text{e}^{-qV}$) 项,考虑到其在结和界面附近快速起伏的特性,因此需要用载流子浓度对方程进行归一化,这是实际编程时需要特别注意的。

将电子/空穴连续性方程中的含有变量增量的项全部去掉,只考虑电子与空穴准 Fermi 势的主项,同时辐射复合项既可以采用当前迭代参数也可以采用下一迭代参数。如果采用下一迭代参数,则最大的忽略项是载流子浓度对静电势的依赖,同时要联立求解电子连续性与空穴连续性方程;如果采用当前增量,则可以顺序求解电子与空穴连续性方程,这样就构成了 Gummel 迭代,如 10.2.4 小节所述。

【练习】

1. 给出电流密度为 (4.5.9.5a) 和 (4.5.9.5b) 时 3 成员扩散漂移体系的 Jacobian 形式。

2. 对于 (10.2.3.11a)~(10.2.3.11c),如果某种载流子的电流密度变化比较小,如 $\boldsymbol{J}_\text{n}$,则这时可以把其产生的偏导数项忽略,写出这种情形下的对应迭代映射。

10.2.4 解耦算法

对于耦合非线性椭圆方程组,常用的方法是把相互耦合的椭圆方程组分解成满足适合边界条件的边值形式,然后依次迭代求解,即所谓的解耦方法,理论上应该做的事情是要证明这种解耦所形成的多变量映射具有不动点,即存在解。

其中最关键的是构造一个不动点映射，并证明该映射确实能够收敛到不动点，即我们所希望的最终解，比如采用如下的映射：$G(V_0, u_0, v_0) = (V_1, u_1, v_1)$。

第一步，求解 Poisson 方程，由 (V_0, u_0, v_0) 计算得到 V_1：

$$\nabla \cdot [\varepsilon_s \nabla V] = -\rho = -q\left[N_D^+(x) - N_A^-(x) + p(V, u_0) - n(v_0, V)\right] \quad (10.2.4.1a)$$

$$\left.\frac{\partial V}{\partial \boldsymbol{n}}\right|_{\partial \Omega_N} = \sigma_s \quad (10.2.4.1b)$$

$$V|_{\partial \Omega_D} = V_D|_{\partial \Omega_D} \quad (10.2.4.1c)$$

第二步，求解电流连续性方程，由 (V_1, u_0, v_0) 计算得到 u_1：

$$\nabla \cdot \left(\mu_n N_c e^{qV_1} \nabla u\right) - \frac{uv_0 - 1}{\tau_p (N_c e^{qV_1} u_0 + 1) + \tau_n (N_v e^{qV_1} v_0 + 1)} = 0 \quad (10.2.4.2a)$$

$$\left.\frac{\partial u}{\partial \boldsymbol{n}}\right|_{\partial \Omega_N} = 0 \quad (10.2.4.2b)$$

$$u|_{\partial \Omega_D} = u_D|_{\partial \Omega_D} \quad (10.2.4.2c)$$

第三步，求解空穴连续性方程，由 (V_1, u_0, v_0) 计算得到 v_1：

$$\nabla \cdot \left(\mu_p N_v e^{-qV_1} \nabla v\right) - \frac{u_0 v - 1}{\tau_p (N_c e^{qV_1} u_0 + 1) + \tau_n (N_v e^{qV_1} v_0 + 1)} = 0 \quad (10.2.4.3a)$$

$$\left.\frac{\partial v}{\partial \boldsymbol{n}}\right|_{\partial \Omega_N} = 0 \quad (10.2.4.3b)$$

$$v|_{\partial \Omega_D} = v_D|_{\partial \Omega_D} \quad (10.2.4.3c)$$

上面迭代映射就是著名的 Gummel 机制，即三个散度椭圆方程分别以边值形式依次迭代求解，每个连续子方程是线性椭圆方程。Markowich 证明了 $G(V_0, u_0, v_0) = (V_1, u_1, v_1)$ 是到自身映射并且连续[29]，根据 Schauder 不动点定理，这样的一个映射存在解。首先需要一个引理：

假设函数 $f(x, u)$ 在 Ω 上对于任意 φ 单调递增，$a(x, u, Du) \in L^\infty(\Omega)$，并存在正数非零，$a(x, u) \geqslant \underline{a} > 0$；非线性项在整个区间 Ω 对于任意 u 上存在只依赖于 u 的上界与下界，$g(\underline{u}) \leqslant f(x, u) \leqslant g(\bar{u})$；上界与下界函数存在零解，那么非线性椭圆方程存在位于 $L^\infty(\Omega) \cap H^1(\Omega)$ 的唯一解。

有了这个引理，就可以推出如下定理：

如果常数 $K \geqslant 1$ 满足:$\frac{1}{K} \leqslant u(x), v(x) \leqslant K$,$\forall x \in \partial\Omega_{\mathrm{D}}$,那么非线性椭圆方程组 (10.2.4.1a)~(10.2.4.3a) 在 Neumann 和 Dirichlet 边界条件下存在属于 $\left(L^{\infty}(\Omega) \cap H^{1}(\Omega)\right)^{3}$ 的解 (V, u, v)。

(10.2.4.2a) 和 (10.2.4.3a) 可以写成一般形式:

$$-\nabla[a(x)\nabla u] + f(x) = -a(x)\Delta u - \nabla a(x)\nabla u + f(x) = 0 \qquad (10.2.4.4\mathrm{a})$$

$$\left.\frac{\partial u}{\partial \boldsymbol{n}}\right|_{\partial\Omega_{\mathrm{N}}} = 0 \qquad (10.2.4.4\mathrm{b})$$

$$u|_{\partial\Omega_{\mathrm{D}}} = 0 \qquad (10.2.4.4\mathrm{c})$$

其中,u 根据 Dirichlet 边界条件进行了平移。

这种形式的方程的解有个简单的先验估计[30]:

$$\sup_{\Omega}(|u|) \leqslant \sup_{\partial\Omega}(|u|) + C\sup_{\Omega}\left(\left|\frac{u}{a(x)}\right|\right) \qquad (10.2.4.5)$$

其中,C 是依赖于器件几何区域特征与 $\frac{|\nabla a(x)|}{a(x)}$ 的量,应用在 (10.2.4.2a) 上有

$$\max_{\Omega}|\delta u| \leqslant C\mathrm{e}^{-qV}\max_{\Omega}\left|\frac{uv_0 - 1}{\tau_{\mathrm{p}}(N_{\mathrm{c}}\mathrm{e}^{qV_1}u_0 + 1) + \tau_{\mathrm{n}}(N_{\mathrm{v}}\mathrm{e}^{qV_1}v_0 + 1)}\right| \qquad (10.2.4.6)$$

(10.2.4.6) 的物理启示为,u 的变化应该在静电势限定的范围之内。

10.3 数值离散

数值离散过程是将微分方程连续解转换成网格结点处离散变量值的过程。常见的方法为有限差分法、有限体积法和有限元法等,这里仅针对半导体器件中常见的方法特征进行简介。

10.3.1 网格基本概念

鉴于半导体输运方程是在网格上进行离散,所以这里先简要介绍网格的基本概念[31,32]。网格 (mesh) 在数学上的定义为把器件区域分成若干内部非空的小凸几何体单元的集合,具有不同单元内部相交为空,边界交集要么为空,要么为点、线或面的几何特性,通常用 T_h,其中 $h = d(e_i)$,例如,一维网格是一些头尾相接的线段的集合,二维网格是长方形、三角形、菱形等凸多边形的集合,三维网格是长方体、四面体,等等。网格单元的描述是通过其顶点 (vertice 格点) 的几

何特性决定的,每个格点通常与附近几个格点邻接,这种邻接关系称为网格的连通性 (connectivity)。如果连通性是确定的有限几种,例如,一维线段单元中每个内部网格点的邻接网格点为左和右 2 个,边界上的邻接网格点数目在左边或右边只有 1 个;单元是长方形的二维网格点的邻接数目可以是 3、4 和 5 中的某一种,则这种网格称为结构网格 (structured grid)。如果单元具有同一维数但几何特性不同,如某个二维网格同时具有线段、三角形和长方形,则称为混合 (mixed);多层结构太阳电池器件中的网格单元通常与坐标方向平行,这种网格称为坐标网格 (coordinate grid)。网格单元的定义是通过其不同顶点之间的几何相对位置形成的,如一维单元是有两个端点的线段,两个端点之间的距离是步长,三角形单元是三个顶点顺时针形成,单元内顶点的几何关系称为拓扑 (topology) 关系。网格涉及第 2 章中 2.2.4~2.2.7 节的内容,其生成是一个控制参数与器件区域相结合的计算过程,输出所有格点与单元的几何信息与拓扑信息。

鉴于输运方程离散过程是将空间连续函数转换成离散格点变量形式,描述网格的数据结构应该包括所有格点的几何与拓扑信息、可供索引的编码、单元内拓扑关系,以及输运方程离散过程中所涉及的物理参数。鉴于每层的离散控制参数各不相同,格点坐标和单元长度可以用不定长数组 (da1) 储存,对于一维网格,格点编码与单元编码高度重合,不需要分别实施,如图 10.3.1 所示。

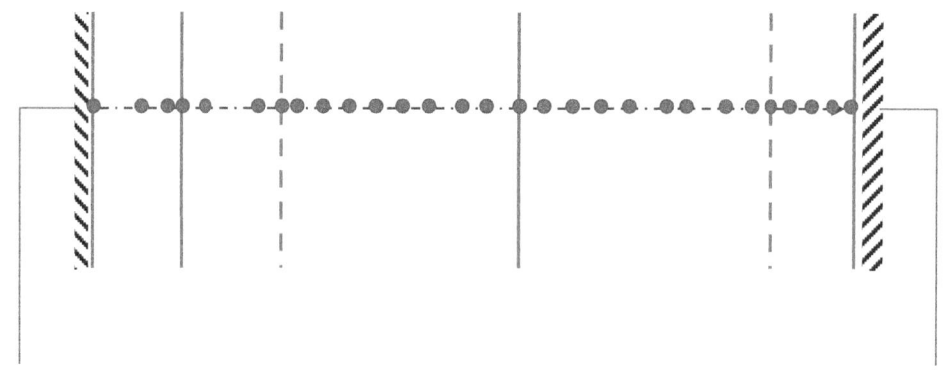

图 10.3.1　一维网格示意图

表 10.3.1 中定义了针对扩散漂移 3 体系的一维网格数据结构,其中网格中的 h 和 x 是线段网格长度编码与位置编码数组,vnode 和 snode 是材料块与子层中网格点数目数组,还包含反映网格质量的数值数组曲率与源项误差估计数组。格点含有当前几何位置处的 3 个物理变量值 (V, E_{Fe}, E_{Fh}),材料模型参数值 material_v_ 与输运模型参数值 tpc_v_ 供离散过程调用,这里假设源项在控制体上的积分主要由中心格点值进行适当修正。连通性含有几何与邻接信息以及物理信息。

10.3 数值离散

表 10.3.1　一维网格的数据结构

网格	连通性	格点

`type grid_`
　`integer :: nl`
　`integer :: ne`
　`real( wp ) :: th`
　`! Element Length and Vertex Coordinates`
　`type( da1 ), pointer :: h( : ),x( : )`
　`! Space for Grid Quality`
　`type( da1 ), pointer :: cur( : )`
　`type( da1 ), pointer :: chr( : )`
　`! Grid Number of Respective Layers`
　`integer, pointer :: vnode( : )`
　`type( ida ), pointer :: snode( : )`
`end type grid_`
	`type connect_`
	　`logical :: IsLeft`
	　`logical :: IsRight`
	　`integer :: iG`
	　`integer :: iL`
	　`integer :: iS`
	　`real( wp ) :: hl`
	　`real( wp ) :: hr`
	　`type( node_ ) :: nl`
	　`type( node_ ) :: nc`
	　`type( node_ ) :: nr`
	`end type connect_`
		`type node_`
		　`real( wp ) :: nv(3)`
		　`type( material_v_ ) :: m`
		　`type( tpc_v_ ) :: t`
		`end type node_`

根据第 4 章与第 8 章中的物理模型结论，同质层上所有物理变量连续，在异质界面上仅有载流子准 Fermi 能与温度不连续，因此格点物理变量以材料块为单元形成的不定长数组储存，连通性数据结构内含有该点的全局编码 iG、材料块内编码 iL 和子层内编码 iS，同时为了方便离散过程的变量引用，在子层内增加一个指针数组指向该子层位置内格点变量的地址，如表 10.3.2 所示。

表 10.3.2　一维材料块内的网格变量数组和子层指向指针数组

以材料块为单元的不定长网格变量数组	子层内指向格点几何和物理变量的指针数组

`type nvr_`
　`! Space for Nodal Variables`
　`Type( da1 ), dimension( : ), pointer :: V`
　`Type( da1 ), dimension( : ), pointer :: T`
　`type( da1 ), dimension( : ), pointer :: EFe`
　`type( da1 ), dimension( : ), pointer :: EFh`
　`type( da1 ), dimension( : ), pointer :: te`
　`type( da1 ), dimension( : ), pointer :: th`
`end type nvr_`
	`type space_`
	　`integer :: ne`
	　`integer :: nn`
	　`real( wp ), pointer :: h(:)`
	　`real( wp ), pointer :: X(:)`
	　`real( wp ), pointer :: V(:)`
	　`real( wp ), pointer :: T(:)`
	　`real( wp ), pointer :: EFe(:)`
	　`real( wp ), pointer :: EFh(:)`
	　`real( wp ), pointer :: te(:)`
	　`real( wp ), pointer :: th(:)`
	`end type space_`

【练习】

1. 结合图 10.3.1，给出一维线段单元内的格点拓扑关系数据结构。
2. 分别定义一个三角形与长方形网格单元，给出其连通性数据结构。

10.3.2 有限差分法

有限差分法采用差分的形式来近似真实连续解在网格单元上的导数，进一步的工作要借助泰勒 (Tayler) 级数展开，这也是整个差分方法中的核心思想，即所有的导数与差分之间的联系是靠级数展开获得的，可以借助级数展开的方法构建各种精度的差分格式，而且级数展开也能获得相应的误差估计[33,34]。

以一维情形为例，网格单元 $e_i = [x_i, x_{i+1}]$，在微分方向上前后两个线段的格点值分别为 u_{i+1} 和 u_i (图 10.3.2)，一阶导数为

$$\frac{\mathrm{d}u}{\mathrm{d}x} = \frac{u_{i+1} - u_i}{x_{i+1} - x_i} \tag{10.3.2.1}$$

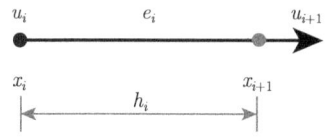

图 10.3.2　一维网格单元上的一阶导数

需要注意的是，i 和 $i+1$ 是两个格点的全局编码，另外，为局部数值操作上的便利，通常定义网格点在单元上的局部编码，例如，这两个顶点的局部编码分别为 1 和 2，全局编码与局部编码存在一定的线性关联关系。

显而易见，这个导数的几何直观意义为区间上的斜率。根据函数展开理论，采用一阶差分近似一阶导数实质上是认为函数在区间上呈现线性关系；类似地，二阶差分近似认为函数在区间上呈现抛物关系。(10.3.2.1) 通常也用来近似输运方程中的时间导数项。

表 10.1.1 列举的方程中存在大量关于矢量流密度梯度的项，其差分形式通常采用所谓的半网格点矢量差分格式 (图 10.3.3)：

$$\nabla \cdot \boldsymbol{F} = \frac{2}{h_{i-1} + h_i} \left(\boldsymbol{F}_{i+\frac{1}{2}} - \boldsymbol{F}_{i-\frac{1}{2}} \right) \tag{10.3.2.2a}$$

这样统一的 (10.1.1.3a)~(10.1.1.3d) 中的流密度散度形式可以表示成

$$\frac{2}{h_{i-1} + h_i} \left(\boldsymbol{F}_{i+\frac{1}{2}} - \boldsymbol{F}_{i-\frac{1}{2}} \right) + (G - R)_i = 0 \tag{10.3.2.2b}$$

其中，用到了流密度的半网格点矢量值 $\boldsymbol{F}_{i+\frac{1}{2}}$ 和 $\boldsymbol{F}_{i-\frac{1}{2}}$，可以看出，(10.3.2.2b) 的误差来源之一在于隐含着认为各种非线性项在区间 $\left[i - \frac{1}{2}, i + \frac{1}{2}\right]$ 为固定值，显然，对于电场强度、光学产生速率甚至复合速率，这是不准确的。

10.3 数值离散

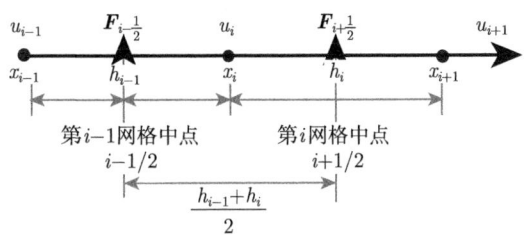

图 10.3.3　半网格点矢量差分格式

类似地，Poisson 方程与热传导方程中的二阶导数项也可以用半网格点矢量差分格式近似，只是这里要把流密度改成半网格点上的一阶导数差分：

$$\left\{\frac{\mathrm{d}}{\mathrm{d}x}\left[\varepsilon(x)\frac{\mathrm{d}}{\mathrm{d}x}u(x)\right]\right\}_i = \frac{\left[\varepsilon(x)\frac{\mathrm{d}}{\mathrm{d}x}u(x)\right]_{i+\frac{1}{2}} - \left[\varepsilon(x)\frac{\mathrm{d}}{\mathrm{d}x}u(x)\right]_{i-\frac{1}{2}}}{\frac{h_{i-1}+h_i}{2}} \quad (10.3.2.3\mathrm{a})$$

进一步，其中两个中点导数值也可以表示成端点函数值的差分形式：

$$\left[\varepsilon(x)\frac{\mathrm{d}}{\mathrm{d}x}u(x)\right]_{i+\frac{1}{2}} = \varepsilon_{i+\frac{1}{2}}\frac{u^{i+1}-u^i}{h_i} \quad (10.3.2.3\mathrm{b})$$

$$\left[\varepsilon(x)\frac{\mathrm{d}}{\mathrm{d}x}u(x)\right]_{i-\frac{1}{2}} = \varepsilon_{i-\frac{1}{2}}\frac{u^i-u^{i-1}}{h_{i-1}} \quad (10.3.2.3\mathrm{c})$$

整理二次微分项的差分形式有

$$\left\{\frac{\mathrm{d}}{\mathrm{d}x}\left[\varepsilon(x)\frac{\mathrm{d}}{\mathrm{d}x}u(x)\right]\right\}_i = \frac{2\varepsilon_{i+\frac{1}{2}}}{(h_{i-1}+h_i)h_i}u^{i+1} - \frac{2\varepsilon_{i+\frac{1}{2}}}{(h_{i-1}+h_i)h_i}\left(\frac{\varepsilon_{i+\frac{1}{2}}}{h_i}+\frac{\varepsilon_{i-\frac{1}{2}}}{h_{i-1}}\right)u^i$$
$$+ \frac{2\varepsilon_{i-\frac{1}{2}}}{(h_{i-1}+h_i)h_i}u^{i-1} \quad (10.3.2.3\mathrm{d})$$

实施 (10.3.2.2) 需要进一步获得半网格点流密度关于格点值的差分格式，尽管流密度可以表示成 (4.5.9.2a) 和 (4.5.9.2b) 所示的简单形式，如前所述，载流子浓度的大数量级陡变使得输运方程的椭圆一致性大大恶化，但是同时物理结果表明，通常流密度在区间上变化很小，也就是静电势的指数所引起的变化被准 Fermi 能级的同步变化抵消掉。一种直观的做法是把 (10.1.3.4a) 中的指数项与梯度项等同对待，这种做法来自于 Gummel [35]，后来成为几乎每个半导体数值分析离散方法中的基石 [36,37]，分成电流密度固定和近似线性缓变两种情形。

1) 网格单元上电流密度值固定

以一维电子电流密度为例：$J_n = \mu_n N_c e^{qV+\chi_e} \dfrac{\mathrm{d}}{\mathrm{d}x} e^{E_{Fe}-E_c}$，这里把迁移率和带边态密度都吸收到指数因子 χ_e 中，将指数项移到左边：

$$J_n e^{-qV-\chi_e} = \dfrac{\mathrm{d} e^{E_{Fe}-E_c}}{\mathrm{d}x} \tag{10.3.2.4}$$

假设 $\gamma_e = -qV - \chi_e$ 线性变化：$\gamma_e = \gamma_e^i + \dfrac{\gamma_e^{i+1} - \gamma_e^i}{h_i}(x - x_i)$，在网格单元 e_i 上积分得到

$$J_n^{i+\frac{1}{2}} \dfrac{h_i}{\gamma_e^{i+1} - \gamma_e^i} \left[e^{\gamma_e^{i+1}} - e^{\gamma_e^i} \right] = e^{(E_{Fe}-E_c)^{i+1}} - e^{(E_{Fe}-E_c)^i} \tag{10.3.2.5}$$

于是得到网格单元 e_i 上中间矢量流密度的差分形式为

$$J_n^{i+\frac{1}{2}} = \dfrac{e^{(E_{Fe}-E_c)^{i+1}} - e^{(E_{Fe}-E_c)^i}}{e^{\gamma_e^{i+1}} - e^{\gamma_e^i}} \dfrac{\gamma_e^{i+1} - \gamma_e^i}{h_i} \tag{10.3.2.6}$$

2) 网格单元上电流密度线性变化

上面所叙述的情况是电流密度在网格区间上为常值的情况，尽管其变化幅值很小，但是由于网格内在比较粗糙的地方依然有变化，也需要考虑电流密度在网格区间上线性变化时的差分形式。依然假设 $\gamma_e = -qV - \chi_e$ 为线性变化量，此时电流密度方程为

$$\left[J_n^i + \dfrac{J_n^{i+1} - J_n^i}{h_i}(x - x_i) \right] e^{\gamma_e^i + \frac{\gamma_e^{i+1} - \gamma_e^i}{h_i}(x - x_i)} = \dfrac{\mathrm{d} e^{E_{Fe}-E_c}}{\mathrm{d}x} \tag{10.3.2.7}$$

(10.3.2.7) 的积分计算需要用到辅助积分关系：

$$\int_0^1 [a + (b-a)x] e^{c+(d-c)x} \mathrm{d}x = a \dfrac{e^d - e^c}{d-c} + \dfrac{b-a}{d-c}\left(e^d - \dfrac{e^d - e^c}{d-c}\right) \tag{10.3.2.8}$$

完成 (10.3.2.7)：

$$J_n^i \dfrac{e^{\gamma_e^{i+1}} - e^{\gamma_e^i}}{\gamma_e^{i+1} - \gamma_e^i} + \dfrac{J_n^{i+1} - J_n^i}{\gamma_e^{i+1} - \gamma_e^i}\left[e^{\gamma_e^{i+1}} - \dfrac{e^{\gamma_e^{i+1}} - e^{\gamma_e^i}}{\gamma_e^{i+1} - \gamma_e^i} \right] = \dfrac{e^{(E_{Fe}-E_c)^{i+1}} - e^{(E_{Fe}-E_c)^i}}{h_i}$$

$$\tag{10.3.2.9}$$

10.3 数值离散

(10.3.2.9) 中含有 $J_n^{i+1} - J_n^i$ 项,可以借助连续性方程在区间 $[i, i+1]$ 上的一阶导数形式转换成产生复合项的半网格点值与网格长度的乘积:

$$\frac{J_n^{i+1} - J_n^i}{h_i} + (G-R)_{i+\frac{1}{2}} \approx \frac{J_n^{i+1} - J_n^i}{h_i} + 0.5\left(G^{i+1} - R^{i+1} + G^i - R^i\right) = 0$$
(10.3.2.10)

3) 材料界面

现在面临一个问题,即如何放置网格,或者说如何选择离散单元、网格点与边界的关系。根据上面体材料所采用的离散单元与网格点的关系,每个离散单元应该包含三个网格点,即两边端点各一个,中间一个。枚举所有可能性,如图 10.3.4 所示,存在两种放置方法。

(1) 两个离散单元在界面处共享一个单元端点。这种结构下,需要求解的边界参量必须同时满足两边两种不同材料特性的方程,也就是说每个参量此时要面对两个数值,然后通过界面条件把这两个数值消掉一个或者联系起来。

(2) 离散单元横跨界面,中间网格点与界面重合。

图 10.3.4 界面网格放置方式

下面以 Poisson 方程来阐述基于 Taylor 级数展开的有限差分法在第一种界面离散中的应用。首先,依据 (10.1.2.4a),则电势在异质界面满足连续性,这告诉我们,尽管界面有两套 Poisson 方程,但它们的界面值是一样的,可以用一个表示;其次,由 (10.1.2.4b) 得到

$$\varepsilon\frac{\partial V}{\partial n}\bigg|_+ - \varepsilon\frac{\partial V}{\partial n}\bigg|_- = -\rho_s$$
(10.3.2.11)

实际离散中,通常把法向矢量、电位移矢量的方向 (实际上与差分方向一致) 与差分方向设置一致 (这是要非常注意的,否则离散方法就失败了)。如果界面网格点编号是 i 网,把 (10.3.2.11) 进行 Tayler 展开成二次项,这样界面处保持与材料内部一致的离散精度:

$$V_{i-1} = V_i - h_{i-1}\frac{\partial V}{\partial n}\bigg|_- - \frac{h_{i-1}^2}{2}\frac{\partial V^2}{\partial n^2}\bigg|_- + O\left(h_{i-1}^3\right)$$
(10.3.2.12a)

$$V_{i+1} = V_i + h_i \left.\frac{\partial V}{\partial n}\right|_+ + \frac{h_i^2}{2} \left.\frac{\partial V^2}{\partial n^2}\right|_+ + O\left(h_i^3\right) \quad (10.3.2.12b)$$

要注意到，界面处电势在界面材料 (−) 侧的导数是界面左导数，右面以此类推：

$$\left.\frac{\partial V}{\partial n}\right|_- = \frac{V_i - V_{i-1}}{h_{i-1}} + \frac{h_{i-1}}{2} \left.\frac{\partial V^2}{\partial n^2}\right|_- + O\left(h_{i-1}^2\right) \quad (10.3.2.13a)$$

$$\left.\frac{\partial V}{\partial n}\right|_+ = \frac{V_{i+1} - V_i}{h_i} - \frac{h_i}{2} \left.\frac{\partial V^2}{\partial n^2}\right|_+ + O\left(h_i^2\right) \quad (10.3.2.13b)$$

界面条件合并起来有

$$\varepsilon_+ \frac{V_{i+1} - V_i}{h_i} - \varepsilon_- \frac{V_i - V_{i-1}}{h_{i-1}} - \frac{h_{i-1}}{2} \left.\frac{\partial}{\partial n}\varepsilon\frac{\partial V}{\partial n}\right|_- - \frac{h_i}{2} \left.\frac{\partial}{\partial n}\varepsilon\frac{\partial V}{\partial n}\right|_+ + \rho_s = 0$$
$$(10.3.2.14a)$$

而 $\left.\frac{\partial}{\partial n}\varepsilon\frac{\partial V}{\partial n}\right|_- = \rho_-$，$\left.\frac{\partial}{\partial n}\varepsilon\frac{\partial V}{\partial n}\right|_+ = \rho_+$，最终得到

$$\varepsilon_+ \frac{V_{i+1} - V_i}{h_i} - \varepsilon_- \frac{V_i - V_{i-1}}{h_{i-1}} + \frac{h_{i-1}}{2} \rho_- + \frac{h_i}{2} \rho_+ + \rho_s = 0 \quad (10.3.2.14b)$$

【练习】

推导网格 $[i-1, i]$ 对应 (10.3.2.9) 的离散表达式，并给出与 (10.3.2.9) 相减消掉 J_n^i 后得到的形式，该形式应用于一些数值分析软件中。

10.3.3 有限体积法

半导体器件区域网格划分的结果是形成以顶点为中心的凸多边形或多面体。另一方面，散度形式的偏微分方程很容易转换成边界上的面积分，如长方形网格产生的 (8.2.3.1a)，各种产生复合项表现为在网格单元上的积分，数值数学中有大量的方法能够有效处理这种积分，这就形成了所谓的有限体积法，特点是更加直观与方便处理流的散度项。

通常有两种方式选择边界：① 相邻网格点中垂线（面）相截形成的凸多面体边缘；② 网格单元的边缘。两种方式各有优缺点，① 中的凸多面体和 ② 中的网格单元称为控制体 (control volume)，本书中控制体的生成选择前者，例如，图 10.3.3 中的网格所产生的控制体为 $\left[x_{i-\frac{1}{2}}, x_{i+\frac{1}{2}}\right]$，如图 10.3.5 所示。

10.3 数值离散

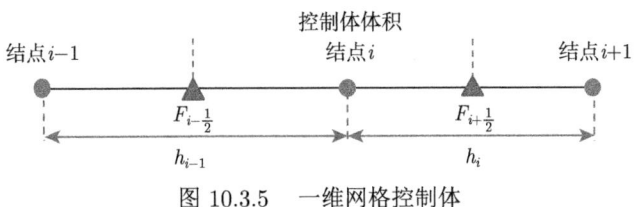

图 10.3.5　一维网格控制体

类似地，围绕顶点 i 为中心的二维三角形网格的控制体，即为以顶点 i 为中心的多边形取周围所有以 i 点为顶点的三角形边的中垂线相交所组成的多边形 Ω_i，如图 10.3.6 所示。

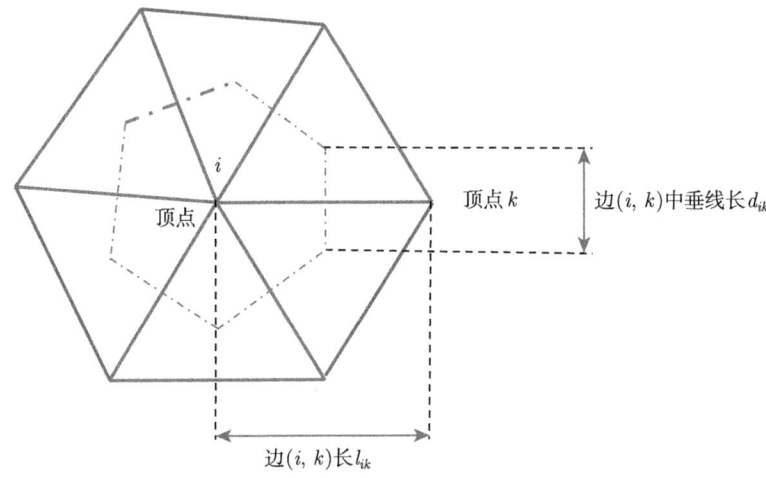

图 10.3.6　二维三角形网格控制体

对 (10.0.1) 中的流散度项应用高斯 (Gauss) 定理有

$$\int_\Omega \nabla \cdot \boldsymbol{F}_\phi \mathrm{d}\Omega = \oint_{\partial\Omega} \boldsymbol{F}_\phi \cdot \mathrm{d}\boldsymbol{n} = \sum_k \boldsymbol{F}_{ik} d_{ik} \tag{10.3.3.1}$$

其中，$\boldsymbol{F}_{ik}$ 是方向从顶点 i 到顶点 k 的边 (i,k) 上的中点流密度；d_{ik} 是与多边形 Ω 上的对边 (i,k) 垂直的边的长度，这种情况下输运方程具有形式：

$$\int \frac{\partial n_\phi}{\partial t} \mathrm{d}\Omega_i = \sum_k \boldsymbol{F}_{ik} d_{ik} + \int G_\phi \mathrm{d}\Omega_i - \int R_\phi \mathrm{d}\Omega_i + \int S_\phi \mathrm{d}\Omega_i \tag{10.3.3.2}$$

一维情形，相邻区间 $[x_{i-1}, x_i]$ 和 $[x_i, x_{i+1}]$，i 点的控制体积为 $[0.5(x_{i-1} + x_i), 0.5(x_i, x_{i+1})]$，如果约定 $i + 1/2$ 处的方向为正，则流密度散度在控制体边界

的积分为

$$\sum_k \boldsymbol{F}_{ik} d_{ik} = \boldsymbol{F}_{i+\frac{1}{2}} - \boldsymbol{F}_{i-\frac{1}{2}} \qquad (10.3.3.3a)$$

注意到 $\boldsymbol{F}_{i-\frac{1}{2}}$ 和 $\boldsymbol{F}_{i+\frac{1}{2}}$ 方向刚好相反。控制多边形是长方形的二维情况 (图 10.3.7),电流分为 x 与 y 方向两个分量,假设 x 与 y 向的网格步长分别标志为 h_i 和 k_j,接续约定分别以 x 和 y 坐标轴方向为正,则流密度散度在控制体边界的积分为

$$\sum_k \boldsymbol{F}_{ik} d_{ik} = \frac{h_{i-1}+h_i}{2}\left[\boldsymbol{F}_{(i,j)(i,j+1)} - \boldsymbol{F}_{(i,j)(i,j-1)} + \right]$$
$$+ \frac{k_{j-1}+k_j}{2}\left[\boldsymbol{F}_{(i,j)(i+1,j)} - \boldsymbol{F}_{(i,j)(i-1,j)}\right] \qquad (10.3.3.3b)$$

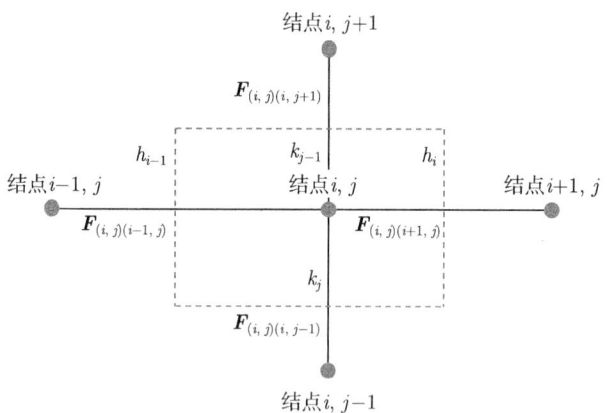

图 10.3.7 二维长方形网格控制体

通常太阳电池以及常见半导体光电子器件中见到的异质材料界面都是平面,极少有曲面,则用有限体积法来处理异质界面非常直接,直观几何理解为异质界面把界面格点 i 的控制元分成了两部分,两边的控制元边界一部分与材料界面重合,一部分与内部格点的情况类似。图 10.3.8 ~ 图 10.3.10 分别表示了一维线段网格、二维长方形网格和二维三角形网格等的异质界面控制体。

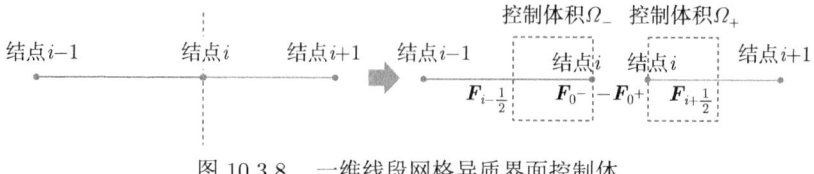

图 10.3.8 一维线段网格异质界面控制体

10.3 数值离散

图 10.3.8 中的一维线段网格异质界面控制体在第 8 章 8.2.3 节中已经用过。

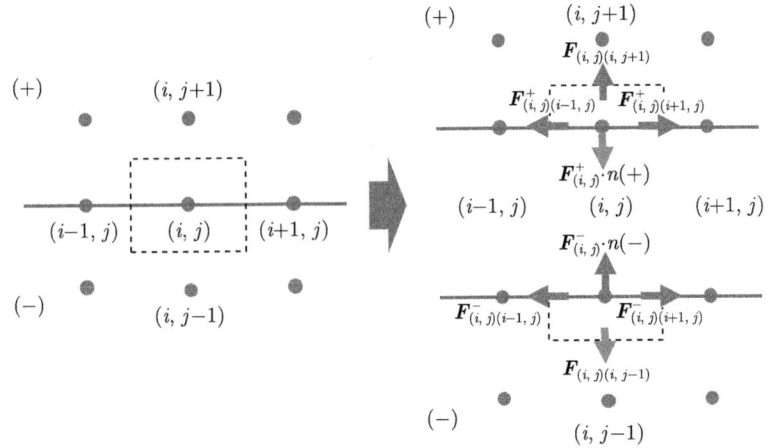

图 10.3.9 二维长方形网格异质界面控制体

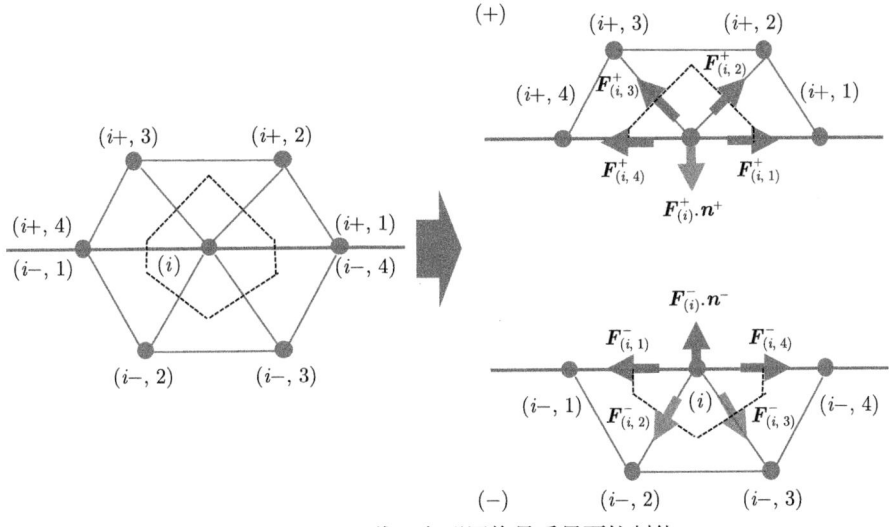

图 10.3.10 二维三角形网格异质界面控制体

可以看出界面上的控制体也分成了两半，每一半都具有自己的离散方程，对 (10.0.1) 应用高斯定理得到：

对于 (+) 材料侧，离散方程为

$$\sum_{\substack{j \in N_i^+ \\ j \notin \partial \Omega}} d_{ij} \boldsymbol{F}_{ij} + \sum_{\substack{j \in N_i^+ \\ j \in \partial \Omega}} d_{ij}^+ \boldsymbol{F}_{ij}^{0+} + 0.5 \boldsymbol{F}_i^{0+} \cdot \boldsymbol{n}^+ \sum_{\substack{j \in N_i^+ \\ j \in \partial \Omega}} l_{ij} + f_i^+ \sum_{j \in N_i^+} \Omega_{ij} \theta_{ij}^+ = 0 \quad (10.3.3.4a)$$

对于 (−) 材料侧，离散方程为

$$\sum_{\substack{j \in N_i^- \\ j \notin \partial\Omega}} d_{ij} \boldsymbol{F}_{ij} + \sum_{\substack{j \in N_i^- \\ j \in \partial\Omega}} d_{ij}^- \boldsymbol{F}_{ij}^{0-} + 0.5 \boldsymbol{F}_i^{0-} \cdot \boldsymbol{n}^- \sum_{\substack{j \in N_i^- \\ j \in \partial\Omega}} l_{ij} + f_i^- \sum \Omega_{ij} \theta_{ij}^- = 0 \quad (10.3.3.4b)$$

从 (10.3.3.4a) 与 (10.3.3.4b) 可以看出异质界面两边流密度分成三部分，以 (+) 侧为例：

(1) $j \in N_i^+$, $j \notin \partial\Omega$ 表示格点 i 的位于 (+) 侧且不在异质界面上的邻接格点 j 集合，流密度 F_{ij} 和中垂线长度 d_{ij} 与内部网格点相同。

(2) $j \in N_i^+$, $j \in \partial\Omega$ 表示格点 i 的位于 (+) 侧且在异质界面上的邻接格点 j 集合，流密度 F_{ij}^{0+} 仅采用 (+) 侧网格物理变量生成，中垂线长度仅包括 (+) 部分 d_{ij}^+。

(3) $\boldsymbol{F}_i^{0+} \cdot \boldsymbol{n}^+$ 表示格点 i 处沿外法线方向的流密度，鉴于控制元这条边与实际边界重合，则长度为 $0.5 \sum\limits_{\substack{j \in N_i^+ \\ j \in \partial\Omega}} l_{ij}$。对于半导体偏微分方程而言，$\boldsymbol{F}_i^{0+} \cdot \boldsymbol{n}^+$ 是由异质界面连续性条件决定的，例如，对于 Poisson 方程，满足电位移矢量边界条件，对于电流与能流连续性方程，连续性边界条件由异质界面物理模型确定。

同时，产生复合项积分也分成 (+) 与 (−) 两部分，形式都与内部格点一致。

有限体积法广泛应用于半导体器件的数值分析[38-45]与流体动力学[46,47]中，图 10.3.6 所定义的控制体是以顶点为中心生成的，有时也采用以单元重心为中心生成[48]，不同离散方法的比较见文献 [49],[50]。

【练习】

1. 针对如图 10.3.6 所示三角形单元，写出 (10.3.3.1) 的具体形式，总结需要具备的模型数据。

2. 针对如图 10.3.9 所示二维长方形网格异质界面控制体和如图 10.3.10 所示二维三角形网格异质界面控制体，写出 (10.3.3.4a) 和 (10.3.3.4b) 的具体形式。

10.3.4 有限元法

有限元法是典型的在网格单元上对真实连续解以网格点变量值为系数进行数值插值的做法[51,52]，其数学基础是 (10.2.2.4) 和 (10.2.2.5)：

$$\sum_i \int [A(x) \nabla u \cdot \nabla \varphi + f(x) \varphi] dx \bigg|_{e_i \in \Omega} - \sum_j A(x) \mathrm{D}u\varphi \big|_{e_j \in \partial\Omega} = 0 \quad (10.3.4.1)$$

假设单元 e_i 上共有 k 个顶点，取以每个顶点 j 为中心的属于有限维线性子空间的格点函数 $N = \{N_1, N_2, \cdots, N_k\} \in V_h$，满足 $N_j(x_l) = \delta_{jl}$，即每个格点函数只有在相应的格点处才为 1,其他顶点处为 0,单元上的任何函数值 f 可以表示成格点函数与格点值及其导数值的某个函数的插值逼近形式:

$$f_e := \sum_{j=1}^{k} N_j(f) f_j \qquad (10.3.4.2)$$

如 (10.1.3.4a) 中梯度内部分:

$$\left.\mathrm{e}^{E_{\mathrm{Fe}} - E_{\mathrm{c}}}(x)\right|_{e_i} = \sum_{j=1}^{k} \left.\mathrm{e}^{E_{\mathrm{Fe}} - E_{\mathrm{c}}}\right|_j N_j(x) \qquad (10.3.4.3)$$

实际中格点函数可以取多种形式,最简单的如一维线段单元的两个格点 i 和 $i+1$ 的线性帽子函数可以分别取 (形状如图 10.3.11 所示):

$$L_1(x) = 1 - \frac{x - x_i}{h_i}, \quad L_2(x) = \frac{x - x_i}{h_i} \qquad (10.3.4.4)$$

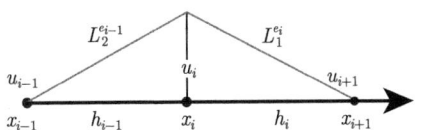

图 10.3.11 一维线段单元的线性格点函数

正因为如图 10.3.11 所示的形状,有时把格点函数称为"帽子"函数 (hat function)。注意 (10.3.4.2)~(10.3.4.4) 使用的是单元上的局部编码,当涉及多个单元时需要使用区域全部编码,需要建立两种编码之间的关联关系:假设单元上的局部编码 j 对应的全局编码是 m,则

$$m = g(i, j) \qquad (10.3.4.5)$$

把 φ 也表示成 (10.3.4.2) 的形式 $\varphi_{e_i} = \sum_l V_{l(n)} N_l$,并代入单元变分方程 (10.3.4.1):

$$\left\{ \sum_i \left[\int A(x) \nabla \left(\sum_j N_{j(m)} u_{j(m)} \right) \nabla N_{l(n)} + f(x) N_{l(n)} \right] \mathrm{d}x \right|_{e_i} \\ - \sum_i A(x) \nabla \left(\sum_j N_{j(m)} u_{j(m)} \right) N_{l(n)} \bigg|_{e_i \in \partial \Omega} \right\} v_n = 0 \qquad (10.3.4.6)$$

$j(m)$ 表示单元 e_i 上对应局部编码是 j 的格点对应的全部编码 m, $l(n)$ 以此类推。根据 Lax-Milgram 定理，任意的 v 意味着对所有的 v_n 都成立，需要花括号里为 0，得到了 (10.3.4.1) 在全局编码为 n 格点上所对应的离散形式：

$$\sum_i \left[\sum_j u_j \int A(x) \nabla N_j \nabla N_l \mathrm{d}x + \int f(x) N_l \mathrm{d}x \right]\Bigg|_{e_i}$$
$$- \sum_i A(x) \nabla \left(\sum_j N_j u_j \right) N_l \Bigg|_{e_i \in \partial \Omega}$$
$$= \sum_i \sum_j a(N_j, N_l) u_j + f_l|_{e_i} - \sum_i A(x) \nabla \left(\sum_j N_j u_j \right) N_l \Bigg|_{e_i \in \partial \Omega} = 0$$
(10.3.4.7)

其中，单元 e_i 上 $a(N_j, N_l)$ 和 f_l 的定义分别为

$$a(N_j, N_l) u_j|_{e_i} = \int A(x) \nabla N_j \nabla N_l \mathrm{d}x \Bigg|_{e_i} \quad (10.3.4.8)$$

$$f_l|_{e_i} = \int f(x) N_l \mathrm{d}x \Bigg|_{e_i} \quad (10.3.4.9)$$

现在剩下的问题是 $a(N_j, N_l)$ 的计算，其中含有 $A(x)$。对于 Poisson 方程和热传导方程，介电常数与热导率基本是比较简单的空间分布函数，而连续性方程和能流方程则涉及静电势的指数项，如 (10.1.3.4a) 中的 $\mu_\mathrm{n} N_\mathrm{c} \mathrm{e}^{qV+\gamma_\mathrm{e}}$，根据 Poisson 方程的离散思想，通常假设吸收迁移率、带边态密度等参数的广义 $qV + \gamma_\mathrm{e}$ 在单元上满足线性函数近似：

$$(qV + \gamma_\mathrm{e})(x)|_{e_i} = \sum_j (qV + \gamma_\mathrm{e})_j N_j(x) \quad (10.3.4.10)$$

对于 Poisson 方程和热传导方程，可以直接按照通常有限元的标准流程计算 $a(N_j, N_l)$，而对于连续性方程和能流方程，与有限差分法中的出发点类似，广义静电势的积分要中和准 Fermi 能指数函数的积分，因此可以用 $A(x)$ 在单元上的一个平均值来反映这种中和效应：

$$a(N_j, N_l) u_j|_{e_i} = \int A(x) N_j N_l \mathrm{d}x \Bigg|_{e_i} = \overline{A(x)}\Big|_{e_i} \int N_j N_l \mathrm{d}x \Bigg|_{e_i}$$

10.3 数值离散

$$= \frac{1}{\int \frac{1}{A(x)} \mathrm{d}x \bigg|_{e_i}} \int N_j N_l \mathrm{d}x \bigg|_{e_i} \quad (10.3.4.11)$$

(10.3.4.11) 中所定义的平均又称为谐平均 (harmonic averaging, 针对系数起伏大的情形), 对于离散椭圆一致性比较差的方程具有很好的数值精度与稳定性 [51]。

下面以一维为例演示其基本特征, 考察第 i 个格点所关联的项, 对于第 i 个格点, 两边分别是第 $i-1$ 单元 e_{i-1} 和第 i 单元 e_i, 注意到, 与第 i 个格点所对应的格点函数有关联的是左右两边两个元:

$$\mathrm{e}^{E_{\mathrm{Fe}}-E_{\mathrm{c}}} = \begin{cases} \mathrm{e}^{(E_{\mathrm{Fe}}-E_{\mathrm{c}})^{i-1}} L_1(x) + \mathrm{e}^{(E_{\mathrm{Fe}}-E_{\mathrm{c}})^i} L_2(x), & x \in e_{i-1} \\ \mathrm{e}^{(E_{\mathrm{Fe}}-E_{\mathrm{c}})^i} L_1(x) + \mathrm{e}^{(E_{\mathrm{Fe}}-E_{\mathrm{c}})^{i+1}} L_2(x), & x \in e_i \end{cases} \quad (10.3.4.12)$$

连续性方程中 $\int \frac{1}{A(x)} \mathrm{d}x \bigg|_{e_i}$ 与 (10.3.2.4) 中 $\mathrm{e}^{-qV-\chi_{\mathrm{e}}}$ 的单元积分一致:

$$\frac{h_i}{\gamma_{\mathrm{e}}^{i+1} - \gamma_{\mathrm{e}}^i} \left[\mathrm{e}^{\gamma_{\mathrm{e}}^{i+1}} - \mathrm{e}^{\gamma_{\mathrm{e}}^i} \right]$$

全局编码为 i 的格点对应的离散方程为

$$\left[h_{i-1} \frac{\mathrm{e}^{\gamma_{\mathrm{e}}^i} - \mathrm{e}^{\gamma_{\mathrm{e}}^{i-1}}}{\gamma_{\mathrm{e}}^i - \gamma_{\mathrm{e}}^{i-1}} \int_{x_{i-1}}^{x_i} \nabla \left(\mathrm{e}^{E_{\mathrm{Fe}}-E_{\mathrm{c}}} \big|_{e_{i-1}} \right) \cdot \nabla L_2(x) \mathrm{d}x + h_i \frac{\mathrm{e}^{\gamma_{\mathrm{e}}^{i+1}} - \mathrm{e}^{\gamma_{\mathrm{e}}^i}}{\gamma_{\mathrm{e}}^{i+1} - \gamma_{\mathrm{e}}^i} \right.$$
$$\left. \times \int_{x_i}^{x_{i+1}} \nabla \left(\mathrm{e}^{E_{\mathrm{Fe}}-E_{\mathrm{c}}} \big|_{e_i} \right) \cdot \nabla L_1(x) \mathrm{d}x \right]$$
$$+ \int_{x_{i-1}}^{x_i} (G-R) L_2(x) \mathrm{d}x + \int_{x_i}^{x_{i+1}} (G-R) L_1(x) \mathrm{d}x = 0 \quad (10.3.4.13)$$

展开 (10.3.4.13) 中各项:

$$\nabla \left(\mathrm{e}^{E_{\mathrm{Fe}}-E_{\mathrm{c}}} \big|_{e_{i-1}} \right) = \frac{\mathrm{e}^{(E_{\mathrm{Fe}}-E_{\mathrm{c}})^i} - \mathrm{e}^{(E_{\mathrm{Fe}}-E_{\mathrm{c}})^{i-1}}}{h_{i-1}} \quad (10.3.4.14\mathrm{a})$$

$$\nabla \left(\mathrm{e}^{E_{\mathrm{Fe}}-E_{\mathrm{c}}} \big|_{e_i} \right) = \frac{\mathrm{e}^{(E_{\mathrm{Fe}}-E_{\mathrm{c}})^{i+1}} - \mathrm{e}^{(E_{\mathrm{Fe}}-E_{\mathrm{c}})^i}}{h_i} \quad (10.3.4.14\mathrm{b})$$

假设可用有限元区域重心位置的值来代表整个单元的平均值，以格点 i 处的 $(G-R)$ 值代替左右网格上的平均值得到

$$\int_{x_{i-1}}^{x_i}(G-R)L_2(x)\,\mathrm{d}x+\int_{x_i}^{x_{i+1}}(G-R)L_1(x)\,\mathrm{d}x$$
$$=(G-R)_i\left[\int_{x_{i-1}}^{x_i}L_2(x)\,\mathrm{d}x+\int_{x_i}^{x_{i+1}}L_1(x)\,\mathrm{d}x\right]=0.5(h_{i-1}+h_i)(G-R)_i$$
(10.3.4.14c)

最终得到 (10.3.4.13) 在全局编码为 i 的格点上的离散方程为

$$\left[\frac{\mathrm{e}^{\gamma_\mathrm{e}^i}-\mathrm{e}^{\gamma_\mathrm{e}^{i-1}}}{\gamma_\mathrm{e}^i-\gamma_\mathrm{e}^{i-1}}\frac{\mathrm{e}^{(E_\mathrm{Fe}-E_\mathrm{c})^i}-\mathrm{e}^{(E_\mathrm{Fe}-E_\mathrm{c})^{i-1}}}{h_{i-1}}+\frac{\mathrm{e}^{\gamma_\mathrm{e}^{i+1}}-\mathrm{e}^{\gamma_\mathrm{e}^i}}{\gamma_\mathrm{e}^{i+1}-\gamma_\mathrm{e}^i}\frac{\mathrm{e}^{(E_\mathrm{Fe}-E_\mathrm{c})^i}-\mathrm{e}^{(E_\mathrm{Fe}-E_\mathrm{c})^{i+1}}}{h_i}\right]$$
$$+0.5(h_{i-1}+h_i)(G-R)_i=0 \qquad (10.3.4.15)$$

由于是用材料插值的方式进行函数逼近，所以有限元法的一大优势是能够发展关于解的丰富的先验估计，这为网格单元的初始化与优化提供了很好的理论基础 [53]。

有限元法在半导体器件数值分析的典型应用参考文献 [54]~[60]，同时在多维情形下，有限元法也与有限体积法结合，从而降低了对网格质量的要求 [61]。

10.3.5 混合有限元法

还有一种所谓的混合有限元法，这种形式充分利用了电流与静电势在局部单元上变化特性的差异，分别建立针对电流密度与连续性方程的混合对偶双线型 [62,63]。以电子为例，如 (10.1.4.1a)，进一步假设产生复合项可以分离成线性形式：

$$\nabla\cdot\boldsymbol{J}_\mathrm{n}+c\mathrm{e}^{qV}u+f=0 \qquad (10.3.5.1)$$

分别引入属于 $H(\Omega)$ 的试探函数 $\boldsymbol{\tau}$ 和属于有限维函数空间 $V_\mathrm{h}(\Omega)$ 的试探函数 q，结合界面条件 (10.1.2.3b) 建立电流密度与连续性方程的变分形式为

$$\int\mathrm{e}^{-(qV+\chi_\mathrm{e})}\boldsymbol{J}_\mathrm{n}\cdot\boldsymbol{\tau}\,\mathrm{d}x+\int u\nabla\cdot\boldsymbol{\tau}\,\mathrm{d}x=\rho\boldsymbol{n}\cdot\boldsymbol{\tau}|_{\partial\Omega_\mathrm{D}} \qquad (10.3.5.2\mathrm{a})$$

$$\int\nabla q\cdot\boldsymbol{J}_\mathrm{n}\,\mathrm{d}x-\int c\mathrm{e}^{qV}uq\,\mathrm{d}x=q\boldsymbol{n}\cdot\boldsymbol{J}_\mathrm{n}|_{\partial\Omega_\mathrm{N}}+\int qf\,\mathrm{d}x \qquad (10.3.5.2\mathrm{b})$$

10.3 数值离散

(10.3.5.2a) 与 (10.3.5.2b) 写成矩阵的形式, 可以表示成

$$A\boldsymbol{J} + B^{\mathrm{T}}u = f \\ B\boldsymbol{J} - Cu = g \tag{10.3.5.3}$$

这里混合了两个函数空间,因此称为混合有限元。从式 (10.3.5.3) 出发,通过消掉 $\boldsymbol{J}$ 能够得到有效体积法的相关表达式,同时能够得到其误差估计为

$$\|u - u_{\mathrm{h}}\|_{L^2(\Omega)} + \|\boldsymbol{J}_{\mathrm{n}} - \boldsymbol{J}_{\mathrm{n,h}}\|_{H(\Omega)} \leqslant Ch \tag{10.3.5.4}$$

其中, C 是一个仅与范数相关的正常数。

10.3.6 时间导数项

瞬态分析中,涉及 $\dfrac{\partial(qn)}{\partial t}$、$\dfrac{\partial(nw_{\mathrm{n}})}{\partial t}$ 与 $\dfrac{\partial T_{\mathrm{L}}}{\partial t}$ 的数值离散,直接做法是把时间坐标等同于一几何坐标,采用类似的 10.3.1 节所述有限差分思想,格点 i 处变量 u 在时间网格 $[t, t+\Delta t]$ 上中点处的导数为

$$\left.\dfrac{\partial u_i}{\partial t}\right|_{t+\frac{\Delta t}{2}} = \dfrac{u_i(t+\Delta t) - u_i(t)}{\Delta t} \tag{10.3.6.1}$$

这种导数近似相当于在 t 和 $t+\Delta t$ 的中间插入了一条中间线[64],如图 10.3.12 所示,如果流密度在几何单元的中间一样,则对应在 $t+\dfrac{\Delta t}{2}$ 处的流密度与产生复合项需要时间网格单元两个端点处的值插值生成。如果采用简单的算术平均方式,则两者分别为

$$\boldsymbol{F}_{i-\frac{1}{2}}\left(t+\dfrac{\Delta t}{2}\right) = 0.5\left[\boldsymbol{F}_{i-\frac{1}{2}}(t+\Delta t) + \boldsymbol{F}_{i-\frac{1}{2}}(t)\right] \tag{10.3.6.2a}$$

$$(G-R)_i\left(t+\dfrac{\Delta t}{2}\right) = 0.5\left[(G-R)_i(t+\Delta t) + (G-R)_i(t)\right] \tag{10.3.6.2b}$$

式中,所有 $t+\Delta t$ 处函数均含有 $t+\Delta t$ 处格点变量值,这种离散格式通常称为 Grank-Nicolson 方法。

显而易见, (10.3.6.1) 对时间导数的一阶近似要求 Δt 范围内相关格点变量的变化近似为线性,这对 Δt 的取值范围提出了严格要求,回忆第 4 章中输运方程的推导过程,弛豫时间形式反映了载流子系综分布函数发生变化的典型时间尺度,基于此,我们的实际经验是初始时间步长不应大于最快散射过程的弛豫时间尺度。

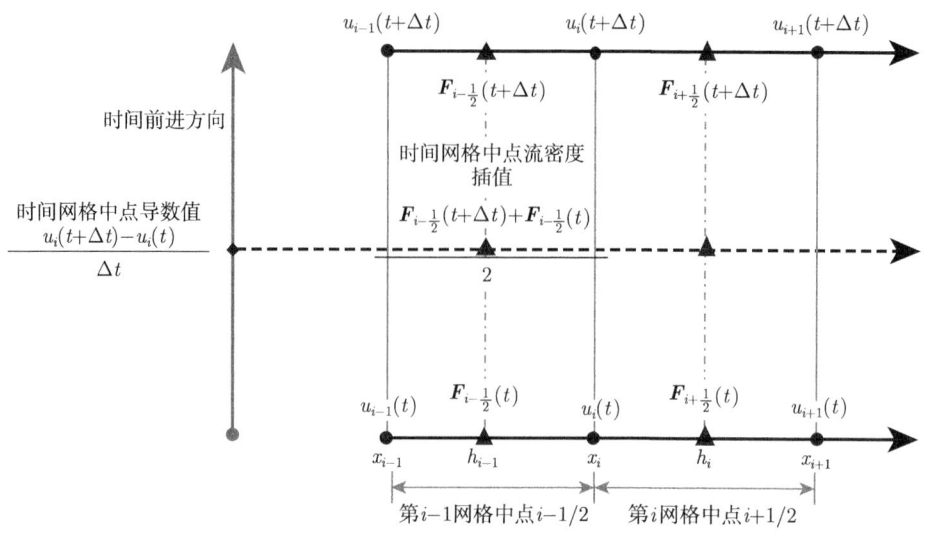

图 10.3.12 时间导数的离散

10.3.7 薛定谔方程

本节给出薛定谔 (Schrödinger) 方程的离散形式,以 (4.7.1.1b) 的单带包络函数方程为例,采用有限差分法近似二阶导数进行离散,形式可以分成三部分。

1. 材料内部格点 i

$$-\frac{\hbar^2}{2}\frac{2}{h_1+h_2}\left(\frac{1}{m_{i+\frac{1}{2}}}\frac{\psi_{i+1}-\psi_i}{h_2}-\frac{1}{m_{i-\frac{1}{2}}}\frac{\psi_i-\psi_{i-1}}{h_2}\right)+E_c^i\psi_i=E\psi_i \quad (10.3.7.1)$$

2. 异质界面格点

根据界面条件 (8.1.1.3a) 和 (8.1.1.3b),采用与推导 Poisson 方程界面连续性条件类似的方法,在界面两边分别对本征方程积分得到

$$-\frac{\hbar^2}{2}\left[\left(\frac{1}{m}\nabla\psi\right)_{0-}-\left(\frac{1}{m}\nabla\psi\right)_{-\frac{1}{2}}\right]+\frac{h_1}{2}E_c^{0-}\psi_{0-}=\frac{h_1}{2}E\psi_{0-} \quad (10.3.7.2a)$$

$$-\frac{\hbar^2}{2}\left[\left(\frac{1}{m}\nabla\psi\right)_{\frac{1}{2}}-\left(\frac{1}{m}\nabla\psi\right)_{0+}\right]+\frac{h_2}{2}E_c^{0+}\psi_{0+}=\frac{h_2}{2}E\psi_{0+} \quad (10.3.7.2b)$$

将 (10.3.7.2a) 与 (10.3.7.2b) 相加得到

$$-\frac{\hbar^2}{2}\frac{2}{h_1+h_2}\left[\frac{1}{m_{\frac{1}{2}}}\frac{\psi_{i+1}-\psi_i}{h_2}-\frac{1}{m_{-\frac{1}{2}}}\frac{\psi_i-\psi_{i-1}}{h_1}\right]$$

10.3 数值离散

$$+\frac{1}{h_1+h_2}\left(h_2 E_{\mathrm{c}}^{0+}+h_1 E_{\mathrm{c}}^{0-}\right)\psi_i = E\psi_i \quad (10.3.7.3)$$

3. 边界格点

鉴于波函数的无穷延展性,有限数值计算时必须在某个地方进行截断,由于我们只对限制能级感兴趣,所以假设在空间某处波函数开始以简单指数衰减[65-67]:

$$\psi(x) = A\mathrm{e}^{-\sqrt{\frac{2m(E_{\mathrm{ref}}-E)}{\hbar^2}}x} \quad (10.3.7.4)$$

其中,E_{ref} 是垒层参考能级。如图 10.3.13 所示,在界面左边单元控制体积内积分得到

$$-\frac{\hbar^2}{2}\left[\left(\frac{1}{m}\nabla\psi\right)_i - \left(\frac{1}{m}\nabla\psi\right)_{-\frac{1}{2}}\right] + \frac{h_1}{2}E_{\mathrm{c}}^{0-}\psi_{0-} = \frac{h_1}{2}E\psi_{0-} \quad (10.3.7.5)$$

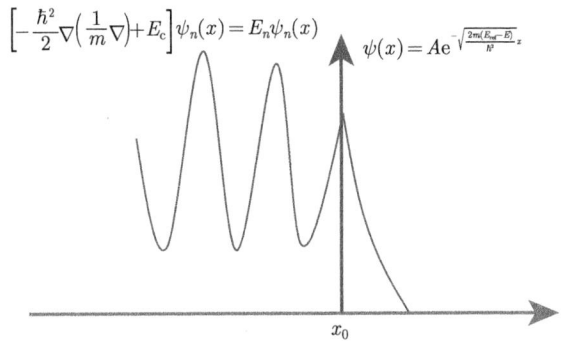

图 10.3.13　界面连接条件

令界面坐标为 0,得到 $\psi_i(0) = A$,$\psi_i'(0) = -\sqrt{\frac{2m(E_{\mathrm{ref}}-E)}{\hbar^2}}A$,代入 (10.3.7.5) 得到

$$-\frac{\hbar^2}{2}\frac{2}{h_1}\left[-\frac{1}{m_i}\sqrt{\frac{2m_i(E_{\mathrm{ref}}-E)}{\hbar^2}}A - \frac{1}{m_{-\frac{1}{2}}}\frac{A-\psi_{i-1}}{h_1}\right] + E_{\mathrm{c}}^{0-}A = EA \quad (10.3.7.6)$$

(10.3.7.1)、(10.3.7.3) 和 (10.3.7.6) 定义了单带 Schrödinger 方程的有限差分形式式,方法也同样适用于多带情形[68],为了保持哈密顿量 (Hamiltonian) 的厄米性,需要对其中的微分算符做如下拓展:

$$\boldsymbol{A}\frac{\partial^2}{\partial z^2} \to \frac{\partial}{\partial z}\left(\boldsymbol{A}\frac{\partial}{\partial z}\right) \quad (10.3.7.7\mathrm{a})$$

$$A\frac{\partial}{\partial z} \to \frac{1}{2}\left(\frac{\partial}{\partial z}A + A\frac{\partial}{\partial z}\right) \tag{10.3.7.7b}$$

另外，包络函数的界面连续性也是必然的条件。

【练习】

1. 结合 (10.3.7.7a) 和 (10.3.7.7b)，推导表 3.5.2 ~ 表 3.5.5 所对应的一阶和二阶矩阵元如 (10.3.7.3) 的离散形式。

2. 试建立 (10.3.7.5) 和 (10.3.7.6) 所代表的本征系统的算法，考虑用迭代的方式求解。

10.3.8 数值离散的误差

上述的离散方法中所产生的解 $\{u_G^j\}$ 与真实解 $u(x)$ 存在一定的差距：

$$u(x) = u_G^j + e_G^j \tag{10.3.8.1}$$

其中，e_G^j 称为离散误差。显而易见，真实解 $u(x)$ 并不满足离散方程：

$$L_G(u) + f_G(u) = \tau_G^j \neq 0 \tag{10.3.8.2}$$

如果 $L_G(u)$ 是线性算符，如解耦映射中连续性方程，

$$L_G(u) + f_G(u) = L_G(u_G^j + e_G^j) + f_G(u_G^j + e_G^j) = L_G(e_G^j) + f_G(e_G^j) = \tau_G^j \tag{10.3.8.3}$$

其中，τ_G^j 称为截断误差，如在 10.3.2 节中看到的，截断误差来源于用有限 Taylor 级数在单元上对 $u(x)$ 进行近似的过程，因此与离散误差一样，截断误差是一个与网格直径相关的量。一种有用的离散格式起码要求当最大网格直径趋于 0 时，截断误差也趋于 0：

$$\left\|\tau_G^j\right\|_{\max_i d(e_i) \to 0} \to 0 \tag{10.3.8.4}$$

满足 (10.3.8.3) 的离散格式称为相容性的 (consistent)。相容性与 (10.0.2) 定义的收敛性分别从微分方程和解两个层次共同保证了离散格式的有效性。

离散格式的另外一个关键要求是在迭代过程中不能放大离散误差：

$$\left\|e_G^{k,j}\right\| \leqslant \left\|e_G^{k-1,j}\right\| \tag{10.3.8.5}$$

这要求离散格式应该具有类似压缩映射的特性，稳定性是收敛性的充分必要条件，一个良好的离散格式应满足：当网格直径在某个阈值以下时，离散解表现为不依赖于网格尺寸变化的固定值。

全面地展开各种离散格式的误差分析超出了本书的范围，这里仅作简单的介绍。有限体积法依据其基本原理存在四个显而易见的误差来源。

10.3 数值离散

1. Poisson 方程、热传导方程中二阶导数项的差分近似

(10.3.2.3a)~(10.3.2.3d) 和 (10.3.3.3a) 本质上要求函数在网格单元上具有类线性的特征，如图 10.3.14(a) 所示，但是如果出现图 10.3.14(b) 中的情况，则丢失了函数在谷间的信息，从而造成数值误差。解决的方法有两种[69]：① 细分网格重新计算比较前后函数值的分布特征，如果差异比较大，则表明单元上一阶导数不能分辨其数学特性，需要采用更细的网格；② 采用更高阶导数近似，通常是高阶样条函数的形式重新计算，如果差异比较大，也能说明单元上一阶导数不能分辨其数学特性。

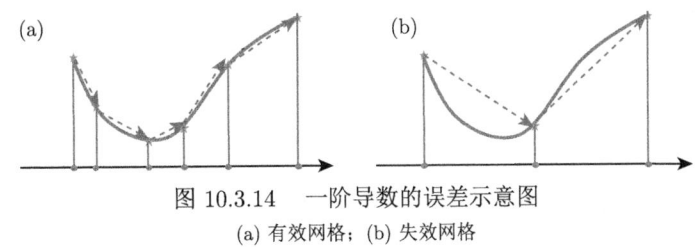

图 10.3.14 一阶导数的误差示意图
(a) 有效网格；(b) 失效网格

2. 以边 l_{ik} 中点处恒定的 $\boldsymbol{F}_{ik}$ 来代替整个中垂线上的流密度

(10.3.3.1) 表达了两种信息：① 边 l_{ik} 上的 $\boldsymbol{F}_{ik}$ 都具有近似恒定值，即当把边 l_{ik} 进行网格细化或者更高阶离散形式 (10.3.2.9) 时，$\boldsymbol{F}_{ik}$ 变化很小，如图 10.3.15 所示；② 控制体积元上中垂线 d_{ik} 的 $\boldsymbol{F}_{ik}$ 具有近似恒定值，这也可以通过网格细化和高阶离散形式来分辨[70]。

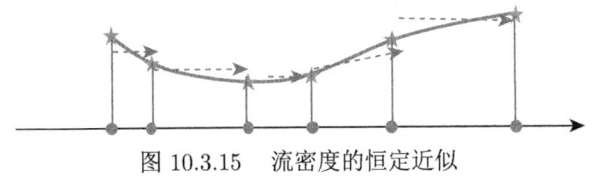

图 10.3.15 流密度的恒定近似

3. 网格单元上产生复合项的积分

(10.3.3.2) 中各种源项在控制体积元上的积分直接关系到数值精度，尽管静电势和载流子系综温度在单元上线性变化，但载流子浓度的起伏有时会比较大，Poisson 方程中电荷项 (4.2.1.3)、能流方程中时间弛豫项 (4.5.8.1b) 等的数值积分要求比较高，其数值误差信息也可以通过网格细化或高阶积分的形式得到。

4. 时间导数项

直观理解，输运方程体系中各种产生复合项、弛豫项具有不同的时间尺度，因此时间步长只有足够小才能有效分辨出函数的演化特性，比较简单的例子如传统热传导方程, 能够得到简明扼要的信息 [71], 然而对于面向光电转换材料的半导体输运方程体系要困难得多。

鉴于离散误差的重要性, 数学上的很多工作都围绕相关内容展开, 除了前面提到的有限差分与有限元误差估计外, 针对有限体积法也有一些数学结果, 如非均匀网格上的 Poisson 方程 [72]:

$$\left\| u - u^h \right\|_\infty \leqslant C d^2 \left| u \right|_{H^3(\Omega)} \tag{10.3.8.6}$$

其中, d 是最大网格单元直径。

10.3.9 离散 Jacobian 矩阵

10.2.3 节中给出了器件几何区域 Ω 上连续映射下的抽象 Jacobian 矩阵形式, 结合本节内发展的数值离散方法, 容易得到网格上的离散 Jacobian 形式, 如 (10.3.3.2)、(10.3.3.4a) 和 (10.3.3.4b) 表示的离散输运方程, 其离散 Jacobian 分别为

$$\frac{1}{\Delta t} \frac{\partial}{\partial \boldsymbol{v}_i} \int \left(n_\phi^{\text{new}} - n_\phi^{\text{old}} \right) \mathrm{d}\Omega_i = \left(\sum_{j \in N_i} \frac{\partial \boldsymbol{F}_{ij}}{\partial \boldsymbol{v}_i} d_{ij} \right) \delta \boldsymbol{v}_i + \left(\sum_{j \in N_i} \frac{\partial \boldsymbol{F}_{ij}}{\partial \boldsymbol{v}_j} d_{ij} \right) \delta \boldsymbol{v}_j$$

$$+ \frac{\partial}{\partial \boldsymbol{v}_i} \left[\int G_\phi \mathrm{d}\Omega_i - \int R_\phi \mathrm{d}\Omega_i + \int S_\phi \mathrm{d}\Omega_i \right] \tag{10.3.9.1a}$$

$$\left(\sum_{\substack{j \in N_i^+ \\ j \notin \partial\Omega}} d_{ij} \frac{\partial \boldsymbol{F}_{ij}}{\partial \boldsymbol{v}_i^+} \right) \delta \boldsymbol{v}_i^+ + \left(\sum_{\substack{j \in N_i^+ \\ j \notin \partial\Omega}} d_{ij} \frac{\partial \boldsymbol{F}_{ij}}{\partial \boldsymbol{v}_j^+} \right) \delta \boldsymbol{v}_j$$

$$+ \left(\sum_{\substack{j \in N_i^+ \\ j \in \partial\Omega}} d_{ij}^+ \frac{\partial \boldsymbol{F}_{ij}^{0+}}{\partial \boldsymbol{v}_i^+} \right) \delta \boldsymbol{v}_i^+ + \left(\sum_{\substack{j \in N_i^+ \\ j \in \partial\Omega}} d_{ij}^+ \frac{\partial \boldsymbol{F}_{ij}^{0+}}{\partial \boldsymbol{v}_j^+} \right) \delta \boldsymbol{v}_j$$

$$+ 0.5 \left(\frac{\partial \boldsymbol{F}_i^{0+}}{\partial \boldsymbol{v}_i^+} \delta \boldsymbol{v}_i^+ \right) \cdot \boldsymbol{n}^+ \sum_{\substack{j \in N_i^+ \\ j \in \partial\Omega}} l_{ij} + \frac{\partial f_i^+}{\partial \boldsymbol{v}_i^+} \delta \boldsymbol{v}_i^+ \sum_{j \in N_i^+} \Omega_{ij} \theta_{ij}^+ = 0 \tag{10.3.9.1b}$$

$$\left(\sum_{\substack{j \in N_i^- \\ j \notin \partial\Omega}} d_{ij} \frac{\partial \boldsymbol{F}_{ij}}{\partial \boldsymbol{v}_i^-} \right) \delta \boldsymbol{v}_i^- + \left(\sum_{\substack{j \in N_i^- \\ j \notin \partial\Omega}} d_{ij} \frac{\partial \boldsymbol{F}_{ij}}{\partial \boldsymbol{v}_j^-} \right) \delta \boldsymbol{v}_j$$

10.3 数值离散

$$+\left(\sum_{\substack{j\in N_i^-\\j\in\partial\Omega}}d_{ij}^-\frac{\partial \boldsymbol{F}_{ij}^{0-}}{\partial \boldsymbol{v}_i^-}\right)\delta\boldsymbol{v}_i^- + \left(\sum_{\substack{j\in N_i^-\\j\in\partial\Omega}}d_{ij}^-\frac{\partial \boldsymbol{F}_{ij}^{0-}}{\partial \boldsymbol{v}_j^-}\right)\delta\boldsymbol{v}_j$$

$$+0.5\left(\frac{\partial \boldsymbol{F}_i^{0-}}{\partial \boldsymbol{v}_i^-}\delta\boldsymbol{v}_i^-\right)\cdot\boldsymbol{n}^-\sum_{\substack{j\in N_i^-\\j\in\partial\Omega}}l_{ij} + \frac{\partial f_i^-}{\partial \boldsymbol{v}_i^-}\delta\boldsymbol{v}_i^-\sum_{j\in N_i^-}\Omega_{ij}\theta_{ij}^- = 0 \quad (10.3.9.1\text{c})$$

其中，v_i 表示网格点 i 上的变量数组。显而易见，δv_i 相关项填充离散 Jacobian 的对角线矩阵元，δv_k 相关项填充非对角线矩阵元。(10.3.9.1b) 和 (10.3.9.1c) 显示了界面两边的一般离散形式，v_i^- 与 v_i^+ 分别表示界面两边的格点变量数组，数值编程时需要分类处理。如载流子准 Fermi 能与系综温度在热离子发射异质界面不连续，则 (10.3.9.1b) 和 (10.3.9.1c) 分别组成各自的离散方程，界面网格点关联的网格点分别为 $\left\{v_{j\in N_i^-,j\notin\partial\Omega}, v_i^-, v_i^+\right\}$ 与 $\left\{v_i^-, v_i^+, v_{j\in N_i^+,j\notin\partial\Omega}\right\}$，即尽管几何意义上边界网格点只有一个，但物理上需要分成 (−) 和 (+) 两个。而如静电势和晶格温度的格点变量在异质界面连续要求 $v_i^- = v_i^+$，这时几何网格点与物理网格点重叠，(10.3.9.1b) 和 (10.3.9.1c) 相加合并成一个离散方程关联 $\left\{v_{j\in N_i^-,j\notin\partial\Omega}, v_i, v_{j\in N_i^+,j\notin\partial\Omega}\right\}$：

$$\left(\sum_{\substack{j\in N_i^-\\j\notin\partial\Omega}}d_{ij}\frac{\partial \boldsymbol{F}_{ij}}{\partial v_i}\right)\delta\boldsymbol{v}_i + \sum_{\substack{j\in N_i^-\\j\notin\partial\Omega}}d_{ij}\frac{\partial \boldsymbol{F}_{ij}}{\partial \boldsymbol{v}_j}\delta\boldsymbol{v}_j + 0.5\left(\frac{\partial \boldsymbol{F}_i^{0-}}{\partial \boldsymbol{v}_i^-}\delta\boldsymbol{v}_i\right)\cdot\boldsymbol{n}^-\sum_{\substack{j\in N_i^-\\j\in\partial\Omega}}l_{ij}$$

$$+\left(\frac{\partial f_i^-}{\partial \boldsymbol{v}_i^-}\sum_{j\in N_i^-}\Omega_{ij}\theta_{ij}^-\right)\delta\boldsymbol{v}_i + \left(\sum_{\substack{j\in N_i^+\\j\notin\partial\Omega}}d_{ij}\frac{\partial \boldsymbol{F}_{ij}}{\partial \boldsymbol{v}_i}\right)\delta\boldsymbol{v}_i + \sum_{\substack{j\in N_i^+\\j\notin\partial\Omega}}d_{ij}\frac{\partial \boldsymbol{F}_{ij}}{\partial \boldsymbol{v}_j}\delta\boldsymbol{v}_j$$

$$+0.5\left(\frac{\partial \boldsymbol{F}_i^{0+}}{\partial \boldsymbol{v}_i^+}\delta\boldsymbol{v}_i\right)\cdot\boldsymbol{n}^+\sum_{\substack{j\in N_i^+\\j\in\partial\Omega}}l_{ij} + \left(\frac{\partial f_i^+}{\partial \boldsymbol{v}_i^+}\sum_{j\in N_i^+}\Omega_{ij}\theta_{ij}^+\right)\delta\boldsymbol{v}_i = 0 \quad (10.3.9.1\text{d})$$

其中，用到了几何关系 $\sum\limits_{\substack{j\in N_i^-\\j\in\partial\Omega}}d_{ij}^-\dfrac{\partial \boldsymbol{F}_{ij}^{0-}}{\partial \boldsymbol{v}_i^-} + \sum\limits_{\substack{j\in N_i^+\\j\in\partial\Omega}}d_{ij}^+\dfrac{\partial \boldsymbol{F}_{ij}^{0+}}{\partial \boldsymbol{v}_i^+} = 0$, (10.3.9.1d) 使得编程时可以把界面两边当作各自独立的项分别实施，而 (10.3.9.1b) 则需要提前或者向后搜索边界另一边各种模型参数及对应网格点变量值。这在后面的子层遍历生成 Jacobian 时非常关键。

综合网格点在材料内部与边界处的几何分布特征与物理模型所决定的数值特征，可以把网格点分成两大类：内部点与界面点。前者在图 10.3.2 与图 10.3.4 所描述的规则网格上每个格点具有相同的单元与邻近格点邻接关系，即连通性；后者依据几何分布特征与物理模型特征大体可以细分成四类：① 几何分布格点与物理模型格点重合，数值模型采用 (10.1.2.4a) 和 (10.1.2.4b)，这种情况下由于相应物理变量在界面上的连续性，所以界面两边值相等，可以等同为一个，如 Poisson 方程与热传导方程模型所有界面上的点、同质界面上的点等；② 几何分布格点与物理模型格点分离，相应物理变量在界面上存在跳跃不连续，数值模型采用 (10.1.2.4c) 和 (10.1.2.4d)；③ 裸露表面上的格点，其数值模型采用 (10.1.2.2b) 和 (10.1.2.2c)；④ 半导体金属接触上的格点，其数值模型采用 (10.1.2.1a)~(10.1.2.1d) 和 (10.1.2.2a)~(10.1.2.2d)。基于上述结论，表 10.3.3 中所定义的网格连通性中的格点全局编码包括两部分：几何编码 i_g 和物理编码 i_p，并且由逻辑变量 IsLeftIs 和 IsRightIs 确认是否具有跨越异质界面的流密度，扩充后的数据结构如表 10.3.3 所示。

表 10.3.3　考虑物理模型后的网格连通性数据结构

连通性
type connect_
logical :: IsLeftIs
logical :: IsRightIs
logical :: IsLeft
logical :: IsRight
integer :: i_p
integer :: i_g
integer :: t
integer :: tt
real(wp) :: hl
real(wp) :: hr
type(node_) :: nl
type(node_) :: nc
type(node_) :: nr
end type connect_

【练习】
针对二维三角形和长方形网格单元，给出其关于考虑物理模型后的网格连通性数据结构。

10.3.10　离散模块

基于以某个网格点为中心的离散方程生成相关 Jacobian 矩阵元的子程序，组成了离散模块 discret，器件网格拓扑 (一维、二维、单元和网格点邻接关系等)、输运体系、量子隧穿和量子限制修正等因素的不同组合使其分级标志具有不同的组织形式，一种可能的分级是按照维数和网格拓扑—输运体系—稳态瞬态—量子隧穿和量子限制修正—内部和边界，如图 10.3.16 所示。

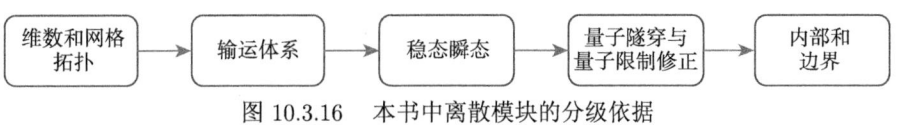

图 10.3.16 本书中离散模块的分级依据

在此基础上定义一个一维离散模块的组织形式，存在量子隧穿和量子限制的情况分别附加后缀 _qt 和 _qc，内部和边界点分别附加 _i 和 _b，如图 10.3.17 所示，其中虚线框表示可拓展项。

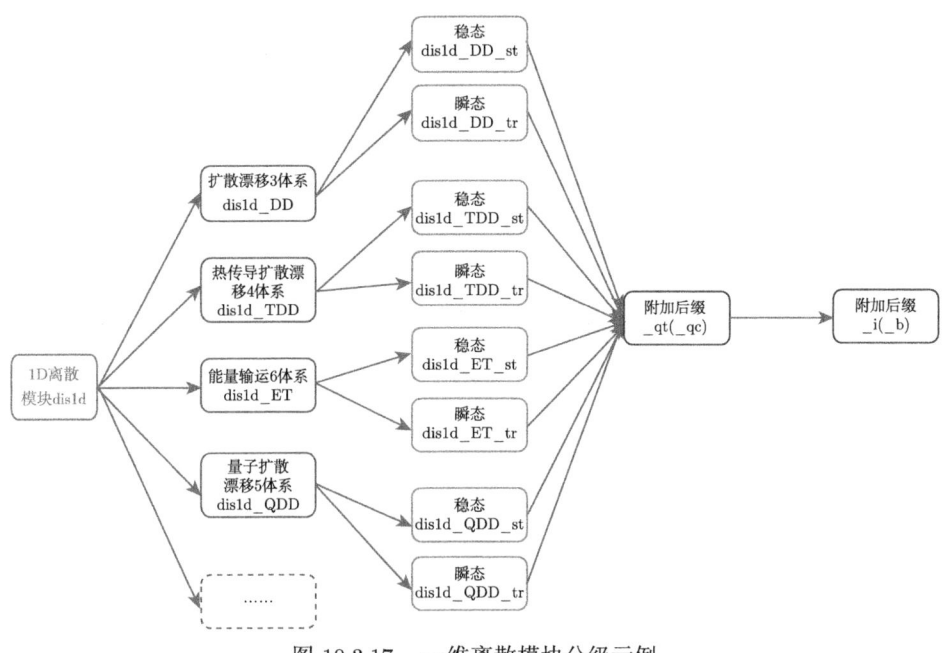

图 10.3.17 一维离散模块分级示例

【练习】

依据自己的工作特点，定义一个不同于图 10.3.17 的离散模块分级。

10.4 奇异摄动分析与迭代初始值

表 10.1.1 中总结的输运方程体系中的各种参数、时间导数项、矢量流密度散度项与各种源项具有不同的幅值与量纲单位，且幅值起伏巨大。例如，材料的介电常数、热导率、迁移率通常变化不大，而载流子浓度呈现数量级的变化。为了避

免将这种量纲与数值幅值差异代入数值计算过程，就需要一个归一化的过程，能够将幅值变化与量纲差异以一种统一的形式表达出来，最终，输运方程体系中每个单独方程中的每一项都具有一个量纲相同但幅值不同的归一化量。

10.4.1 归一化

首先，无论单一物理量还是产生复合、流密度及其散度项都能够表示成幅值与量纲的乘积：

$$S = S_A S_u \tag{10.4.1.1}$$

其中，下标 A 和 u 分别表示幅值与量纲，如几何尺寸 nm 可以表示成 10^{-9}m。

归一化的过程首先从基本物理参数开始，表 10.1.1 输运方程体系的建立过程，涉及几个基本的物理参数，如真空介电常数 ε_0、玻尔兹曼 (Boltzmann) 常量 k_B、基本电荷 q、静止质量 m_0 等[73]：

$$\varepsilon_0 = 8.8542 \times 10^{-12} \text{A} \cdot \text{s} \cdot \text{V}^{-1} \cdot \text{m}^{-1} = \varepsilon_{0A}(\text{A} \cdot \text{s} \cdot \text{V}^{-1} \cdot \text{m}^{-1}) \tag{10.4.1.2a}$$

$$k_B = 1.38066 \times 10^{-23} \text{J} \cdot \text{K}^{-1} = k_{BA}(\text{J} \cdot \text{K}^{-1}) \tag{10.4.1.2b}$$

$$q = 1.602189 \times 10^{-19} \text{A} \cdot \text{s} = q_A(\text{A} \cdot \text{s}) \tag{10.4.1.2c}$$

$$m_0 = 9.010953 \times 10^{-31} \text{kg} \tag{10.4.1.2d}$$

$$\hbar = 1.054589 \times 10^{-34} \text{J} \cdot \text{s} \tag{10.4.1.2e}$$

表 10.4.1 列举了输运方程体系中基本物理量的归一化量的选取过程，其中需要注意的是，$\varepsilon(x)$ 以 ε_0 归一化介电常数后得到一个无量纲数，时间归一化量取最小载流子寿命或离散时间间隔，温度归一化量取环境温度 (25°C)，所有能量相关量 $(qV, E_{Fe(h)}, k_B T_{e(h)}, E_g, \chi_e, E_c, E_v, \cdots)$ 以环境温度载流子热能 E_s(1eV=1.602189$\times 10^{-19}$J) 归一化。下面分析各个输运方程中各个项的归一化量。

另外，光学产生速率的归一化参照第 6 章 6.2.2 节。

1. Poisson 方程

Poisson 方程中的归一化过程通常将电势 V 乘上电子电荷 q 转换成电势能，单位为 eV，也用载流子热能即 U_T 归一化，这样相当于在 Poisson 方程上又乘上了一个电子电荷 q，这样有两项 $\nabla \cdot \varepsilon \nabla qV$ 和 $q\rho$ 需要生成归一化量，数值实施时通常需要这两者的比值：

$$\frac{q\rho_s}{(\nabla \cdot \varepsilon \nabla qV)_s} = \frac{q^2 N_s}{\varepsilon_s E_s L_s^{-2}} = \frac{q_A^2 (\text{A} \cdot \text{s})^2 N_A (\text{cm}^{-3}) L_A^2 (\text{m}^2)}{\varepsilon_{0A} \varepsilon_A (\text{A} \cdot \text{s} \cdot \text{V}^{-1} \cdot \text{m}^{-1}) k_{BA}(\text{J} \cdot \text{K}^{-1}) T_A(\text{K})}$$

$$= \frac{q_A^2 (10^6) L_A^2}{\varepsilon_{0A} k_{BA} T_A} \frac{N_A}{\varepsilon_A} = 0.07043 \times 10^{-17} \times \frac{N_A}{\varepsilon_A} \tag{10.4.1.3a}$$

10.4 奇异摄动分析与迭代初始值

表 10.4.1 基本物理量归一化量的选取

$L_{\rm s}/{\rm m}$	$N_{\rm s}/{\rm cm}^{-3}$	$t_{\rm s}/{\rm s}$	$\varepsilon_{\rm s}/\varepsilon_0$	$T_{\rm s}/{\rm K}$	$E_{\rm s}/{\rm eV}$	$\mu_{\rm s}/({\rm cm}^2\cdot{\rm V}^{-1}\cdot{\rm s}^{-1})$	$\rho_{\rm s}/({\rm g}\cdot{\rm cm}^{-3})$	$\kappa_{\rm s}/({\rm W}\cdot{\rm cm}^{-1}\cdot{\rm K}^{-1})$	$C_{\rm Ls}/({\rm W}\cdot{\rm s}\cdot{\rm g}^{-1}\cdot{\rm K}^{-1})$
$L_{\rm A}$	$\max_\Omega\{N_{\rm D}\}$ $=N_{\rm A}$	$\min_\Omega\{\tau_{\rm e(h)},\Delta t\}$ $=t_{\rm A}$	$\varepsilon_{\rm A}$	298.15	$k_{\rm B}\times 298.15{\rm K}$ $=0.0256925$	$\max_\Omega\{\mu_{\rm m(p)}\}$ $=\mu_{\rm A}$	$\max_\Omega\{\rho\}$ $=\rho_{\rm A}$	$\max_\Omega\{\kappa_{\rm L}\}$ $=\kappa_{\rm A}$	$\max_\Omega\{C_{\rm L}\}$ $=C_{\rm LA}$

式 (10.4.1.3a) 用到了 $J = s \cdot V \cdot A$，最后系数的获取采用了 25℃ 和 nm 为温度与几何尺寸的归一化量，可以看出进一步的归一化需要得到浓度幅值 N_A 与相对介电常数幅值 ε_A。注意到 (10.4.1.3a) 是放在 $q\rho_s$ 前面的归一化系数，如果放在 $\nabla \cdot \varepsilon \nabla qV$ 前，则需要取其倒数 $\dfrac{(\nabla \cdot \varepsilon \nabla qV)_s}{q\rho_s} = 14.19853 \times 10^{17} \times \dfrac{\varepsilon_A}{N_A}$。文献 [74] 中 $L_s = \mu m$，这种情况下 $\dfrac{(\nabla \cdot \varepsilon \nabla qV)_s}{q\rho_s} = 14.19853 \times 10^{11} \times \dfrac{\varepsilon_A}{N_A}$。如果 $N_A = 10^{19}$，则 $\dfrac{(\nabla \cdot \varepsilon \nabla qV)_s}{q\rho_s} = 1.42 \times 10^{-7} \times \varepsilon_A$，这是一个相当小的值，但在 $L_s = 1\text{nm}$ 时，却是一个接近于 1 的值 $0.142 \times \varepsilon_A$。

Poisson 方程的另外一个归一化量是关于界面电荷密度 S 的，来源于 (8.1.7.1b) 与 (10.3.1.12b)：

$$\frac{(q\rho_s)_s}{(\nabla \cdot \varepsilon \nabla qV)_s} = \frac{q^2 S_s L_s}{\varepsilon_s E_s} = \frac{q_A^2 (\text{A} \cdot \text{s})^2 S_A \text{cm}^{-2} L_A(\text{m})}{\varepsilon_{0A} \varepsilon_A (\text{A} \cdot \text{s} \cdot \text{V}^{-1} \cdot \text{m}^{-1}) k_{BA}(\text{J} \cdot \text{K}^{-1}) T_A(\text{K})}$$

$$= \frac{q_A^2 (10^4) L_A}{\varepsilon_{0A} k_{BA} T_A} \frac{S_A}{\varepsilon_A} = 0.704298 \times 10^{-11} \times \frac{S_A}{\varepsilon_A} \quad (10.4.1.3b)$$

其中，S_s 是界面电荷密度 S 的归一化量，单位是 cm^{-2}。

2. 热传导方程

热传导方程的归一化过程与 Poisson 方程类似，方程中各项的归一化参数分别为

$$[\nabla \cdot (\kappa_L \nabla T_L)]_s = \frac{\kappa_A T_A}{L_A^2} \frac{\kappa_u T_u}{L_u^2} = \frac{\kappa_A T_A}{L_A^2 (\times 10^4)} \frac{(\text{J} \cdot \text{cm}^{-1})}{(\text{s} \cdot \text{cm}^2)} = \frac{\kappa_A T_A}{q_A L_A^2 (\times 10^4)} \frac{\text{eV}}{\text{s} \cdot \text{cm}^3} \quad (10.4.1.4a)$$

$$\left. \begin{array}{c} (RE_g)_s \\ \left(\dfrac{\Delta(nw_n)}{\tau_{wn}}\right)_s \end{array} \right\} = \frac{N_A E_A}{t_A} \frac{\text{eV}}{\text{s} \cdot \text{cm}^3} \quad (10.4.1.4b)$$

$$\left(\rho C_L \frac{\partial T_L}{\partial t}\right)_s = \frac{\rho_A C_{LA} T_A}{t_A} \frac{\rho_u C_{Lu} T_u}{t_u} = \frac{\rho_A C_{LA} T_A}{q_A t_A} \frac{\text{eV}}{\text{s} \cdot \text{cm}^3} \quad (10.4.1.4c)$$

主散度项与源项及时间导数项的比值分别为

$$\frac{(RE_g)_s}{[\nabla \cdot (\kappa_L \nabla T_L)]_s} = \frac{N_A E_A}{t_A} \times \frac{q_A L_A^2 (\times 10^4)}{\kappa_A T_A} = \frac{E_A q_A L_A^2 (\times 10^4)}{t_A T_A} \frac{N_A}{\kappa_A}$$

$$= 1.380655 \times 10^{-30} \frac{N_A}{\kappa_A} \quad (10.4.1.4d)$$

10.4 奇异摄动分析与迭代初始值

$$\frac{\left(\rho C_L \frac{\partial T_L}{\partial t}\right)_s}{[\nabla \cdot (\kappa_L \nabla T_L)]_s} = \frac{\rho_A C_{LA} T_A}{q_A t_A} \times \frac{q_A L_A^2 (\times 10^4)}{\kappa_A T_A} = \frac{L_A^2 (\times 10^4)}{t_A} \frac{\rho_A C_{LA} N_A}{\kappa_A}$$

$$= 10^{-5} \frac{\rho_A C_{LA} N_A}{\kappa_A} \qquad (10.4.1.4e)$$

需要注意的是 (10.4.1.4d) 和 (10.4.1.4e) 中采用了 ns、25°C 和 nm 为时间、温度与几何尺寸的归一化量。

3. 连续性方程

连续性方程的归一化采用其积分形式 (8.2.3.1a) 和 (8.2.3.1b)，这样做的物理意义明显还有利于界面复合电流的嵌入，方程中电流密度的归一化量为

$$(\boldsymbol{J}_e)_s = \frac{\mu_A N_A E_A}{L_A} \frac{\mu_u N_u E_u}{L_u} = \frac{\mu_A N_A E_A q_A}{L_A (\times 10^2)} \frac{\text{cm}^2 \cdot \text{cm}^{-3} \cdot \text{C}}{\text{s} \cdot \text{cm}} = 10 \times \frac{E_A q_A}{L_A} \mu_A N_A \frac{\text{mA}}{\text{cm}^2}$$
$$(10.4.1.5a)$$

界面复合电流的归一化来源于 (8.2.2.3)、(8.2.3.1b) 和 (8.3.1.2a)，复合速率的单位是 $\text{cm} \cdot \text{s}^{-1}$。

$$(q\boldsymbol{R}_s)_s = q_A S_A N_A q_u S_u N_u = q_A S_A N_A \frac{\text{cm} \cdot \text{cm}^{-3} \cdot \text{C}}{\text{s}} = 10^3 \times q_A S_A N_A \frac{\text{mA}}{\text{cm}^2}$$
$$(10.4.1.5b)$$

如果光照强度的波长单位为 nm，根据第 6 章 6.6.2 节中的内容，则相应的归一化量为

$$\left[\int qG(\lambda, x) \, dx\right]_s = 0.1 \cdot \frac{\lambda \, (\text{nm})}{1239.8} \cdot \frac{\text{mA}}{\text{cm}^2} \qquad (10.4.1.5c)$$

(10.4.1.5c) 中波长被 nm 归一化，不产生任何量纲，在对波长进行积分时不需要再考虑量纲的问题。复合项与时间导数项由于都涉及同样的时间尺度，所以归一化量相同：

$$\left. \begin{array}{l} \left(\int qR \, dx\right)_s \\ \left(\int q\frac{\partial n}{\partial t} dx\right)_s \end{array} \right\} = \frac{q_A N_A L_A}{t_A} \frac{q_u N_u L_u}{t_u} = \frac{10^2 \times q_A N_A L_A}{t_A} \frac{\text{C} \cdot \text{cm}^{-3} \cdot \text{cm}}{\text{s}}$$

$$= \frac{10^5 \times q_A N_A L_A}{t_A} \frac{\text{mA}}{\text{cm}^2} \qquad (10.4.1.5d)$$

热离子发射与量子隧穿项的归一化基于 (8.1.6.6a)，涉及发射速率的归一化：

$$[v_n(T_e)]_s = 10^2 \times \sqrt{\frac{2k_{BA}T_A}{\pi m_{0A}}} \frac{\text{cm}}{\text{s}} = 5.3929 \times 10^6 \frac{\text{cm}}{\text{s}} = (v_e)_A \frac{\text{cm}}{\text{s}} \qquad (10.4.1.5e)$$

$$(\boldsymbol{J}_{\text{TE}})_{\text{s}} = q_{\text{A}} (v_{\text{e}})_{\text{A}} N_{\text{A}} \frac{\text{cm}}{\text{s}} N_{\text{u}} \text{C} = 10^3 \times q_{\text{A}} (v_{\text{e}})_{\text{A}} N_{\text{A}} \frac{\text{mA}}{\text{cm}^2} \tag{10.4.1.5f}$$

需要注意的是，自发辐射复合项与 Auger 复合项 $\int qC_{n(p)} \Delta n(p) \Delta np \mathrm{d}x$ 的归一化系数分别为

$$\left(\int qB\Delta np\mathrm{d}x\right)_{\text{s}} = q_{\text{A}} B_{\text{A}} N_{\text{A}}^2 L_{\text{A}} \frac{\text{C} \cdot \text{cm}^{-3} \cdot \text{m}}{\text{s}} = 10^5 \times q_{\text{A}} B_{\text{A}} N_{\text{A}}^2 L_{\text{A}} \frac{\text{mA}}{\text{cm}^2} \tag{10.4.1.5g}$$

$$\left(\int qC_{n(p)}\Delta n(p) \Delta np\mathrm{d}x\right)_{\text{s}} = q_{\text{A}} C_{\text{A}} N_{\text{A}}^3 L_{\text{A}} \frac{\text{C} \cdot \text{cm}^{-3} \cdot \text{m}}{\text{s}} = 10^5 \times q_{\text{A}} C_{\text{A}} N_{\text{A}}^3 L_{\text{A}} \frac{\text{mA}}{\text{cm}^2}$$
$$\tag{10.4.1.5h}$$

根据物理意义，通常选取 B_{A} 与 C_{A} 分别为 10^{-10} 和 10^{-30}。

结合 (10.4.1.5a)~(10.4.1.5g) 得到主散度项与其他项的比值分别为

$$\frac{q(\boldsymbol{R}_{\text{s}})_{\text{s}}}{(\boldsymbol{J}_{\text{e}})_{\text{s}}} = \frac{10^3 \times q_{\text{A}} S_{\text{A}} N_{\text{A}}}{10 \times \frac{E_{\text{A}} q_{\text{A}}}{L_{\text{A}}} \mu_{\text{A}} N_{\text{A}}} = \frac{10^2}{E_{\text{A}}} \times \frac{S_{\text{A}} L_{\text{A}}}{\mu_{\text{A}}} \tag{10.4.1.6a}$$

$$\frac{\left[\int qG(\lambda, x) \mathrm{d}x\right]_{\text{s}}}{(\boldsymbol{J}_{\text{e}})_{\text{s}}} = 10^{-2} \cdot \frac{\lambda(\text{nm})}{1239.8} \cdot \frac{L_{\text{A}}}{E_{\text{A}} q_{\text{A}} \mu_{\text{A}} N_{\text{A}}} \tag{10.4.1.6b}$$

$$\frac{\left(\int qR\mathrm{d}x\right)_{\text{s}}}{(\boldsymbol{J}_{\text{e}})_{\text{s}}} = \frac{\frac{10^5 \times q_{\text{A}} N_{\text{A}} L_{\text{A}}}{t_{\text{A}}}}{10 \times \frac{E_{\text{A}} q_{\text{A}}}{L_{\text{A}}} \mu_{\text{A}} N_{\text{A}}} = \frac{10^4}{E_{\text{A}}} \times \frac{L_{\text{A}}^2}{\mu_{\text{A}} t_{\text{A}}} \tag{10.4.1.6c}$$

$$\frac{(\boldsymbol{J}_{\text{TE}})_{\text{s}}}{(\boldsymbol{J}_{\text{e}})_{\text{s}}} = \frac{10^3 \times q_{\text{A}} (v_{\text{e}})_{\text{A}} N_{\text{A}}}{10 \times \frac{E_{\text{A}} q_{\text{A}}}{L_{\text{A}}} \mu_{\text{A}} N_{\text{A}}} = \frac{10^2}{E_{\text{A}}} \times \frac{(v_{\text{e}})_{\text{A}} L_{\text{A}}}{\mu_{\text{A}}} \tag{10.4.1.6d}$$

$$\frac{\left(\int qB\Delta np\mathrm{d}x\right)_{\text{s}}}{(\boldsymbol{J}_{\text{e}})_{\text{s}}} = \frac{10^5 \times q_{\text{A}} B_{\text{A}} N_{\text{A}}^2 L_{\text{A}}}{10 \times \frac{E_{\text{A}} q_{\text{A}}}{L_{\text{A}}} \mu_{\text{A}} N_{\text{A}}} = \frac{10^4}{E_{\text{A}}} \times \frac{B_{\text{A}} L_{\text{A}}^2 N_{\text{A}}}{\mu_{\text{A}}} \tag{10.4.1.6e}$$

$$\frac{\left(\int qC_{n(p)}\Delta n(p) \Delta np\mathrm{d}x\right)_{\text{s}}}{(\boldsymbol{J}_{\text{e}})_{\text{s}}} = \frac{10^5 \times q_{\text{A}} C_{\text{A}} N_{\text{A}}^3 L_{\text{A}}}{10 \times \frac{E_{\text{A}} q_{\text{A}}}{L_{\text{A}}} \mu_{\text{A}} N_{\text{A}}} = \frac{10^4}{E_{\text{A}}} \times \frac{C_{\text{A}} L_{\text{A}}^2 N_{\text{A}}^2}{\mu_{\text{A}}} \tag{10.4.1.6f}$$

4. 能流方程

能流方程与连续性方程一样,采用积分形式归一化,首先是能流密度,依据 (4.5.7.4b):

$$(qS_e)_s = E_A J_A E_u J_u = E_A J_A \frac{mA}{cm^2} \cdot eV \qquad (10.4.1.7a)$$

其余各项为

$$\left(-\int q\boldsymbol{F}\cdot\boldsymbol{J}dx\right)_s = \left(\int \nabla qV\cdot\boldsymbol{J}dx\right)_s = E_A J_A \frac{mA}{cm^2} \cdot eV \qquad (10.4.1.7b)$$

$$\left(\int qG(\lambda,x)wdx\right)_s = 10^{-1}\cdot E_A\cdot\frac{\lambda(nm)}{1239.8}\cdot\frac{mA}{cm^2}\cdot eV \qquad (10.4.1.7c)$$

$$\left.\begin{array}{l}\left(\int qRwdx\right)_s\\ \left(\int q\dfrac{\partial(nw_n)}{\partial t}dx\right)_s\\ \left(\int q\dfrac{\Delta(nw_n)}{\tau_{wn}}dx\right)_s\end{array}\right\} = \frac{10^5\times q_A N_A L_A E_A}{t_A}\frac{mA}{cm^2}\cdot eV \qquad (10.4.1.7d)$$

热离子发射能流的归一化依据 (8.1.6.6b):

$$(S_n^{TE})_s = (J_{TE})_s E_s = 10^3\times q_A(v_e)_A N_A E_A \frac{mA}{cm^2}\cdot eV \qquad (10.4.1.7e)$$

界面复合能流的归一化由 (10.4.1.5b) 直接导出:

$$(qR_sw)_s = 10^3\times q_A E_A S_A N_A \frac{mA}{cm^2}\cdot eV \qquad (10.4.1.7f)$$

结合 (10.4.1.5g) 和 (10.4.1.5h) 能够直接得到自发辐射复合与 Auger 复合项的归一化量。鉴于所有项中都含有能量归一化量,所以主散度项能流密度与其他项的比值同连续性方程得到的完全一样。

通观上述输运方程体系归一化过程中,存在几个基本的归一化量:$(L_A, N_A, t_A, \varepsilon_A, T_A, E_A, \mu_A, S_A, (v_e)_A, B_A, C_A, \rho_A, \kappa_A, C_{LA})$,其他项的归一化量可以表示成它们的乘积。基本归一化量中有些在参数输入时由使用者依照材料特性与器件结构给出,如 (L_A, t_A, T_A),另外一些计算得到或直接给出,如 $(E_A, (v_e)_A, B_A, C_A)$,其他的必须在各种材料参数中搜索比较得到,例如,$(\varepsilon_A, \mu_A, S_A, \rho_A, \kappa_A, C_{LA})$。在实施过程中采用一个导出类型 Scaling 封装这些基本归一化量及输运方程中项的归一化量,并用关联子程序实施搜索与计算过程。例如,Poisson 方程中体材料电荷密度的归一化量 prn 的计算过程 (10.4.1.3a) 如下所示，其中 _x 和 _i 分别表示某个量的数值部分与指数部分，调用了用户自主开发的提取数值部分与指数部分的子程序 aux_es，如浓度归一化量 2×10^{18}，提取的数值部分为 2.0，指数部分为 18：

```
call aux_es(N_i,N_X,s%N)
s%N_i = N_i
s%N_x = N_x
call aux_es(eps_i,eps_x,s%eps)
s%prn_x = q_x*q_x*N_x/(eps0_x*kb_x*TEMP_x*eps_x)
s%prn_i = N_i+6+2*q_i+2*L_i-eps0_i-kb_i-TEMP_i-eps_i
s%prn = s%prn_x*10.0_wp**s%prn_i
```

【练习】

1. 写出热传导方程中自发辐射复合项和 Auger 复合项的归一化量表达式。

2. 模仿示例，写出输运方程体系中所有项的归一化量的数值计算过程。

3. 写出二维载流子浓度 (4.2.3.4)、波矢 (9.4.1.3)、态密度 (4.2.3.3a) 的归一化量计算。

4. 以自己测试得到的模型参数及输运体系，计算各个项的归一化量。

5. 表 10.4.1 中关于浓度或密度的归一化量取器件区域上掺杂浓度的最大值，通常还有另外一种基于电流密度与能流密度表达式的取法：$\max\limits_{\Omega}\{N_c, N_v, N_D\}$，结合自己面对的器件特征，比较这两种归一化量取法的优缺点。

6. 量子隧穿中关于隧穿概率的计算需要用波矢 k，计算其归一化量 (以 nm^{-1} 为单位)。

10.4.2 奇异摄动分析

从实际的物理意义知道，输运方程中主散度项和各种局域与非局域产生复合项分别起到空间的扩散作用和 "源" 的作用，方程解最终取决于这两部分的 "竞争"，可以从归一化过程引入的各个项的归一化量来观察这种竞争关系。典型的如主散度项与起主导作用的源项的归一化量比值 μ，10.4.1 节中 Poisson 方程已经阐明 μ 是一个可大可小的数值，这样方程存在一个通用形式：

$$\frac{\partial x}{\partial t} = f(x,t,\lambda) \qquad (10.4.2.1\text{a})$$

数学上把这类在最高阶微分前带有小参数 λ 的方程 (组) 称为奇异摄动方程 (组)，而小参数为零的情况下得到的方程称为退化方程：

$$\frac{\partial x}{\partial t} = f(x,t,0) \qquad (10.4.2.1\text{b})$$

10.4 奇异摄动分析与迭代初始值

当参数 λ 小到一定程度时，真实解与退化解之间存在明显不同的区域，这种现象称为边界层现象 [75]，对于半导体来说，这就是结。

显而易见，λ 影响了空间分布和时间演化，如果采用级数渐近的方式表达解，则其通用形式为

$$x = \sum_{k=0}^{\infty} \lambda^k x_k(t) + \sum_{k=0}^{\infty} \lambda^k \Pi_k \left(\frac{t-t_0}{\lambda}\right) \qquad (10.4.2.2)$$

研究退化方程的解与真实解之间的关系具有非常重要的数值计算指导意义。首先，退化解与真实解之间极限逼近或者分离的行为，对于构造合适的数值离散方法至关重要；其次，依据这种极限逼近与分离行为，研究能够有效构造数值初始解的方法，也就是说从退化解出发逼近真实解，我们知道数值迭代方法对初始值非常敏感，直接决定迭代次数甚至收敛速度 [76]。

以稳态 Poisson 方程为例，把 (10.4.2.2) 代入 (10.1.1.3f) 得到

$$\mu \nabla \cdot \left[\varepsilon_s \nabla \left(\sum_{k=0}^{\infty} \mu^k V_k\right)\right] + q\left[N_D f^+(n,p) - N_A f^-(n,p) + p - n\right] = 0 \quad (10.4.2.3)$$

并将载流子浓度也展开成退化解的级数形式：

$$n \approx n(V_0) + \left.\frac{\partial n}{\partial V}\right|_{V_0} \sum_{k=0}^{\infty} \mu^k V_k \qquad (10.4.2.4a)$$

$$p \approx p(V_0) + \left.\frac{\partial p}{\partial V}\right|_{V_0} \sum_{k=0}^{\infty} \mu^k V_k \qquad (10.4.2.4b)$$

$$f^+(n,p) = f^+[n(V_0), p(V_0)] + \left.\frac{\partial f^+}{\partial n}\right|_{V_0} \left.\frac{\partial n}{\partial V}\right|_{V_0} \sum_{k=0}^{\infty} \mu^k V_k + \left.\frac{\partial f^+}{\partial p}\right|_{V_0} \left.\frac{\partial p}{\partial V}\right|_{V_0} \sum_{k=0}^{\infty} \mu^k V_k$$
$$(10.4.2.4c)$$

$$f^-(n,p) = f^-[n(V_0), p(V_0)] + \left.\frac{\partial f^-}{\partial n}\right|_{V_0} \left.\frac{\partial n}{\partial V}\right|_{V_0} \sum_{k=0}^{\infty} \mu^k V_k + \left.\frac{\partial f^-}{\partial p}\right|_{V_0} \left.\frac{\partial p}{\partial V}\right|_{V_0} \sum_{k=0}^{\infty} \mu^k V_k$$
$$(10.4.2.4d)$$

观察 0、1 一阶项分别得到

$$\left[N_D f^+(n(V_0), p(V_0)) - N_A f^-(n(V_0), p(V_0)) + p(V_0) - n(V_0)\right] = 0$$
$$(10.4.2.5a)$$

$$\mu \nabla \cdot [\varepsilon_s \nabla V_0] + q\left[N_D \left(\left.\frac{\partial f^+}{\partial n}\right|_{V_0} \left.\frac{\partial n}{\partial V}\right|_{V_0} + \left.\frac{\partial f^+}{\partial p}\right|_{V_0} \left.\frac{\partial p}{\partial V}\right|_{V_0}\right)\right.$$

$$-N_{\mathrm{A}}\left(\left.\frac{\partial f^{-}}{\partial n}\right|_{V_0}\left.\frac{\partial n}{\partial V}\right|_{V_0}+\left.\frac{\partial f^{-}}{\partial p}\right|_{V_0}\left.\frac{\partial p}{\partial V}\right|_{V_0}\right)+\left.\frac{\partial p}{\partial V}\right|_{V_0}-\left.\frac{\partial n}{\partial V}\right|_{V_0}\right]V_1=0$$
(10.4.2.5b)

(10.4.2.5a) 即 5.2.3 节中的电荷中性方程 (5.2.3.1), 其解可以作为 Poisson 方程的迭代初始值。

对于扩散漂移体系, 连续性方程退化解可以作为其数值迭代的初始值:

$$G-R=0 \to G-\frac{\Delta n}{\tau_{\mathrm{e}}}\approx G-\frac{N_{\mathrm{c(v)}}\left[\mathrm{e}^{\eta_{\mathrm{e}}}-\mathrm{e}^{\eta_{\mathrm{e}}^0}\right]}{\tau_{\mathrm{e(h)}}}=0 \to \Delta\eta_{\mathrm{e}}=\ln\left(1+\frac{G\cdot\tau_{\mathrm{e}}}{N_{\mathrm{c}}}\mathrm{e}^{E_{\mathrm{c}}-qV}\right)$$
(10.4.2.6)

(10.4.2.6) 中采用有效寿命 (1.4.1.4) 和麦克斯韦–玻尔兹曼 (Maxwell-Boltzmann) 统计近似, 其解通常作为短路情形迭代初始值, 计算时需要考虑其中的归一化量, 结合入射光强、光学产生速率与寿命定义有

$$\left[G(\lambda,x)\cdot\tau_{\mathrm{e(h)}}\right]_{\mathrm{s}}=\frac{\lambda(\mathrm{nm})}{1239.8}\cdot\frac{t_{\mathrm{A}}}{L_{\mathrm{A}}\cdot q_{\mathrm{A}}(\times 10^6)}\cdot\mathrm{cm}^{-3}$$
(10.4.2.7a)

$$\frac{\left[G(\lambda,x)\cdot\tau_{\mathrm{e(h)}}\right]_{\mathrm{s}}}{N_{\mathrm{A}}}=\frac{\lambda(\mathrm{nm})}{1239.8}\cdot\frac{t_{\mathrm{A}}}{L_{\mathrm{A}}\cdot q_{\mathrm{A}}\cdot N_{\mathrm{A}}(\times 10^6)}$$
(10.4.2.7b)

【练习】
1. 模仿 (10.4.2.6), 给出空穴系综在光照情况下的初始值猜测形式。
2. 结合能流方程与热传导方程, 考虑如何获得载流子系综温度的迭代初始值。

10.4.3 延拓的思想

有时面对一个比较苛刻条件下的问题, 并且求解比较复杂, 直接想法是从一个简单且已经清楚了解的问题开始, 逐步把苛刻条件加上, 然后获得原本要求的解, 这种思想就是延拓[77−79], 其模型是

$$H(x,\lambda)=\lambda\boldsymbol{F}(x)+(1-\lambda)(x-a)$$
(10.4.3.1)

对于太阳电池数值分析, 适合这种方法的有甚高倍聚光太阳电池, 在数值分析过程中, 可以从低倍光强开始, 逐步把光强增加上, 在一种缺陷情况非常复杂的材料中, 可以从简单缺陷状态逐步过渡到最终复杂缺陷状态。

【练习】
结合自己面对的器件结构和求解过程, 讨论延拓的思想能够应用在哪里。

参 考 文 献

[1] Markowich P A, Ringhofer C A, Schmeiser C. Semiconductor Equations. Vienna: Springer-Verlag, 1990: 109.

[2] Palankovski V, Quay R. Analysis and Simulation of Heterostructure Devices. Vienna: Springer-Verlag, 2004: 30-40.

[3] Basore P A, Rover D T, Smith A W. PC-1D version 2: enhanced numerical solar cell modelling. Conference Record of the Twentieth IEEE Photovoltaic Specialists Conference, 1988, 1: 389-396.

[4] Rahmat K, White J, Antoniadis D A. Computation of drain and substrate currents in ultra-short-channel nMOSFETs using the hydrodynamic model. International Electron Devices Meeting, 1991: 115-118.

[5] Gardner C L, Lanzkron P J, Rose D J. A parallel block iterative method for the hydrodynamic device model. IEEE Transactions on Computer-Aided Design of Integrated Circuits and Systems, 1991, 10(9): 1187-1192.

[6] Kato A, Katada M, Kamiya T, et al. A rapid, stable decoupled algorithm for solving semiconductor hydrodynamic equations. IEEE Transactions on Computer-Aided Design of Integrated Circuits and Systems, 1994, 13(11): 1425-1428.

[7] Choi W S, Ahn J G, Park Y J, et al. A time dependent hydrodynamic device simulator SNU-2D with new discretization scheme and algorithm. IEEE Transactions on Computer-Aided Design of Integrated Circuits and Systems, 1994, 13(7): 899-908.

[8] Selberherr S. Analysis and Simulation of Semiconductor Devices. Vienna: Springer, 1984: 149.

[9] Madelung O. Semiconductors: Group IV Elements and III-V Compounds. Berlin, Heidelberg: Springer, 1991: 18.

[10] Slotboom J W. Iterative scheme for 1- and 2-dimensional D.C.-transistor simulation. Electronics Letters, 1969, 5(26): 677.

[11] Mock M S. Analysis of Mathematical Models of Semiconductor Devices. Dublin: Boole Press, 1983.

[12] Gilbarg D, Trudinger N S. 二阶椭圆型偏微分方程. 叶其孝, 等译. 上海: 上海科学技术出版社, 1981: 208-209.

[13] 王明新. 非线性椭圆型方程. 北京: 科学出版社, 2010: 43-55.

[14] 陈亚浙, 吴兰成. 二阶椭圆型方程与椭圆型方程组. 北京: 科学出版社, 2003.

[15] 叶其孝, 李正元, 王明新, 等. 反应扩散方程引论. 北京: 科学出版社, 1999.

[16] Gilbarg D, Trudinger N S. 二阶椭圆型偏微分方程. 叶其孝, 等译. 上海: 上海科学技术出版社, 1981: 215.

[17] Naumann J, Wolff M. A uniqueness theorem for weak solutions of the stationary semiconductor equations. Applied Mathematics & Optimization, 1991, 24(1): 223-232.

[18] Markowich P A, Ringhofer C A, Schmeiser C. Semiconductor Equations. Vienna: Springer-Verlag, 1990: 115.

[19] Zamponi N, Jüngel A. Global existence analysis for degenerate energy-transport models for semiconductors. Journal of Differential Equations, 2015, 258(7): 2339-2363.

[20] Romano A V. Existence and uniqueness for a two-temperature energy-transport model for semiconductors. Journal of Mathematical Analysis & Applications, 2017, 449(2): 1248-1264.

[21] Jüngel A, Pinnau R, Röhrig E. Existence analysis for a simplified transient energy-transport model for semiconductors. Mathematical Methods in the Applied Sciences, 2013, 36(13): 1701-1712.

[22] Degond P, Génieys S, Jüngel A. An existence and uniqueness result for the stationary energy-transport model in semiconductor theory. Comptes Rendus de l'Académie des Sciences—Series I—Mathematics, 1997, 324(8): 867-872.

[23] Abdallah N B, Unterreiter A. On the stationary quantum drift-diffusion model. Zeitschrift fur Angewandte Mathematik und Physik (ZAMP), 1998, 49(2): 251-275.

[24] Gilbarg D, Trudinger N S. 二阶椭圆型偏微分方程. 叶其孝, 等译. 上海: 上海科学技术出版社, 1981: 84-139.

[25] 林群. 微分方程数值解法基础教程. 3 版. 北京: 科学出版社, 2017: 102-103.

[26] Gilbarg D, Trudinger N S. 二阶椭圆型偏微分方程. 叶其孝, 等译. 上海: 上海科学技术出版社, 1981: 4.

[27] Brenner S C, Scott L R. The Mathematical Theory of Finite Element Methods. 3rd ed. New York: Springer, 2007: 59-63.

[28] Ortega J M, Rheinboldt W C. 多元非线性方程组迭代解法. 朱季纳, 译. 北京: 科学出版社, 1983: 63.

[29] Markowich P A, Ringhofer C A, Schmeiser C. Semiconductor Equations. Vienna: Springer-Verlag, 1990: 112-115.

[30] Gilbarg D, Trudinger N S. 二阶椭圆型偏微分方程. 叶其孝, 等译. 上海: 上海科学技术出版社, 1981: 36-37.

[31] Frey P J, George P L. Mesh Generation: Application to Finite Elements. Oxford & Paris: Hermes Science Europe, 2000: 28-45.

[32] 郑耀, 陈建军. 非结构网格生成: 理论、算法和应用. 北京: 科学出版社, 2016 : 3-9.

[33] 张文生. 科学计算中的偏微分方程有限差分法. 北京: 高等教育出版社, 2006: 49-54.

[34] Thomas J W. Numerical Partial Differential Equations: Finte Difference Methods. New York: Springer-Verlag, 1995: 41-93.

[35] Scharfetter D L, Gummel H K. Large-signal analysis of a silicon read diode oscillator. IEEE Transactions on Electron Devices, 1969, 16(1): 64-77.

[36] Selberherr S. Analysis and Simulation of Semiconductor Devices. Vienna: Springer, 1984: 173-174.

[37] Pardhanani A L, Carey G F. A mapped Scharfetter-Gummel formulation for the efficient simulation of semiconductor device models. IEEE Transactions on Computer-Aided Design of Integrated Circuits and Systems, 1997, 16(10): 1227-1233.

[38] Bank R E , Coughran W M , Cowsar L C . The finite volume Scharfetter-Gummel method

for steady convection diffusion equations. Computing & Visualization in Science, 1998, 1(3): 123-136.

[39] Franz A F, Franz G A, Selberherr S, et al. Finite boxes—a generalization of the finite-difference method suitable for semiconductor device simulation. IEEE Transactions on Electron Devices, 1983, 30(9): 1070-1082.

[40] He Y, Cao G. A generalized Scharfetter-Gummel method to eliminate crosswind effects (semiconduction device modeling). IEEE Transactions on Computer-Aided Design of Integrated Circuits and Systems, 1991, 10(12): 1579-1582.

[41] Kerkhoven T. On the Scharfetter-Gummel box-method// Selberherr S, Stippel H, Strasser E. Simulation of Semiconductor Devices and Processes. Vienna: Springer, 1993.

[42] Miller J H, Wang S. An analysis of the Scharfetter-Gummel box method for the stationary semiconductor device equations. Esaim Mathematical Modelling & Numerical Analysis, 1994, 28(4): 123-140.

[43] Chainais-Hillairet C, Peng Y J. Convergence of a finite volume scheme for the drift-diffusion equations in 1-D. IMA J. Numer. Anal., 2003, 23: 81-108.

[44] Chainais-Hillairet C, Peng Y J. Finite volume approximation for degenerate drift-diffusion system in several space dimensions. Mathematical Models and Methods in Applied Sciences, 2004, 14(3): 461-481.

[45] Bessemoulin-Chatard M. A finite volume scheme for convection-diffusion equations with nonlinear diffusion derived from the Scharfetter-Gummel scheme. Numer. Math., 2012, 121: 637-670.

[46] Lazarov R D, Mishev I D, Vassilevski P S. Finite volume methods for convection-diffusion problems. SIAM Journal on Numerical Analysis, 1996, 33(1): 31-55.

[47] Barth T, Mario O. Finite Volume Methods: Foundation and Analysis. New York: John Wiley & Sons, Ltd., 2004.

[48] Rupp K, Bina M, Wimmer Y, et al. Cell-centered finite volume schemes for semiconductor device simulation. International Conference on Simulation of Semiconductor Processes and Devices (SISPAD), 2014: 365-368.

[49] Cummings D J, Law M E, Linton T. Comparison of discretization methods for device simulation. 2009 International Conference on Simulation of Semiconductor Processes and Devices, 2009: 1-4.

[50] Triebl O, Grasser T. Vector discretization schemes based on unstructured neighborhood information. 2006 International Semiconductor Conference, 2006: 37-340.

[51] 林群. 微分方程数值解法基础教程. 3 版. 北京: 科学出版社, 2017: 106-107.

[52] Zienkiewicz O C, Taylor R L. 有限元方法. 5 版. 曾攀, 等译. 北京: 清华大学出版社, 2008, 1: 14.

[53] Brenner S C, Ridgeway Scott L. The Mathematical Theory of Finite Element Methods. 3rd ed. New York: Springer, 2007: 169-191.

[54] Snowden C M. Numerical solution of the semiconductor equation finite-element methods// Introduction to Semiconductor Device Modelling. Singapore: World Scientific Publishing

Co. Pte. Ltd., 1986: 60-77.

[55] Zlámal M. Finite element solution of the fundamental equations of semiconductor devices. I. Math. Comp., 1986, 46: 27-43.

[56] Zlamal M, Zenisek A. Finite element solution of the fundamental equations of semiconductor devices II. Applications of Mathematics, 2001, 46(4): 251-294.

[57] Bova S, Carey G F. A Taylor-Galerkin finite element method for the hydrodynamic semiconductor equations. IEEE Transactions on Computer-Aided Design of Integrated Circuits and Systems, 1995, 14(12): 1437-1444.

[58] Micheletti S . Stabilized finite elements for semiconductor device simulation. Computing and Visualization in Science, 2001, 3(4): 177-183.

[59] Chou T Y, Cendes Z J. Tangential vector finite elements for semiconductor device simulation. IEEE Transactions on Computer-Aided Design of Integrated Circuits and Systems, 1991, 10(9): 1193-1200.

[60] Tan G L, Yuan X L, Zhang Q M, et al. Two-dimensional semiconductor device analysis based on new finite-element discretization employing the S-G scheme. IEEE Transactions on Computer-Aided Design of Integrated Circuits and Systems, 1989, 8(5): 468-478.

[61] Bochev P, Peterson K, Gao X. A new control volume finite element method for the stable and accurate solution of the drift-diffusion equations on general unstructured grids. Computer Methods in Applied Mechanics & Engineering, 2013, 254: 126-145.

[62] Babuska I, Osborn J E. Generalized finite element methods: their performance and their relation to mixed methods. SIAM J. Numer. Anal., 1983, 20(3): 510-536.

[63] Sacco R. Numerical simulation of charge transport in semiconductor devices using mixed finite elements// Carstensen C, Wriggers P. Mixed Finite Element Technologies. CISM International Centre for Mechanical Sciences, 2009, 509: 90-104.

[64] Kurata M. 半导体器件的数值分析. 张光华, 译. 北京: 电子工业出版社, 1985: 46-54.

[65] Wettstein A, Schenk A, Fichtner W. Simulation of direct tunneling through stacked gate dielectrics by a fully integrated 1D-schrodinger-Poisson solver. 1999 International Conference on Simulation of Semiconductor Processes and Devices, 1999: 243-246.

[66] Verreck D, Put M, Soree B, et al. Quantum mechanical solver for confined heterostructure tunnel field-effect transistors. Journal of Applied Physics, 2014, 115(5): 5833-5842.

[67] Nakamura K, Shimizu A, Koshiba M, et al. Finite-element calculation of the transmission probability and the resonant-tunneling lifetime through arbitrary potential barriers. IEEE Journal of Quantum Electronics, 1991, 27(5): 1189-1198.

[68] Yamanaka T, Kamada H, Yoshikuni Y, et al. Dependence of valence-subband dispersion relations on heterointerface boundary conditions in $In_xGa_{1-x}As_yP_{1-y}$/InP narrow quantum wells. Journal of Applied Physics, 1994, 76(4): 2347-2356.

[69] Ferziger J H, Peric M. Computational Methods for Fluid Dynamics. Berlin, Heidelberg: Springer-Verlag, 2002: 31-75.

[70] 张文生. 科学计算中的偏微分方程有限差分法. 北京: 科学出版社, 2006: 67-113.

[71] 安德森 J D. 计算流体力学基础及其应用. 吴颂平, 刘赵淼, 译. 北京: 机械工业出版社,

2007: 105-113.
- [72] Suli E. Convergence of finite volume schemes for Poisson's equation on nonuniform meshes. SIAM Journal on Numerical Analysis, 1991, 28(5): 1419-1430.
- [73] Dressel M, Gruner G. Electrodynamics of Solids: Optical Properties of Electron in Matter. 北京: 世界图书出版公司, 2005: 463-464.
- [74] Selberherr S. Analysis and Simulation of Semiconductor Devices. Vienna: Springer, 1984: 141-147.
- [75] 瓦西里耶娃 А Б, 布图索夫 В Ф. 奇异摄动方程解的渐近展开. 倪明康, 林武忠, 译. 北京: 高等教育出版社, 2008.
- [76] Markowich P A, Ringhofer C A, Schmeiser C. Semiconductor Equations. Vienna: Springer-Verlag, 1990: 118-125.
- [77] Nocedal J, Wright S J, Mikosch T V. Numerical Optimization. Berlin, Heidelberg: Springer, 1999: 34-97.
- [78] Ortega J M, Rheinboldt W C. 多元非线性方程组迭代解法. 朱季纳, 译. 北京: 科学出版社, 1983: 244-249.
- [79] Burden R L, Faires J D. 数值分析. 7版. 冯烟利, 朱海燕, 译. 北京: 高等教育出版社, 2005: 565-573.

第 11 章 流密度的离散化

11.0 概 述

流密度的离散是将输运方程中所涉及的各种形式的流密度 (见 (4.5.7.4a)、(4.5.7.4b)、(4.5.9.2a)、(4.5.9.2b) 和 (4.5.10.2a)、(4.5.10.2b) 等) 转换成链接相邻网格点变量的特定函数关系,这看起来很简单,但由于所包含的载流子浓度很多时候以指数函数行为快速变化,采用通常离散近似 (10.3.2.3a)~(10.3.2.3d) 会产生很大的数值振荡。第 10 章中已经建立了通用的几种偏微分方程数值离散方法体系,剩下的就是流密度的处理方法,同时已经指出,连续性方程和能流方程中的差椭圆一致性 (系数起伏巨大) 对离散方法提出了挑战,并且在第 10 章的 10.3.1~10.3.4 节中初步阐述了相关对策。本章将进行详细推导并给出典型数值实施程序。本书离散偏微分方程的主要方法是有限体积法,其基本几何构型参考图 10.3.5 ~ 图 10.3.7。这种情况下,流密度离散需要给出边 l_{ik} 与其中垂线交点处流密度 $\boldsymbol{F}_{ik}$ 与网格点 i 和 k 处物理变量的关联关系,这种联系相邻网格点变量的特定函数关系通常表现为以它们差值为参数的所谓传输函数。本书采用级数展开的方法计算这些传输函数,级数的计算需要依据提前设置的精度来截断求和,即采用有限项的和来替代无限项的和。

11.0.1 基本考虑

采用通常离散方式处理上述差椭圆一致性的流密度会在数值上引入不稳定性,已经有很多文献就此进行了阐述 [1]。以一维扩散漂移体系内式 (4.5.9.5a) 电子电流密度与稳态连续性方程为例:

$$\frac{\mathrm{d}\boldsymbol{J}_\mathrm{n}}{\mathrm{d}x} = R \tag{11.0.1.1}$$

如第 3 章 3.6.1 节中阐述的,半经典输运模型是建立在能带能量 $E_\mathrm{c(v)} - qV$ 每个直径大于晶格常数 (最极端的情况是一个原子半径内) 的网格单元内线性变化的基本假设之上的,所有流密度方程可以抽象成一阶常微分方程:

$$\frac{\mathrm{d}y}{\mathrm{d}x} + a(x)y = b(x)F \tag{11.0.1.2}$$

假设 (11.0.1.2) 中 $a(x)$ 为常数,采用中心差分格式离散方程 (11.0.1.1) 得到

$$\left(1+\frac{ah}{2}\right)y_{i+1}-2y_i+\left(1-\frac{ah}{2}\right)y_{i-1}=h^2R_i \tag{11.0.1.3}$$

差分方程的解为

$$y_i = A + B\frac{\left(1-\frac{ah}{2}\right)^i}{\left(1+\frac{ah}{2}\right)^i}+\frac{hbR_i}{a} \tag{11.0.1.4}$$

显而易见,上述解仅在 $-1<\alpha=-\frac{ah}{2}<1$ 时才数值稳定,否则会出现正负交叉的情形,这至少说明在 a 很大的情况下,网格尺寸 h 需要很小,但是很多情况下并不能提前知道 a 的分布。在流体力学中,通常把 $-\frac{ah}{2}$ 称为雷诺 (Reynolds) 数。

由此可见,流密度数值有效的离散形式需要能够避免这种系数的巨大起伏带来的不稳定性。

【练习】
选取不同的 Reynolds 数,画图观察 (11.0.1.3) 的振荡行为。

11.0.2 Scharffeter-Gummel 方法

Scharffeter-Gummel 首先提出了针对 (11.0.2.1) 的通用离散处理思想[2],其后 Bank 等进行了扩展[3]。首先将 (4.5.7.4a) 和 (4.5.7.4b) 抽象成统一形式:

$$-\boldsymbol{J}=\alpha\nabla n+\boldsymbol{\beta}n \tag{11.0.2.1}$$

其中,在整个器件区域上满足 $0<\alpha_{\min}<\alpha(x)<\alpha_{\max}$。将 (11.0.2.1) 做一些变换:

$$-\alpha^{-1}\boldsymbol{J}=\nabla n+\alpha^{-1}\boldsymbol{\beta}n=\mathrm{e}^{-\int\alpha^{-1}\boldsymbol{\beta}\mathrm{d}x}\frac{\mathrm{d}\left(n\mathrm{e}^{\int\alpha^{-1}\boldsymbol{\beta}\mathrm{d}x}\right)}{\mathrm{d}x} \tag{11.0.2.2}$$

将 (11.0.2.2) 等号右边指数函数转移到左边:

$$-\mathrm{e}^{\int\alpha^{-1}\boldsymbol{\beta}\mathrm{d}x}\alpha^{-1}\boldsymbol{J}=\frac{\mathrm{d}\left(\mathrm{e}^{\int\alpha^{-1}\boldsymbol{\beta}\mathrm{d}x}n\right)}{\mathrm{d}x} \tag{11.0.2.3}$$

对比 (4.5.9.5a) 可以看出,$\alpha^{-1}\boldsymbol{\beta}=\frac{\mu_\mathrm{n}\boldsymbol{E}}{qD_\mathrm{n}}=\frac{\boldsymbol{E}}{k_\mathrm{B}T}$,在 Maxwell-Boltzmann 统计下,$n\mathrm{e}^{\int\alpha^{-1}\boldsymbol{\beta}\mathrm{d}x}=N_\mathrm{c}\mathrm{e}^{E_\mathrm{Fe}-E_\mathrm{c}}$,显而易见,(11.0.2.3) 直接转化成 (10.3.1.4)。

11.0.3 全微分解及插值公式

(11.0.2.3) 已经是具有全微分的形式，更一般地，(11.0.1.2) 的全微分形式为

$$\frac{d\left(e^{\int a(x)dx}y\right)}{dx} = e^{\int a(x)dx}b(x)F \tag{11.0.3.1}$$

假定 F 恒定，很容易推出上述全微分方程的解为

$$F = \frac{\left.e^{\int a(x)dx}y\right|_1}{\int_0^1 b(x)e^{\int a(x)dx}dx} - \frac{\left.e^{\int a(x)dx}y\right|_0}{\int_0^1 b(x)e^{\int a(x)dx}dx} \tag{11.0.3.2}$$

根据 (11.0.3.2) 可以得到 y 插值公式：

$$\left.e^{\int a(x)dx}y\right|_x = Q(x)\left.e^{\int a(x)dx}y\right|_1 + [1-Q(x)]\left.e^{\int a(x)dx}y\right|_0 \tag{11.0.3.3}$$

其中，$Q(x) = \dfrac{\int_0^x b(t)e^{\int a(t)dt}dt}{\int_0^1 b(x)e^{\int a(x)dx}dx}$ 称为插值帽子函数；$\left.e^{\int a(x)dx}\right|_x$ 称为权重插值系数。

【练习】

从 (11.0.3.1) 推导出 (11.0.3.2) 和 (11.0.3.3)。

11.0.4 人为优化扩散率方法

为了抵消 (11.0.1.3) 中的振荡，还有一种方法是扩展 (11.0.1.2)，增加人工扩散项[4]：

$$D_a\frac{dy}{dx} + \frac{dy}{dx} + a(x)y = F \tag{11.0.4.1}$$

新 Reynolds 数为

$$\alpha^{\text{new}} = -\frac{ah}{2(1+D_a)} \tag{11.0.4.2}$$

结合 (11.0.3.2) 和 (11.0.3.3) 中内容，可以证明 D_a 的选取为

$$D_a = \alpha\frac{e^a - e^{-a}}{e^a + e^{-a}} - 1 \tag{11.0.4.3}$$

11.0.1~11.0.4 节是以一维线段单元、抛物能带色散关系为前提的，其他一些多维、不同网格单元和非抛物色散能带情形的离化过程和形式见文献 [5]~[11]。

【练习】

在 (11.0.3.2) 和 (11.0.3.3) 的基础上，证明 (11.0.4.3)，进一步讨论是否还有其他的选择方案。

11.1 扩散漂移体系电流密度

扩散漂移体系内的电流密度离散形式来自于 (4.5.9.2a)、(4.5.9.2b)、(10.1.3.3a)(10.1.3.3b) 和 (10.1.3.4a)、(10.1.3.4b)，11.0.2~11.0.4 节中描述的方法都能够给出其有效的离散形式，本节在推导离散形式的基础上，讨论数值计算的细节和实施过程。

11.1.1 基本离散形式

【基本结论】

根据 11.0.1 节中的思想得到电子电流密度 (4.5.9.2a) 对应图 10.3.2 的离散形式为

$$\begin{aligned}
\boldsymbol{J}_{\mathrm{n}}^{ik} &= B\left[-\Delta\left(qV+\gamma_{\mathrm{e}}'\right)^{ik}\right] \frac{\mathrm{e}^{\Delta(E_{\mathrm{Fe}}-E_{\mathrm{c}})^{ik}}-1}{l_{ik}} \mathrm{e}^{E_{\mathrm{Fn}}^{i}-E_{\mathrm{c}}^{i}+(qV+\gamma_{\mathrm{e}}')^{i}} \\
&= B\left[-\Delta\left(qV+\gamma_{\mathrm{e}}'\right)^{ik}\right] \mathrm{IB}\left[\Delta\left(E_{\mathrm{Fe}}-E_{\mathrm{c}}\right)^{ik}\right] \frac{\Delta\left(E_{\mathrm{Fe}}-E_{\mathrm{c}}\right)^{ik}}{l_{ik}} \mu_{\mathrm{n}}^{i} n^{i}
\end{aligned}$$

(11.1.1.1)

其中，$\gamma_{\mathrm{e}}' = \ln\mu_{\mathrm{n}} + \ln N_{\mathrm{c}} + \gamma_{\mathrm{e}}$ 可以看作是拓展的 γ_{e}，这样做的优点是能够把迁移率、带边态密度、带隙收缩的变化统一地以简单的形式表达出来，另外实践也证明，这种方法更加适用于迁移率与载流子浓度密切关联的有机太阳电池体系。$\Delta\left(qV+\gamma_{\mathrm{e}}'\right)^{ik} = \left(qV+\gamma_{\mathrm{e}}'\right)^{k} - \left(qV+\gamma_{\mathrm{e}}'\right)^{i}$ 为网格点 k 与网格点 i 的 $qV+\gamma_{\mathrm{e}}'$ 之差，$\Delta\left(E_{\mathrm{Fe}}-E_{\mathrm{c}}\right)^{ik} = \left(E_{\mathrm{Fe}}-E_{\mathrm{c}}\right)^{k} - \left(E_{\mathrm{Fe}}-E_{\mathrm{c}}\right)^{i}$ 为网格点 k 与网格点 i 的 $E_{\mathrm{Fe}}-E_{\mathrm{c}}$ 之差。$B(x)$ 是伯努利 (Bernoulli) 函数[12]：

$$B(x) = \frac{x}{\mathrm{e}^{x}-1} \tag{11.1.1.2a}$$

$\mathrm{IB}(x)$ 是 Bernoulli 函数的倒数：

$$\mathrm{IB}(x) = \frac{\mathrm{e}^{x}-1}{x} = \frac{1}{B(x)} \tag{11.1.1.2b}$$

本书中把 $B(x)$、$\mathrm{IB}(x)$ 以及后面能量输运体系内遇到的类似函数归为一类：传输函数，并用一个单独的程序文件 transfer function 封装。

同时得到载流子浓度的插值公式：区间 $[l,k]$ 内任意一点 x 处的电子浓度与迁移率的乘积为

$$\mu_n n(x) = \mu_n^i n^i [1 - Q(x)] + \mu_n^k n^k Q(x) \tag{11.1.1.3}$$

插值帽子函数 $Q(x)$ 为

$$Q(x) = \frac{e^{-\Delta(qV+\gamma'_e)^{ix}} - 1}{e^{-\Delta(qV+\gamma'_e)^{ik}} - 1} \tag{11.1.1.4}$$

【推导过程】

相关过程在 (10.3.2.4)~(10.3.2.6) 中已经体现出来，这里再完整列举一下。首先把迁移率与带边态密度吸收到 (10.1.3.4a) 的指数上面：

$$\boldsymbol{J}_n = \mu_n N_c e^{qV+\gamma_e} \frac{\mathrm{d}}{\mathrm{d}x} e^{E_{Fe}-E_c} = e^{\ln\mu_n + \ln N_c + qV + \gamma_e} \frac{\mathrm{d}}{\mathrm{d}x} e^{E_{Fe}-E_c} = e^{qV+\gamma'_e} \frac{\mathrm{d}}{\mathrm{d}x} e^{E_{Fe}-E_c} \tag{11.1.1.5}$$

将 $qV+\gamma'_e$ 项移到电流密度面上并分离变量：

$$\boldsymbol{J}_n e^{-(qV+\gamma'_e)} = \frac{\mathrm{d}}{\mathrm{d}x} e^{E_{Fe}-E_c} \tag{11.1.1.6}$$

假设 $qV+\gamma'_e$ 在边 l_{ik} 上线性变化，

$$(qV+\gamma'_e)(x) = (qV+\gamma'_e)^i + \frac{\Delta(qV+\gamma'_e)^{ik}}{l_{ik}}(x-x^i)$$

电子电流密度是常数，将 (11.1.1.6) 在区间 $[i,k]$ 上积分得到

$$-\boldsymbol{J}_n^{ik} \frac{l_{ik}}{\Delta(qV+\gamma'_e)^{ik}} \left[e^{-(qV+\gamma'_e)^k} - e^{-(qV+\gamma'_e)^i} \right] = e^{(E_{Fe}-E_c)^k} - e^{(E_{Fe}-E_c)^i} \tag{11.1.1.7}$$

整理得到

$$\boldsymbol{J}_n^{ik} = \frac{-(qV+\gamma'_e)^k - \left[-(qV+\gamma'_e)^i\right]}{e^{-(qV+\gamma'_e)^k} - e^{-(qV+\gamma'_e)^i}} \frac{e^{(E_{Fe}-E_c)^k} - e^{(E_{Fe}-E_c)^i}}{l_{ik}} \tag{11.1.1.8}$$

上述式子可以整理成两种形式，一种需要把 i 网格点的量 $\left(e^{(qV+\gamma'_e)^i}, e^{(E_{Fe}-E_c)^i}\right)$ 全部提取出来，得到 (11.1.1.1)，另一种是将分子中的差分离开，得到文献中经常见到的另外一种形式：

$$\boldsymbol{J}_n^{ik} = \frac{1}{l_{ik}} \left[\frac{-\Delta(qV+\gamma'_e)^{ik} e^{(E_{Fe}-E_c)^k}}{e^{-(qV+\gamma'_e)^k} - e^{-(qV+\gamma'_e)^i}} - \frac{-\Delta(qV+\gamma'_e)^{ik} e^{(E_{Fe}-E_c)^i}}{e^{-(qV+\gamma'_e)^k} - e^{-(qV+\gamma'_e)^i}} \right]$$

11.1 扩散漂移体系电流密度

$$= \frac{B\left[\Delta(qV+\gamma'_e)^{ik}\right]\mu_n^k n^k - B\left[-\Delta(qV+\gamma'_e)^{ik}\right]\mu_n^i n^i}{l_{ik}} \quad (11.1.1.9)$$

如果式 (11.1.1.6) 的积分区间仅到区间 $[l,k]$ 中某一点 x,那么有

$$J_n^{ik} = \frac{\Delta(qV+\gamma'_e)^{ik}}{\Delta(qV+\gamma'_e)^{ix}} \frac{B\left[(qV+\gamma'_e)^{ix}\right]\mu_n n - B\left[-(qV+\gamma'_e)^{ix}\right]\mu_n^i n^i}{l_{ik}} \quad (11.1.1.10)$$

依据 (11.1.1.10) 与 (11.1.1.9) 相等可以得到

$$\mu_n n = \frac{\Delta(qV+\gamma'_e)^{ix}}{\Delta(qV+\gamma'_e)^{ik}} \frac{B\left[(qV+\gamma'_e)^{ik}\right]}{B\left[(qV+\gamma'_e)^{ix}\right]} \mu_n^k n^k$$
$$+ \left\{ \frac{B\left[-(qV+\gamma'_e)^{ix}\right]}{B\left[(qV+\gamma'_e)^{ix}\right]} - \frac{\Delta E_c^{'x}}{\Delta E_c^{'ik}} \frac{B\left[-(qV+\gamma'_e)^{ik}\right]}{B\left[(qV+\gamma'_e)^{ix}\right]} \right\} \mu_n^i n^i$$
$$(11.1.1.11)$$

可以证明花括号内的项可以简化成

$$1 - \frac{\Delta(qV+\gamma'_e)^{ix}}{\Delta(qV+\gamma'_e)^{ik}} \frac{B\left[(qV+\gamma'_e)^{ik}\right]}{B\left[(qV+\gamma'_e)^{ix}\right]} \quad (11.1.1.12)$$

进而得到载流子浓度的插值帽子函数:

$$Q(x) = \frac{\Delta(qV+\gamma'_e)^{ix}}{\Delta(qV+\gamma'_e)^{ik}} \frac{B\left[(qV+\gamma'_e)^{ik}\right]}{B\left[(qV+\gamma'_e)^{ix}\right]} = \frac{e^{-\Delta(qV+\gamma'_e)^{ix}} - 1}{e^{-\Delta(qV+\gamma'_e)^{ik}} - 1} \quad (11.1.1.13)$$

推导完毕。

【练习】

1. 从 (11.0.3.2) 和 (11.0.3.3) 直接推导出 (11.1.1.9) 与 (11.1.1.3)。
2. 选取一组参数,画关于插值帽子函数 (11.1.1.13) 的曲线,比较其与 (10.3.4.4) 所定义的线性帽子函数的区别。

11.1.2 数值实施细节

根据离散公式 (11.1.1.1) 能够生成扩散漂移体系内的中点电子电流密度子程序,根据 (10.2.3.3a)~(10.2.3.3f) 关于迭代映射的定义,需要给出流密度关于当

前格点变量处的函数值与导数值，对于 (11.1.1.1)，即 $\boldsymbol{J}_\mathrm{n}^{ik}$，$\left(\dfrac{\partial \boldsymbol{J}_\mathrm{n}^{ik}}{\partial qV^i}, \dfrac{\partial \boldsymbol{J}_\mathrm{n}^{ik}}{\partial E_\mathrm{Fe}^i}\right)$ 与 $\left(\dfrac{\partial \boldsymbol{J}_\mathrm{n}^{ik}}{\partial qV^k}, \dfrac{\partial \boldsymbol{J}_\mathrm{n}^{ik}}{\partial E_\mathrm{Fe}^k}\right)$。下面简述一下子程序编写过程。

【实施思路】

(1) 仅计算被中心格点 $\mu_\mathrm{n}^i n^i$ 归一化后的流密度

$$\boldsymbol{J}_\mathrm{n}^{ik} = B\left[-\Delta\left(qV + \gamma_\mathrm{e}'\right)^{ik}\right] \mathrm{IB}\left[\Delta\left(E_\mathrm{Fe} - E_\mathrm{c}\right)^{ik}\right] \frac{\Delta\left(E_\mathrm{Fe} - E_\mathrm{c}\right)^{ik}}{l_{ik}}$$

$\mu_\mathrm{n}^i n^i$ 作为整个控制体积内的相应连续性方程的归一化因子，第 12 章中可以看到，这种归一化对于整个离散后的非线性方程组的数值稳定性非常有用。

(2) 依据 γ_e 的定义 (10.1.3.1a)，有

$$\begin{aligned}\gamma_\mathrm{e} &= \ln F_{1\mathrm{h}}\left(\eta_\mathrm{e}\right) - \eta_\mathrm{e} \\ \frac{\mathrm{d}\gamma_\mathrm{e}}{\mathrm{d}\eta_\mathrm{e}} &= \frac{F_{m\mathrm{h}}\left(\eta_\mathrm{e}\right)}{F_{1\mathrm{h}}\left(\eta_\mathrm{e}\right)} - 1\end{aligned} \quad (11.1.2.1)$$

能够猜测出，当 η_e 小于某个值时，$\gamma_\mathrm{e} = 0, \mathrm{d}\gamma_\mathrm{e} = 0$，即这个临界值处具有费米–狄拉克 (Fermi-Dirac) 函数与指数函数等同的特性，当然这个临界值 FD_EXP_EQUAL 由整个数值分析需要的精度决定，可以通过观察 $|F_{1\mathrm{h}}(x) - \mathrm{e}^x| \leqslant \varepsilon$ 来获得。

(3) 设置两个中间变量 $Y_1^{ik} = \Delta\left(qV + \gamma_\mathrm{e}'\right)^{ik}$ 与 $Y_2^{ik} = \Delta\left(E_\mathrm{Fe} - E_\mathrm{c}\right)^{ik}$，这样归一化后的流密度能够简写为 $\boldsymbol{J}_\mathrm{n}^{ik} = B\left[-Y_1^{ik}\right] \mathrm{IB}\left[Y_2^{ik}\right] \dfrac{Y_2^{ik}}{l_{ik}}$，相应的全微分简化为

$$\mathrm{d}\boldsymbol{J}_\mathrm{n}^{ik} = -\mathrm{d}B\left[-Y_1^{ik}\right] \mathrm{IB}\left[Y_2^{ik}\right] \frac{Y_2^{ik}}{l_{ik}} \mathrm{d}Y_1^{ik} + B\left[-Y_1^{ik}\right] \frac{\mathrm{e}^{Y_2^{ik}}}{l_{ik}} \mathrm{d}Y_2^{ik} \quad (11.1.2.2)$$

根据 (10.1.3.1a) 可以看出，Y_1^{ik} 除了显式含有 qV 外，通过 γ_e' 中变量 η_e 隐含 qV 和 E_Fe，而 Y_2^{ik} 只显含 E_Fe，这些复合变量的链式导数确立了编程实施的过程，如图 11.1.1 所示。

综合 (11.1.2.1)、(11.1.2.2) 和图 11.1.1 得到关于格点变量的偏导数分别为

$$\frac{\partial \boldsymbol{J}_\mathrm{n}^{ik}}{\partial qV^i} = \frac{\partial \boldsymbol{J}_\mathrm{n}^{ik}}{\partial Y_1^{ik}}\left(\frac{\partial Y_1^{ik}}{\partial \gamma_\mathrm{e}^i}\frac{\partial \gamma_\mathrm{e}^i}{\partial \eta_\mathrm{e}^i}\frac{\partial \eta_\mathrm{e}^i}{\partial qV^i} + \frac{\partial Y_1^{ik}}{\partial qV^i}\right) = \mathrm{d}B\left[-Y_1^{ik}\right]\mathrm{IB}\left[Y_2^{ik}\right]\frac{Y_2^{ik}}{l_{ik}}\frac{F_{m\mathrm{h}}\left(\eta_\mathrm{e}^i\right)}{F_{1\mathrm{h}}\left(\eta_\mathrm{e}^i\right)} \quad (11.1.2.3\mathrm{a})$$

$$\frac{\partial \boldsymbol{J}_\mathrm{n}^{ik}}{\partial qV^k} = \frac{\partial \boldsymbol{J}_\mathrm{n}^{ik}}{\partial Y_1^{ik}}\left(\frac{\partial Y_1^{ik}}{\partial \gamma_\mathrm{e}^k}\frac{\partial \gamma_\mathrm{e}^k}{\partial \eta_\mathrm{e}^k}\frac{\partial \eta_\mathrm{e}^k}{\partial qV^k} + \frac{\partial Y_1^{ik}}{\partial qV^k}\right) = -\mathrm{d}B\left[-Y_1^{ik}\right]\mathrm{IB}\left[Y_2^{ik}\right]\frac{Y_2^{ik}}{l_{ik}}\frac{F_{m\mathrm{h}}\left(\eta_\mathrm{e}^k\right)}{F_{1\mathrm{h}}\left(\eta_\mathrm{e}^k\right)} \quad (11.1.2.3\mathrm{b})$$

11.1 扩散漂移体系电流密度

$$\frac{\partial \boldsymbol{J}_{\mathrm{n}}^{ik}}{\partial E_{\mathrm{Fe}}^{i}} = \frac{\partial \boldsymbol{J}_{\mathrm{n}}^{ik}}{\partial Y_{1}^{ik}} \frac{\partial Y_{1}^{ik}}{\partial \gamma_{\mathrm{e}}^{i}} \frac{\partial \gamma_{\mathrm{e}}^{i}}{\partial \eta_{\mathrm{e}}^{i}} \frac{\partial \eta_{\mathrm{e}}^{i}}{\partial E_{\mathrm{Fe}}^{i}} + \frac{\partial \boldsymbol{J}_{\mathrm{n}}^{ik}}{\partial Y_{2}^{ik}} \frac{\partial Y_{2}^{ik}}{\partial E_{\mathrm{Fe}}^{i}}$$

$$= \mathrm{d}B\left[-Y_{1}^{ik}\right]\mathrm{IB}\left[Y_{2}^{ik}\right]\frac{Y_{2}^{ik}}{l_{ik}}\left[\frac{F_{mh}(\eta_{\mathrm{e}}^{i})}{F_{1h}(\eta_{\mathrm{e}}^{i})} - 1\right] - B\left[-Y_{1}^{ik}\right]\frac{\mathrm{e}^{Y_{2}^{ik}}}{l_{ik}}$$

(11.1.2.3c)

$$\frac{\partial \boldsymbol{J}_{\mathrm{n}}^{ik}}{\partial E_{\mathrm{Fe}}^{k}} = -\mathrm{d}B\left[-Y_{1}^{ik}\right]\mathrm{IB}\left[Y_{2}^{ik}\right]\frac{Y_{2}^{ik}}{l_{ik}}\left[\frac{F_{mh}(\eta_{\mathrm{e}}^{k})}{F_{1h}(\eta_{\mathrm{e}}^{k})} - 1\right] + B\left[-Y_{1}^{ik}\right]\frac{\mathrm{e}^{Y_{2}^{ik}}}{l_{ik}} \quad (11.1.2.3\mathrm{d})$$

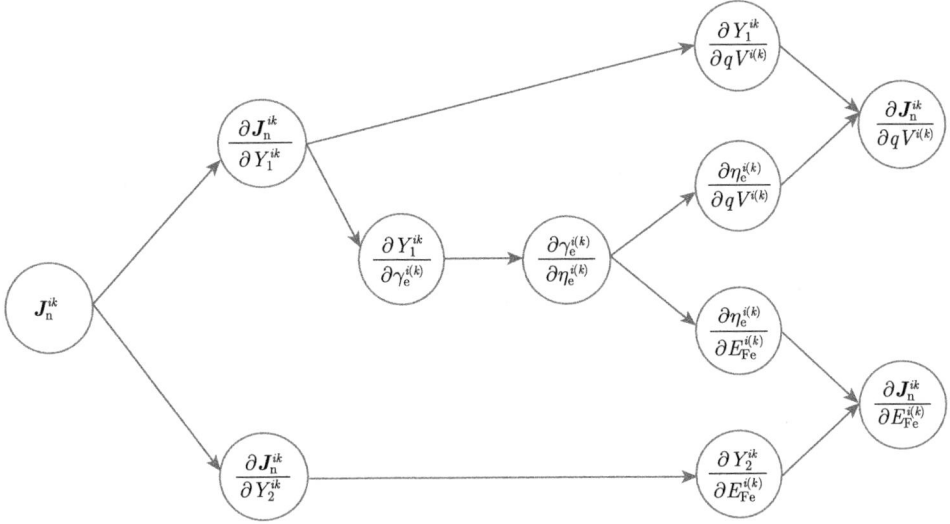

图 11.1.1　电子流密度链式导数

(4) 子程序采用了 $\mathrm{IB}\left[\Delta\left(E_{\mathrm{Fe}} - E_{\mathrm{c}}\right)^{ik}\right]\frac{\Delta\left(E_{\mathrm{Fe}} - E_{\mathrm{c}}\right)^{ik}}{l_{ik}} = \frac{\mathrm{e}^{\Delta(E_{\mathrm{Fe}}-E_{\mathrm{c}})^{ik}} - 1}{l_{ik}}$，以及专门的数学函数 Math_Expm1 来计算 $\mathrm{e}^{\Delta(E_{\mathrm{Fe}}-E_{\mathrm{c}})^{ik}} - 1$ 以提高数值精度。

(5) 用一个数据结构封装了函数值与导数值，同时也封装了中间过程结果，方便程序调试与异常检查。该数据结构的典型成员如下：

```
type Jn_DD_
  ! data structure for scalled electron DD-flux
  !         |                    |  Exp[d(Ef-Ec)] -1       |
  !   Jn =  | B[-d(qV+re)] *     |  ---------------------- |
  !         |                    |            h            |
  !   Y1    = qV + re , Y2   = Efe - Ec
```

```
real( wp ) :: y1
real( wp ) :: bmy1
real( wp ) :: dbmy1
real( wp ) :: dy1

real( wp ) :: y2
real( wp ) :: em1y2
real( wp ) :: dy2

real( wp ) :: Jn
real( wp ) :: dVi
real( wp ) :: dVk

real( wp ) :: dEfi
real( wp ) :: dEfk

end type Jn_DD_
```

11.1.3 $B(x)$ 的计算

本节中用级数展开的方式计算 (11.1.1.2a) 所定义的 $B(x)$ 函数值及导数值，其导数为

$$\frac{\mathrm{d}[B(x)]}{\mathrm{d}x} = B(x)\left(\frac{1}{x} - \frac{\mathrm{e}^x}{\mathrm{e}^x - 1}\right) = B(x)B(x)\left[\left(\frac{1}{x} - 1\right)\frac{\mathrm{e}^x - 1}{x} - \frac{1}{x}\right]$$

$$= \frac{B(x)}{x}[1 - x - B(x)] \tag{11.1.3.1}$$

【思路】

$B(x)$ 表示相邻两个网格点上的物理量变化的幅度，可以观察到当 $x \to 0$ 时，分母与分子同时趋于 0，计算很容易引起数值不稳定。文献中通过有理函数展开[13]或者级数近似的方法得到，我们采用有限级数近似的方法，基本思路是，当参数绝对值小于一定值时采用级数展开的方式得到需要的精度，范围之外的则按照定义计算。

根据指数函数的级数展开公式：

$$\mathrm{e}^x = \sum_{i=0}^{\infty} \frac{x^i}{i!} = 1 + x + \frac{x^2}{2!} + \frac{x^3}{3!} + \cdots$$

得到 $B(x)$ 及导数的级数展开式分别为

$$B(x) = \frac{1}{1+\dfrac{x}{2!}+\dfrac{x^2}{3!}+\cdots} = \frac{1}{\sum_{i=0}^{\infty}\dfrac{x^i}{(i+1)!}} = \frac{1}{1+\sum_{i=1}^{\infty}\dfrac{x^i}{(i+1)!}} \quad (11.1.3.2a)$$

$$\frac{\mathrm{d}[B(x)]}{\mathrm{d}x} = \left[\frac{1}{1+\sum_{i=1}^{\infty}\dfrac{x^i}{(i+1)!}}\right]' = -B(x)B(x)\left[\sum_{i=1}^{\infty}\frac{ix^{i-1}}{(i+1)!}\right]$$

$$= -B(x)B(x)\left[\frac{1}{2}+\sum_{i=1}^{\infty}\frac{(i+1)x^i}{(i+2)!}\right] \quad (11.1.3.2b)$$

(11.1.3.2a) 和 (11.1.3.2b) 中最后一项就是我们程序计算中采用的无穷级数模型，编程计算时注意如下几个问题。

(1) 无穷级数的首项。这从无穷级数的渐近性分析中得到，可以看出，(11.1.3.2a) 和 (11.1.3.2b) 存在 $x\to 0$, $B(x)\to 1$, $\dfrac{\mathrm{d}B}{\mathrm{d}x}\to -\dfrac{1}{2}$ 的极限。

(2) 相应项的比值。尽管函数值与导数值中涉及两种级数，但是相应项比值使得仅需要计算其中一项，另外的项可以通过比值系数转换得到，如 (11.1.3.2a) 和 (11.1.3.2b) 中两种级数比值为

$$\frac{\dfrac{(i+1)x^i}{(i+2)!}}{\dfrac{x^i}{(i+1)!}} = \frac{i+1}{i+2} \quad (11.1.3.3)$$

这样在实施过程中，从 (11.1.3.2a) 中首项 $0.5x$ 开始，除以 $i+2$ 得到其下一项，再乘上 $i+1$ 得到 (11.1.3.2b) 当前项，以此类推。

(3) 无穷级数的截断。从 (11.1.3.2a) 和 (11.1.3.2b) 可以看出，级数的首值分别为 1 和 1/2，因此无穷求和级数的截断可以采用级数中某个项的绝对值与 1 相比是否可以忽略不计这个判据：

$$1+|\mathrm{term}(x)| = 1 \quad (11.1.3.4a)$$

Fortran 通过内置函数获取与 1 相比可以忽略不计的最大值 eps_1=epsilon(1.0_wp)，这样无穷求和级数截断的判据等价为

$$|\mathrm{term}(x)| \leqslant \mathrm{eps\_1} \quad (11.1.3.4b)$$

当然用户也可以自己输入精度要求，在这种情况下，可以选择比任务要求精度稍微高一点的判据来截断无穷级数，如任务精度是 t，则要求：

$$|\text{term}(x)| \leqslant 10^{-(t+1)} \qquad (11.1.3.4\text{c})$$

这种情况下，可能存在 $1 + |\text{term}(x)| > 1$ 的问题。

(4) 函数计算与有限级数展开计算的界面值 SERIES_START。SERIES_START 的选择带有一定的任意性，可以依据任务要求精度判断，也可以依据机器精度判断，一般我们选择 10^{-2}，因为对于这个值 e^s 的截断误差不是很大，同时这个值的 4 次就可以到单精度，8 次到双精度等，如

$$B(x) = \frac{1}{1 + \dfrac{x}{2} + \dfrac{x^2}{6} + \dfrac{x^3}{24} + \dfrac{x^4}{120}} \qquad (11.1.3.4\text{d})$$

$$\mathrm{d}B(x) = -\frac{\dfrac{1}{2} + \dfrac{x}{3} + \dfrac{x^2}{8} + \dfrac{x^3}{30} + \dfrac{x^4}{144}}{\left(1 + \dfrac{x}{2} + \dfrac{x^2}{6} + \dfrac{x^3}{24} + \dfrac{x^4}{120}\right)^2} \qquad (11.1.3.4\text{e})$$

这样实际计算得到的误差小于 10^{-10}，得到的精度已经超过了器件数值通常的要求。

(5) 另外可以依据指数函数寻找能够去掉分母的阈值，比如，当 $x > 10$ 时，$1 - e^{-x} \approx 1$，$B(x) = e^{-x}x$，$\mathrm{d}B(x) = e^{-x}(1-x)$；当 $x < -10$ 时，$e^x - 1 \approx -1$，$B(x) = -x$，$B(x) = -1$。

综上所述能够得到实施子程序，如下所述。

【输入输出参数】

```
pure function tf_B( x ) result( f )
```
输入参数：
x：变量
返回参数：
f(1)：B(x) 函数值
f(2)：dB(x) 导数值

【子程序】

```
pure function tf_B( x ) result( f )
 ! OBJECT :
 ! =======
 !   This subroutine calculate the values and derivatives of
```

11.1 扩散漂移体系电流密度

```
!      the transfer function B(x).
! =======
! Model :
! =======
!                        x
!          B(x) =  -----------
!                    exp(x)-1
! =======
! Implentment :
! =======
!                                          1
!      (1). |x|<=1E-02, B(x) =  ---------------------------
!                                          i
!                                          x
!                              1 + SUM[ ------,i=1,inf ]
!                                         (i+1)!
!                                    1          i+1     i
!          B(x)' = - B(x)* B(x){ - + SUM[ -------*x , i=1,inf]}
!                                    2         (i+2)!
!                                    x
!      (2). |x|>1E-02, B(x)   = -----------
!                                 exp(x)-1
!                        B(x)
!          B(x)' = -----*[ 1 - x - B(x) ]
!                    x
! =======

  use Cons , only : EPS_1,SERIES_START
  use math , only : math_exp
  use Ah_Precision , only : wp => REAL_PRECISION,OPERATOR
( .lessEqualTo. )

  implicit none

!   input/output parameters
  real( wp ) , intent( in ) :: x
  real( wp ) , dimension( 2 )  :: f

!    local variables
  integer :: i
```

```
real( wp ) :: t,fx,dx

if ( ABS(x).lessequalto.SERIES_START) then
   i  = 1
   t  = x*0.5_wp
   fx = 1.0_wp
   dx = 0.5_wp
   do while( EPS_1.LessEqualTo.ABS(t) )
    fx = fx + t
    t  = t/real(i+2,wp)
    dx = dx + t*real(i+1,wp)
    i  = i + 1
    t  = t * x
   end do
   f(1) = 1.0_wp/fx
   f(2) = -f(1)*f(1)*dx
else
   fx = 1.0_wp/( Math_exp( x )-1.0_wp )
   f(1) = x * fx
   f(2) = f(1)*( 1.0_wp/x-1.0_wp-fx )
end if

end function tf_B
```

由上可以看出基本函数的计算在整个数值实施过程中的关键作用，相关思想可以进一步参考比较全面的著作 [14],[15]。

【练习】

1. 展开 (11.1.3.1) 方括号内级数，验证其与 (11.1.3.2b) 方括号内级数展开式仅差一负号。

2. 编程实施本节中发展的算法，并与文献 [12] 中的有理多项式计算方法进行比较。

11.1.4 IB(x) 与 $\exp(x)-1$

IB(x) 可以看作是 $B(x)$ 函数的倒数，函数值与导数值分别为

$$\text{IB}(x) = \frac{1}{B(x)} \tag{11.1.4.1a}$$

$$\text{IB}(x)' = -\frac{1}{B(x)}\frac{\mathrm{d}B(x)}{B(x)} \tag{11.1.4.1b}$$

11.1 扩散漂移体系电流密度

$\exp(x) - 1$ 根据定义有如下关系：

$$\text{IB}(x)x = e^x - 1 \tag{11.1.4.2}$$

实际中数值运算观察的结果表明，当 $x \to 0$ 时，以有限级数展开形式计算 $e^x - 1$ 的精度比计算机直接计算的精度要高。

【练习】

分别采用计算机直接计算与级数展开两种方式，比较单精度与双精度下 $x = 10^{-2}$、10^{-4}、10^{-6} 时 $\exp(x) - 1$ 的值，观察其中的差别。

11.1.5 空穴电流密度

空穴电流密度结合 (10.1.1.2a)~(10.1.1.2c) 与 (10.1.3.1a)、(10.1.3.1b) 可以知道，只需要做如下替换就可以得到：

$$\begin{cases} -E_{\text{Fe}} \\ -E_\text{c} \\ -\boldsymbol{J}_\text{n} \end{cases} \to \begin{cases} E_{\text{Fh}} \\ E_\text{v} \\ \boldsymbol{J}_\text{p} \end{cases} \tag{11.1.5.1}$$

即存在替换关系：

$$\boldsymbol{J}_\text{p} = -\boldsymbol{J}_\text{n}\left[-E_\text{v}, -V, -E_{\text{Fh}}\right] \tag{11.1.5.2}$$

把 (11.1.5.2) 作用在 (11.1.1.1) 上得到空穴电流密度的离散形式为

$$\begin{aligned}\boldsymbol{J}_\text{p}^{ik} &= B\left[\Delta\left(qV - \gamma_\text{h}'\right)^{ik}\right]\text{IB}\left[\Delta\left(E_\text{v} - E_{\text{Fh}}\right)^{ik}\right]\frac{\Delta\left(E_\text{v} - E_{\text{Fh}}\right)^{ik}}{l_{ik}}e^{E_\text{v}^i - E_{\text{Fh}}^i - (qV - \gamma_\text{h}')^i} \\ &= B\left[\Delta\left(qV - \gamma_\text{h}'\right)^{ik}\right]\text{IB}\left[\Delta\left(E_\text{v} - E_{\text{Fh}}\right)^{ik}\right]\frac{\Delta\left(E_\text{v} - E_{\text{Fh}}\right)^{ik}}{l_{ik}}\mu_\text{p}^i p^i \end{aligned} \tag{11.1.5.3}$$

相应的空穴浓度的插值帽子函数为

$$Q(x) = \frac{e^{\Delta\left(qV - \gamma_\text{h}'\right)^{ix}} - 1}{e^{\Delta\left(qV - \gamma_\text{h}'\right)^{ik}} - 1} \tag{11.1.5.4}$$

【实施思路】

(11.1.5.1) 和 (11.1.5.2) 中的对称性使得空穴电流密度的编程计算能够直接与电子电流密度使用同一个程序，但这里需要注意的是关于静电势与准 Fermi 能级的导数值，结合 (11.1.5.1) 和 (11.1.5.2) 得到

$$\frac{\partial \boldsymbol{J}_\text{p}}{\partial E_{\text{Fh}}} = \frac{\partial \boldsymbol{J}_\text{n}\left[-E_\text{v}, -V, -E_{\text{Fh}}\right]}{\partial(-E_{\text{Fh}})}\frac{\partial(-E_{\text{Fe}})}{\partial E_{\text{Fe}}} = -\frac{\partial \boldsymbol{J}_\text{n}\left[-E_\text{v}, -V, -E_{\text{Fh}}\right]}{\partial(-E_{\text{Fh}})} \tag{11.1.5.5a}$$

$$\frac{\partial \boldsymbol{J}_{\mathrm{p}}}{\partial V} = \frac{\partial \boldsymbol{J}_{\mathrm{n}}\left[-E_{\mathrm{v}},-V,-E_{\mathrm{Fh}}\right]}{\partial (-V)} \frac{\partial (-V)}{\partial V} = \frac{-\partial \boldsymbol{J}_{\mathrm{n}}\left[-E_{\mathrm{v}},-V,-E_{\mathrm{Fh}}\right]}{\partial (-V)} \quad (11.1.5.5\mathrm{b})$$

因此这两个导数值直接采用返回值，总体而言，无须重新编写，直接调用同一个计算子程序，输入输出参数做如下替换。

输入：
$$-\Delta\left(qV+\gamma'_{\mathrm{e}}\right)^{ik} \leftrightarrow \Delta\left(qV-\gamma'_{\mathrm{h}}\right)^{ik}$$
$$(E_{\mathrm{Fe}}-E_{\mathrm{c}})^{ik} \leftrightarrow -(E_{\mathrm{Fh}}-E_{\mathrm{v}})^{ik} \quad (11.1.5.6\mathrm{a})$$

输出：
$$\boldsymbol{J}_{\mathrm{n}}^{ik} \leftrightarrow -\boldsymbol{J}_{\mathrm{p}}^{ik}$$
$$\mathrm{d}qV \leftrightarrow \mathrm{d}qV \quad (11.1.5.6\mathrm{b})$$
$$\mathrm{d}E_{\mathrm{Fe}} \leftrightarrow \mathrm{d}E_{\mathrm{Fh}}$$

可以验证 (11.1.5.2) 中得到的函数值及导数值与上述规律中得到的一样 (练习)。

实际计算中为了保证电子与空穴输运方程 (参考 (4.5.8.2a)~(4.5.8.2d)) 采用同一个计算过程，仅将空穴电流密度反号，导数值保持不变 (图 11.1.2)，否则需要将所有产生复合项反号，这将给计算过程带来潜在不稳定性。

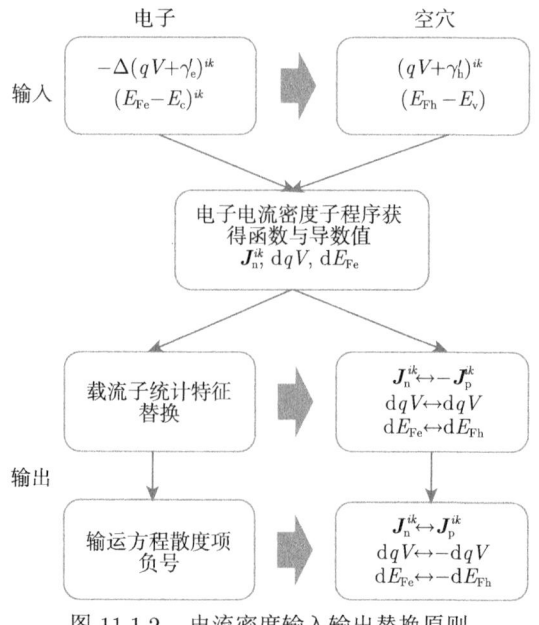

图 11.1.2　电流密度输入输出替换原则

11.1 扩散漂移体系电流密度

【练习】

结合 11.1.1 节中的推导过程，验证空穴流密度推导结果与通过变量替换得到的离散形式一样。

11.1.6 实施子程序

数值计算过程输入参数为格点变量与约化 Fermi 能相关值，如含有静电势、载流子准 Fermi 能的 nvi 和 nvk，sebi 和 sebk 等，综合适用于电子与空穴的通用性实施子程序如表 11.1.1 所示，分成三个环节：① 依据载流子属性判断在计算

表 11.1.1 适应于不同载流子类型和能带排列情形的 $\dfrac{n_1 \cdot J_n^{\text{TE}}}{n_1}$ 的子程序

步骤①	步骤②	步骤③

subroutine Jn_DD_Y1Y2(Ishole,nvi,nvk,lnm1,lnm2,sbi,sbk,y1, y2)
　use seb , only : seb_v_
　implicit none
　logical , intent(in) :: Ishole
　real(wp), intent(in) :: nvi(3)
　real(wp), intent(in) :: nvk(3)
　real(wp), intent(in) :: lnm1,lnm2
　type(seb_v_) , intent(in) :: sbi,sbk
　real(wp), intent(out) :: y1,y2
 	
　y1 = nvk(1)- nvi(1)
　y2 = sbk%e - sbi%e
　if(IsHole) then
　　y1 = -y1
　　y2 = (nvi(3)-nvk(3))+y2
　else
　　y2 = (nvk(2)-nvi(2))-y2
　end if
 	
　y1 = y1 + (sbk%r%gama-sbi%r%gama)
　y1 = y1 + (sbk%lnn-sbi%lnn)
　y1 = y1 + (lnm2-lnm1)
 	
end subroutine Jn_DD_Y1Y2
	subroutine Flux_Jn_DD1(h,Y1,Y2,rm1i,rm1k,Jn)
	　use tf , only : B
	　use math, only : Math_Expm1
	　use ah_precision, only: wp =>
	　real_precision
	　implicit none
	　real(wp), intent(in) :: h
	　real(wp), intent(in) :: Y1,Y2
	　real(wp), intent(in) :: rm1i,rm1k
	　type(Jn_DD_) , intent(out) :: Jn
	
	　real(wp) :: x(2),bmy1,dbmy1,em1y2,dy1,dy2
	
	　Bmy1 = B(-y1)
	　dbmy1 = -db(-y1)
	　x = Math_Expm1(y2)/h
	　em1y2 = x(1)
	　dy1 = dbmy1 * em1y2
	　dy2 = x(2) * bmy1
	　Jn%y1 = y1
	　Jn%bmy1 = bmy1
	　Jn%dy1 = dy1
	　Jn%y2 = y2
	　Jn%em1y2= em1y2
	　Jn%Jn = bmy1 * em1y2
	　Jn%dVk = dy1*rm1k
	　Jn%dVi = -dy1*rm1i
	　Jn%dEfk = dy2+dy1*(rm1k-1.0_wp)
	　Jn%dEfi = -(dy2+dy1*(rm1i-1.0_wp))
	end subroutine Flux_Jn_DD1
		if(IsHole) then
		　Jn%dVi = -Jn%dVi
		　Jn%dVk = -Jn%dVk
		　Jn%dEfi =-Jn%dEfi
		　Jn%dEfk= -Jn%dEfk
		end if

Y_1^{ik} 和 Y_2^{ik} 时是否需要进行 (11.1.5.6a) 替换；② 实施 (11.1.2.3a)~(11.1.2.3d) 获得所有偏导数；③ 依据载流子属性进行 (11.1.5.6b) 中的替换。

【练习】

在有封装中间数值结果的流密度计算子程序实施准确无误的基础上，编制采用完全输入与输出全部为数组形式的高效简洁子程序，这是向软件完善的最后一步。

11.1.7 迁移率依赖载流子浓度

上述实施程序适用于迁移率在网格单元上变换缓慢，并没有考虑其依赖载流子浓度的情形，如有机半导体中 (5.11.2.3) 所定义的载流子浓度函数关系，这种情况下需要计入迁移率变化对格点变量的偏导数，从 (11.1.1.1) 可以看出迁移率关联载流子浓度主要体现在其中的 $\Delta \gamma_e'$ 上，可以仿照图 11.1.1 建立相应的链式导数规则，如图 11.1.3 所示，其中虚线表示在图 11.1.1 的增加部分。

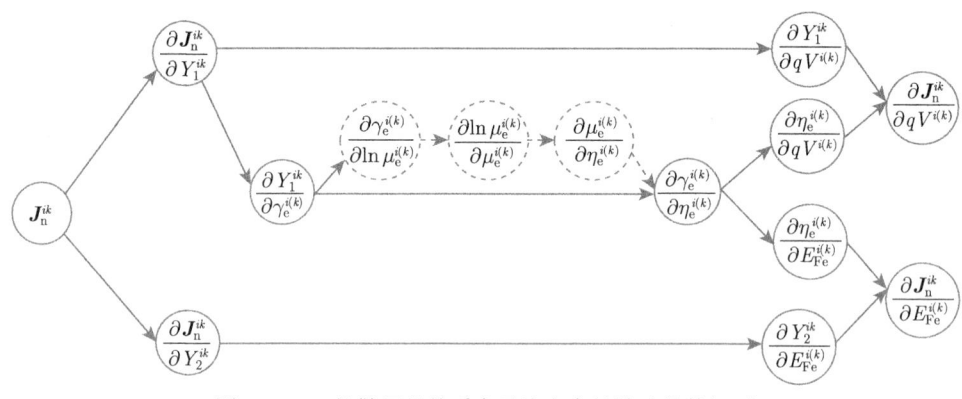

图 11.1.3 扩散漂移体系电子流密度的链式导数规则

【练习】

在 11.1.5 节中计算子程序的基础上，增加关于迁移率关联载流子浓度的项。

11.2 能量输运体系电流密度

相较于扩散漂移体系，能量输运体系内的电流密度增加了载流子系综温度变量的影响，其离散形式来自于 (4.5.7.4a) 和 (4.5.7.4b)，从这里开始，出现了 3/2 阶 Fermi-Dirac 积分的计算，甚至为了提高数值精度，需要计算 5/2 阶或 −3/2 阶 Fermi-Dirac 积分。另外，能量输运体系的流密度对格点变量的依赖层次更加复杂，使得编程出错率提高。

11.2.1 基本离散形式

【基本结论】

在能量输运体系内，(4.5.7.4a) 对应图 10.3.2 的离散形式为

$$\boldsymbol{J}_{\mathrm{n}}^{ik} = k_{\mathrm{B}} T_{\mathrm{L}} \langle t_{\mathrm{e}} \rangle \langle \mu_{\mathrm{n}} \rangle \frac{1}{C\left(\dfrac{\Delta t_{\mathrm{e}}^{ik}}{t_{\mathrm{e}}^{i}}\right)} B\left(\Delta E_{\mathrm{c}}^{\prime ik}\right) \mathrm{IB}\left(\Delta E_{\mathrm{Fe}}^{\prime ik}\right) \frac{\Delta E_{\mathrm{Fe}}^{\prime ik}}{l_{ik}} N_{\mathrm{c}}^{i} F_{3\mathrm{h}}\left(\eta_{\mathrm{e}}^{i}\right)$$

(11.2.1.1a)

可以看出 (11.2.1.1a) 与扩散漂移体系电子电流密度 (11.1.1.1) 具有完全一致的数学形式，其中，

$$\Delta E_{\mathrm{Fe}}^{\prime ik} = \Delta E_{\mathrm{c}}^{\prime ik} + \ln \frac{N_{\mathrm{c}}^{k} F_{3\mathrm{h}}\left(\eta_{\mathrm{e}}^{k}\right)}{N_{\mathrm{c}}^{i} F_{3\mathrm{h}}\left(\eta_{\mathrm{e}}^{i}\right)} - \ln \frac{t_{\mathrm{e}}^{k}}{t_{\mathrm{e}}^{i}} \qquad (11.2.1.1b)$$

$$C\left(\frac{\Delta t_{\mathrm{e}}^{ik}}{t_{\mathrm{e}}^{i}}\right) = \frac{\ln \dfrac{t_{\mathrm{e}}^{k}}{t_{\mathrm{e}}^{i}}}{\dfrac{\Delta t_{\mathrm{e}}^{ik}}{t_{\mathrm{e}}^{i}}} = \frac{\ln\left(1 + \dfrac{\Delta t_{\mathrm{e}}^{ik}}{t_{\mathrm{e}}^{i}}\right)}{\dfrac{\Delta t_{\mathrm{e}}^{ik}}{t_{\mathrm{e}}^{i}}} = B\left(\ln \dfrac{t_{\mathrm{e}}^{k}}{t_{\mathrm{e}}^{i}}\right) \qquad (11.2.1.1c)$$

$$\Delta E_{\mathrm{c}}^{\prime ik} = \frac{\langle g_{\mathrm{n}} \rangle \Delta E_{\mathrm{c}}^{ik} + 2 \Delta t_{\mathrm{e}}^{ik}}{t_{\mathrm{e}}^{i}} C\left(\frac{\Delta t_{\mathrm{e}}^{ik}}{t_{\mathrm{e}}^{i}}\right) \qquad (11.2.1.1d)$$

$$\Delta t_{\mathrm{e}}^{ik} = t_{\mathrm{e}}^{k} - t_{\mathrm{e}}^{i} \qquad (11.2.1.1e)$$

$$\Delta E_{\mathrm{c}}^{ik} = E_{\mathrm{c}}^{k} - qV^{k} - \left(E_{\mathrm{c}}^{i} - qV^{i}\right) \qquad (11.2.1.1f)$$

$$\langle g_{\mathrm{e}} \rangle = \frac{\ln F_{3\mathrm{h}}\left(\eta_{\mathrm{e}}^{k}\right) - \ln F_{3\mathrm{h}}\left(\eta_{\mathrm{e}}^{i}\right)}{\eta_{\mathrm{e}}^{k} - \eta_{\mathrm{e}}^{i}} = \frac{\ln F_{3\mathrm{h}}\left(\eta_{\mathrm{e}}^{k}\right) - \ln F_{3\mathrm{h}}\left(\eta_{\mathrm{e}}^{i}\right)}{F_{3\mathrm{h}}\left(\eta_{\mathrm{e}}^{k}\right) - F_{3\mathrm{h}}\left(\eta_{\mathrm{e}}^{i}\right)} \frac{F_{3\mathrm{h}}\left(\eta_{\mathrm{e}}^{k}\right) - F_{3\mathrm{h}}\left(\eta_{\mathrm{e}}^{i}\right)}{\eta_{\mathrm{e}}^{k} - \eta_{\mathrm{e}}^{i}}$$

$$= C\left(\frac{\Delta F_{3\mathrm{h}}^{ik}}{F_{3\mathrm{h}}\left(\eta_{\mathrm{e}}^{i}\right)}\right) \frac{F_{3\mathrm{h}}\left(\eta_{\mathrm{e}}^{k}\right) - F_{3\mathrm{h}}\left(\eta_{\mathrm{e}}^{i}\right)}{F_{3\mathrm{h}}\left(\eta_{\mathrm{e}}^{i}\right)\left(\eta_{\mathrm{e}}^{k} - \eta_{\mathrm{e}}^{i}\right)} \qquad (11.2.1.1g)$$

同时可以得到载流子浓度的插值帽子函数：

$$Q\left(x\right) = \frac{\mathrm{e}^{-\Delta E_{\mathrm{c}}^{\prime x}} - 1}{\mathrm{e}^{-\Delta E_{\mathrm{c}}^{\prime ik}} - 1} \qquad (11.2.1.2a)$$

需要注意的是，能量输运体系插值公式为

$$\frac{n}{g_{\mathrm{e}} t_{\mathrm{e}}} = \frac{n^{i}}{g_{\mathrm{e}}^{i} t_{\mathrm{e}}^{i}}\left[1 - Q\left(x\right)\right] + \frac{n^{k}}{g_{\mathrm{e}}^{k} t_{\mathrm{e}}^{k}} Q\left(x\right) \qquad (11.2.1.2b)$$

【推导过程】

上述离散形式的推导过程是适当采用线性近似与"凑"相结合的过程[16,17]。(4.5.7.4a) 可以整理成如下形式：

$$\frac{\boldsymbol{J}_n}{k_B T_L \mu_n \dfrac{t_e}{g_e}} = \nabla n + \frac{g_e}{t_e} n \nabla \left(\frac{t_e}{g_e} + E_c \right) \tag{11.2.1.3a}$$

与 (11.0.1.2) 对比知道，$a(x) = \dfrac{g_e}{t_e} \nabla \left(\dfrac{t_e}{g_e} + E_c \right)$，$b(x) = \dfrac{1}{k_B T_L \mu_n \dfrac{t_e}{g_e}}$，对应 (11.0.3.1) 的全微分形式为

$$\boldsymbol{J}_n \frac{e^{\int \frac{g_e}{t_e} \nabla \left(\frac{t_e}{g_e} + E_c \right) dx}}{k_B T_L \mu_n \dfrac{t_e}{g_e}} = \frac{d \left(e^{\int \frac{g_e}{t_e} \nabla \left(\frac{t_e}{g_e} + E_c \right) dx} n \right)}{dx} \tag{11.2.1.3b}$$

依然认为在区间 $[i,k]$ 上电流密度为常值，假设 E_c 与 t_e 在网格区间上线性变化，分别满足 $E_c(x) = E_c^i + \dfrac{\Delta E_c^{ik}}{l_{ik}}(x - x^i)$，$t_e(x) = t_e^i + \dfrac{\Delta t_e^{ik}}{l_{ik}}(x - x^i)$，$E_c^{ik} = E_c^k - E_c^i$，$\Delta t_e^{ik} = t_e^k - t_e^i$。假设电子电流密度是常数，$g_e$ 取平均值，$a(x)$ 在区间 $[i,k]$ 的积分：

$$\int a(x) dx = \int \frac{g_e}{t_e} \nabla \left(\frac{t_e}{g_e} + E_c \right) dx = \ln \frac{t_e}{g_e} + \langle g_e \rangle \frac{\Delta E_c^{ik}}{\Delta t_e^{ik}} \ln t_e \tag{11.2.1.4a}$$

这种情况下，

$$e^{\int a(x) dx} n = \frac{n}{g_e t_e} e^{\left(2 + \langle g_e \rangle \frac{\Delta E_c^{ik}}{\Delta t_e^{ik}} \right) \ln t_e} \tag{11.2.1.4b}$$

$$b(x) e^{\int a(x) dx} = \frac{1}{k_B T_L \mu_n} e^{\left(1 + \langle g_e \rangle \frac{\Delta E_c^{ik}}{\Delta t_e^{ik}} \right) \ln t_e} \frac{1}{t_e} \tag{11.2.1.4c}$$

$$\boldsymbol{J}_n^{ik} \int b(x) e^{a(x)} dx = \boldsymbol{J}_n^{ik} \frac{e^{\left(2 + \langle g_e \rangle \frac{\Delta E_c^{ik}}{\Delta t_e^{ik}} \right) \ln t_e}}{k_B T_L \langle \mu_n \rangle \langle t_e \rangle \dfrac{\Delta t_e^{ik}}{l_{ik}} \left(2 + \langle g_e \rangle \dfrac{\Delta E_c^{ik}}{\Delta t_e^{ik}} \right)} \tag{11.2.1.4d}$$

11.2 能量输运体系电流密度

于是离散流密度为

$$\boldsymbol{J}_n^{ik} = k_B T_L \langle \mu_n \rangle \langle t_e \rangle \frac{\Delta t_e^{ik}}{l_{ik}} \left(2 + \langle g_e \rangle \frac{\Delta E_c^{ik}}{\Delta t_e^{ik}}\right) \left. \frac{\frac{n}{g_e t_e} e^{\left(2 + \langle g_e \rangle \frac{\Delta E_c^{ik}}{\Delta t_e^{ik}}\right) \ln t_e}}{e^{\left(2 + \langle g_e \rangle \frac{\Delta E_c^{ik}}{\Delta t_e^{ik}}\right) \ln t_e}\Big|_i^x} \right|_i^x$$

$$- \left.\frac{\frac{n}{g_e t_e} e^{\left(2 + \langle g_e \rangle \frac{\Delta E_c^{ik}}{\Delta t_e^{ik}}\right) \ln t_e}}{e^{\left(2 + \langle g_e \rangle \frac{\Delta E_c^{ik}}{\Delta t_e^{ik}}\right) \ln t_e}\Big|_i^x}\right|_i \qquad (11.2.1.5a)$$

注意到转换关系:

$$\left(2 + \langle g_e \rangle \frac{\Delta E_c^{ik}}{\Delta t_e^{ik}}\right) \left.\frac{\frac{n}{g_e t_e} e^{\left(2 + \langle g_e \rangle \frac{\Delta E_c^{ik}}{\Delta t_e^{ik}}\right) \ln t_e}}{e^{\left(2 + \langle g_e \rangle \frac{\Delta E_c^{ik}}{\Delta t_e^{ik}}\right) \ln t_e}\Big|_i^x}\right|_i^x$$

$$= \frac{1}{\ln \frac{t_e^x}{t_e^i}} B \left[-\left(2\Delta t_e^{ik} + \langle g_e \rangle \Delta E_c^{ik}\right) \frac{\Delta t_e^{ix}}{\Delta t_e^{ik}} \frac{\ln \frac{t_e^x}{t_e^i}}{\Delta t_e^{ix}}\right] \qquad (11.2.1.5b)$$

$$\left(2 + \langle g_e \rangle \frac{\Delta E_c^{ik}}{\Delta t_e^{ik}}\right) \left.\frac{\frac{n}{g_e t_e} e^{\left(2 + \langle g_e \rangle \frac{\Delta E_c^{ik}}{\Delta t_e^{ik}}\right) \ln t_e}}{e^{\left(2 + \langle g_e \rangle \frac{\Delta E_c^{ik}}{\Delta t_e^{ik}}\right) \ln t_e}\Big|_i^x}\right|_i$$

$$= \frac{1}{\ln \frac{t_e^x}{t_e^i}} B \left[\left(2\Delta t_e^{ik} + \langle g_e \rangle \Delta E_c^{ik}\right) \frac{\Delta t_e^{ix}}{\Delta t_e^{ik}} \frac{\ln \frac{t_e^x}{t_e^i}}{\Delta t_e^{ix}}\right] \qquad (11.2.1.5c)$$

定义拓展带边能量:

$$\Delta E_c^{\prime ix} = \left(2\Delta t_e^{ik} + \langle g_e \rangle \Delta E_c^{ik}\right) \frac{\Delta t_e^{ix}}{\Delta t_e^{ik}} \frac{\ln \frac{t_e^x}{t_e^i}}{\Delta t_e^{ix}} = \frac{2\Delta t_e^{ik} + \langle g_e \rangle \Delta E_c^{ik}}{t_e^i} C\left(\frac{\Delta t_e^{ix}}{t_e^i}\right) \frac{\Delta t_e^{ix}}{\Delta t_e^{ik}}$$

$$(11.2.1.5d)$$

综合 (11.2.1.5b)~(11.2.1.5d)，(11.2.1.5a) 可以整理成

$$\boldsymbol{J}_{\mathrm{n}}^{ik} = k_{\mathrm{B}} T_{\mathrm{L}} \langle \mu_{\mathrm{n}} \rangle \langle t_{\mathrm{e}} \rangle \frac{\frac{\Delta t_{\mathrm{e}}^{ik}}{\Delta t_{\mathrm{e}}^{ix}}}{l_{ik}} \frac{\Delta t_{\mathrm{e}}^{ix}}{\ln \frac{t_{\mathrm{e}}^{x}}{t_{\mathrm{e}}^{i}}} \left[B\left(-\Delta E_{\mathrm{c}}^{\prime ix}\right) \frac{n^x}{g_{\mathrm{e}}^x t_{\mathrm{e}}^x} - B\left(\Delta E_{\mathrm{c}}^{\prime ix}\right) \frac{n^i}{g_{\mathrm{e}}^i t_{\mathrm{e}}^i} \right] \quad (11.2.1.6\mathrm{a})$$

或者

$$\boldsymbol{J}_{\mathrm{n}}^{ik} = k_{\mathrm{B}} T_{\mathrm{L}} \langle \mu_{\mathrm{n}} \rangle \langle t_{\mathrm{e}} \rangle \frac{1}{l_{ik}} \frac{\Delta t_{\mathrm{e}}^{ik}}{\ln \frac{t_{\mathrm{e}}^{x}}{t_{\mathrm{e}}^{i}}} \frac{\Delta E_{\mathrm{c}}^{\prime ik}}{\Delta E_{\mathrm{c}}^{\prime ix}} \left[B\left(-\Delta E_{\mathrm{c}}^{\prime ix}\right) \frac{n^x}{g_{\mathrm{e}}^x t_{\mathrm{e}}^x} - B\left(\Delta E_{\mathrm{c}}^{\prime ix}\right) \frac{n^i}{g_{\mathrm{e}}^i t_{\mathrm{e}}^i} \right]$$

$$(11.2.1.6\mathrm{b})$$

根据参数定义，$\dfrac{n}{g_{\mathrm{e}} t_{\mathrm{e}}} = \dfrac{N_{\mathrm{c}} F_{3\mathrm{h}}(\eta_{\mathrm{e}})}{t_{\mathrm{e}}}$，以及 $B(-x) = \mathrm{e}^x B(x)$，把 $B\left(\Delta E_{\mathrm{c}}^{\prime ix}\right) \dfrac{n^i}{g_{\mathrm{e}}^i t_{\mathrm{e}}^i}$ 从方括号中提出，得到

$$\boldsymbol{J}_{\mathrm{n}}^{ik} = k_{\mathrm{B}} T_{\mathrm{L}} \langle \mu_{\mathrm{n}} \rangle \langle t_{\mathrm{e}} \rangle \frac{1}{l_{ik}} \frac{\Delta t_{\mathrm{e}}^{ix}}{\ln \frac{t_{\mathrm{e}}^{x}}{t_{\mathrm{e}}^{i}}} \frac{\Delta E_{\mathrm{c}}^{\prime ik}}{\Delta E_{\mathrm{c}}^{\prime ix}} B\left(\Delta E_{\mathrm{c}}^{\prime ix}\right) N_{\mathrm{c}}^i F_{3\mathrm{h}}\left(\eta_{\mathrm{e}}^i\right)$$

$$\times \left[\mathrm{e}^{\Delta E_{\mathrm{c}}^{\prime ix} + \ln \frac{N_{\mathrm{c}}^x F_{3\mathrm{h}}(\eta_{\mathrm{e}}^x)}{N_{\mathrm{c}}^i F_{3\mathrm{h}}(\eta_{\mathrm{e}}^i)} - \ln \frac{t_{\mathrm{e}}^x}{t_{\mathrm{e}}^i}} - 1 \right] \quad (11.2.1.6\mathrm{c})$$

定义拓展 Fermi 能级差 $\Delta E_{\mathrm{Fe}}^{\prime ix} = \Delta E_{\mathrm{c}}^{\prime ix} + \ln \dfrac{N_{\mathrm{c}}^x F_{3\mathrm{h}}(\eta_{\mathrm{e}}^x)}{N_{\mathrm{c}}^i F_{3\mathrm{h}}(\eta_{\mathrm{e}}^i)} - \ln \dfrac{t_{\mathrm{e}}^x}{t_{\mathrm{e}}^i}$，得到离散形式：

$$\boldsymbol{J}_{\mathrm{n}}^{ik} = k_{\mathrm{B}} T_{\mathrm{L}} \langle \mu_{\mathrm{n}} \rangle \langle t_{\mathrm{e}} \rangle \frac{\frac{\Delta t_{\mathrm{e}}^{ix}}{t_{\mathrm{e}}^{i}}}{\ln \frac{t_{\mathrm{e}}^{x}}{t_{\mathrm{e}}^{i}}} \frac{\Delta E_{\mathrm{c}}^{\prime ik}}{\Delta E_{\mathrm{c}}^{\prime ix}} B\left(\Delta E_{\mathrm{c}}^{\prime ix}\right) N_{\mathrm{c}}^i F_{3\mathrm{h}}\left(\eta_{\mathrm{e}}^i\right) \left[\frac{\mathrm{e}^{\Delta E_{\mathrm{Fe}}^{\prime ik}} - 1}{l_{ik}} \right] \quad (11.2.1.6\mathrm{d})$$

当 $x = k$ 时，就成为

$$\boldsymbol{J}_{\mathrm{n}}^{ik} = k_{\mathrm{B}} T_{\mathrm{L}} \langle \mu_{\mathrm{n}} \rangle \langle t_{\mathrm{e}} \rangle \frac{\frac{\Delta t_{\mathrm{e}}^{ik}}{t_{\mathrm{e}}^{i}}}{\ln \frac{t_{\mathrm{e}}^{k}}{t_{\mathrm{e}}^{i}}} B\left(\Delta E_{\mathrm{c}}^{\prime ik}\right) N_{\mathrm{c}}^i F_{3\mathrm{h}}\left(\eta_{\mathrm{e}}^i\right) \left[\frac{\mathrm{e}^{\Delta E_{\mathrm{Fe}}^{\prime ik}} - 1}{l_{ik}} \right] \quad (11.2.1.6\mathrm{e})$$

(11.2.1.6e) 中方括号内的式子可以重写成

$$\frac{\mathrm{e}^{\Delta E_{\mathrm{Fe}}^{\prime ik}} - 1}{l_{ik}} = \frac{\mathrm{e}^{\Delta E_{\mathrm{Fe}}^{\prime ik}} - 1}{\Delta E_{\mathrm{Fe}}^{\prime ik}} \frac{\Delta E_{\mathrm{Fe}}^{\prime ik}}{l_{ik}} = \mathrm{IB}\left(\Delta E_{\mathrm{Fe}}^{\prime ik}\right) \frac{\Delta E_{\mathrm{Fe}}^{\prime ik}}{l_{ik}} \quad (11.2.1.7)$$

11.2 能量输运体系电流密度

类似地，如果将积分区间仅积分到区间中某一点 x，同样也有

$$\frac{n}{g_e t_e} = \frac{\Delta E_c^{\prime ix}}{\Delta E_c^{\prime ik}} \frac{B\left(-\Delta E_c^{\prime ik}\right)}{B\left(-\Delta E_c^{\prime ix}\right)} \frac{n^k}{g_e^k t_e^k} + \left[\frac{B\left(\Delta E_c^{\prime ix}\right)}{B\left(-\Delta E_c^{\prime ix}\right)} - \frac{\Delta E_c^{\prime ix}}{\Delta E_c^{\prime ik}} \frac{B\left(\Delta E_c^{\prime ik}\right)}{B\left(-\Delta E_c^{\prime ix}\right)}\right] \frac{n^i}{g_e^i t_e^i} \tag{11.2.1.8}$$

整理就可以得到载流子浓度的插值帽子函数：

$$Q(x) = \frac{\Delta E_c^{\prime ix}}{\Delta E_c^{\prime ik}} \frac{B\left(-\Delta E_c^{\prime ik}\right)}{B\left(-\Delta E_c^{\prime ix}\right)} = \frac{e^{-\Delta E_c^{\prime ix}} - 1}{e^{-\Delta E_c^{\prime ik}} - 1} \tag{11.2.1.9}$$

根据定义容易知道，$\Delta E_c^{\prime ix}$ 与 $\Delta E_c^{\prime ik}$ 存在关系：

$$\Delta E_c^{\prime ix} = \Delta E_c^{\prime ik} \frac{C\left(\frac{\Delta t_e^{ix}}{t_e^i}\right)}{C\left(\frac{\Delta t_e^{ik}}{t_e^i}\right)} \frac{\Delta t_e^{ix}}{\Delta t_e^{ik}} \tag{11.2.1.10}$$

推导完毕。

有个结论是在后面推导电子能流密度离散形式时要用到的：

$$\int_i^k \frac{1}{\frac{n}{g_e t_e} t_e} dx = \frac{k_B T_L \langle \mu_n \rangle \langle t_e \rangle}{J_n} \Delta E_{Fe}^{\prime ik} \tag{11.2.1.11}$$

首先将对坐标积分转换成对插值帽子函数的积分：

$$\int_i^k \frac{1}{\frac{n}{g_e t_e} t_e} dx = \int_0^1 \frac{1}{\frac{n}{g_e t_e} t_e} \frac{dQ(x)}{dx} dQ \tag{11.2.1.12}$$

依据拓展带边能量定义得到帽子插值函数的导数为

$$\frac{dQ(x)}{dx} = -\Delta E_c^{\prime ik} \frac{\Delta t_e^{ik}}{\ln \frac{t_e^k}{t_e^i}} \frac{1}{l_{ik}} \frac{1}{t_e} \left(\frac{1}{e^{-\Delta E_c^{\prime ik}} - 1} + Q\right) \tag{11.2.1.13}$$

于是有

$$\int_i^k \frac{1}{\frac{n}{g_e t_e} t_e} dx = -\frac{l_{ik} \ln \frac{t_e^k}{t_e^i}}{\Delta E_c^{\prime ik} \Delta t_e^{ik}}$$

$$\times \int_0^1 \frac{1}{\left[\frac{n^i}{g_e^i t_e^i} + \left(\frac{n^k}{g_e^k t_e^k} - \frac{n^i}{g_e^i t_e^i}\right)Q\right]\left(\frac{1}{e^{-\Delta E_c'^{ik}} - 1} + Q\right)} dQ \quad (11.2.1.14)$$

可以证明有如下结论：

$$\int \frac{dt}{[a+bt](t+c)} = \frac{1}{a-bc} \int \left[\frac{1}{t+c} - \frac{b}{a+bt}\right] dt \quad (11.2.1.15)$$

从而得到

$$\int_0^1 \left[\frac{1}{\frac{1}{e^{-\Delta E_c'^{ik}} - 1} + Q} - \frac{\frac{n^k}{g_e^k t_e^k} - \frac{n^i}{g_e^i t_e^i}}{\frac{n^i}{g_e^i t_e^i} + \left(\frac{n^k}{g_e^k t_e^k} - \frac{n^i}{g_e^i t_e^i}\right)Q}\right] dQ = -\Delta E_{\mathrm{Fe}}'^{ik} \quad (11.2.1.16)$$

$$\frac{1}{a-bc} = \frac{1}{\frac{n^i}{g_e^i t_e^i} - \left(\frac{n^k}{g_e^k t_e^k} - \frac{n^i}{g_e^i t_e^i}\right)\frac{1}{e^{-\Delta E_c'^{ik}} - 1}} = \frac{k_B T_L \langle \mu_n \rangle \langle t_e \rangle \frac{1}{l_{ik}} \frac{\Delta t_e^{ik}}{\ln \frac{t_e^k}{t_e^i}} \Delta E_c'^{ik}}{J_n^{ik}}$$

(11.2.1.17)

将 (11.2.1.16) 与 (11.2.1.17) 代入 (11.2.1.14) 中就直接得到 (11.2.1.11)。

从推导过程以及结论可以看出，尽管能量输运体系的电子电流密度离散公式与扩散漂移体系的电子电流密度离散形式总体相同，但由于温度影响的引入，其计算要繁复一些，下面几节里将逐步介绍能量输运体系电子电流密度离散形式的各个因子计算。

【练习】

1. 重复 (11.2.1.3a)~(11.2.1.6e) 的推导过程。
2. 模仿图 11.1.1，画出能量输运体系电子流密度的链式导数规则图。

11.2.2 $C(x)$ 的计算

【思路】

$C(x)$ 表示相邻两个网格点上的温度物理量变化的幅度，计算很容易引起数值不稳定，如当 $t_e^i \approx t_e^k$ 时 $x \to 0$，分母与分子同时趋于 0。鉴于 C 函数的两种等价表达形式 (11.2.1.1c)，以两个温度变量比的自然对数值为参数，$t = \ln(1+x)$，可以得到与 $B(x)$ 函数的关系：

$$C(x) = \frac{\ln(1+x)}{x} = B(t) \quad (11.2.2.1)$$

11.2　能量输运体系电流密度

类似于 11.1.3 节中 $B(x)$ 的数值计算，我们采用有限级数近似的方法，根据级数展开公式：

$$\ln(1+x) = \sum_{i=0}^{\infty} (-1)^i \frac{x^{i+1}}{i+1} = x - \frac{x^2}{2} + \frac{x^3}{3} + \cdots \quad (11.2.2.2a)$$

$$C(x) = 1 - \frac{x}{2} + \frac{x^2}{3} + \cdots = \sum_{i=0}^{\infty} (-1)^i \frac{x^i}{i+1} = 1 + \sum_{i=1}^{\infty} (-1)^i \frac{x^i}{i+1} \quad (11.2.2.2b)$$

$$\frac{\mathrm{d}[C(x)]}{\mathrm{d}x} = -\frac{1}{2} + \frac{2x}{3} + \cdots = \sum_{i=0}^{\infty} (-1)^{i+1} \frac{i+1}{i+2} x^i = -\frac{1}{2} + \sum_{i=1}^{\infty} (-1)^{i+1} \frac{i+1}{i+2} x^i \quad (11.2.2.2c)$$

(11.2.2.2b) 和 (11.2.2.2c) 表明，$C(x)$ 及导数的首项分别是 1 和 $-1/2$，典型的数值计算程序如下所述。

【输入输出参数】

```
            pure function tf_C( x ) result( f )
            输入参数：
            x：变量
            返回参数：
            f(1)：C(x)函数值
            f(2)：C(x)导数值
```

【子程序】

```
pure function tf_C( x ) result( f )
  ! OBJECT :
  ! ======
  !    This subroutine calculate the values and derivatives of
  !    the tf function C(x).
  ! ======
  ! Model :
  ! ======
  !                ln(1+x)
  !     C(x) = ---------
  !                x
  ! ======
  ! Implment :
  ! ======
  !                                                      i
  !                                                  i   x
```

```
!     (1). |x|<=1E-02, C(x) =   1 + SUM[(-1)  *  ----  , i=1,inf]
!                                                 i+1
!                       1                  i+1     i+1      i
!              C(x)'= - -  + SUM[(-1)     *  ----  *  x  , i=1,inf]
!                       2                           i+2
!                              ln(1+x)
!     (2). |x|>1E-02, C(x) = ----------
!                                x
!                      1      1
!              C(x)'= - [ ------ - C(x) ]
!                      x     1+x
! =======
use Cons , only : EPS_1,SERIES_START
use Ah_Precision , only : wp => REAL_PRECISION ,&
  & OPERATOR ( .lessEqualTo. )
implicit none
!  input/output parameters
real( wp ) , intent( in ) :: x
real( wp ) , dimension( 2 ) :: f
!  local variables
integer :: i
real( wp ) :: t,fx,dx,ip1,ip2

if ( ABS(x).lessequalto.SERIES_START ) then

   i  = 1
   t  = x
   fx = 1.0_wp
   dx =-0.5_wp
   ip1 = real(i+1,wp)
   ip2 = real(i+2,wp)
   do while( EPS_1.LessEqualTo.t )
      if( mod(i,2).EQ.1 ) then
         fx = fx - t/ip1
         dx = dx + t*ip1/ip2
      else
         fx = fx + t/ip1
         dx = dx - t*ip1/ip2
      end if
      i = i + 1
```

11.2 能量输运体系电流密度

```
            t = t * x
            ip1 = ip2
            ip2 = real(i+2,wp)
         end do

      else

         t  = 1.0_wp + x
         fx = log( t ) / x
         dx = ( 1.0_wp/t-fx ) / x

      end if
      f(1) = fx
      f(2) = dx

end function tf_C
```

11.2.3 C 函数相关项

能量输运电子电流密度离散形式中有两个与 $C(x)$ 函数相关的典型温度影响因子, 一个是乘积项中的 $\dfrac{1}{C\left(\dfrac{\Delta t_\mathrm{e}^{ik}}{t_\mathrm{e}^{i}}\right)}$, 另外一个是拓展带边能量中的 $\dfrac{1}{t_\mathrm{e}^{i}}C\left(\dfrac{\Delta t_\mathrm{e}^{ik}}{t_\mathrm{e}^{i}}\right)$, 它们关于温度的函数值以及导数值可以借助复合函数的思路进行, 除调用 C 函数计算函数值与导数值外, $\dfrac{\Delta t_\mathrm{e}^{ik}}{t_\mathrm{e}^{i}}$ 关于 t_e^{i} 与 t_e^{k} 的导数为

$$\frac{\mathrm{d}\left(\dfrac{\Delta t_\mathrm{e}^{ik}}{t_\mathrm{e}^{i}}\right)}{\mathrm{d}t_\mathrm{e}^{i}} = -\frac{1}{t_\mathrm{e}^{i}} - \frac{\Delta t_\mathrm{e}^{ik}}{t_\mathrm{e}^{i}}\frac{1}{t_\mathrm{e}^{i}} \tag{11.2.3.1a}$$

$$\frac{\mathrm{d}\left(\dfrac{\Delta t_\mathrm{e}^{ik}}{t_\mathrm{e}^{i}}\right)}{\mathrm{d}t_\mathrm{e}^{k}} = \frac{1}{t_\mathrm{e}^{i}} \tag{11.2.3.1b}$$

$\dfrac{1}{C(x)}$ 的导数为

$$\frac{\mathrm{d}\left[\dfrac{1}{C(x)}\right]}{\mathrm{d}x} = -\frac{1}{[C(x)]^2}\frac{\mathrm{d}[C(x)]}{\mathrm{d}x} \tag{11.2.3.2}$$

下面子程序计算电流密度中与 C 函数有关的温度项的函数值和导数值,同时返回平均值和差值。

【输入输出参数】

subroutine flux_AuxCalT(t,ta,dt,z,w)

输入参数：

t(2)：相邻网格点温度值

返回参数：

ta：$\langle t \rangle$

dt：$t_1 - t_0$

z：$\dfrac{1}{C\left(\dfrac{\Delta t_e^{ik}}{t_e^i}\right)}$；函数值与导数值

w：$\dfrac{1}{t_e^i} C\left(\dfrac{\Delta t_e^{ik}}{t_e^i}\right)$ 函数值及导数值

【子程序】

```
        module subroutine flux_AuxCalT( t,ta,dt,z,w )

        ! OBJECT :
        ! =======
        !   This subroutine calculate the values and derivatives in
        !   the C-function-related terms.
        ! =======

        ! Model :
        ! =======
        !                           dt/t0           1
        !   Term in flux : z =   ----------- = ---------
        !                         ln(t1/t0)    C(dt/t0)
        !                         ln(t0/t1)       1
        !     Term in Ec' : w =  ----------- = -- * C(dt/t0)
        !                            dt          t0
        ! =======

        ! Implentment :
        ! =======
        !    (1) call subroutine C(x) to calculate C(dt/t0) and
        !        C'(dt/t0);
        !    (2) use composite rule to calculate dt0 and dt1.
```

11.2 能量输运体系电流密度

```
! =======

use tf , only : tf_C
use ah_precision , only : wp => REAL_PRECISION

implicit none

! input/output parameters
real( wp ) , intent( in ) :: t(2)
!   average and difference
real( wp ) , intent(out ) :: ta,dt
!   z zdt0 zdt1
real( wp ) , intent(out ) :: z(3)
!   w wdt0 wdt1
real( wp ) , intent(out ) :: w(3)

!   local variables
real( wp ) :: s,x,y(2),xdt0,xdt1,t0_inv

dt     =   t(2) - t(1)
ta     =   0.5_wp*( t(2)+t(1) )
t0_inv=   1.0_wp / t(1)

x      =   dt/t(1)
xdt1   =   t0_inv
xdt0   =  -( 1.0_wp+x )*t0_inv

y      =   tf_C( x )

!                 1
!        z  =  ---------
!              C(dt/t0)
z(1)   =    1.0_wp / y(1)
s      =  - y(2)*z(1)*z(1)
z(2)   =    s*xdt0
z(3)   =    s*xdt1

!                1
!       w  =   -- * C(dt/t0)
!               t0
```

```
        w(1)   =       y(1) * t0_inv
        w(2)   =       (y(2) * xdt1 - w(1) )*t0_inv
        w(3)   =       y(2) * xdt1* t0_inv

    end subroutine flux_AuxCalT
```

11.2.4 $\langle g_e \rangle$ 及导数

拓展带边能量中 g 的平均值反映了载流子浓度在 Maxwell-Boltzmann 统计与 Fermi-Dirac 统计上的差异，它的计算无法用准确的分析形式获得，借助其定义并假设约化 Fermi 能在两个网格点之间线性变化可以得到

$$\langle g_e \rangle = \frac{\int_{x_0}^{x_1} g\, dx}{\Delta x} = \frac{\int_{\eta_0}^{\eta_1} g \frac{d\eta}{d\eta} dx}{\Delta x} \approx \frac{\int_{\eta_0}^{\eta_1} g\, d\eta}{\Delta x \frac{\Delta \eta}{\Delta x}} = \frac{\int_{\eta_0}^{\eta_1} g\, d\eta}{\eta_1 - \eta_0} = \frac{\ln F_{3h}(\eta_e^1) - \ln F_{3h}(\eta_e^0)}{\eta_e^1 - \eta_e^0}$$

(11.2.4.1)

显而易见的是，当 $\eta_0 - \eta_1$ 时，分母趋于 "0"，与传输函数类似，必须在差值很小时采用渐近展开的方法，下面给出了双区间计算方法。

(1) 当约化 Fermi 能差值的绝对值大于精度控制参数，即 $|\Delta \eta| \geqslant \varepsilon$ 时，采用直接计算方法：

$$\langle g_e \rangle = \frac{\ln F_{3h}(\eta_e^1) - \ln F_{3h}(\eta_e^0)}{\eta_e^1 - \eta_e^0} \tag{11.2.4.2a}$$

$$\frac{\partial \langle g_e \rangle}{\partial \eta_e^0} = \frac{1}{\Delta \eta} \left(\langle g_e \rangle - \frac{F_{1h}(\eta_e^0)}{F_{3h}(\eta_e^0)} \right) \tag{11.2.4.2b}$$

$$\frac{\partial \langle g_e \rangle}{\partial \eta_e^1} = \frac{1}{\Delta \eta} \left(\frac{F_{1h}(\eta_e^1)}{F_{3h}(\eta_e^1)} - \langle g_e \rangle \right) \tag{11.2.4.2c}$$

(2) 否则精度为 $|\Delta \eta|^2$ 的渐近展开式为

$$\langle g_e \rangle = r_{13}^0 + \frac{1}{2} \left[r_{m3}^0 - \left(r_{13}^0\right)^2 \right] \Delta \eta + \frac{1}{6} \left(r_{m33}^0 - 3 r_{13}^0 r_{m3}^0 \right) \Delta \eta^2 \tag{11.2.4.3}$$

其中，$r_{13}^0 = \frac{F_{1h}(\eta_e^0)}{F_{3h}(\eta_e^0)}$，$r_{m3}^0 = \frac{F_{mh}(\eta_e^0)}{F_{3h}(\eta_e^0)}$，$r_{m33}^0 = \frac{F_{m3h}(\eta_e^0)}{F_{3h}(\eta_e^0)}$。如果取一阶精度 $|\Delta \eta|$，同时采用中间变量 $x = r_{13}^0 \left(1 + \frac{1}{2} r_{m1}^0 \Delta \eta \right)$, $y = r_{13}^1 \left(1 - \frac{1}{2} r_{m1}^1 \Delta \eta \right)$，可以得到

$$\langle g_e \rangle \approx r_{13}^0 + \frac{1}{2} \left[r_{m3}^0 - \left(r_{13}^0\right)^2 \right] \Delta \eta \tag{11.2.4.4a}$$

11.2 能量输运体系电流密度

$$-\frac{\partial \langle g_\mathrm{e} \rangle}{\partial \eta_\mathrm{e}^0} = -\frac{r_{13}^0 r_{m1}^0 - x^2}{2} \qquad (11.2.4.4\mathrm{b})$$

$$\frac{\partial \langle g_\mathrm{e} \rangle}{\partial \eta_\mathrm{e}^1} = \frac{r_{13}^1 r_{m1}^1 - y^2}{2} \qquad (11.2.4.4\mathrm{c})$$

对于 (11.2.4.3) 所定义的二阶精度，需要 $-3/2$ 阶 Fermi-Dirac 积分，依据 4.3 节中的通常方法很难得到，可以依据其定义，用有限差分近似导数的方法或自适应数值积分方法获得一定数目的点的值，然后结合样条函数插值的方法得到整个区间的函数值[18]。

另外依据 B 函数与 C 函数之间的转换关系也可以得到

$$\langle g_\mathrm{e} \rangle = x \times B \left[\ln F_{3\mathrm{h}}\left(\eta_\mathrm{e}^1\right) - \ln F_{3\mathrm{h}}\left(\eta_\mathrm{e}^0\right) \right] \qquad (11.2.4.5)$$

下面子程序 flux_AuxCalg 依据 (11.2.4.4a)~(11.2.4.4c) 计算了 $\langle g \rangle$ 函数值与导数值，精度设置为 10^{-3}。

【输入输出参数】

```
subroutine flux_AuxCalg( dx,dy,rm10,r130,rm11,r131,g )
```

输入参数：

dx：$\eta_\mathrm{e}^k - \eta_\mathrm{e}^i$

dy：$\ln F_{3\mathrm{h}}\left(\eta_\mathrm{e}^k\right) - \ln F_{3\mathrm{h}}\left(\eta_\mathrm{e}^i\right)$

rm10：$r_{m1}^i = \dfrac{F_{m\mathrm{h}}\left(\eta_\mathrm{e}^i\right)}{F_{1\mathrm{h}}\left(\eta_\mathrm{e}^i\right)}$

r130：$r_{13}^i = \dfrac{F_{1\mathrm{h}}\left(\eta_\mathrm{e}^i\right)}{F_{3\mathrm{h}}\left(\eta_\mathrm{e}^i\right)}$

rm11：$r_{m1}^k = \dfrac{F_{m\mathrm{h}}\left(\eta_\mathrm{e}^k\right)}{F_{1\mathrm{h}}\left(\eta_\mathrm{e}^k\right)}$

r131：$r_{13}^k = \dfrac{F_{1\mathrm{h}}\left(\eta_\mathrm{e}^k\right)}{F_{3\mathrm{h}}\left(\eta_\mathrm{e}^k\right)}$

返回参数：

g(1)：$\langle g \rangle$

g(2)：$\mathrm{d}y_0$

g(3)：$\mathrm{d}y_1$

【子程序】

```
module subroutine flux_AuxCalg(dx,dy,rm10,r130,rm11,r131,g)

    ! OBJECT :
    ! =======
    !   This subroutine calculate value and derivatives of
    !     transfer function <g>.
```

```
! =======
! Model :
!   dx = y1 - y0 , dy = lnF3h(y1)-lnF3h(y0)
!    (1) |dx|> eps :
!              dy
!    <g>   =   --
!              dx
!              <g> - r130
!    dy0 =    ----------
!              dx
!              r131 - <g>
!    dy1 =    ----------
!              dx
!    (1) |dx|< eps :
!            F1h(y0)              Fmh(y0)
!    x  =   --------  * ( 1+0.5*----------*dx )
!            F3h(y0)              F1h(y0)
!            F1h(y1)              Fmh(y1)
!    y  =   --------  * ( 1-0.5*----------*dx )
!            F3h(y1)              F1h(y1)
!    <g>=    x - 0.5*x*x*dx
!    dy0=   - 0.5*(rm10*r130-x*x)
!    dy1=    0.5*(rm11*r131-y*y)
! =======
! Implentment :
! =======
!    (1) |dx| < eps, use asympotic expansion;
!    (2) |dx| > eps, use defination.
! =======

use Ah_Precision , only : wp => REAL_PRECISION , OPERATOR  
    (.LessThan.)

implicit none
!   input/output parameters
real( wp ) , intent( in  ) :: dx
real( wp ) , intent( in  ) :: dy
real( wp ) , intent( in  ) :: rm10,r130
real( wp ) , intent( in  ) :: rm11,r131
real( wp ) , intent( out ) :: g(3)
```

11.2 能量输运体系电流密度

```
      !   local variables
     real( wp ) :: x,y


     if ( abs(dx).LessThan.1.0E-03_wp ) then

        x    =  (1.0_wp+0.5_wp*rm10*dx)*r130
        y    =  (1.0_wp-0.5_wp*rm11*dx)*r131
        g(1) =   x*(1.0_wp-0.5_wp*x*dx)
        g(2) = -0.5_wp*(rm10*r130-x*x)
        g(3) =  0.5_wp*(rm11*r131-y*y)

     else

        g(1) = dy / dx
        g(2) = ( g(1) - r130 ) / dx
        g(3) = ( r131 - g(1) ) / dx

     end if
   end subroutine flux_AuxCalg
```

【练习】

1. 推导渐进展开式 (11.2.4.3) 与 (11.2.4.4b)、(11.2.4.4c)。

2. 在 [−10.0, 20.0]，以 0.25 为步长，采用 5.10.1 小节的自适应积分算法计算 (4.3.1.2d) 中 $j = 1/2$ 的每个端点值的 Fermi-Dirac 积分值，与文献 [18] 中的结果比较，将数据储存为表，编制选择一种样条函数作为整个区间任一值的插值计算子程序。

11.2.5 拓展导带边能量差

拓展导带边能量差的定义为

$$\Delta E_c'^{ik} = \frac{\langle g_e \rangle \Delta E_c^{ik} + 2\Delta t_e^{ik}}{t_e^i} C\left(\frac{\Delta t_e^{ik}}{t_e^i}\right) \qquad (11.2.5.1)$$

下面子程序 flux_AuxCalDE 使用了 R 与 $\langle g \rangle$ 的返回值计算了拓展导带边能量差的函数值及关于 t_0、t_1、y_0、y_1、dE_c 等参数的导数值。

【输入输出参数】

```
   subroutine flux_AuxCalEdE( dEc,dt,w,g,dE )
```
输入参数：

dEc：$E_c^k - qV^k - \left(E_c^i - qV^i\right)$

dt：$t_e^k - t_e^i$

w：$\dfrac{1}{t_e^i} C\left(\dfrac{t_e^k}{t_e^i}\right)$ 函数及导数值

g：$\langle g \rangle$ 函数及导数值

返回参数：

dE(1)：$\Delta E_c^{\prime ik}$

dE(2)：dt_0

dE(3)：dt_1

dE(4)：dy_0

dE(5)：dy_1

dE(6)：ddE_c

【子程序】

```
    module subroutine flux_AuxCalEdE( dEc,dt,w,g,dE )

    ! OBJECT :
    ! =======
    !   This subroutine calculate value and derivatives of the
         derived CBE.
    ! =======
    ! MODEL :
    ! =======
    !   dE' = (2dt + <g>*dE)*w
    ! =======

    use ah_precision , only : wp => REAL_PRECISION
    implicit none
    real( wp ) , intent( in ) :: dEc,dt,w(3),g(3)
    !   dE  dt0  dt1  dy0  dy1  ddEc
    real( wp ) , intent( out ) :: dE(6)

    real( wp ) :: s,dg,dw,dw,ddt

    dw    =   dEc*g(1)+2.0_wp*dt
    dE(1) =   dw * w(1)
    dg    =   dEc * w(1)
    ddt   =   2.0_wp * w(1)
```

```
            !    dt0
      dE(5) =    dw*w(2) - ddt
            !    dt1
      dE(6) =    dw*w(3) + ddt
            !    dy0
      dE(2) =    dg*g(2)
            !    dy1
      dE(3) =    dg*g(3)
            !    ddE
      dE(4) =    g(1)*w(1)

end subroutine flux_AuxCalEdE
```

11.2.6 拓展 Fermi 能级差

拓展 Fermi 能级差的定义为

$$\Delta E_{\mathrm{Fe}}^{\prime ik} = \Delta E_{\mathrm{c}}^{\prime ik} + \ln \frac{N_{\mathrm{c}}^k F_{3\mathrm{h}}\left(\eta_{\mathrm{e}}^k\right)}{N_{\mathrm{c}}^i F_{3\mathrm{h}}\left(\eta_{\mathrm{e}}^i\right)} - \ln \frac{t_{\mathrm{e}}^k}{t_{\mathrm{e}}^i} \tag{11.2.6.1}$$

下面子程序 flux_AuxCaldEf 使用了 R、$\langle g \rangle$ 与 $\mathrm{d}E_{\mathrm{c}'}$ 的返回值计算了拓展 Fermi 能级差的函数值及关于 t_0、t_1、y_0、y_1、$\mathrm{d}E_{\mathrm{c}}$ 等参数的导数值。

【输入输出参数】

```
subroutine flux_AuxCalEdEf(lnrn3h_01,r13_0,r13_1,t,dE,dEf)
```
输入参数：

lnrn3h_01：$\ln \dfrac{N_{\mathrm{c}}^k F_{3\mathrm{h}}\left(\eta_{\mathrm{e}}^k\right)}{N_{\mathrm{c}}^i F_{3\mathrm{h}}\left(\eta_{\mathrm{e}}^i\right)}$

r13_0：$r_{13}^i = \dfrac{F_{1\mathrm{h}}\left(\eta_{\mathrm{e}}^i\right)}{F_{3\mathrm{h}}\left(\eta_{\mathrm{e}}^i\right)}$

r13_1：$r_{13}^k = \dfrac{F_{1\mathrm{h}}\left(\eta_{\mathrm{e}}^k\right)}{F_{3\mathrm{h}}\left(\eta_{\mathrm{e}}^k\right)}$

t(2)：相邻网格点温度值

dE：拓展带边能量差值的函数及导数值

返回参数：

dEf(1)：$\Delta E_{\mathrm{Fn}}^{\prime ik}$

dEf(2)：$\mathrm{d}t_0$

dEf(3)：$\mathrm{d}t_1$

dEf(4)：$\mathrm{d}y_0$

dEf(5)：$\mathrm{d}y_1$

dEf(6)：$\mathrm{dd}E_{\mathrm{c}}$

【子程序】

```
module subroutine flux_AUxCalEdEf(lnrn3h_10,r13_0,r13_1,t,
   dE,dEf )

! OBJECT :
! =======
!   This subroutine calculate value and derivatives of
!       extended Fermi Level.
! =======
! Model :
!              n3h_1        t1
!    dEf' = ln----- - ln-- + dEc'
!              n3h_0        t0
! =======

use ah_precision , only : wp => REAL_PRECISION
implicit none
real( wp ) , intent( in ) :: lnrn3h_10,r13_0,r13_1
real( wp ) , intent( in ) :: t(2),dE(6)
!  dEf  dt0  dt1  dy0  dy1  ddE
real( wp ) , intent( out ) :: dEf(6)

!   dEf
dEf(1)   =    lnrn3h_10 + log(t(1)/t(2)) + dE(1)
!   dt0
dEf(5)   =    1.0_wp/t(1) + dE(5)
!   dt1
dEf(6)   = -  1.0_wp/t(2) + dE(6)
!   dy0
dEf(2)   = -  r13_0 + dE(2)
!   dy1
dEf(3)   =    r13_1 + dE(3)

!   ddE
dEf(4)   =    dE(4)

end subroutine flux_AUxCalEdEf
```

11.2.7 数值计算程序

如果用 i 点的电子浓度来归一化，最终的流体动力学电子电流密度形式为

$$J_{\mathrm{n}}^{ik} = k_{\mathrm{B}} T_{\mathrm{L}} \langle t_{\mathrm{e}} \rangle \langle \mu_{\mathrm{n}} \rangle \frac{1}{C\left(\frac{\Delta t_{\mathrm{e}}^{ik}}{t_{\mathrm{e}}^{i}}\right)} \frac{\mathrm{BF}\left(\Delta E_{\mathrm{c}}^{\prime ik}\right)}{\mathrm{BF}\left(\Delta E_{\mathrm{Fe}}^{\prime ik}\right)} \frac{\Delta E_{\mathrm{Fe}}^{\prime ik}}{l_{ik}} \frac{F_{3\mathrm{h}}(\eta_{\mathrm{e}}^{i})}{F_{1\mathrm{h}}(\eta_{\mathrm{e}}^{i})} \tag{11.2.7.1}$$

尽管 (11.2.7.1) 与扩散漂移形式类似，但在实际编程计算时却大有不同，表现在：

(1) 拓展准 Fermi 能级差 $\Delta E_{\mathrm{Fe}}^{\prime ik}$ 与带边能量差 $\Delta E_{\mathrm{c}}^{\prime ik}$ 等层层嵌套，使得对基本变量 $(V^i, E_{\mathrm{Fe}}^i, t_{\mathrm{e}}^i)$ 的导数计算变得复杂起来；

(2) (11.2.7.1) 中出现的基本变量为 $(\Delta E_{\mathrm{c}}, \eta_{\mathrm{e}}^i, t_{\mathrm{e}}^i)$，没有直接出现格点基本变量 $(V^i, E_{\mathrm{Fe}}^i, t_{\mathrm{e}}^i)$。

针对上面两点，实际编程计算时采取如下策略。

① 采用 $(\Delta E_{\mathrm{c}}, \eta_{\mathrm{e}}^i, t_{\mathrm{e}}^i)$ 作为形式基本变量，而对实际格点基本变量 $(V^i, E_{\mathrm{Fe}}^i, t_{\mathrm{e}}^i)$ 的导数以如下形式计算得到：

$$\mathrm{d}E_{\mathrm{Fe}}^i = \mathrm{d}\eta_{\mathrm{e}}^i \frac{\partial \eta_{\mathrm{e}}^i}{\partial E_{\mathrm{Fe}}^i} \tag{11.2.7.2a}$$

$$\mathrm{d}V^i = \mathrm{d}\Delta E_{\mathrm{c}} \frac{\partial \Delta E_{\mathrm{c}}}{\partial V^i} + \mathrm{d}\eta_{\mathrm{e}}^i \frac{\partial \eta_{\mathrm{e}}^i}{\partial V^i} \tag{11.2.7.2b}$$

$$\mathrm{d}t_{\mathrm{e}}^i = \partial t_{\mathrm{e}}^i + \mathrm{d}\eta_{\mathrm{e}}^i \frac{\partial \eta_{\mathrm{e}}^i}{\partial t_{\mathrm{e}}^i} \tag{11.2.7.2c}$$

② 采用一个能够记录中间变量值的数据结构来记录整个过程，有了 R、$\langle g_{\mathrm{e}} \rangle$、$\mathrm{d}E_{\mathrm{c}'}$、$\mathrm{d}E_{F'}$ 等中间变量值，电子电流密度的计算水到渠成。后面也会发现，采用数据结构来记录过程中间变量值对于能流密度计算省却了大量重复数值计算：

```
type Flux_HD_Jn_
  real( wp ) :: ta
  real( wp ) :: z(3)
  real( wp ) :: w(3)
  real( wp ) :: g(3)
  real( wp ) :: f(5)
  real( wp ) :: d(5)
  real( wp ) :: r31h0_dy0
  real( wp ) :: deEc(6)
  real( wp ) :: fdeEc(2)
```

```
    real( wp ) :: deEf(6)
    real( wp ) :: fdeEf(2)
    real( wp ) :: dy0
    real( wp ) :: dy1
    real( wp ) :: y0dt0
    real( wp ) :: y1dt1
    real( wp ) :: ddEc
    real( wp ) :: J
    real( wp ) :: dP0
    real( wp ) :: dP1
    real( wp ) :: dV0
    real( wp ) :: dV1
    real( wp ) :: dt0
    real( wp ) :: dt1

end type Flux_HD_Jn_
```

③ 考虑到总的电流密度是多个子项的乘积，为了程序的可读性，我们采用两个 5 元数组分别表示各子项值以及总电流密度关于各子项中参数的导数。

【输入输出参数】

```
subroutine flux_CalJn_HD( flag,Ma,h,dEc,t,cb0,cb1,Jn )
```
输入参数：
flag：是否仅计算主变量 E_{Fe}^i 导数，否则还需要计算静电势、温度等变量导数，
Ma：网格点载流子迁移率平均值
h：网格间距
dEc：相邻网格点带边能量差 $E_\mathrm{c}^k - qV^k - (E_\mathrm{c}^i - qV^i)$
t：相邻网格点温度
cb0：i 点能带参数数据结构
cb1：k 点能带参数数据结构
返回参数：
Jn：包含中间参数、函数值与导数值的电流密度数据结构

【子程序】

```
module subroutine flux_CalHDJn( flag,Ma,h,dEc,t,cb0,cb1,Jn )

! OBJECT :
! =======
!   This subroutine calculate the hydrodynamic electron Flux
!   density with
```

11.2 能量输运体系电流密度

```
!                J  =  qD * gradn + m * n * grad( kT+E )
!        The carrier density of node 'r' is used as scaller.
! =======

! Model :
! =======
!                                              dt/t0       F3h(y0)
!    J=<t>*<M>*BF(dEc')*[IB(dEf')*d_dEf']*-----------*----------
!                                            ln(t1/t0)     F1h(y0)
!             2dt + <g>*dEc       ln(t1/t0)
!    dEc' = ------------------  * ----------
!                   t0                dt/t0

!               n3_1        t1
!    dEf' = ln------ - ln--   + dEc'
!               n3_0        t0

!              dEf'
!    d_dEf' = ----
!               h
! =======

! Implentment :
! =======
!
!    (1). call subroutine flux_AuxCalT to calculate R-related
!    values and derivatives;
!    (2). call subroutine flux_AuxCalg to calculate <g>  values
!    and derivatives;
!    (3). call subroutine flux_AuxCaldeEc to calculate extended
!CB energy values and derivatives;
!    (4). call subroutine flux_auxCaldeEf to calculate extended
!Fermi Level values and derivatives;
!    (5). call subroutine flux_auxCalHDJn to generate total
!    current and derivatives;
! =======
use Eband , only : SEB_
use Ah_Precision , only : wp => REAL_PRECISION

implicit none
```

```
logical          , intent( in ) :: flag
real( wp )       , intent( in ) :: Ma,h,dEc,t(2)
type( SEB_ V_)   , intent( in ) :: cb0,cb1
type( FLUX_HD_Jn_ ) , intent( inout ) :: Jn

real( wp ) :: x,y,ta,dt
real( wp ) :: z(3),w(3),g(3),dE(6),dEf(6)

! R-related terms
z = 0.0_wp
w = 0.0_wp
call flux_AuxCalT( flag,t,ta,dt,z,w )
Jn%w = w

! g and its derivatives with regards to y0 and y1
x = cb1%r%y-cb0%r%y
y = cb1%r%ln3-cb0%r%ln3
call flux_AuxCalg( x,y,cb0%r%rm1,cb0%r%r13,cb1%r%rm1,cb1%r%r13,
    g )

! extended CB energy and its derivatives
dE = 0.0_wp
call flux_AuxCaldeEc( flag,dEc,dt,w,g,dE )

! extended Fermi Level and its derivatives
dEf = 0.0_wp
call flux_auxCaldeEf( flag,( cb1%lnn-cb0%lnn ) + y,cb0%r%r13,
    cb1%r%r13,t,dE,dEf )

! generate total current and final derivatives
call flux_auxCalHDJn( flag,h,ta,ma,cb0%r%y,cb1%r%y,cb0%r%rm1,
    cb0%r%r13,t,z,g,dE,dEf,Jn )

end subroutine Flux_CalHDJn
```

使用辅助程序 flux_auxCalHDJn 将 z、w、$\langle g \rangle$、$dE_{c'}$、$dE_{F'}$ 等中间变量值合并成最终的电流值与导数值：

```
module subroutine flux_AuxCalHDJn(flag,h,ta,ma,y0,y1,rm10,r130,
    t,z,g,deEc,deEf,Jn )
```

11.2 能量输运体系电流密度

```
! OBJECT :
! =======
!     This subroutine generate the HDFlux along edge(i,k) using
!     mediate variables:
!     z,w,g,dEc',dEf'.
!          J  = qD * gradn + m * n * grad( kT+E )
!     The carrier density of node 'i' is used as scaller.
! =======

! Model :
! =======
!              1    2    3              4           5
!     J    =  <m>*<t>*z*BF(dEc')*[IB(dEf')*d_dEf']*r31h_0
!     dEc' =  (2dt + <g>*dE)*w
!                  n3_1     t1
!     dEf' = ln----- - ln-- + dEc'
!                  n3_0     t0
!                dEf'
!     d_dEf' = ----
!                 h
! =======

use transfer , only : tf_B
use ah_precision , only : wp => REAL_PRECISION

implicit none
logical , intent( in ) :: flag
real( wp ) , intent( in ) :: h,ta,ma,y0,y1,rm10,r130
real( wp ) , intent( in ) :: t(2),z(3),g(3)
real( wp ) , intent( in ) :: deEc(6) , deEf(6)
type( Flux_HD_Jn_ ) , intent( out ) :: Jn

!   local variables
real( wp ) :: J,q(2),s(2),d(5),f(5),dy0,dy1,ddEc

Jn%ta = ta
Jn%z  = z
Jn%g  = g
Jn%deEc = deEc
Jn%deEf = deEf
```

```
      Jn%d(1:2) = 0.0_wp

      !   BF(dEc') and DB(dEc')
      q   =   tf_B( deEc(1) )
      Jn%fdeEc = q
      !   IB(dEf') and dIB(dEf')
      s   = tf_B( deEf(1) )
      s(1)   = 1.0_wp/s(1)
      s(2)   =-s(2)*s(1)*s(1)
      Jn%fdeEf = s

      !  subcomponent values
      f(1) = ta
      f(2) = z(1)
      !  BF(dEc')
      f(3) = q(1)
      !  IB(dEf')*dEf'/h
      f(4) =  deEf(1)/h*s(1)
      !  F3h(y0)/F1h(y0)
      f(5) =   1.0_wp / r130

      !  Total flux
      J = Ma*product(f)
      Jn%J = J

      !  derivatives
      !  ddEc'
      d(3) = Ma*f(1)*f(2)*q(2)*f(4)*f(5)
      !    ddEf'
      d(4) = Ma*product(f(1:3))*(s(1)+s(2))*deEf(1)*f(5)/h

      !  df5/dy0
      Jn%r31h0_dy0 =   1.0_wp-rm10*f(5)
      d(5)    =  Ma*product(f(1:4)*Jn%r31h0_dy0)
      Jn%f = f
      Jn%d(3:5) = d(3:5)

      !  dy0 and dy1
      dy0 =   d(3)*deEc(2) + d(4)*deEf(2) + d(5)
      dy1 =   d(3)*deEc(3) + d(4)*deEf(3)
```

11.2 能量输运体系电流密度

```
   Jn%dy0 =   dy0
   Jn%dy1 =   dy1

   !  dEfn0 and dEfn1
   Jn%dp0 =   dy0/t(1)
   Jn%dp1 =   dy1/t(2)

   if ( flag ) return

   Jn%y0dt0 = - y0/t(1)
   Jn%y1dt1 = - y1/t(2)

   !    df1
   d(1)     =   Ma*product(f(2:5))
   !    df2
   d(2)     =   Ma*f(1)*product(f(3:5))
   Jn%d(1:2)=   d(1:2)
   Jn%dt0   =   d(1)*0.5_wp+d(2)*z(2)+d(3)*deEc(5)+d(4)*deEf(5)
               +dy0*Jn%y0dt0
   Jn%dt1   =   d(1)*0.5_wp+d(2)*z(3)+d(3)*deEc(6)+d(4)*deEf(6)
               +dy1*Jn%y1dt1


   !    ddEc
   ddEc    = d(3)*deEc(4) + d(4)*deEf(4)
   Jn%ddEc=    ddEc
   Jn%dV0 =    ddEc + Jn%dp0
   Jn%dV1 = -  ddEc + Jn%dp1

   end subroutine flux_AuxCalHDJn
```

11.2.8 空穴电流密度

流体动力学空穴电流密度的计算思路与扩散漂移一样, 我们先观察电流密度公式以及约化 Fermi 能中变量的替换:

$$J_\mathrm{n} = k_\mathrm{B} T_\mathrm{e} \mu_\mathrm{n} \nabla n + \mu_\mathrm{n} n \nabla \left(k_\mathrm{B} T_\mathrm{e} + E_\mathrm{c} \right) \quad (11.2.8.1\mathrm{a})$$

$$-J_\mathrm{p} = k_\mathrm{B} T_\mathrm{h} \mu_\mathrm{p} \nabla p + \mu_\mathrm{p} n \nabla \left(k_\mathrm{B} T_\mathrm{h} - E_\mathrm{v} \right) \quad (11.2.8.1\mathrm{b})$$

如果以电子电流密度子程序来计算, 依据图 11.1.2 首先是载流子统计特征替换，不考虑载流子系综温度变量，有如下关系：

$$E_c \leftrightarrow -E_v$$
$$V \leftrightarrow -V \quad (11.2.8.2)$$
$$E_{Fe} \leftrightarrow -E_{Fh}$$

如果是纯粹的流密度计算，输出变量的替换原则为输出静电势与准 Fermi 能级导数不变，电流密度值与温度导数反号：

$$\mathrm{d}V \leftrightarrow \mathrm{d}V$$
$$\mathrm{d}E_{Fe} \leftrightarrow \mathrm{d}E_{Fh}$$
$$J_n^{ik} \leftrightarrow -J_p^{ik} \quad (11.2.8.3a)$$
$$\mathrm{d}t_e \leftrightarrow -\mathrm{d}t_h$$

如果要保持连续性方程不变，输出变量的替换原则为

$$\mathrm{d}V \leftrightarrow -\mathrm{d}V$$
$$\mathrm{d}E_{Fe} \leftrightarrow -\mathrm{d}E_{Fh}$$
$$J_n^{ik} \leftrightarrow J_p^{ik} \quad (11.2.8.3b)$$
$$\mathrm{d}t_e \leftrightarrow \mathrm{d}t_h$$

这样我们可以把 11.2.7 节中的电子电流密度计算程序通过添加一个标志 BOOL 变量的方法来拓展到电子与空穴电流密度通用，修改后的子程序如下：

```
      module subroutine flux_HD_CalJn( IsHole,Is2,Ma,h,V,t,b0,b1,
     Jn )
! OBJECT :
! =======
!     This subroutine calculate the values and derivatives
   of
!     the scaled energy-transport electron/hole current
   density.
!     Electron :
!     J    = qD * gradn + m * n * grad( kT+E )
!     Hole :
!    - J    = qD * gradp + m * p * grad( kT-E )
! Model :
```

11.2 能量输运体系电流密度

```
! =======
!       The calculation based on electron discretization
  form :
!  dt/t0      F3h(y0)
!      J   = <t>*<M>*BF(dEc')*[IB(dEf')*d_dEf']*
  -----------*----------
!  ln(t1/t0)     F1h(y0)
!              2dt + <g>*dEc    ln(t1/t0)
!      dEc' = ---------------  *  -----------
!                  t0                dt/t0
!                  n3_1     t1
!      dEf' = ln------ - ln-- + dEc'
!                  n3_0     t0
!                  dEf'
!      d_dEf' = ----
!                  h
!       The switch between electron and hole is controlled
  by flag
!       and performed by variable replacement:
!       Input
!               dE    --> - dE
!       Output
!               dV    --> - dV
!               dP    --> - dP
! =======
! Implentment :
! =======
!       (1). call flux_Hd_AuxCalT to calculate C-related
  values and derivatives;
!       (2). call flux_Hd_AuxCalg to calculate <g> values
  and derivatives;
!       (3). call flux_Hd_AuxCaldeEc to calculate extended
  CB energy values
!             and derivatives;
!       (4). call flux_Hd_auxCaldeEf to calculate extended
  Fermi Level values
!             and derivatives;
!       (5). call flux_Hd_auxCalJn to generate total current
  and derivatives;
! =======
```

```
    use Eband , only : SEB_
    use Ah_Precision , only : wp => REAL_PRECISION
    implicit none
    !       input/output
    logical    , intent( in ) :: IsHole,Is2
    real( wp )   , intent( in ) :: Ma,h,V(2),t(2)
    type( SEB_V_ ) , intent( in ) :: b0,b1
    type( Flux_HD_Jn_ ) , intent( inout ) :: Jn
    !       local varbiales
    real( wp ) :: x,y,ta,dt,dEc
real( wp ) :: z(3),w(3),g(3),dE(6),dEf(6)

    dEc = (V(1)-V(2))+(b1%E-b0%E)
if ( IsHole ) dEc = - dEc

    !   C-related terms
    z = 0.0_wp
    w = 0.0_wp
    call flux_HD_AuxCalT( Is2,t,ta,dt,z,w )
    Jn%w = w
    !     g and its derivatives with regards to y0 and y1
    x    = b1%y-b0%y
    y    = b1%ln3-b0%ln3
call flux_HD_AuxCalg( x,y,b0%rm1,b0%r13,b1%rm1,b1%r13,g )

    !     extended CB energy and its derivatives
    dE = 0.0_wp
    call flux_HD_AuxCaldeEc( Is2,dEc,dt,w,g,dE )

    !     extended Fermi Level and its derivatives
    dEf = 0.0_wp
call flux_HD_auxCaldeEf( Is2,( b1%lnn-b0%lnn ) + y,b0%r13,b1%
    r13,t,dE,dEf )

    !     generate total current and final derivatives
    call flux_HD_auxCalJn(Is2,h,ta,ma,b0%y,b1%y,b0%rm1,b0%r13,t,
        z,g,dE,dEf,Jn )

    if ( IsHole ) then
```

```
            Jn%dV0 = -Jn%dV0
            Jn%dV1 = -Jn%dV1
            Jn%dp0 = -Jn%dp0
            Jn%dp1 = -Jn%dp1

         end if
   end subroutine Flux_HD_CalJn
```

11.3　能流密度

11.3.1　基本离散形式

根据 (4.5.7.4b)，电子能流方程满足与 (11.0.1.2) 对应的常微分方程为

$$\frac{\mathrm{d}t_\mathrm{e}}{\mathrm{d}x} + \frac{\frac{5}{2}}{\frac{5}{2}+c_\mathrm{n}} \frac{\boldsymbol{J}_\mathrm{n}}{k_\mathrm{B} T_\mathrm{L} t_\mathrm{n} \mu_\mathrm{n}} \frac{1}{n} t_\mathrm{e} = -\frac{1}{\frac{5}{2}+c_\mathrm{n}} \frac{q\boldsymbol{S}_\mathrm{n}}{(k_\mathrm{B} T_\mathrm{L})^2 t_\mathrm{n} \mu_\mathrm{n}} \frac{1}{n} \qquad (11.3.1.1)$$

【基本结论】

根据 11.0.1 节中的思想得到电子能流密度 (11.3.1.1) 对应图 10.3.2 的离散形式为

$$q\boldsymbol{S}_\mathrm{n}^{ik} = -\left(\frac{5}{2}+c_\mathrm{n}\right) k_\mathrm{B} T_\mathrm{L} \frac{\boldsymbol{J}_\mathrm{n}^{ik}}{\Delta E_\mathrm{Fe}^{\prime\prime ik}} H_\mathrm{e}^{ik} \qquad (11.3.1.2\mathrm{a})$$

其中，$\Delta E_\mathrm{Fe}^{\prime\prime ik}$ 与 H_e^{ik} 的定义分别为

$$\Delta E_\mathrm{Fe}^{\prime\prime ik} = \frac{5}{5+2c_\mathrm{n}} \Delta E_\mathrm{Fe}^{\prime ik} \qquad (11.3.1.2\mathrm{b})$$

$$H_\mathrm{e}^{ik} = B\left(-\Delta E_\mathrm{Fe}^{\prime\prime ik}\right) t_\mathrm{e}^k - B\left(\Delta E_\mathrm{Fe}^{\prime\prime ik}\right) t_\mathrm{e}^i \qquad (11.3.1.2\mathrm{c})$$

【推导过程】

(11.3.1.1) 可以写成对应 (11.0.3.1) 的全微分的形式：

$$\frac{\mathrm{d}}{\mathrm{d}x}\left[\mathrm{e}^{\int a(x)\mathrm{d}x} t_\mathrm{e}(x)\right] = -\frac{2}{5} \frac{q\boldsymbol{S}_\mathrm{n}^{ik}}{k_\mathrm{B} T_\mathrm{L} \boldsymbol{J}_\mathrm{n}^{ik}} \frac{\mathrm{d}}{\mathrm{d}x}\left(\mathrm{e}^{\int a(x)\mathrm{d}x}\right) \qquad (11.3.1.3)$$

可以证明 (作为练习)，上述解具有如下形式：

$$qS_{\text{n}}^{ik} = -\frac{5}{2}\frac{k_{\text{B}}T_{\text{L}}J_{\text{n}}^{ik}}{\int_i^k a(x)\,\mathrm{d}x}\left\{B\left[-\int_i^k a(x)\,\mathrm{d}x\right]t_{\text{e}}(x_k) - B\left[\int_i^k a(x)\,\mathrm{d}x\right]t_{\text{e}}(x_{\text{i}})\right\}$$

(11.3.1.4)

根据前面关于全微分解的思路，需要先计算 $a(x)$ 的积分，将其改变形式得到

$$a(x) = \frac{5}{5+2c_{\text{n}}}\frac{J_{\text{n}}^{ik}}{k_{\text{B}}T_{\text{L}}t_{\text{n}}\mu_{\text{n}}g_{\text{e}}}\frac{1}{\dfrac{n}{g_{\text{e}}t_{\text{e}}}t_{\text{e}}} = \frac{5}{5+2c_{\text{n}}}\frac{J_{\text{n}}^{ik}}{k_{\text{B}}T_{\text{L}}t_{\text{e}}\mu_{\text{n}}}\frac{1}{\dfrac{n}{g_{\text{e}}t_{\text{e}}}t_{\text{e}}}$$

(11.3.1.5)

借助能量输运体系电子流密度得到的插值公式 (11.2.1.2b) 与结论 (11.2.1.11)，$a(x)$ 的积分为

$$\int_i^k a(x)\,\mathrm{d}x = \frac{5}{5+2c_{\text{n}}}\frac{J_{\text{n}}^{ik}}{k_{\text{B}}T_{\text{L}}\langle t_{\text{e}}\rangle\langle\mu_{\text{n}}\rangle}\int_i^k \frac{1}{\dfrac{n}{g_{\text{e}}t_{\text{e}}}t_{\text{e}}}\,\mathrm{d}x = \frac{5}{5+2c_{\text{n}}}\Delta E_{\text{Fe}}^{'ik} = \Delta E_{\text{Fe}}^{''ik}$$

(11.3.1.6)

将 (11.3.1.6) 代入 (11.3.1.4) 直接获得离散公式 (11.3.1.2a)。

【练习】

从 (11.3.1.3) 推导 (11.3.1.4)。

11.3.2 空穴能流密度

空穴所遵循的能流密度满足的常微分方程为

$$\frac{\mathrm{d}t_{\text{h}}}{\mathrm{d}x} - \frac{\dfrac{5}{2}}{\dfrac{5}{2}+c_{\text{p}}}\frac{J_{\text{p}}}{k_{\text{B}}T_{\text{L}}t_{\text{p}}\mu_{\text{p}}}\frac{1}{p}t_{\text{h}} = -\frac{1}{\dfrac{5}{2}+c_{\text{p}}}\frac{qS_{\text{p}}}{(k_{\text{B}}T_{\text{L}})^2 t_{\text{p}}\mu_{\text{p}}}\frac{1}{p}$$

(11.3.2.1)

其解为

$$qS_{\text{p}} = \frac{5}{2}\frac{k_{\text{B}}T_{\text{L}}J_{\text{p}}}{\int_i^k a(x)\,\mathrm{d}x}\left\{B\left[-\int_i^k a(x)\,\mathrm{d}x\right]t_{\text{h}}(x_k) - B\left[\int_i^k a(x)\,\mathrm{d}x\right]t_{\text{h}}(x_{\text{i}})\right\}$$

(11.3.2.2)

通过观察变量替换原则，我们可以得到与能量输运体系电流密度相同的规律，如果以电子电流密度子程序来计算，则在输入时有如下关系：

$$\begin{aligned}E_{\text{c}} &\leftrightarrow -E_{\text{v}}\\ V &\leftrightarrow -V\\ E_{\text{Fe}} &\leftrightarrow -E_{\text{Fh}}\end{aligned}$$

(11.3.2.3)

11.3 能流密度

过程中考虑到电流密度的反号,最终输出静电势与准 Fermi 能级导数变号,能流密度值与温度导数不变:

$$\mathrm{d}V \leftrightarrow -\mathrm{d}V \tag{11.3.2.4a}$$

$$\mathrm{d}E_{\mathrm{Fe}} \leftrightarrow -\mathrm{d}E_{\mathrm{Fh}} \tag{11.3.2.4b}$$

$$S_{\mathrm{n}}^{ik} \leftrightarrow S_{\mathrm{p}}^{ik} \tag{11.3.2.4c}$$

$$\mathrm{d}t_{\mathrm{e}} \leftrightarrow \mathrm{d}t_{\mathrm{h}} \tag{11.3.2.4d}$$

11.3.3 数值计算程序

与电流密度计算方式一致,我们依然以电子能流密度的计算为出发点,空穴能流密度通过变量变号的方式获得。鉴于整体数值稳定性的要求,我们还是计算被 i 点电子浓度归一化后的电子能流密度,通过观察离散公式形式与电流密度计算程序的实施,发现有如下几个特点。

(1) 程序组织。从 11.3.2 节我们可以看出,能流密度依赖参数与流体动力学电流密度完全一样,而且两个计算的参数几乎相同,另外能流密度连续性方程同时依赖于能流密度与电流密度的计算,因此我们可以通过一个子程序同时计算两者。

(2) 数值精度。我们分别计算能流密度与电流密度各自的函数值及导数值,而不是计算连续性方程中所形式显示的两者的和,主要是因为这两个量大小不一。根据数值计算常识,两个大小不一的量相加会降低整个过程的数值精度。

(3) 采用数据结构 Flux_HD_Sn_ 储存与能流密度相关的中间变量与输出结果,能流密度与电流密度重合的中间变量存放在 Flux_HD_Jn_ 数据结构中。

```
type Flux_HD_Sn_
  real( wp ) :: f(6)
  real( wp ) :: d(6)
  real( wp ) :: He(6)
  real( wp ) :: dy0
  real( wp ) :: dy1
  real( wp ) :: S
  real( wp ) :: dt0
  real( wp ) :: dt1
  real( wp ) :: dP0
  real( wp ) :: dP1
  real( wp ) :: ddE
  real( wp ) :: dV0
  real( wp ) :: dV1
end type Flux_HD_Sn_
```

实际编程实施时要注意 (11.3.2.2a) 项的约化，由于

$$\frac{J_{\mathrm{n}}^{ik}}{\Delta E_{\mathrm{Fc}}^{\prime ik}} = k_{\mathrm{B}} T_{\mathrm{L}} \langle \mu_{\mathrm{n}} \rangle \langle t_{\mathrm{e}} \rangle \frac{1}{C\left(\frac{\Delta t_{\mathrm{e}}^{ik}}{t_{\mathrm{e}}^{i}}\right)} \frac{B\left(\Delta E_{\mathrm{c}}^{\prime ik}\right)}{B\left(\Delta E_{\mathrm{Fe}}^{\prime ik}\right)} \frac{1}{l_{ik}} \frac{F_{3\mathrm{h}}(\eta_{\mathrm{e}}^{i})}{F_{1\mathrm{h}}(\eta_{\mathrm{e}}^{i})}$$

实际中整体计算形式是

$$qS_{\mathrm{n}}^{ik} = -\left(\frac{5}{2} + c_{\mathrm{n}}\right)(k_{\mathrm{B}} T_{\mathrm{L}})^{2} \langle \mu_{\mathrm{n}} \rangle \left[\langle t_{\mathrm{e}} \rangle \frac{1}{C\left(\frac{\Delta t_{\mathrm{e}}^{ik}}{t_{\mathrm{e}}^{i}}\right)} \frac{B\left(\Delta E_{\mathrm{c}}^{\prime ik}\right)}{B\left(\Delta E_{\mathrm{Fe}}^{\prime ik}\right)} \frac{F_{3\mathrm{h}}(\eta_{\mathrm{e}}^{i})}{F_{1\mathrm{h}}(\eta_{\mathrm{e}}^{i})}\right] \frac{H_{\mathrm{e}}^{ik}}{l_{ik}}$$

(11.3.3.1)

其中，方括号内的所有乘积子项的中间变量、函数值及导数均由电流密度子程序 flux_CalJn_HD 计算得到，并储存在 Jn 中。

【函数说明】

subroutine flux_HD_CalEn：计算流体动力学电流密度与能流密度

【输入输出参数】

subroutine flux_HD_CalEn(IsHole,Is2,Ma,C,h,V,t,b0,b1,Jn,Sn)

输入参数：

IsHole：电子还是空穴的标志符

Is2：是否仅计算主变量温度，否则需要计算静电势、准Fermi能级等导数

h：网格间距

Ma：网格点载流子迁移率平均值

V(2)：i 与 k 网格点静电势

t(2)：i 与 k 网格点归一化后的载流子温度

b0：i 点能带参数数据结构

b1：k 点能带参数数据结构

返回参数：

Jn：包含中间参数、函数值与导数值的电流密度数据结构

Sn：包含中间参数、函数值与导数值的能流密度数据结构

【子程序】

```
module subroutine flux_HD_CalEn(IsHole,Is2,Ma,C,h,V,t,b0,b1,
    Jn,Sn )
! OBJECT :
! =======
```

11.3 能流密度

```
!       This subroutine calculate the value and its
       derivatives
!       of the scaled energy flux -qSn and current density
       Jn occurring in energy
!       continuity equation.
! =======
! Model :
! =======
!           dt/t0        F3h(y0)
!     Jn  = <t>*<M>*B(dEc')*[IB(dEf')*d_dEf']
!     *-----------*----------
!         ln(t1/t0)   F1h(y0)
!                       B(dEc')        dt/t0        F3h(y0)
!     -qSn =  <t>*<M>*-----------*------------*---------- *
!     He
!                       B(dEf')      ln(t1/t0)    F1h(y0)
!             B(-dEf'')*t1 - B(dEf'')*t0
!     He  =  ------------------------------
!                         h
!                  5
!     dEf''= -------- * dEf'
!                5+2*c
! =======
! Implentment :
! =======
!       (1). call flux_Hd_AuxCalT to calculate C-related
       values and derivatives;
!       (2). call flux_Hd_AuxCalg to calculate <g> values
       and derivatives;
!       (3). call flux_Hd_AuxCaldeEc to calculate extended B
       energy values
!          and derivatives;
!       (4). call flux_Hd_auxCaldeEf to calculate extended
       Fermi Level values
!          and derivatives;
!       (5). call flux_Hd_auxCalJn to generate total current
       and derivatives;
!       (6). call flux_Hd_auxCalHe to calculate He value and
       derivatives;
!       (7). call flux_Hd_auxCalSn to generate total energy
```

```
            and derivatives.
   ! =======
   use Eband , only : SEB_
   use Ah_Precision , only : wp => REAL_PRECISION

   implicit none
   !       input/output
   logical , intent( in ) :: IsHole
   logical , intent( in ) :: Is2
   real( wp ) , intent( in ) :: h,Ma,C,V(2),t(2)
   type( SEB_V_ ) , intent( in ) :: b0,b1
   type( Flux_HD_Jn_ ) , intent( out ) :: Jn
   type( Flux_HD_Sn_ ) , intent( out ) :: Sn

   !       local variable
   real( wp ) :: x,y,ta,dt,dEc
   real( wp ) :: z(3),w(3),g(3),dE(6),dEf(6),He(6)

   !       executement
   dEc = (V(1)-V(2))+(b1%E-b0%E)
   if ( IsHole ) dEc = - dEc

   !   R-related terms and their derivatives
   z = 0.0_wp
   w = 0.0_wp
   call flux_HD_AuxCalT( .FALSE.,t,ta,dt,z,w )
   Jn%w = w

   !       g and its derivatives with regards to y0 and y1
   x    = b1%r%y-b0%r%y
   y    = b1%r%ln3-b0%r%ln3
call flux_HD_AuxCalg( x,y,b0%r%rm1,b0%r%r13,b1%r%rm1,b1%r%r13,g
         )

   !       extended Band edge energy and its derivatives
   dE = 0.0_wp
   call flux_HD_AuxCaldeEc( .FALSE.,dEc,dt,w,g,dE )

   !       extended Fermi Level and its derivatives
   dEf = 0.0_wp
```

11.3 能流密度

```
       call flux_HD_auxCaldeEf( .FALSE.,( b1%lnn-b0%lnn ) + y,b0%r
          %r13,b1%r%r13,t,dE,dEf )

   !    总的流密度及导数

call flux_HD_auxCalJn( .FALSE.,h,ta,ma,b0%r%y,b1%r%y,b0%r%rm1,
       b0%r%r13,t,z,g,dE,dEf,Jn )

       !    He and its derivatives
       call flux_HD_AuxCalHe( .FALSE.,h,C,t,dEf,He )

       call flux_HD_AUxCalSn( .FALSE.,ma,C,t,He,Jn,Sn )

       if ( IsHole ) then
          Sn%dV0 = -Sn%dV0
          Sn%dV1 = -Sn%dV1
          Sn%dP0 = -Sn%dP0
          Sn%dP1 = -Sn%dP1
       end if
     end subroutine Flux_HD_CalEn
```

辅助子程序flux_HD_AuxCalSn利用He与Jn中的变量值生成Sn:
```
     module subroutine flux_HD_AuxCalSn( flag,ma,C,t,He,Jn,Sn )

       ! OBJECT :
       ! =======
       !    This subroutine calculate value and its derivatives
          of the energy flux
       !    -qSn scaled by 0 node carrier density.
       ! =======

       ! Model :
       ! =======
       !     5        1    2    3    4   5    6
       !    - qSn =   (-+c)*kT*<m>*<t>*z(dt)BF(dEc')*IB(dEf')*
          r31h0*{ kT*He }
       !     2        L        L
       ! =======

       use ah_precision , only : wp => REAL_PRECISION
```

```
implicit none
logical , intent( in ) :: flag
real( wp ) , intent( in ) :: ma,C,t(2)
real( wp ) , intent( in ) :: He(6)
type( Flux_HD_Jn_ ) , intent( in ) :: Jn
type( Flux_HD_Sn_ ) , intent( out ) :: Sn

real( wp ) :: Se,CT,dy0,dy1,ddE
real( wp ) :: f(6),d(6)

Sn%He = He

CT    = 2.5_wp+c

!       subcomponent values
f(1) = Jn%f(1)
f(2) = Jn%f(2)
f(3) = Jn%f(3)
f(4) = Jn%fdeEf(1)
f(5) = Jn%f(5)
f(6) = He(1)
Sn%f = f
!       total energy flux
Se   = CT*ma*product(f(1:6))

!       derivatives
d(1) = CT*ma*product(f(2:6))
d(2) = CT*ma*f(1)*product(f(3:6))
d(3) = CT*ma*product(f(1:2))*product(f(4:6))*Jn%fdeEc(2)
d(4) = CT*ma*product(f(1:3))*product(f(5:6))*Jn%fdeEf(2)
d(5) = CT*ma*product(f(1:4))*f(6)*Jn%r31h0_dy0
d(6) = CT*ma*product(f(1:5))
Sn%d = d

!       dy0 and dy1
dy0 = d(3)*Jn%deEc(2) + d(4)*Jn%deEf(2) + d(5) + d(6)*He(2)
dy1 = d(3)*Jn%deEc(3) + d(4)*Jn%deEf(3) + d(6)*He(3)
Sn%dy0 = dy0
Sn%dy1 = dy1
```

```
     !       dt0 and dt1
sn%dt0 = d(1)*0.5_wp+d(2)*Jn%z(2)+d(3)*Jn%deEc(5)+d(4)*Jn%deEf
    (5)+d(6)*He(5)+dy0*Jn%y0dt0
sn%dt1 = d(1)*0.5_wp+d(2)*Jn%z(3)+d(3)*Jn%deEc(6)+d(4)*Jn%deEf
    (5)+d(6)*He(6)+dy1*Jn%y1dt1

if ( flag ) return

sn%dP0 =    dy0/t(1)
sn%dP1 =    dy1/t(2)

ddE     =   d(3)*Jn%deEc(4)+d(4)*Jn%deEf(4)+d(6)*He(4)
Sn%ddE  =   ddE
sn%dV0  =   ddE + sn%dP0
sn%dV1  = - ddE + sn%dP1

end subroutine flux_HD_AuxCalSn
```

11.4 密度梯度修正的流密度

基于 11.0.2~11.0.4 节中的思想,可以类似获得 4.5.10 节中量子修正半经典输运方程的离散格式 [19-25]。这里以量子修正的扩散漂移体系为例,首先整理出一个类似 (11.0.1.2) 的形式。

存在量子修正情况下的漂移扩散方程,电子/空穴的量子势为

$$\lambda_\mathrm{e} = 2b_\mathrm{n} \frac{\nabla^2 \sqrt{n}}{\sqrt{n}} \tag{11.4.1a}$$

$$\lambda_\mathrm{h} = 2b_\mathrm{p} \frac{\nabla^2 \sqrt{p}}{\sqrt{p}} \tag{11.4.1b}$$

其中,b_n 和 b_p 的表达式见 (4.5.10.1),借助于 (4.5.9.4a) 和 (4.5.9.4b) 准 Fermi 势的概念,电流密度可以类似地采用所谓拓展化学势表述:

$$\phi'_\mathrm{e} = \phi_\mathrm{e} + \lambda_\mathrm{e} \tag{11.4.2a}$$

$$\phi'_\mathrm{h} = \phi_\mathrm{h} + \lambda_\mathrm{h} \tag{11.4.2b}$$

$$J_\mathrm{n} = -q\mu_\mathrm{n} n \frac{\mathrm{d}(\phi_\mathrm{e}+\lambda_\mathrm{e})}{\mathrm{d}x} = -q\mu_\mathrm{n} n \frac{\mathrm{d}\phi'_\mathrm{e}}{\mathrm{d}x} \tag{11.4.2c}$$

$$J_{\mathrm{p}} = -q\mu_{\mathrm{p}}p\frac{\mathrm{d}\left(\phi_{\mathrm{h}}+\lambda_{\mathrm{h}}\right)}{\mathrm{d}x} = -q\mu_{\mathrm{p}}p\frac{\mathrm{d}\phi_{\mathrm{h}}'}{\mathrm{d}x} \tag{11.4.2d}$$

相应地，载流子系综的约化准 Fermi 能与浓度分别为

$$\eta_{\mathrm{e}} = \frac{qV + q\phi_{\mathrm{e}}' - E_{\mathrm{c}}}{k_{\mathrm{B}}T} = qV + q\phi_{\mathrm{e}}' + \gamma_{\mathrm{e}} - E_{\mathrm{c}} \tag{11.4.3a}$$

$$\eta_{\mathrm{h}} = \frac{E_{\mathrm{v}} - q\phi_{\mathrm{h}}' - qV}{k_{\mathrm{B}}T} = E_{\mathrm{v}} - q\phi_{\mathrm{h}}' + \gamma_{\mathrm{h}} - qV \tag{11.4.3b}$$

$$n = N_{\mathrm{c}} F_{1\mathrm{h}}\left(\eta_{\mathrm{e}}\right) = \mathrm{e}^{qV + q\phi_{\mathrm{e}}' + \gamma_{\mathrm{e}} - E_{\mathrm{c}}} \tag{11.4.3c}$$

$$p = N_{\mathrm{v}} F_{1\mathrm{h}}\left(\eta_{\mathrm{h}}\right) = \mathrm{e}^{E_{\mathrm{v}} - q\phi_{\mathrm{h}}' + \gamma_{\mathrm{h}} - qV} \tag{11.4.3d}$$

在此基础上要获得关于量子修正势能的流密度形式，观察 (11.4.1a) 和 (11.4.1b)，发现其中有关于载流子浓度的平方根项，变量变换为：$S_{\mathrm{n}} = \sqrt{n} = \mathrm{e}^{\frac{qV + q\phi_{\mathrm{e}}' + \gamma_{\mathrm{e}} - E_{\mathrm{c}}}{2}} = \mathrm{e}^{u_{\mathrm{n}}}$，(11.4.1a) 和 (11.4.1b) 方程转换成施图姆–刘维尔 (Sturm-Liouville) 型方程：

$$b_{\mathrm{n}}\nabla\left(\mathrm{e}^{u_{\mathrm{n}}}\nabla u_{\mathrm{n}}\right) - \mathrm{e}^{u_{\mathrm{n}}}u_{\mathrm{n}} - \mathrm{e}^{u_{\mathrm{n}}}\frac{E_{\mathrm{c}} - q\phi_{\mathrm{e}}'}{2} = 0 \tag{11.4.4a}$$

$$b_{\mathrm{p}}\nabla\left(\mathrm{e}^{u_{\mathrm{p}}}\nabla u_{\mathrm{p}}\right) - \mathrm{e}^{u_{\mathrm{p}}}u_{\mathrm{p}} + \mathrm{e}^{u_{\mathrm{p}}}\frac{E_{\mathrm{v}} - q\phi_{\mathrm{h}}'}{2} = 0 \tag{11.4.4b}$$

根据格林 (Green) 定理，转换成控制体积离散格式为

$$b_{\mathrm{n}}\oint_{\partial\Omega}\boldsymbol{n}\cdot\mathrm{e}^{u_{\mathrm{n}}}\nabla u_{\mathrm{n}}\mathrm{d}s - \int\mathrm{e}^{u_{\mathrm{n}}}u_{\mathrm{n}}\mathrm{d}\Omega - \int\mathrm{e}^{u_{\mathrm{n}}}\frac{E_{\mathrm{c}} - q\phi_{\mathrm{e}}'}{2}\mathrm{d}\Omega = 0 \tag{11.4.5}$$

这样就得到关于量子修正势的流密度 $F = \mathrm{e}^{u_{\mathrm{n}}}\nabla u_{\mathrm{n}}$，其有限体积离散的形式通过基于 11.0.2~11.0.4 节中的思想容易得到，依据 $E_{\mathrm{c}} - qV + \gamma_{\mathrm{e}}$ 网格上线性变化有

$$F\mathrm{e}^{\frac{E_{\mathrm{c}}}{2}} = \mathrm{e}^{\frac{q\phi_{\mathrm{e}}' + \gamma_{\mathrm{e}}}{2}}\left[-\frac{1}{2}\frac{\Delta E_{\mathrm{c}}}{\Delta x} + \nabla\left(\frac{q\phi_{\mathrm{e}}' + \gamma_{\mathrm{e}}}{2}\right)\right] \tag{11.4.6}$$

做变换 $z = \mathrm{e}^{\frac{q\phi_{\mathrm{e}}' + \gamma_{\mathrm{e}}}{2}}$，(11.4.6) 变换成

$$F\mathrm{e}^{\frac{E_{\mathrm{c}}}{2}} = -\frac{1}{2}\frac{\Delta E_{\mathrm{c}}}{\Delta x}z + \frac{\mathrm{d}z}{\mathrm{d}x} \tag{11.4.7}$$

11.4 密度梯度修正的流密度

转换成标准对流扩散方程 (11.0.1.2): $a^{-1}F = -by + \dfrac{\mathrm{d}y}{\mathrm{d}x}, a = \mathrm{e}^{-\frac{E_c}{2}}, b = \dfrac{1}{2}\dfrac{\Delta E_c}{\Delta x}$, 相应的 Reynolds 数为 $\alpha_{i+\frac{1}{2}} = \dfrac{b(x^{i+1}-x^i)}{2} = \dfrac{bh^i}{2} = \dfrac{\Delta E_c}{4}$, 采用人工扩散修正项: $D_\mathrm{a} = a\left[\alpha_{i+\frac{1}{2}} \times \coth\left(\alpha_{i+\frac{1}{2}}\right) - 1\right]$, 陆续可以得到

$$a^{-1}F_{i+\frac{1}{2}} = -b\frac{y^{i+1}+y^i}{2} + \frac{y^{i+1}-y^i}{h^i} + \frac{D_\mathrm{a}}{a}\frac{y^{i+1}-y^i}{h^i}$$

$$= \left[\left(1+\frac{D_\mathrm{a}}{a}\right) - \alpha_{i+\frac{1}{2}}\right]\frac{y^{i+1}}{h^i} - \left[\left(1+\frac{D_\mathrm{a}}{a}\right) + \alpha_{i+\frac{1}{2}}\right]\frac{y^i}{h^i} \quad (11.4.8\mathrm{a})$$

$$\left(1+\frac{D_\mathrm{a}}{a}\right) - \alpha_{i+\frac{1}{2}} = \alpha_{i+\frac{1}{2}} \times \left(\frac{\mathrm{e}^{\alpha_{i+\frac{1}{2}}} + \mathrm{e}^{-\alpha_{i+\frac{1}{2}}}}{\mathrm{e}^{\alpha_{i+\frac{1}{2}}} - \mathrm{e}^{-\alpha_{i+\frac{1}{2}}}} - 1\right) = B\left(2\alpha_{i+\frac{1}{2}}\right) \quad (11.4.8\mathrm{b})$$

$$\left(1+\frac{D_\mathrm{a}}{a}\right) + \alpha_{i+\frac{1}{2}} = \alpha_{i+\frac{1}{2}} \times \left(\frac{\mathrm{e}^{\alpha_{i+\frac{1}{2}}} + \mathrm{e}^{-\alpha_{i+\frac{1}{2}}}}{\mathrm{e}^{\alpha_{i+\frac{1}{2}}} - \mathrm{e}^{-\alpha_{i+\frac{1}{2}}}} + 1\right) = B\left(-2\alpha_{i+\frac{1}{2}}\right) \quad (11.4.8\mathrm{c})$$

$$a^{-1}F_{i+\frac{1}{2}} = \frac{B\left(2\alpha_{i+\frac{1}{2}}\right)y^{i+1} - B\left(-2\alpha_{i+\frac{1}{2}}\right)y^i}{h^i} \quad (11.4.8\mathrm{d})$$

$$\langle a^{-1}\rangle = \frac{\mathrm{e}^{\frac{E_c^{i+1}}{2}} - \mathrm{e}^{\frac{E_c^i}{2}}}{\frac{\Delta E_c^i}{2}} \quad (11.4.8\mathrm{e})$$

关于量子修正势的流密度的离散格式为

$$F_{i+\frac{1}{2}} = \frac{\dfrac{\Delta E_c^i}{2}}{\mathrm{e}^{\frac{E_c^{i+1}}{2}} - \mathrm{e}^{\frac{E_c^i}{2}}}\frac{B\left(2\alpha_{i+\frac{1}{2}}\right)\mathrm{e}^{\frac{\gamma_\mathrm{e}^{i+1}+q\phi_\mathrm{e}^{i+1}}{2}} - B\left(-2\alpha_{i+\frac{1}{2}}\right)\mathrm{e}^{\frac{\gamma_\mathrm{e}^i+q\phi_\mathrm{e}^i}{2}}}{h^i} \quad (11.4.9\mathrm{a})$$

$$F_{i+\frac{1}{2}} = \mathrm{e}^{-\frac{\eta_\mathrm{e}^i}{2}}B\left(\frac{\Delta E_c^i}{2}\right)\frac{B\left(2\alpha_{i+\frac{1}{2}}\right)\mathrm{e}^{\frac{\gamma_\mathrm{e}^{i+1}+q\phi_\mathrm{e}^{i+1}-\left(\gamma_\mathrm{e}^i+q\phi_\mathrm{e}^i\right)}{2}} - B\left(-2\alpha_{i+\frac{1}{2}}\right)}{h^i} \quad (11.4.9\mathrm{b})$$

$$F_{i+\frac{1}{2}} = \mathrm{e}^{-\frac{\eta_\mathrm{e}^i}{2}}B\left(\frac{\Delta E_c^i}{2}\right)\frac{B\left(\dfrac{\Delta E_c^i}{2}\right)\mathrm{e}^{\frac{\gamma_\mathrm{e}^{i+1}+q\phi_\mathrm{e}^{i+1}-\left(\gamma_\mathrm{e}^i+q\phi_\mathrm{e}^i\right)}{2}} - B\left(-\dfrac{\Delta E_c^i}{2}\right)}{h^i} \quad (11.4.9\mathrm{c})$$

$$F_{i-\frac{1}{2}} = \mathrm{e}^{-\frac{\eta_\mathrm{e}^i}{2}}B\left(-\frac{\Delta E_c^{i-1}}{2}\right)\frac{B\left(2\alpha_{i-\frac{1}{2}}\right) - B\left(-2\alpha_{i-\frac{1}{2}}\right)\mathrm{e}^{\frac{\gamma_\mathrm{n}^{i-1}+q\phi_\mathrm{n}^{i-1}-\left(\gamma_\mathrm{n}^i+q\phi_\mathrm{n}^i\right)}{2}}}{h^{i-1}}$$

$$(11.4.9\mathrm{d})$$

上述结果采用基于谐平均 (10.3.4.11) 的标准常微分方程求解方法也可以得到

$$F_{i+\frac{1}{2}} = \langle a^{-1} \rangle \frac{B(bh) y^{i+1} - B(-bh) y^i}{h^i} \tag{11.4.10a}$$

$$F_{i+\frac{1}{2}} = \langle e^{u_n} \rangle \frac{u_n^{i+1} - u_n^i}{h^i} \tag{11.4.10b}$$

(11.4.6) 中的源项还有两个单元积分，可以借助于级数展开的形式提高精度，如

$$\int e^{u_n} u_n d\Omega = \int e^{u_n} \left[u_n^i + \nabla u |_i (x - x_i) \right] d\Omega \tag{11.4.11}$$

(11.4.11) 的完成作为练习。

【练习】

1. 完成 (11.4.11) 的积分形式，假设 u_n 在单元上线性。
2. 完成 (4.5.10.2a) 和 (4.5.10.2b) 的离散化，可参考文献 [20],[23]。

参 考 文 献

[1] Quarteoni A, Sacco R, Saleri F. Numerical Mathematics. Berlin, Heidelberg: Springer-Verlag, 2000: 574-576.

[2] Scharfetter D L, Gummel H K. Large-signal analysis of a silicon read diode oscillator. IEEE Transactions on Electron Devices, 1969, 16(1): 64-77.

[3] Bank R E, Rose D J, Fichtner W. Numerical methods for semiconductor device simulation. IEEE Transactions on Electron Devices, 1983, 30(9): 1031-1041.

[4] Tang T W, Ieong M K. Discretization of flux densities in device simulations using optimum artificial diffusivity. IEEE Transactions on Computer-Aided Design of Integrated Circuits and Systems, 1995, 14(11): 1309-1315.

[5] Koprucki T, Gärtner K. Generalization of the Scharfetter-Gummel scheme. 13th International Conference on Numerical Simulation of Optoelectronic Devices (NUSOD), 2013: 85-86.

[6] Burgler J F, Bank R E, Fichtner W, et al. A new discretization scheme for the semiconductor current continuity equations. IEEE Transactions on Computer-Aided Design of Integrated Circuits and Systems, 1989, 8(5): 479-489.

[7] Shigyo N, Wada T, Yasuda S. Discretization problem for multidimensional current flow. Computer-Aided Design of Integrated Circuits and Systems, IEEE Transactions on, 1989, 8(10): 1046-1050.

[8] Ghione G, Benvenuti A. Discretization schemes for high-frequency semiconductor device models. IEEE Transactions on Antennas and Propagation, 1997, 45(3): 443-456.

[9] Mijalkovic S. Exponentially fitted discretization schemes for diffusion process simulation on coarse grids. IEEE Transactions on Computer-Aided Design of Integrated Circuits and Systems, 1996, 15(5): 484-492.

[10] Patil M B. New discretization scheme for two-dimensional semiconductor device simulation on triangular grid. IEEE Transactions on Computer-Aided Design of Integrated Circuits and Systems, 1998, 17(11): 1160-1165.

[11] Degond P, Ungel A J, Pietra P, et al. Numerical discretization of energy-transport models for semiconductors with non-parabolic band structure. SIAM Journal on Scientific Computing, 1999, 22(3): 986-1007.

[12] Selberherr S. Analysis and Simulation of Semiconductor Devices. Vienna: Springer, 1984: 168-169.

[13] Quarteoni A, Sacco R, Saleri F. Numerical Mathematics. Berlin Heidelberg: Springer-Verlag, 2000: 580-581.

[14] Cody W, Waite W. Software Manual for the Elementary Functions. Englewood Cliffs: Prentice-Hall, 1980.

[15] Muller J M. Elementary Functions: Algorithms and Implementation. 3rd ed. Boston: Birkhäuser, 2016.

[16] Choi W S, Ahn J G, Park Y J, et al. A time dependent hydrodynamic device simulator SNU-2D with new discretization scheme and algorithm. IEEE Transactions on Computer-Aided Design of Integrated Circuits and Systems, 1994, 13(7): 899-908.

[17] Leone A, Gnudi A, Baccarani G. Hydrodynamic simulation of semiconductor devices operating at low temperature. IEEE Transactions on Computer-Aided Design of Integrated Circuits and Systems, 1994, 13(11): 1400-1408.

[18] Smith A W, Rohatgi A. Re-evaluation of the derivatives of the half order Fermi integrals. J. Appl. Phys., 1993, 376(11): 7030-7034.

[19] Odanaka S. Multidimensional discretization of the stationary quantum drift-diffusion model for ultrasmall MOSFET structures. Computer-Aided Design of Integrated Circuits and Systems, IEEE Transactions on, 2004, 23(6): 837-842.

[20] Jin S, Park Y J, Min H S. A numerically efficient method for the hydrodynamic density-gradient model. International Conference on Simulation of Semiconductor Processes and Devices, SISPAD, 2003: 263-266.

[21] Wettstein A, Schenk A, Fichtner W. Quantum device-simulation with the density-gradient model on unstructured grids. Electron Devices, IEEE Transactions on, 2001, 48(2): 279-284.

[22] Hontschel J, Stenzel R, Klix W. Simulation of quantum transport in monolithic ICs based on $In_{0.53}Ga_{0.47}As$-$In_{0.52}Al_{0.48}As$ RTDs and HEMTs with a quantum hydrodynamic transport model. IEEE Transactions on Electron Devices, 2004, 51(5): 684-692.

[23] Gardner C L. The quantum hydrodynamic model for semiconductor devices. SIAM Journal on Applied Mathematics, 1994, 54(2): 409-427.

[24] Sho S, Odanaka S. Numerical methods for a quantum energy transport model arising in

scaled MOSFETs. 2011 International Conference on Simulation of Semiconductor Processes and Devices, 2011: 303-306.

[25] Shimada T, Odanaka S. A numerical method for a transient quantum drift-diffusion model arising in semiconductor devices. Journal of Computational Electronics, 2008, 7(4): 485-493.

第 12 章 生成 Jacobian 矩阵

12.0 概　　述

生成 Jacobian 矩阵是指依据离散方程体系 (10.3.9.1a)、边界条件 (10.1.2.1a)~(10.1.2.4d) 与迭代映射 (10.2.3.3a)~(10.2.3.3f) 依次遍历器件几何区域 Ω 上所有网格点 i，索引模型参数计算填充第 i 行中少数由连通性和边界条件所限定的不为 0 的矩阵元的过程。单一输运方程生成 Jacobian 矩阵过程如图 12.0.1 所示。

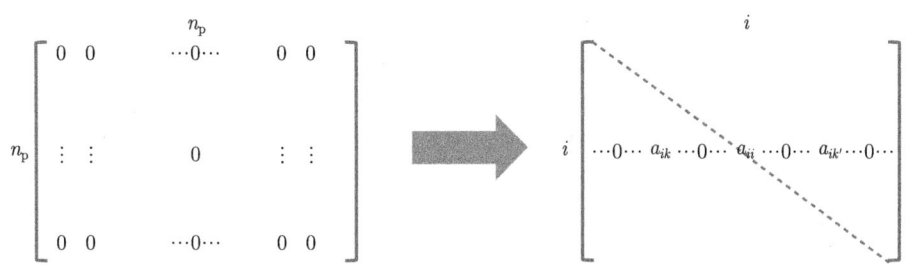

图 12.0.1　生成 Jacobian 系数矩阵

其中，n_p 为器件几何区域 Ω 上所有网格点对应物理模型所产生的物理模型网格点数目，通常大于等于几何网格点数目 n_g，对于 Poisson 方程和热传导方程，$n_p = n_g$，对于热离子发射模型下的连续性方程和能流方程，$n_p > n_g$。每行中非 0 矩阵元的位置称为分布型态，鉴于每行中仅有少数几个位置的矩阵元非 0，所以通常不采用方形二维矩阵的形式直接储存非 0 矩阵元，而是采用一些特殊格式 [1-4]，其中，一维器件结构具有完全带状矩阵分布，其数值算法也相对简单。

生成 Jacobian 矩阵在整个半导体器件数值分析里具有关键地位，无论在哪一本书里，都占有很大的篇幅，除了依据 (10.2.3.3a)~(10.2.3.3f) 以及 10.3.2 节中离散形式填充各矩阵元数据外，该过程还有如下几个功能：

(1) 依据求解算法过程申请 Jacobian 矩阵内存空间；
(2) 非物理访问区域的矩阵元的初始化；
(3) 边界条件对矩阵分布型态的影响；
(4) 记录矩阵分布型态，涉及矩阵元分布、带宽、稀疏性。

围绕这个函数模版，这需要两方面的工作。首先，如迭代映射所显示的，需要明确不同输运方程中流密度与源项对输入参数的调用关系，这使得编写针对

(10.2.3.3a)~(10.2.3.3f) 体系中每个方程的离散形式一目了然, 图 12.0.2 总结了输运方程体系中的调用关系。

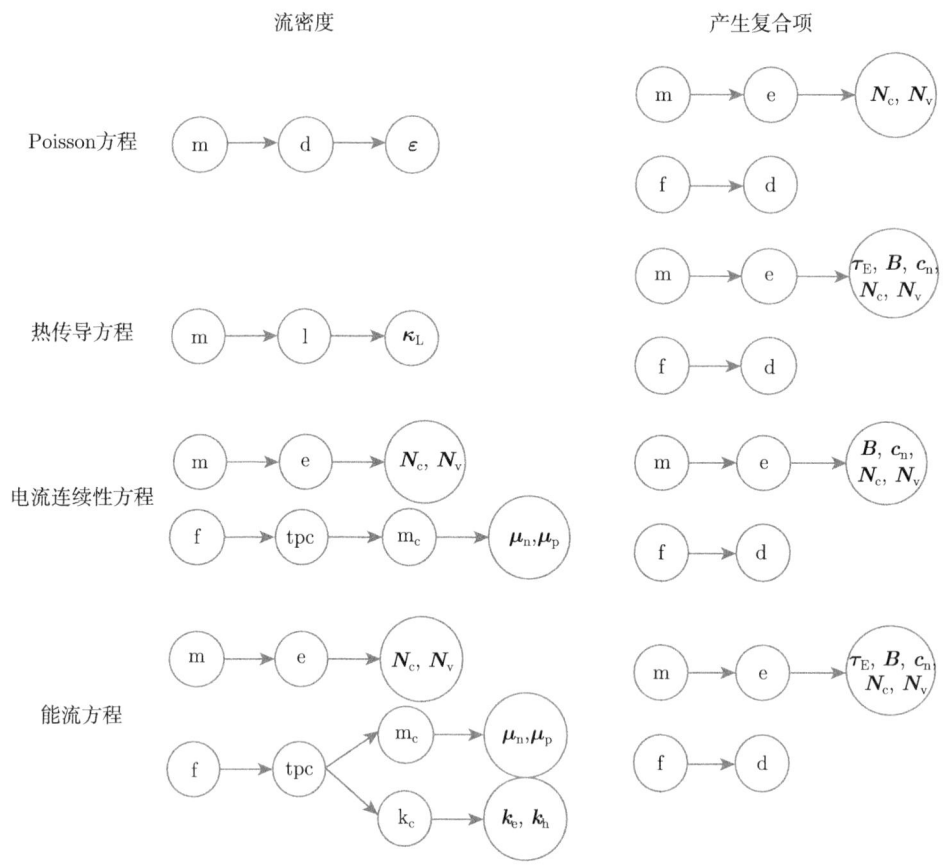

图 12.0.2   稳态网格点离散 Jacobian 参数调用关系

其次, 要明确网格点与所处单元及邻近网格点的连通性。图 10.3.2 的一维网格中, 若当前网格点编码为 t, 所处单元的编码偏移分别为 0 和 1, 则邻近网格点的局部编码偏移分别为 -1 和 1。图 10.3.7 二维长方形网格中, 若当前网格点编码采用二维整数数组为 (i,j), 则邻近网格点的编码偏移分别为 $(-1,0)$, $(1,0)$, $(0,-1)$ 和 $(0,1)$。单元编码如果采用二维数组形式, 也有类似形式。对于界面上的网格点, 往往需要明确与邻接子层中网格点和单元的连通性, 一维网格中这种邻接关系简单且唯一 (图 10.3.4(a)), 而二维网格比较复杂, 需要提前在边界条件中确立。

最后, 要明确界面的数值类型与所关联的界面缺陷的地址, 在器件结构输入时, 界面与表面往往以物理模型参数的形式存在, 数值实施过程中需要转换成 10.1.2

12.1 网格点的遍历

节中所阐述的数学边界条件形式，如 Ohmic 接触、Schottky 接触和钝化表面，尽管都属于表面，但所体现的数值特性截然不同，如下定义了一个子层的边界用来封装界面的物理特性：

```
type surf_
    integer :: stype 数值意义上的界面类型，如1:Ohmic, 2:Bare,
        3:Schottky, 4:homo-Interface, 5:Hetero_interface等
        等。
    logical :: is_Sd是否存在界面缺陷
    integer :: SD_ID界面缺陷模型参数地址
end type surf_
```

12.1 网格点的遍历

如 10.3.8 和 10.3.9 节所述，Jacobian 矩阵的生成需要对器件区域的每个点上的离散方程进行计算，依据连通关系填充相应矩阵元，这涉及网格点的遍历。

12.1.1 基本思路

在确定网格点的遍历之前，先观察半导体太阳电池之类的光电器件的物理与结构特征。

(1) 半导体太阳电池基本是单一平板或多层平板结构，每一平板结构是一种材料组成的材料块，平板内可能存在由掺杂不同所定义的子层。例如，单晶硅太阳电池就是单一平板结构，里面由扩散定义发射区、基区、背场区等；而沉积或外延生长制备的非晶硅、I-III-VI$_2$ 和 III-V 族多结、有机等类型太阳电池就是多层平板，平板内通过沉积生长时改变掺杂类型形成不同子层，部分太阳电池还有选择性刻蚀形成的台面，如 III-V 族太阳电池中的栅线接触层，这些台面尽管在横向存在尺寸限制，但依然在空间垂直方向上占据单独一层。另外，与化合物固态微波电路中的栅不同的是，这些台面在选择性刻蚀时往往由不同材料组成的刻蚀阻挡层限制其垂直方向分布，因此台面与其下面材料分属不同的材料块。

(2) 存在一个光线入射方向，无论是垂直入射还是斜入射，光线会依次穿过每个子电池的窗口层、发射区、本征层、基区、背场等内部结构，同时也会穿过连接不同子电池进行极性转换的隧穿结。如果有吸收的话，则光生载流子浓度会随光线入射深度急剧下降，而同一深度的区域往往具有类似的物理特征。因此光线入射方向定义了垂直方向的"上"和"下"及横向等效区域的"左"和"右"，也就是说，材料块与材料块内子层的编码是按照光线入射方向定义先后顺序的。

(3) 大部分多层平板太阳电池其施加电压方向与光线入射方向平行，这主要是由于沉积生长很难在平面上选择性形成局部区域，另外，外加电压辅助多子输

运越过宽带隙窗口层与背场层。而背接触的单晶硅太阳电池与 HIT 太阳电池则不然，选择性掩埋扩散能够有效形成发射区。

(1) 与 (2) 这两个特征使得我们能够直观地建立网格点遍历顺序，选择从光线入射方向开始，逐个材料块遍历，每个材料块内按照光线入射方向逐个遍历子层。这里把台面单独作为一个材料块模块，当在同一个光线入射方向所定义的横向上含有多个同样材料与结构的台面时，则先遍历横向材料块，再进入下面材料块，即所谓的先横向再下向的原则。整理成框架是：

```
Loop   材料块layer
    Loop   子层sublayer
    Loop_end  子层sublayer
Loop_end  材料块layer
```

【练习】

遍历的另外一种顺序是从金属半导体接触开始，如 n 电极到 p 电极，结合所面对的器件结构，讨论两种遍历顺序的优缺点。

12.1.2 多层结构

根据上面的讨论，产生两种多层结构 Jacobian 的赋值过程。

(1) 仅进行材料块–子层双重遍历，子层 (sublayer) 中实施内部点与边界点赋值，过程如下：

材料块循环：do i = 1, N_{MB} , 1
    子层循环：do j = 1, N_{fl}, 1
        获取子层网格点变量数组起始地址
        获取子层材料模型与缺陷模型数据地址
        内部点遍历：do k = 1, N_i, 1
            调用网格点–单元关联映射与相关函数生成网格点所对应的导数与函数值
        内部点遍历结束
        边界点遍历：do l = 1, N_b, 1
            获取边界模型数据结构地址：
            判断边界模型类型，执行如下操作
              1. 子层/子层之间的同质界面，获取相邻子层界面点变量数组起始、能带模型与缺陷模型数据结构地址
              2. 不同材料块之间的异质界面，获取相邻材料块中邻接子层界面点网格点变量数组起始、能带模型与缺陷模型数据结构地址

12.1 网格点的遍历

　　　　　　3．器件表面
　　　　　　调用相关函数生成网格点所对应的导数与函数值
　　　　边界点遍历结束
　　　子层循环结束
　材料块循环结束

(2) 需要进行材料块–子层双重与界面等两种遍历，子层中仅实施内部点赋值，界面遍历中实施界面点赋值，过程如下：

材料块循环：do i = 1 ,N_{MB} , 1
　　子层循环：do j = 1 , N_{fl} , 1
　　　　获取子层网格点变量数组起始地址
　　　　获取子层能带模型与缺陷模型数据结构地址
　　　　内部点遍历：do k = 1, N_i, 1
　　　　　　调用相关函数生成网格点所对应的导数与函数值
　　　　内部点遍历结束
　　子层循环结束
材料块循环结束
边界遍历：do i = 1, N_S, 1
　　获取指向本边界上的网格点数组指针
　　判断边界模型类型，执行如下操作
　　　1．子层/子层之间的同质界面，获取材料块地址、相邻子层界面点网格点变量数组起始、能带模型与缺陷模型数据结构地址
　　　2．不同材料块之间的异质界面，获取相邻材料块中邻接子层界面点网格点变量数组起始、能带模型与缺陷模型数据结构地址
　　　3．器件表面
　　边界点遍历：do l = 1, N_b, 1
　　　　调用相关函数生成网格点所对应的导数与函数值
　　边界点遍历结束
边界遍历结束

可以看出，每个网格点需要具有全局编码、材料块内编码与子层内编码等三个身份编码，分别对应 Jacobian 矩阵元的行与列、格点变量数组在材料块内的编码、格点几何特征在子层内离散后的编码。

【练习】
依据模型参数和 Jacobian 矩阵元的索引过程，比较两种网格点遍历顺序的优缺点。

12.2 参数与变量索引

(10.3.9.1a)~(10.3.9.1d) 的计算过程需要格点及其连通性所涉及的其他格点的变量值与模型参数值，明确这个索引过程对于编程实施非常关键，下面基于 10.3.8 节中的四类网格点列举其索引特征。

12.2.1 内部点

这类网格点 Jacobian 矩阵元与函数值的计算不需要索引其他材料块或者子层，仅需要类似如表 10.3.1 中所描述的一个本子层内的连通关系，方程离散形式也不需要格外处理，比如太阳电池窗口层、发射区、基区、背场等子层中的内部网格点，依据 4.5.8 节、5.11 节和 10.3.8 节中内容，Poisson/热传导方程、连续性方程与能量方程具有通常的离散形式。

稳态版本：

$$\sum_{k \in N(i)} \varepsilon_{ik} \frac{V^k - V^i}{l_{ik}} d_{ik} + \int \rho \mathrm{d}\Omega_i = 0 \tag{12.2.1.1a}$$

$$\sum_{k \in N(i)} F_{ik} d_{ik} + \int (G_\phi - R_\phi + S_\phi) \mathrm{d}\Omega_i = 0 \tag{12.2.1.1b}$$

瞬态版本：

$$\frac{\partial}{\partial t} \sum_{k \in N(i)} \varepsilon_{ik} \frac{V^k - V^i}{l_{ik}} d_{ik} - q \sum_{k \in N(i)} \left(F_{ik}^n + F_{ik}^p \right) d_{ik} = 0 \tag{12.2.1.1c}$$

$$\sum_{k \in N(i)} F_{ik} d_{ik} + \int \left(G_\phi - R_\phi + S_\phi - \frac{\partial n_\phi}{\partial t} \right) \mathrm{d}\Omega_i = 0 \tag{12.2.1.1d}$$

相应 Jacobian 矩阵元的填充过程如图 12.2.1 所示。

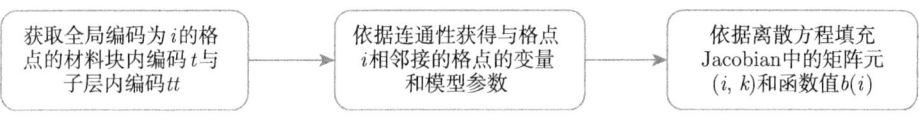

图 12.2.1　内部网格点 Jacobian 矩阵元的填充过程

12.2.2 同质界面点

子层/子层之间的同质界面点，由于是同质材料界面，能带结构相同，所以能带模型参数差别很小 (带隙收缩导致差异)，同时格点变量又在界面上连续，连续

12.2 参数与变量索引

性方程和能量方程中用来归一化的载流子浓度在界面上连续，归一化过程相当于在 (10.3.9.1d) 两边分别除上同一个参数，整体不改变其形式，而界面复合模型又具有同一的参数。因此可以在同一个格点子层两边分别计算而无须索引其他子层的模型参数与格点变量，相应的输运方程体系离散形式如下所述。

稳态版本：

$$\sum_{\pm}\left[\sum_{\substack{k\in N_i^{\pm}\\k\notin\partial\Omega}}\varepsilon_{ik}^{\pm}\frac{V_{\pm}^k-V_{\pm}^i}{l_{ik}}d_{ik}+\sum_{\substack{k\in N_i^{\pm}\\k\in\partial\Omega}}\varepsilon_{ik}^{\pm}\frac{V_{\pm}^k-V_{\pm}^i}{l_{ik}}d_{ik}^{\pm}+\int\rho\mathrm{d}\Omega_i^{\pm}\right]+\rho_{\mathrm{s}}=0$$

(12.2.2.1a)

$$\sum_{\pm}\left[\sum_{\substack{k\in N_i^{\pm}\\k\notin\partial\Omega}}d_{ik}F_{ik}+\sum_{\substack{k\in N_i^{\pm}\\k\in\partial\Omega}}d_{ik}^{\pm}F_{ik}^{0\pm}+\int(G_{\phi}-R_{\phi}+S_{\phi})\mathrm{d}\Omega_i^{\pm}\right]+G_{\mathrm{s}}-R_{\mathrm{s}}=0$$

(12.2.2.1b)

瞬态版本：

$$\frac{\partial}{\partial t}\sum_{\pm}\left[\sum_{\substack{k\in N_i^{\pm}\\k\notin\partial\Omega}}\varepsilon_{ik}^{\pm}\frac{V_{\pm}^k-V_{\pm}^i}{l_{ik}}d_{ik}+\sum_{\substack{k\in N_i^{\pm}\\k\in\partial\Omega}}\varepsilon_{ik}^{\pm}\frac{V_{\pm}^k-V_{\pm}^i}{l_{ik}}d_{ik}^{\pm}\right]$$

$$-q\sum_{\pm}\left[\sum_{\substack{k\in N_i^{\pm}\\k\notin\partial\Omega}}\left(F_{ik}^{n\pm}+F_{ik}^{p\pm}\right)d_{ik}+\sum_{\substack{k\in N_i^{\pm}\\k\in\partial\Omega}}\varepsilon_{ik}^{\pm}\left(F_{ik}^{n\pm}+F_{ik}^{p\pm}\right)d_{ik}^{\pm}+\int\rho\mathrm{d}\Omega_i^{\pm}\right]=0$$

(12.2.2.1c)

$$\sum_{\pm}\left[\sum_{\substack{k\in N_i^{\pm}\\k\notin\partial\Omega}}d_{ik}F_{ik}+\sum_{\substack{k\in N_i^{\pm}\\k\in\partial\Omega}}d_{ik}^{\pm}F_{ik}^{0\pm}+\int\left(G_{\phi}-R_{\phi}+S_{\phi}-\frac{\partial n_{\phi}}{\partial t}\right)\mathrm{d}\Omega_i^{\pm}\right]+G_{\mathrm{s}}-R_{\mathrm{s}}=0$$

(12.2.2.1d)

相应 Jacobian 矩阵元的填充过程如图 12.2.2 所示。

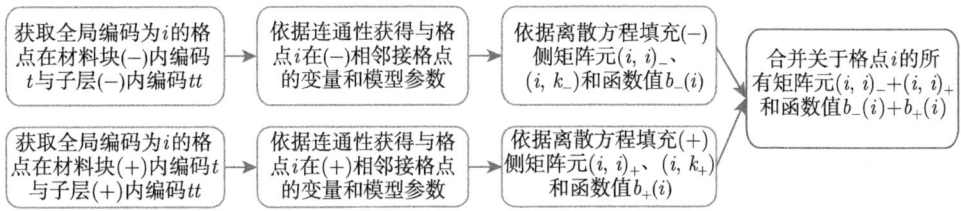

图 12.2.2　同质界面网格点 Jacobian 矩阵元的填充过程

12.2.3 异质界面点

这类网格点 Jacobian 矩阵元与函数值的计算需要索引相接的材料块的子层，由于是异质材料界面，能带结构相异，模型参数差别比较大，通常在数值计算中有两种处理方法：① 认为界面两边的物理变量连续，采用扩散漂移处理界面；② 界面两边物理变量跳跃，采用热离子发射模型处理界面输运电流与能流，输运方程体系中与 (10.3.9.1a)、(10.3.9.1b) 对应的离散形式为

$$\left[\sum_{\substack{k\in N_i^-\\ k\notin\partial\Omega}} d_{ik}\boldsymbol{F}_{ik} + \sum_{\substack{k\in N_i^-\\ k\in\partial\Omega}} d_{ik}\boldsymbol{F}_{ik} + \sum_{\substack{k\in N_i^-\\ k\in\partial\Omega}} d_{ik}\boldsymbol{n}_1 \cdot \boldsymbol{F}_0^{-/+}\right.$$
$$\left.+ \int \left(G_\phi^- - R_\phi^- + S_\phi^- - \frac{\partial n_\phi^-}{\partial t}\right)\mathrm{d}\Omega_i^- + G_\mathrm{s} - R_\mathrm{s}\right]n_\phi^- = 0 \quad (12.2.3.1\mathrm{a})$$

$$\left[\sum_{\substack{k\in N_i^+\\ k\notin\partial\Omega}} d_{ik}\boldsymbol{F}_{ik} + \sum_{\substack{k\in N_i^+\\ k\in\partial\Omega}} d_{ik}\boldsymbol{F}_{ik} + \sum_{\substack{k\in N_i^+\\ k\in\partial\Omega}} d_{ik}\boldsymbol{n}_2 \cdot \boldsymbol{F}_0^{-/+}\right.$$
$$\left.+ \int \left(G_\phi^+ - R_\phi^+ + S_\phi^+ - \frac{\partial n_\phi^+}{\partial t}\right)\mathrm{d}\Omega_i^+ + G_\mathrm{s} - R_\mathrm{s}\right]n_\phi^+ = 0 \quad (12.2.3.1\mathrm{b})$$

无论怎么样，由于异质界面两边归一化因子 $n_\phi^\pm$ 的不同，所以两边的矩阵元与函数值相互关联，尤其是跨越界面的流密度 $\boldsymbol{F}_{ik}^{-/+}$，依据 (8.1.6.6a)、(8.1.6.6b) 与 (8.5.1)，涉及界面两边材料模型参数与格点变量的索引，需要在 sublayer_ 中增加对遍历顺序下一个子层的索引，这样可以指向其模型参数地址与格点变量地址，流密度归一化载流子浓度在 $(-)$ 侧选择 $n(-)$，在 $(+)$ 侧选择 $n(+)$，相应 Jacobian 矩阵元的填充过程如图 12.2.3 所示。

图 12.2.3　异质界面网格点 Jacobian 矩阵元的填充过程

但 Poisson 方程与热传导方程不受影响，继续依照 12.2.2 节可以分成两部分计算。

12.2.4 表界面点

包括金属半导体接触与自由表面,这类网格点 Jacobian 矩阵元与函数值的计算仅需要计算 (12.2.3.1a)~(12.2.3.1d) 中的一半,即

$$\sum_{\substack{j \in N_i \\ j \notin \partial\Omega}} d_{ij} F_{ij} + \sum_{\substack{j \in N_i \\ j \in \partial\Omega}} d_{ij}^- F_{ij}^{0-} + 0.5 F_i^{0-} \cdot \boldsymbol{n}^- \sum_{\substack{j \in N_i \\ j \in \partial\Omega}} l_{ij}$$
$$+ \int \left(G_\phi - R_\phi + S_\phi - \frac{\partial n_\phi}{\partial t} - R_s \right) \mathrm{d}\Omega_i = 0 \qquad (12.2.4.1)$$

(12.2.4.1) 对自由表面是完全适用的,对于金属半导体接触,由于其类型的多样性,有时往往不需要进行方程 (12.2.4.1) 的计算。而且即使在同一边界上,Poisson 方程、电子/空穴电流连续性方程与能流连续性方程其边界值处理方法也各不相同,如 Schottky 接触中,Poisson 方程通常是狄利克雷 (Dirichlet) 边界条件,而连续性方程与能流方程是第二类边界条件或第三类边界条件。

12.2.5 矩阵元位置

对于扩散漂移体系和能量输运体系的联立求解,每个网格点上分别有 3 和 6 个物理变量的同时赋值。借助网格连通性和格点变量局部编码能够直接确定各个矩阵元在 Jacobian 矩阵中的位置,假设每个格点对应 nv 个变量,以控制体积元中心格点全局编码 i 为参考的连通性所定义的总格点有 n 个,局部相对编码集合为 $\{j_{\text{loc}} \in \text{loc}(N_i) : j_{\min}^1, \cdots, 0, \cdots j_{\max}^n\}$,其中 $j_{\min}^1 < 0$, $j_{\max}^n > 0$,中心格点位置为 n_0, $j < 0$ 和 $j > 0$ 的数目分别有 n_m 与 n_p,例如,一维情形左、中、右三个格点的相对编码分别为 $\{-1, 0, 1\}$, $n_0 = 2$, $n_m = 1$, $n_p = 1$。通常矩阵元返回值集合以尺寸为 $nv \times n$ 的一维数组形式储存,对于格点变量中第 k 个组元,其全局位置与数组中的位置为

$$l_{\text{global}}(j) = (j + i - 1) \times nv + k \qquad (12.2.5.1a)$$
$$l_{\text{loc}}(j) = (n_m - n_j) \times nv + k \qquad (12.2.5.1b)$$

其中,$k = 1, \cdots, nv$。需要两个整型数组 (尺寸分别为 n 和 3) 分别储存局部编码与偏移属性。

12.2.6 单元积分

前面提到,为了提高单元上产生复合项的数值积分精度,采取了增加修正系数 θ_{ik} 的做法,例如,(10.3.9.1b)、(10.3.9.1c) 所示,通常载流子统计与产生复合项是载流子浓度 n 和 p 的函数,有些也含有晶格温度或载流子系综温度等变量。另一方面,由 (11.1.1.3) 与 (11.2.1.2b) 知道,流密度的离散格式定义了载流子浓度空间分布,因此修正系数能够在此基础上建立起来。

单元积分计算近似的几个层次：鉴于单元积分没有办法进行精确解析计算，通常还是借助一些数值数学的方法进行近似计算，如图 12.2.4 所示。

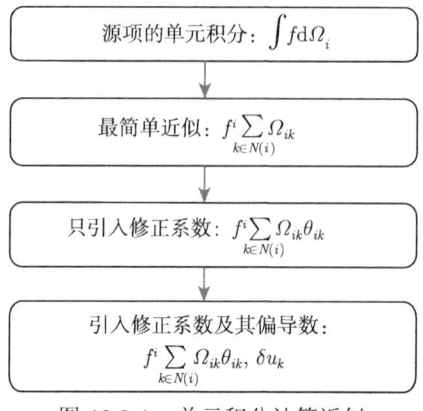

图 12.2.4　单元积分计算近似

1. 载流子浓度修正系数

借助于 (11.1.1.1) 和 (11.2.1.1a) 的推导过程，能够得到电子浓度在半网格单元上的积分为

$$\int_{x_i}^{x_i+\frac{1}{2}} n \mathrm{d}x = 0.5\Delta x n^i \mathrm{IB}\left[0.5\Delta\left(qV+\gamma_\mathrm{e}'\right)^{ik}\right]$$

$$\times \left[1+0.5\Delta\left(E_\mathrm{Fe}-E_\mathrm{c}\right)^{ik}\mathrm{IB}\left[\Delta\left(E_\mathrm{Fe}-E_\mathrm{c}\right)^{ik}\right]B\left[-0.5\Delta\left(qV+\gamma_\mathrm{e}'\right)^{ik}\right]\right.$$

$$\left.\times\frac{\mathrm{IB2}\left[0.5\Delta\left(qV+\gamma_\mathrm{e}'\right)^{ik}\right]}{\mathrm{IB}\left[0.5\Delta\left(qV+\gamma_\mathrm{e}'\right)^{ik}\right]}\right] \tag{12.2.6.1a}$$

$$\int_{x_i}^{x_i+\frac{1}{2}} n\mathrm{d}x = 0.5\Delta x \frac{n_i}{g_i t_\mathrm{e}^i}\langle g_n\rangle\langle t_\mathrm{e}\rangle^2 \frac{\ln\frac{t_\mathrm{e}^{0.5}}{t_{\mathrm{e},i}}}{0.5\Delta t^{ik}}$$

$$\times\left[1+0.5\frac{\ln\frac{t_\mathrm{e}^{0.5}}{t_{\mathrm{e},i}}}{\frac{0.5\Delta t_{01}}{t_{\mathrm{e},k}}}\left(\frac{\frac{n_k}{g_k t_{\mathrm{e},k}}}{\frac{n_i}{g_i t_{\mathrm{e},i}}}-1\right)B\left(\Delta E_\mathrm{c}'^{ik}\right)\mathrm{IB2}\left(\Delta E_\mathrm{c}'^{0.5}\right)\right]$$

$$\tag{12.2.6.1b}$$

其中，定义函数 $\mathrm{IB}(x)=\dfrac{1}{B(x)}$ 与 $\mathrm{IB2}(x)=\dfrac{\mathrm{IB}(x)-1}{x}=\dfrac{\dfrac{\mathrm{e}^x-1}{x}-1}{x}$，渐近性分析：$\left|0.5\Delta\left(qV+\gamma_\mathrm{e}'\right)^{ik}\right|\ll 1$ 与 $\Delta(E_\mathrm{Fe}-E_\mathrm{c})^{ik}\ll 1$ 时，$\mathrm{IB}\left[0.5\Delta\left(qV+\gamma_\mathrm{e}'\right)^{ik}\right]\approx 1$，此时 $\int_{x_i}^{x_i+\frac{1}{2}}n\mathrm{d}x=0.5\Delta x n^i$，退化成通常的简单积分形式，因此数值计算过程可以通过判断相关量的数值范围确定是否要计算修正系数。

2. 载流子统计与产生复合项修正系数

无论有限差分、有限元还是有限体积法，其 Poisson 方程和连续性方程中的载流子占据与产生复合项，都含有形如 $f(n,p)$ 的函数。有幸的是，对于半导体物理过程，该函数在离散网格上一般都比较光滑且没有什么振荡，因此采用数值插值可以很好地逼近该函数在控制网格上的行为。上述连续性方程所给出的载流子浓度在控制单元上的变化使得能够给出任意点的浓度，从而能方便获得 $f(n,p)$ 在网格内任意位置的数值，这就为插值近似奠定了很好的基础，下面先作一下积分变换：

$$\int f\left[n\left(\frac{x-x_\mathrm{c}}{\Delta x}\right),p\left(\frac{x-x_\mathrm{c}}{\Delta x}\right)\right]\mathrm{d}x=\Delta x\int f[n(t),p(t)]\mathrm{d}t \qquad (12.2.6.2)$$

以二次插值样条函数为例 [5,6]，选取两个端点与中间点的函数值为三点，有

$$f[n(t),p(t)]=\left(2t^2-3t+1\right)f[n(0),p(0)]$$
$$+\left(-4t^2+4t\right)f[n(0.5),p(0.5)]+\left(2t^2-t\right)f[n(1),p(1)]$$
$$(12.2.6.3)$$

(12.2.6.3) 在 $\left[0,x_i+\dfrac{1}{2}\right]$ 上的积分为

$$\int f(n,p)\mathrm{d}x=0.5\Delta x f[n(0),p(0)]\frac{1}{12}\left\{5+\frac{8f[n(0.5),p(0.5)]-f[n(1),p(1)]}{f[n(0),p(0)]}\right\}$$
$$(12.2.6.4)$$

因此得到关于函数 f 的修正因子：

$$\theta_f=\frac{1}{12}\left\{5+\frac{8f[n(0.5),p(0.5)]-f[n(1),p(1)]}{f[n(0),p(0)]}\right\} \qquad (12.2.6.5)$$

【练习】

1. 借助于级数展开的方式，编程计算 IB2 函数。

2. 借助于变量替换原则，写出与 (12.2.6.1a)(12.2.6.1b) 相对应的空穴浓度的修正形式。

3. 推导 (12.2.6.1a)(12.2.6.1b)，提示：借助于流密度推导过程在半网格区间上积分。

4. 编写载流子浓度半网格单元积分修正系数的计算子程序。

5. 依据连通性数据结构，编写计算函数 $f(n,p)$ 的单元积分修正系数子程序。

12.3 基本框架

基于网格单元的遍历、模型参数与变量索引、流密度与单元积分计算等过程，能够确立 Jacobian 赋值的基本框架。

12.3.1 基本思路

从上面讨论可以看出，无论内部点还是界面点，其计算矩阵元与函数值需要的输入参数是：

(1) 子层材料模型参数；

(2) 子层缺陷模型参数；

(3) 储存网格点几何数据的数组；

(4) 储存网格点物理变量的数组；

(5) 中心网格点地址与邻接网格点集合的地址数组或链表，这些数组或链表能够寻址获得几何数据与物理变量数据，网格点地址包括几何与物理全局编码、材料块内编码、子层内编码等四重坐标；

(6) 对于界面网格点而言，还要输入子层邻接界面的地址。

考虑到我们在子层数据结构已经封装了材料模型参数、缺陷模型参数、几何数据数组的指针、网格点物理变量指针、邻接界面地址等子数据结构，因此最终输入参数仅需要子层指针、中心网格点地址与邻接网格点地址集合。

从功能上说，每个子程序应该完成如下几部分任务：

(1) 控制体积元边缘积分函数值，以及关于网格中心点及邻接网格点的导数；

(2) 中心网格点的点电荷函数值及导数值计算；

(3) 控制体积元上点电荷积分修正因子的计算；

(4) 对于界面网格点而言，还要包括界面电荷对矩阵元与函数值的修正计算。

根据上面讨论，我们可以想象出针对格点 i 的赋值函数为

$$\text{Subroutine Jac\_xx(ou,iform,s,n,f,b)}$$

12.3 基本框架

输入输出参数说明：

　　ou：输出中间参数以方便调试；

　　iform：当前主方程类型；

　　s：包含 10.4.1 节中的输运方程体系中各个项以主散度项为一的归一化量集合 scaler_；

　　n：表 10.3.1 考虑物理模型后的网格连通性数据结构 connect_；

　　f：格点 i 处子层功能层模型参数值 functionalis_v_；

　　b：网格点 i 所对应的行上的矩阵元与函数值。

执行过程：

　　(1) 生成各网格点所对应的控制体积元边缘积分导数值与函数值；

　　(2) 生成中心网格点的函数值及导数值；

　　(3) 生成制体积元上积分修正因子。

这种基于物理模型的数值离散思想参考文献 [7]。

12.3.2　一维实施框架

本节以一维器件结构为例，阐述 12.1 和 12.2 节中的过程，一维结构网格点的遍历顺序与网格单元和格点的编码顺序一致，能够利用这种特性进行参数平行传递以减少计算量，同时没有平行界面的流 (对应 (12.2.2.1a)~(12.2.2.1d)，(12.2.3.1a)、(12.2.3.1b) 和 (12.2.4.1) 中的 $\sum_{\substack{j\in N_i \\ j\in\partial\Omega}} d_{ij}^- F_{ij}^{0-}$ 项)，如图 12.3.1 所示，子层内相应 Jacobian 的生成可以分成五部分。

(1) 左边界面格点 $i\in\partial\Omega^-$。这类格点对应 Jacobian 矩阵元的连通性和赋值取决于表面与界面类型。连通性方面，表面没有左边邻近点，因此只需索引获得界面格点与右边格点的网格变量与模型参数，并计算其各阶 Fermi-Dirac 积分 (下面简写为索引计算)。赋值方面，如果是对应数学上 Drichlet 边界的 Ohmic 接触，所有格点变量具有热平衡时固定值，可以设置成 $\partial L=0, \partial c=1, \partial R=0, b=0$ 的形式；如果是裸露表面，也需要对界面格点与右边格点进行索引计算，依据 (12.2.4.1) 生成对应矩阵元；如果是 Schottky 接触，在没有外接界面电阻与热阻情况下，Poisson 方程和热传导方程的矩阵元填充方式与 Ohmic 相同，连续性方程和能流方程的矩阵元填充方式则与裸露表面相同。对于界面，连通性方面要求将中间格点与右边格点相应参数分别传递给左边格点与中间格点，右边格点进行索引计算，连续界面只需计算 (12.2.2.1a)~(12.2.2.1d) 中对应 (+) 部分矩阵元，并将对角矩阵元与函数值同界面左边计算部分相加；异质界面 Poisson 方程和热传导方程与之相同，而连续性方程和能流方程则需要生成针对当前物理格点编码 ($i+$) 的 (12.2.3.1a)、(12.2.3.1b) 独立形式。

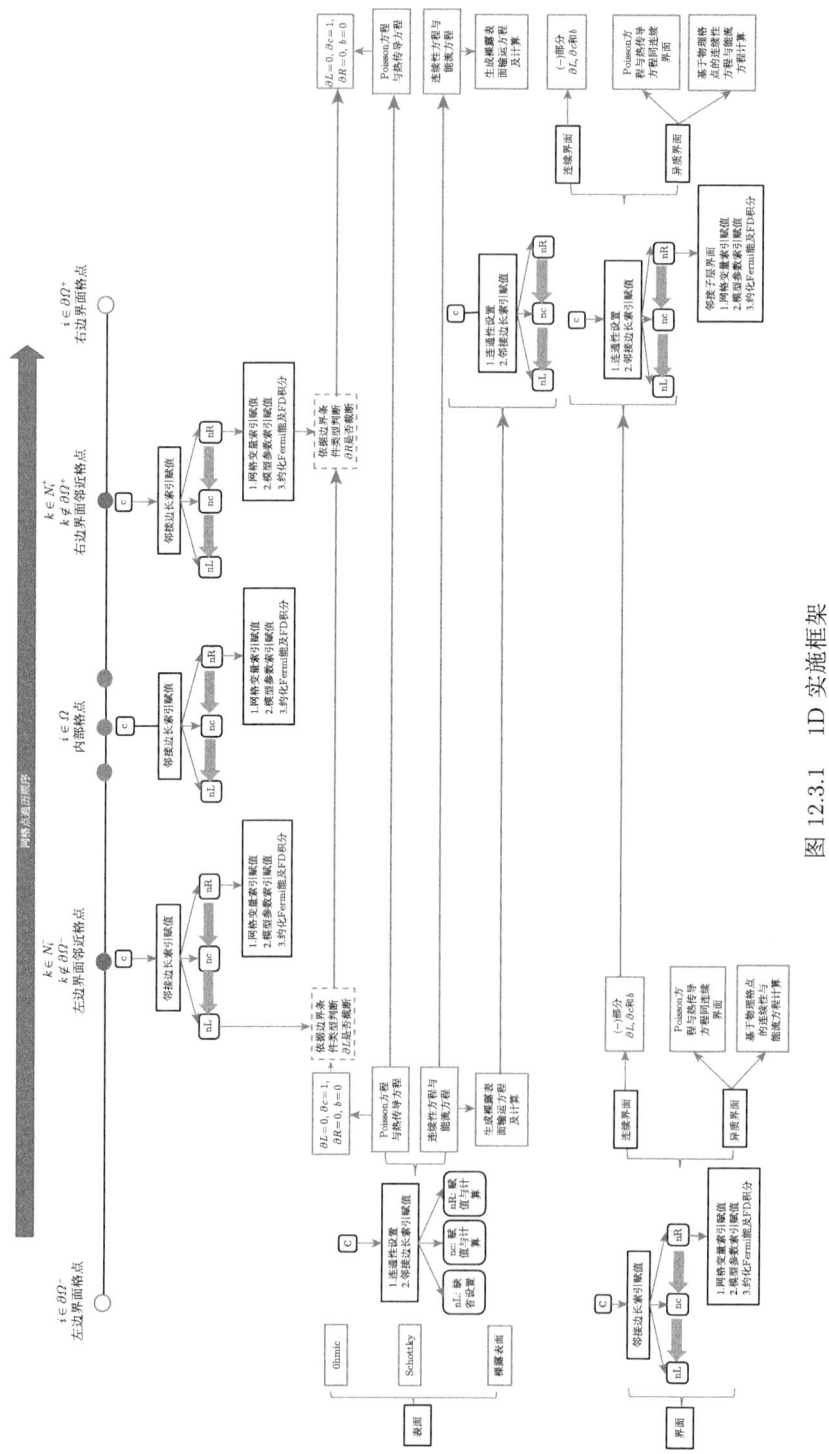

图 12.3.1 1D 实施框架

(2) 左边界面次邻格点 $k \in N_i^-, k \notin \partial\Omega^-$。这类网格点总体与内部网格点矩阵元填充过程相同，只是在 Dirichlet 边界条件中 (对应 Ohmic 接触、Schottky 接触中 Poisson 方程和热传导方程) 需要将其关于左边格点变量的导数值设置为 0。

(3) 内部格点 $i \in \Omega$。连通性方程，连通性方面要求将中间格点与右边格点相应参数分别传递给左边格点与中间格点，右边格点进行索引计算，按照 (12.2.1.1a)~(12.2.1.1d) 进行网格点填充。

(4) 右边界面次邻格点 $k \in N_i^+, k \notin \partial\Omega^+$。这类网格点总体与内部网格点矩阵元填充过程相同，只是在 Dirichlet 边界条件中 (对应 Ohmic 接触、Schottky 接触中 Poisson 方程和热传导方程) 需要将其关于右边格点变量的导数值设置为 0。

(5) 右边界面格点 $i \in \partial\Omega^+$。与左边界面格点一样，这类格点对应 Jacobian 矩阵元的连通性和赋值取决于界面类型。连通性方面，首先需要将中间格点与右边格点相应参数分别传递给左边格点与中间格点，表面没有右边邻近点，缺省设置，界面则需要依据指向下一子层中的指针对右边格点进行索引计算。赋值方面，如果是对应数学上 Dirichlet 边界的 Ohmic 接触，则所有格点变量具有热平衡时固定值，可以设置成 $\partial L=0, \partial c=1, \partial R=0, b=0$ 的形式；如果是裸露表面，则依据 (12.2.4.1) 生成对应矩阵元；如果是 Schottky 接触，则在没有外接界面电阻与热阻的情况下，Poisson 方程与热传导方程的矩阵元填充方式与 Ohmic 接触相同，连续性方程和能流方程的矩阵元填充方式与裸露表面相同。连续界面只需计算 (12.2.2.1a)~(12.2.2.1d) 中对应 $(-)$ 部分矩阵元，异质界面 Poisson 方程和热传导方程与之相同，而连续性方程和能流方程则需要生成针对当前物理格点编码 $(i-)$ 的 (12.2.3.1a)、(12.2.3.1b) 独立形式。

【练习】

模仿图 12.3.1，写出二维长方形规则网格上的实施框架图。

12.3.3 一维 Jacobian 矩阵形式

本节以一维 3 成员扩散漂移体系为例，阐述其 Jacobian 矩阵形式，其他体系和维数情形也能依次类推。一维扩散漂移体系每个网格点含有 (V, E_{Fe}, E_{Fh}) 等三个变量，每个输运方程连通了以当前网格点为中心的左右两个近邻点，因此每个输运方程对应一个 3×3 的小模块，如图 12.3.2 所示。

$$\begin{array}{c c c c} & i-1 & i & i+1 \\ V & \begin{pmatrix} d_{11} & d_{12} & d_{13} \\ E_{Fe} & d_{21} & d_{22} & d_{23} \\ E_{Fh} & d_{31} & d_{32} & d_{33} \end{pmatrix} \end{array}$$

图 12.3.2　一维网格连通性定义的连通矩阵

观察不同输运方程离散形式的流密度与产生复合项的格点变量包含关系，如果迁移率不是载流子浓度的函数,则源项在控制体积元上的积分仅与中心格点变量相关,每个输运方程的模块有一些独特的非 0 矩阵元分布,如图 12.3.3 所示,其中虚线框为该输运方程的独立部分。

$$
\begin{array}{c}
\text{Poisson方程} \\
\begin{array}{c} i-1 \quad i \quad i+1 \end{array} \\
\begin{array}{c} V \\ E_{\text{Fe}} \\ E_{\text{Fh}} \end{array}
\begin{pmatrix} d_{11} & d_{12} & d_{13} \\ 0 & d_{22} & 0 \\ 0 & d_{32} & 0 \end{pmatrix}
\end{array}
\quad
\begin{array}{c}
\text{电子} \\
\begin{array}{c} i-1 \quad i \quad i+1 \end{array} \\
\begin{array}{c} V \\ E_{\text{Fe}} \\ E_{\text{Fh}} \end{array}
\begin{pmatrix} d_{11} & d_{12} & d_{13} \\ d_{21} & d_{22} & d_{23} \\ 0 & d_{32} & 0 \end{pmatrix}
\end{array}
\quad
\begin{array}{c}
\text{空穴} \\
\begin{array}{c} i-1 \quad i \quad i+1 \end{array} \\
\begin{array}{c} V \\ E_{\text{Fe}} \\ E_{\text{Fh}} \end{array}
\begin{pmatrix} d_{11} & d_{12} & d_{13} \\ 0 & d_{22} & 0 \\ d_{31} & d_{32} & d_{33} \end{pmatrix}
\end{array}
$$

图 12.3.3 一维 Poisson 方程、电子和空穴连续性方程的连通矩阵形式

如果把所有格点一一排开,总的 Jacobian 具有的连通形式如图 12.3.4 所示,其中 p、e 和 h 分别对应 Poisson 方程、电子和空穴连续性方程等,可以看出,图 12.3.2 和图 12.3.3 实际上储存了对应方程的每一行的列形式:

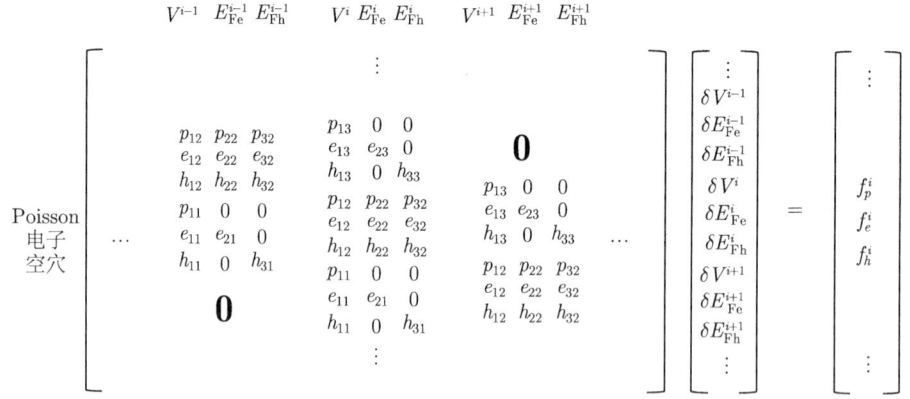

图 12.3.4 一维 Poisson 方程、电子和空穴连续性方程的整体 Jacobian 连通形式

结合上述讨论,鉴于大多数矩阵元为 0,且针对不同的迭代映射需求,有如下几种矩阵元的储存方式 (图 12.3.5)。

(1) 只储存某个输运方程对应主变量相关矩阵元,如 Poisson 方程的 p_{11}、p_{12} 和 p_{13},电子连续性方程中的 e_{21}、e_{22} 和 e_{23},空穴连续性方程的 h_{31}、h_{32} 和 h_{33} 等,针对不同的矩阵特性可以选择以三个一维数组或者行 (列) 数为 3(上下带宽各为 1,如图 12.3.6 所示) 的压缩矩阵,适用于非耦合迭代 Gummel 映射。

(2) 储存所有矩阵元,这适用于耦合迭代映射。一种采用三个 $3\times 3n$ 的小矩阵或者图 12.3.4 中显示的元素个数为 $9n$ 的一维数组分别储存所有格点的 Poisson 方程、电子和空穴连续性方程 (如图 12.3.3 所示的矩阵元)。另外一种是行 (列) 数为 11(上下带宽各为 5,如图 12.3.7 所示) 的压缩矩阵,要注意的是,图 12.3.3 和

12.3 基本框架

图 12.3.4 的下带宽为 5，上带宽为 3，如图 12.3.8 所示，但是如 (5.11.2.3) 所定义的迁移率，对应的上下带宽各为 5，可以看出带宽是与数值近似息息相关的。

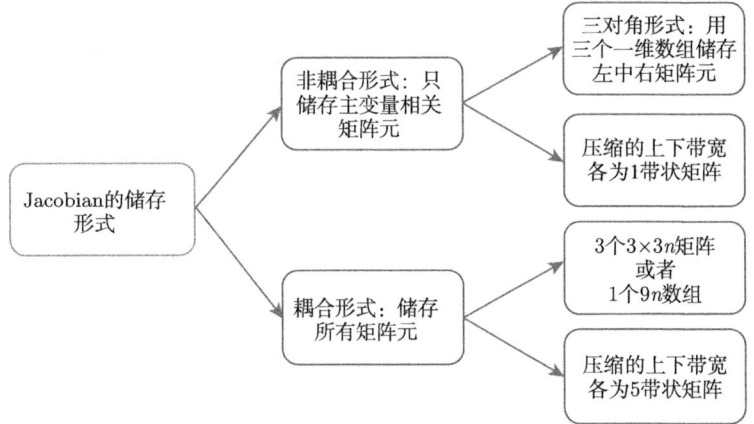

图 12.3.5 一维扩散漂移体系 Jacobian 储存方式

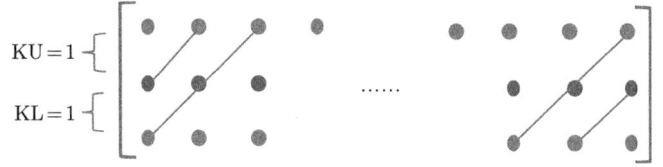

图 12.3.6 一维单输运方程 Jacobian 对应的上下带宽各为 1 的带状矩阵

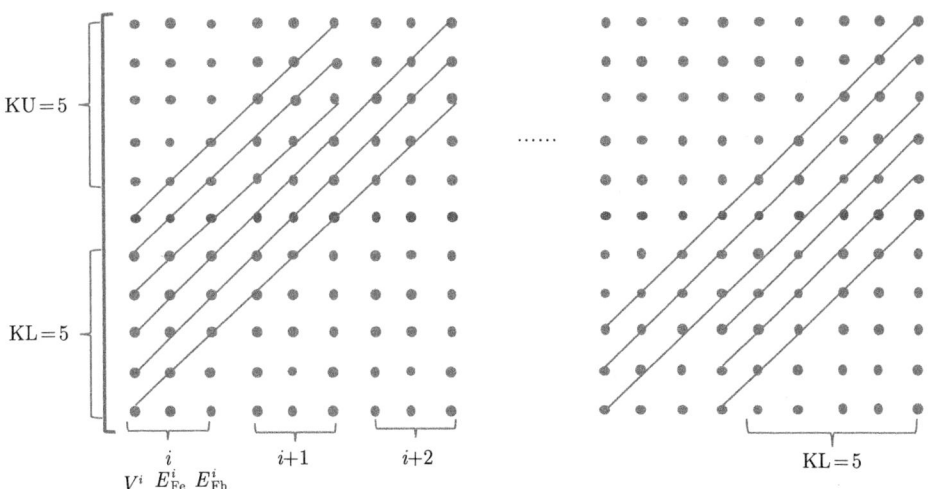

图 12.3.7 一维扩散漂移体系 Jacobian 对应的上下带宽各为 5 的带状矩阵

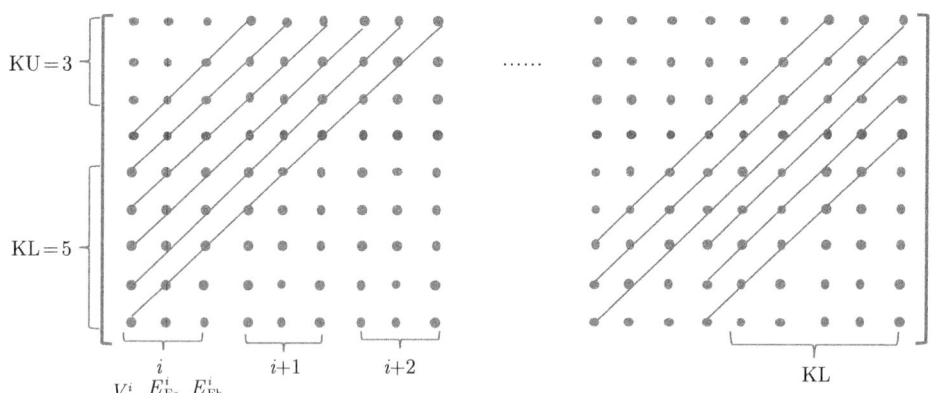

图 12.3.8　一维扩散漂移体系 Jacobian 对应的下带宽为 5 上带宽为 3 的带状矩阵

下述程序描述了每个格点对应 nv 个变量的赋值过程，其中，i 是中心格点全局编码。需注意的是，离散子程序 dis1_dd_st 输出的偏导数与函数的形式分别为 Jac(nv×nc,nv) 和 f(nv)，Jac 中的每一列对应一个网格变量的偏导数，nc 是控制体中连通性所定义的所有格点的数目，对于一维和二维长方形网格情形，nc=3 和 5，cl 是 Jac 每一列中心格点所在位置，lc 表示网格点在 Jac 列中的局部编码偏移，gl(nv) 是网格点的全局编码数组。另外，存在某个变量的偏导数能够填充的行带宽达不到最大带宽的情形，需要将这部分矩阵元填充 0。

```
do k = 1,nv,1
    id = (i-1)*nv+k
    b(id) = b(id) + f(k)
    do j = 1,nc,1
        do ki = 1,nv,1
            offset = ki-k+(gl(j)-i)*nv
            A(kd-offset,id+offset) = Jac(os(cl+lc(j),ki),k)
        end do
! 带宽不足的矩阵元填充 0
        if( lc(j).gt.0 ) then
            m = lc(j)*nv+nv-k
            if( m.lt.ku ) then
                do l = m+1, ku, 1
                    A(kd-l,id+l ) = 0.0_wp
                end do
            end if
        else if( lc(j).lt.0 ) then
            m = k-1-lc(j)*nv
            if( m.lt.kl ) then
```

12.3 基本框架

```
            do l = m+1, kl, 1
               A(kd+l,id-l ) = 0.0_wp
            end do
         end if
      end if
   end do

end do
```

【练习】

1. 写出二维长方形网格对应的扩散漂移体系的连通矩阵，观察 Poisson 方程、电子和空穴连续性方程所对应的非 0 矩阵元分布。

2. 写出一维网格对应的能量输运体系的连通矩阵，观察其非 0 矩阵元分布，并给出几种储存方式。

12.3.4 一维函数模版

结合上述内容，建立针对一维扩散漂移体系的稳态函数模版为

```
subroutine dis1_dd_st( ou,iform,s,c,f,d,b )
      use scaler , only : scaler_
      use connect , only : connect_
      use functionalis , only : functionalis_v_
      use ah_precision , only : wp => REAL_PRECISION
      implicit none
      integer , intent( in ) :: ou
      integer , intent( in ) :: iform
      type( scaler_ ) , intent( in ) :: s
      type( connect_ ) , intent( in ) :: c
      type( functionalis_v_ ) , intent( in ) :: f
      real( wp ) , intent( out ) :: d(3,3),b
end subroutine dis1_dd_st
```

其中，输出量 d 和 b 为当前网格点在一维情形下关于左、中、右网格点变量的导数值与当前网格点和函数值，这里要注意，如果是瞬态分析，则输入参数需要含有时间离散步长 Δt。

针对图 12.3.1 在子层中的实施子程序如下，其中，Poisson 方程和热传导方程采用三个一维储存 Jacobian，其他采用带宽为 1 的带状矩阵储存：

```
subroutine Jac1_dd_St_Sublayer( IsDD,Iform,sc,c1,sl,A,b )
  ! OBJECT :
  ! =======
```

```
! This subroutine generate the M-BLOCK Jacobian entries and
  function
! values of the nonlinear equations result from the
  discretization of
! the stationary transport equation by the Finite Volume
  Method.
! =======
! Model :
! =======
!      sum( Fn( V, V, h  ):k belonging to N(i) ) +
  Volumecontrol*rou(V ) = 0
!                  i  k  ik                         i
! =======
! Implentment :
! =======
!      (1) call node_GetValue to get values of Model
  Parameters;
!      (2) call Esc_rfe3 to generate reduced Fermi energys
  and
!          their FD integrals;
!      (3) call node_copy to transfer node values;
!      (4) call dis1_dd_st to calculate entries and values of
  the
!          vertex-based FVM formula;
! =======

use esc , only : Esc_rfe3
use node , only : node_copy,node_getvalue
use scaler , only : scaler_
use dis1_dd , only : dis1_dd_st
use connect , only : connect_
use sublayer , only : sublayer_
use ah_precision , only : wp => REAL_PRECISION

implicit none

!    Input/Output parameters
logical , intent( in ) :: IsDD
integer , intent( in ) :: iform
type( scaler_ ) , intent( in ) :: sc
```

12.3 基本框架

```
      type( connect_ ) , intent( inout ) :: c1
      type( sublayer_ ) :: sl
      real( wp ) , pointer :: A(:,:),b(:)

      !     local variables
      logical :: IsDirichlet, IsBare, IsContinuous

      integer :: i,t,nv,stype,lnv(3)
      real( wp ) :: f(3),J(9,3)
      reaL( wp ) , dimension( : ) , pointer :: h,V,Efe,Efh,g

      type( sublayer_ ) , pointer :: nsl
      nullify( h,V,Efe,Efh,g,nsl )
      f = 0.0_wp
      j = 0.0_wp
      nv = 3
```
主格点变量在格点离散方程返回值中的索引位置
```
      if( iform.eq.1 ) then
         lnv(1) = 1
      else if( iform.eq.2 ) then
         lnv(1) = 2
      else
         lnv(1) = 3
      end if
      lnv(2) = lnv(1) + nv
      lnv(3) = lnv(2) + nv

      !     Executement

      nullify( nsl )
      h => sl%sp%h
      V => sl%sp%V
      Efe => sl%sp%Efe
      Efh => sl%sp%Efh
      if( sl%Is_Oe ) then
         g => sl%sp%g
      end if

      stype = sl%b(1)%stype
```

```
!   界面类型
IsBare = stype.EQ.2
IsDirichlet = (stype.EQ.1).OR.((stype.Eq.3).AND.(iform.Eq.1))
IsContinuous=(stype.EQ.4).OR.((stype.Eq.5).AND.(iform.Eq.1))
```

格点全局编码，热离子发射模型采用物理编码，其他采用几何编码
```
if( IsDD.or.(iform.eq.1) ) then
   i = sl%nonb(1)%ig
else
   i = sl%nonb(1)%ip
end if


!    左侧界面上的格点
t = 1
!    连通性设置
c1%isleft  = .FALSE.
c1%isright = .TRUE.
c1%hr = h(t)
!    模型参数获取与中间值计算
if( stype.lt.4 ) then
   c1%nc%nv(1) = V(t)
   c1%nc%nv(2) = Efe(t)
   c1%nc%nv(3) = Efh(t)
   call node_GetValue(0.0_wp,sc%dos,sl%mptr,sl%fptr%t,c1%nc)
   call Esc_rfe3( .true.,c1%nc%nv,c1%nc%m%e )
end if
```

邻近格点模型参数获取与中间值计算
```
c1%nr%nv(1) = V(t+1)
c1%nr%nv(2) = Efe(t+1)
c1%nr%nv(3) = Efh(t+1)
call node_GetValue( 0.0_wp,sc%dos,sl%mptr,sl%fptr%t,c1%nr )
call Esc_rfe3( .true.,c1%nr%nv,c1%nr%m%e )
```

依据边界条件赋值
```
if( IsDirichlet ) then
   b(i)   = 0.0_wp
   if( iform.eq.1 ) then
      A(i,1) = 0.0_wp
      A(i,2) = 1.0_wp
```

12.3 基本框架

```
            A(i,3) = 0.0_wp
         else
            A(3,i) = 1.0_wp
            A(2,i+1) = 0.0_wp

         end if
      else if( IsBare ) then
自由表面部分省略
      else if( IsContinuous ) then
同质界面分成两边计算
         if( sl%Is_oe ) then
            call dis1_dd_st( IsDD,6,iform,sc,c1,sl%f,f,j,g(t) )
         else
            call dis1_dd_st( IsDD,6,iform,sc,c1,sl%f,f,j )
         end if

         b(i) = b(i) + f(1)
         if( iform.EQ.1 ) then
       A(i,2) = A(i,2) + j(lnv(2),1)
            A(i,3) = j(lnv(3),1)
         else
            A(3,i) = A(3,i) + j(lnv(2),1)
            A(2,i+1) = j(lnv(3),1)
         end if
存在界面复合情形 (1)
      else

!        异质界面
         if( .not.IsDD ) then
            c1%IsLeft = .TRUE.
         end if
         c1%IsLeftIs = .TRUE.
         if( sl%Is_oe ) then
            call dis1_dd_st( IsDD,6,iform,sc,c1,sl%f,f,j,g(t) )
         else
            call dis1_dd_st( IsDD,6,iform,sc,c1,sl%f,f,j )
         end if
存在界面复合情形 (1)
         if( IsDD ) then
            A(4,i-1) = A(4,i-1)+j(lnv(1),1)
```

```
            A(3,i)   = A(3,i) + j(lnv(2),1)
            A(2,i+1) = A(2,i+1)+j(lnv(3),1)
            b(i) = b(i) + f(1)
         else
            A(4,i-1) = j(lnv(1),1)
            A(3,i)   = j(lnv(2),1)
            A(2,i+1) = j(lnv(3),1)
            b(i) = f(1)
         end if
         c1%IsLeftIs = .FALSE.

end if

!       格点变量传输
c1%hl = c1%hr
call node_copy( c1%nc,c1%nl )
call node_copy( c1%nr,c1%nc )

!       界面邻近网格点

t = 2
i = i + 1
c1%isleft = .true.

c1%hr = h(t)
c1%nr%nv(1) = V(t+1)
c1%nr%nv(2) = Efe(t+1)
c1%nr%nv(3) = Efh(t+1)
call Esc_rfe3( .true.,c1%nr%nv,c1%nr%m%e )
call dis1_dd_st( IsDD,6,iform,sc,c1,sl%f,f,j)

!       依据边界条件进行截断
if( IsDirichlet ) then
   j(lnv(1),1) = 0.0_wp
end if

if( iform.eq.1 ) then
   A(i,1) = j(lnv(1),1)
   A(i,2) = j(lnv(2),1)
   A(i,3) = j(lnv(3),1)
```

12.3 基本框架

```
   else
      A(4,i-1) = j(lnv(1),1)
      A(3,i)   = j(lnv(2),1)
      A(2,i+1) = j(lnv(3),1)
   end if

   b(i) = f(1)
   c1%hl = c1%hr
   call node_copy( c1%nc,c1%nl )
   call node_copy( c1%nr,c1%nc )

!       材料内部网格点

   do t = 3, sl%ne-1, 1
      i = i+1
      c1%hr = h(t)
      c1%nr%nv(1) = V(t+1)
      c1%nr%nv(2) = Efe(t+1)
      c1%nr%nv(3) = Efh(t+1)
      call Esc_rfe3( .true.,c1%nr%nv,c1%nr%m%e )
      if( sl%Is_oe ) then
         call dis1_dd_st( IsDD,6,iform,sc,c1,sl%f,f,j,g(t) )
      else
         call dis1_dd_st( IsDD,6,iform,sc,c1,sl%f,f,j )
      end if
      if( iform.eq.1 ) then
         A(i,1) = j(lnv(1),1)
         A(i,2) = j(lnv(2),1)
         A(i,3) = j(lnv(3),1)
      else
         A(4,i-1) = j(lnv(1),1)
         A(3,i)   = j(lnv(2),1)
         A(2,i+1) = j(lnv(3),1)
      end if
      b(i) = f(1)
      c1%hl = c1%hr
      call node_copy( c1%nc,c1%nl )
      call node_copy( c1%nr,c1%nc )
   end do
```

```
    !      右边界面邻近网格点

    stype = sl%b(2)%stype
    IsBare = stype.EQ.3
    IsDirichlet = (stype.EQ.1).OR.((stype.Eq.3).AND.(iform.Eq.1))
    IsContinuous=(stype.EQ.4).OR.((stype.Eq.5).AND.(iform.Eq.1))

    i = i + 1
    c1%hr = h(t)
    c1%nr%nv(1) = V(t+1)
    c1%nr%nv(2) = Efe(t+1)
    c1%nr%nv(3) = Efh(t+1)

    call Esc_rfe3( .true.,c1%nr%nv,c1%nr%m%e )
    if( sl%Is_oe ) then
       call dis1_dd_st( IsDD,6,iform,sc,c1,sl%f,f,j,g(t) )
    else
       call dis1_dd_st( IsDD,6,iform,sc,c1,sl%f,f,j )
    end if

    !      依据边界条件进行截断
    if( IsDirichlet ) then
       j(lnv(3),1) = 0.0_wp
    end if

    if( iform.eq.1 ) then
       A(i,1) = j(lnv(1),1)
       A(i,2) = j(lnv(2),1)
       A(i,3) = j(lnv(3),1)
    else
       A(4,i-1) = j(lnv(1),1)
       A(3,i)   = j(lnv(2),1)
       A(2,i+1) = j(lnv(3),1)
    end if
    b(i) = f(1)
    if( .not.IsDirichlet ) then
       c1%hl = c1%hr
       call node_copy( c1%nc,c1%nl )
       call node_copy( c1%nr,c1%nc )
    end if
```

12.3 基本框架

```
!    右边界面网格点
t = t + 1
i = i + 1

!    连通性设置
c1%IsRight = .FALSE.

if( stype.GT.3 ) then
  nsl => sl%nslptr
  c1%nr%nv(1) = nsl%sp%V(1)
  c1%nr%nv(2) = nsl%sp%Efe(1)
  c1%nr%nv(3) = nsl%sp%Efh(1)
  call node_GetValue(0.0_wp,sc%dos,nsl%mptr,nsl%fptr%t,c1%nr)
  call Esc_rfe3( .true.,c1%nr%nv,c1%nr%m%e )
end if

!    依据边界条件进行填充
if( IsDirichlet ) then
   if( iform.eq.1 ) then
      A(i,1) = 0.0_wp
      A(i,2) = 1.0_wp
      A(i,3) = 0.0_wp
   else
      A(3,i) = 1.0_wp
      A(4,i-1) = 0.0_wp
   end if
   f(1) = 0.0_wp
else if( IsBare ) then
else if( IsContinuous ) then
   if( sl%Is_oe ) then
      call dis1_dd_st( IsDD,6,iform,sc,c1,sl%f,f,j,g(t) )
   else
      call dis1_dd_st( IsDD,6,iform,sc,c1,sl%f,f,j )
   end if
   if( iform.eq.1 ) then
      A(i,1) = j(lnv(1),1)
      A(i,2) = j(lnv(2),1)
   else
      A(4,i-1) = j(lnv(1),1)
```

```
            A(3,i)    = j(lnv(2),1)
         end if
      else
         if( .not.IsDD ) then
            c1%isright = .TRUE.
         end if
         c1%IsRightIs = .TRUE.
         if( sl%Is_oe ) then
            call dis1_dd_st( IsDD,6,iform,sc,c1,sl%f,f,j,g(t) )
         else
            call dis1_dd_st( IsDD,6,iform,sc,c1,sl%f,f,j )
         end if
         A(4,i-1) = j(lnv(1),1)
         A(3,i)   = j(lnv(2),1)
         A(2,i+1) = j(lnv(3),1)
         c1%IsRightIs = .FALSE.
      end if
      b(i) = f(1)

存在界面复合情形 (2)

      if( .Not.(IsDirichlet.or.IsBare) ) then
         call node_copy( c1%nc,c1%nl )
         call node_copy( c1%nr,c1%nc )
      end if

      nullify( h,V,Efe,Efh,g,nsl )
   end subroutine Jac1_Dd_St_Sublayer
```

【练习】

1. 根据本节中描述的执行过程，编写子程序 dis1_dd_st 的执行部分。

2. 写出适用于一维能量输运框架的格点赋值函数模版及其执行部分。

3. 参考 (8.2.2.1b),编写界面复合子程序,在 subroutine Jac1_dd_St_Sublayer 中补充存在界面复合情形 (1) 和 (2),讨论其模型参数与格点变量索引对连通性数据的要求。

12.4 稳态 Poisson 方程

这一节以稳态 Poisson 方程为例给出 Jacobian 矩阵元的具体形式，包括矩阵元分布、带宽、稀疏性、边界条件对矩阵 pattern 的影响等。同时初步分析了 Jacobian 矩阵的数值线性代数特性。

12.4.1 基本过程

稳态 Poisson 是求解热平衡静电势获得能带分布的第一步。也是几乎所有求解过程的第一步。稳态 Poisson 方程是最简单的散度型拟线性椭圆方程，由于二阶项的完全线性、一阶项的缺失，所以其 Jacobian 矩阵的生成都很简单，同时最重要的是不需要稳定性处理。另外根据界面连续性条件，静电势在同质/异质界面上是连续的，因此对位于界面上的网格点而言，它的控制体积元被分成两"半"，相应的矩阵元与函数值都需要加在同一个网格点所对应的位置，这与热离子发射界面处理很不相同。根据前面稳态 Poisson 方程有限体积离散形式，我们可以获得 Jacobian 矩阵。

材料内部：

$$\sum_{k \in N(i)} \varepsilon_{ik} \frac{d_{ik}}{l_{ik}} \left(V^k - V^i \right) + \rho^i \sum_{k \in N(i)} \Omega_{ik} \theta_{ik} = 0 \tag{12.4.1.1a}$$

同质与异质界面：

$$\sum_{\pm} \left[\sum_{\substack{k \in N_i^{\pm} \\ k \notin \partial \Omega}} \varepsilon_{ik}^{\pm} \frac{d_{ik}}{l_{ik}} \left(V^k - V^i \right) + \sum_{\substack{k \in N_i^{\pm} \\ k \in \partial \Omega}} \varepsilon_{ik}^{\pm} \frac{d_{ik}^{\pm}}{l_{ik}} \left(V^k - V^i \right) + \rho_{\pm}^i \sum_{k \in N_i^{\pm}} \Omega_{ik}^{\pm} \theta_{ik}^{\pm} \right] + \rho_s = 0 \tag{12.4.1.1b}$$

其中，网格点电荷密度包含空穴、电子、各种缺陷电荷等，

$$\rho^i = p_{1h}^i - n_{1h}^i + \sum_{j'} N_D^{j'} f_0^{j'} - \sum_{j'} N_A^{j'} f_1^{j'} \tag{12.4.1.1c}$$

界面电荷在异质界面上表现为由表面、多晶晶界、失配材料、不同型晶体结构材料等微结构的断键带有的电荷，在同质界面是 δ 掺杂、生长中断所引入的杂质等，有些界面电荷密度是固定的，而有些是与体材料点电荷密度一样，依赖于占据概率。

12.4.2 内部网格点

首先我们来观察子层内部网格点的矩阵元，将 (12.4.1.1a)~(12.4.1.1c) 按照

(10.2.3.1) 的思想写成步长的一阶 Taylor 展开式：

$$\sum_{k\in N(i)}\varepsilon_{ik}\frac{d_{ik}}{l_{ik}}\left(\delta V^k-\delta V^i\right)+\left(\frac{\partial\rho^i}{\partial V^i}\delta V^i+\frac{\partial\rho^i}{\partial E_{\text{Fe}}^i}\delta E_{\text{Fe}}^i+\frac{\partial\rho^i}{\partial E_{\text{Fh}}^i}\delta E_{\text{Fh}}^i\right)\sum_{k\in N(i)}\Omega_{ik}\theta_{ik}=-f^i \tag{12.4.2.1}$$

关于网格点 i 的 Poisson 方程所对应的行矩阵元我们有如下几个结论：

(1) 关于邻近网格点 k 静电势的矩阵元为

$$\varepsilon_{ik}\frac{d_{ik}}{l_{ik}} \tag{12.4.2.2a}$$

(2) 关于网格点 i 静电势的矩阵元为

$$-\sum_{k\in N(i)}\varepsilon_{ik}\frac{d_{ik}}{l_{ik}}+\frac{\partial\rho^i}{\partial V^i}\sum_{k\in N(i)}\Omega_{ik}\theta_{ik} \tag{12.4.2.2b}$$

其中，$\dfrac{\partial\rho^i}{\partial V^i}=\dfrac{\partial\rho^i}{\partial\eta_{\text{e}}^i}\dfrac{\partial\eta_{\text{e}}^i}{\partial V^i}+\dfrac{\partial\rho^i}{\partial\eta_{\text{h}}^i}\dfrac{\partial\eta_{\text{h}}^i}{\partial V^i}$。

(3) 关于网格点 i 电子准 Fermi 能级的矩阵元为

$$\frac{\partial\rho^i}{\partial E_{\text{Fe}}^i}=\frac{\partial\rho^i}{\partial E_{\text{Fe}}^i}\sum_{k\in N(i)}\Omega_{ik}\theta_{ik} \tag{12.4.2.2c}$$

其中，$\dfrac{\partial\rho^i}{\partial E_{\text{Fe}}^i}=\dfrac{\partial\rho^i}{\partial\eta_{\text{e}}^i}\dfrac{\partial\eta_{\text{e}}^i}{\partial E_{\text{Fe}}^i}$。

(4) 关于网格点 i 空穴准 Fermi 能级的矩阵元为

$$\frac{\partial\rho^i}{\partial E_{\text{Fh}}^i}=\frac{\partial\rho^i}{\partial E_{\text{Fh}}^i}\sum_{k\in N(i)}\Omega_{ik}\theta_{ik} \tag{12.4.2.2d}$$

其中，$\dfrac{\partial\rho^i}{\partial E_{\text{Fh}}^i}=\dfrac{\partial\rho^i}{\partial\eta_{\text{h}}^i}\dfrac{\partial\eta_{\text{h}}^i}{\partial E_{\text{Fh}}^i}$。

12.4.3 同质/异质界面

离散形式 (12.4.1.1b) 与 12.2.2 节具有相同的结论：位于同质/异质界面上的网格点的矩阵元与函数值的赋值在材料块–子层双遍历中，先将当前中心网格点所对应的子层界面侧"半个"控制体积元的相应部分矩阵元函数值赋值在对应矩阵元位置上，等到下一个邻接子层赋值时再计算界面相应侧"半个"控制体积元

12.4 稳态 Poisson 方程

上的矩阵元与函数值，然后在相应格点编码上的矩阵元与函数值上分别加上数值，以遍历顺序为依据，我们把遍历的子层形式标志成 "−"，后遍历的标志成 "+"，具体而言：

(1) 不位于界面上的网格点 k 的矩阵元是

$$\varepsilon_{ik}^{\pm} \frac{d_{ik}}{l_{ik}} \tag{12.4.3.1a}$$

其中，介电常数按照界面两侧材料分别取 $\varepsilon_{ik}^{\pm}$。

(2) 位于界面上的网格点 k 的矩阵元为

$$\sum_{\pm} \varepsilon_{ik}^{\pm} \frac{d_{ik}^{\pm}}{l_{ik}} \tag{12.4.3.1b}$$

(3) 中心网格点 i 的矩阵元为

$$\sum_{\pm} \left[-\sum_{\substack{k \in N_i^{\pm} \\ k \notin \partial\Omega}} \varepsilon_{ik}^{\pm} \frac{d_{ik}}{l_{ik}} - \sum_{\substack{k \in N_i^{\pm} \\ k \in \partial\Omega}} \varepsilon_{ik}^{\pm} \frac{d_{ik}^{\pm}}{l_{ik}} \right.$$
$$\left. + \left(\frac{\delta \rho_{\pm}^i}{\partial V^i} \delta V^i + \frac{\delta \rho_{\pm}^i}{\partial E_{\text{Fe}}^i} \delta E_{\text{Fe}}^i + \frac{\delta \rho_{\pm}^i}{\partial E_{\text{Fh}}^i} \delta E_{\text{Fh}}^i \right) \sum_{k \in N_i^{\pm}} \Omega_{ik}^{\pm} \theta_{ik}^{\pm} \right] \tag{12.4.3.1c}$$

(4) 中心网格点 i 的函数值为

$$\sum_{\pm} \left[\sum_{\substack{k \in N_i^{\pm} \\ k \notin \partial\Omega}} \varepsilon_{ik}^{\pm} \frac{d_{ik}}{l_{ik}} \left(V^k - V^i\right) + \sum_{\substack{k \in N_i^{\pm} \\ k \in \partial\Omega}} \varepsilon_{ik}^{\pm} \frac{d_{ik}^{\pm}}{l_{ik}} \left(V^k - V^i\right) + \rho_{\pm}^i \sum_{k \in N_i^{\pm}} \Omega_{ik}^{\pm} \theta_{ik}^{\pm} \right] + \rho_{\text{s}} \tag{12.4.3.1d}$$

如果界面上存在如 (8.1.7.1b) 所定义的固定密度面电荷，并改变上述分半索引填充过程，但这里需要注意的是，如果在界面上出现了如 (8.2.2.1b) 所定义的统计分布面电荷，那么就需要索引界面两边的格点变量与模型参数。

【练习】
仿照图 12.2.3，建立界面存在统计分布面电荷时 Jacobian 矩阵元填充过程。

12.4.4 Jacobian 的列对角占优

单一 Poisson 方程中忽略关于准 Fermi 能级导数的矩阵元，Jacobian 是行对角占优也是列对角占优的。注意到

$$\frac{\partial \rho^i}{\partial \eta_{\mathrm{e}}^i} = -n_{mh}^i - \sum_{j'} N_{\mathrm{D}}^{j'} f_0^{j'} \frac{\tau_p^{j'} n_{mh}^i}{\mathrm{den}} - \sum_{j'} N_{\mathrm{A}}^{j'} \left(1 - f_1^{j'}\right) \frac{\tau_p^{j''} n_{mh}^i}{\mathrm{den}} < 0 \quad (12.4.4.1\mathrm{a})$$

$$\frac{\partial \rho^i}{\partial \eta_{\mathrm{h}}^i} = p_{mh}^i + \sum_{j'} N_{\mathrm{D}}^{j'} \left(1 - f_0^{j'}\right) \frac{\tau_p^{j''} p_{mh}^i}{\mathrm{den}} + \sum_{j'} N_{\mathrm{A}}^{j'} f_1^{j'} \frac{\tau_n^{j'} p_{mh}^i}{\mathrm{den}} > 0 \quad (12.4.4.1\mathrm{b})$$

由于无论扩散漂移框架还是能量输运框架都有：$\frac{\partial \eta_{\mathrm{e}}^i}{\partial V^i} = \frac{\partial \eta_{\mathrm{e}}^i}{\partial E_{\mathrm{Fe}}^i} > 0$，$\frac{\partial \eta_{\mathrm{h}}^i}{\partial V^i} = \frac{\partial \eta_{\mathrm{h}}^i}{\partial E_{\mathrm{Fh}}^i} < 0$，于是 $\frac{\partial \rho^i}{\partial V^i} < 0$，$\frac{\partial \rho^i}{\partial E_{\mathrm{Fe}}^i} < 0$，$\frac{\partial \rho^i}{\partial E_{\mathrm{Fh}}^i} < 0$，所以有

$$|a_{ii}| = \left| \sum_{k \in N(i)} \varepsilon_{ik} \frac{d_{ik}}{l_{ik}} - \left(\frac{\partial \rho^i}{\partial \eta_{\mathrm{e}}^i} \frac{\partial \eta_{\mathrm{e}}^i}{\partial V^i} + \frac{\partial \rho^i}{\partial \eta_{\mathrm{h}}^i} \frac{\partial \eta_{\mathrm{h}}^i}{\partial V^i}\right) \sum_{k \in N(i)} \Omega_{ik} \theta_{ik} \right| > \sum_{k \in N(i)} \left| \varepsilon_{ik} \frac{d_{ik}}{l_{ik}} \right|$$

$$= \sum_{k \in N(i)} |a_{ik}| \quad (12.4.4.2)$$

具有这种特性的线性方程组在数值计算上具有巨大的数值便利，这将在第 13 章进行阐述。

【练习】

1. 证明稳态 Poisson 方程的 Jacobian 是对角列占优的。
2. 讨论存在统计分布面电荷密度时，稳态 Poisson 方程的 Jacobian 是否还是对角列占优。

12.4.5 一维示例

这里以一维 Poisson 方程为例，一维情形具备了上述实施思路中所有的想法，但也有些独有的特征。通常设定光线最先进入的地方为"左"，然后再依次排列太阳电池相关层 (图 10.3.1)，于是按照光线入射方向能够遍历所有子层并定义其中的"左"与"右"，"左"表示光线先进入的位置，"右"表示光线后进入的位置。下面的特征描述都假设当前网格点材料块内编码为 t，全局编码为 i。

(1) 所有网格点分布在一条直线上，网格点的全局编码 i、材料块内编码 t 以及子层内编码 tt 都可以按照从左至右的顺序，材料块与子层以及它们内部网格点的遍历都按照这个顺序进行，这样，网格点的全局编码与遍历位置存在简单的关联关系。

(2) 每个内部网格点的邻接点集合只有"左"与"右"两个，相对编码偏移集合可以用简单的一维数组表示，为 $\{-1, +1\}$，几何相对偏移集合也可以用简单的一维数组表示为 $\{l_-, l_+\}$，通过当前网格点全局与局部编码以及其邻接点相对编码偏移集合可以借助物理变量地址获得，离散方程为

12.4 稳态 Poisson 方程

$$f^i = \varepsilon_- \frac{V^{i-1} - V^i}{l_-} + \varepsilon_+ \frac{V^{i+1} - V^i}{l_+} + \int \rho \mathrm{d}\Omega_i = 0 \qquad (12.4.5.1)$$

步长的一阶 Taylor 展开式为

$$\varepsilon_- \frac{1}{l_-} \delta V^{i-1} + \varepsilon_+ \frac{1}{l_+} \delta V^{i+1} - \left(\varepsilon_- \frac{1}{l_-} + \varepsilon_+ \frac{1}{l_+} \right) \delta V^i$$
$$+ \left(\frac{\partial \rho^i}{\partial V^i} \delta V^i + \frac{\partial \rho^i}{\partial E_{\mathrm{Fe}}^i} \delta E_{\mathrm{Fe}}^i + \frac{\partial \rho^i}{\partial E_{\mathrm{Fh}}^i} \delta E_{\mathrm{Fh}}^i \right) \sum_{k=i-1,i+1} \Omega_{ik} \theta_{ik} = -f^i \qquad (12.4.5.2)$$

非耦合情况下的矩阵元为

$$a(i, i-1) = \varepsilon_- \frac{1}{l_-} \qquad (12.4.5.3\mathrm{a})$$

$$a(i, i+1) = \varepsilon_+ \frac{1}{l_+} \qquad (12.4.5.3\mathrm{b})$$

$$a(i, i) = -\left(\varepsilon_- \frac{1}{l_-} + \varepsilon_+ \frac{1}{l_+} \right) + \frac{\partial \rho^i}{\partial V^i} \delta V^i \sum_{k=i-1,i+1} \Omega_{ik} \theta_{ik} \qquad (12.4.5.3\mathrm{c})$$

显而易见，这是一个上下带宽各为 1 的带状矩阵。

(3) 每层材料的边界只有两个，即 "左" 边界与 "右" 边界，且左右边界上的网格点仅有一个，这使得边界点与内部点的索引变得简单起来。即子层内部网格点遍历的时候，第一个点就是左边边界点，最后一个点就是右边边界点，中间的点就是内部点，另外每个边界点的邻接点数目是 1，左边边界点的邻接点相对编码偏移集合为 {+1}，右边边界点的邻接点相对编码偏移集合为 {−1}。假设子层网格点数目是 N，这样子层网格点遍历框架为：

①左边边界点集合即第 1 个点，判断边界类型，选择相应操作；

②内部网格点集合即第 2 到第 $N-1$ 个点，生成中间变量参数，调用赋值子程序；

③右边边界点集合即第 N 个点，判断边界类型，选择相应操作。

(4) 静电势的界面连续特性引起的相邻子层界面两边网格点的重合。这种连续性使得前一子层右边边界网格点 i 与后一子层的左边边界网格点 i' 不仅在几何空间中重合，在物理空间上也重合，两个点的全局编码一样。因此，对于材料界面，在后一子层左边边界点 i' 的赋值子程序计算导数与函数值后，要把对角与值部分加在对应网格点编码位置的矩阵元与函数值上，同时把界面电荷的影响也放在这里处理，也可以放在前一层的赋值过程中。

对一维 Poisson 方程在异质界面两边网格分别积分得到

$$\left.\epsilon\frac{\mathrm{d}V}{\mathrm{d}x}\right|_{+\frac{1}{2}} - \left.\epsilon\frac{\mathrm{d}V}{\mathrm{d}x}\right|_{0^+} + \int_0^{0.5h_+} \rho\mathrm{d}x = 0 \qquad (12.4.5.4\mathrm{a})$$

$$\left.\epsilon\frac{\mathrm{d}V}{\mathrm{d}x}\right|_{0^-} - \left.\epsilon\frac{\mathrm{d}V}{\mathrm{d}x}\right|_{-\frac{1}{2}} + \int_0^{0.5h_-} \rho\mathrm{d}x = 0 \qquad (12.4.5.4\mathrm{b})$$

电位移矢量界面条件把 $\left.\epsilon\frac{\mathrm{d}V}{\mathrm{d}x}\right|_{0^-}$ 与 $\left.\epsilon\frac{\mathrm{d}V}{\mathrm{d}x}\right|_{0^+}$ 通过界面电荷面密度联系起来, (12.4.5.4a) 与 (12.4.5.4b) 相加直接得到

$$\left.\epsilon\frac{\mathrm{d}V}{\mathrm{d}x}\right|_{+\frac{1}{2}} - \left.\epsilon\frac{\mathrm{d}V}{\mathrm{d}x}\right|_{-\frac{1}{2}} + \left.\epsilon\frac{\mathrm{d}V}{\mathrm{d}x}\right|_{0^-} - \left.\epsilon\frac{\mathrm{d}V}{\mathrm{d}x}\right|_{0^+} + \int_0^{0.5h_-}\rho\mathrm{d}x + \int_0^{0.5h_+}\rho\mathrm{d}x = 0 \quad (12.4.5.5)$$

根据电位移矢量界面条件:

$$(\boldsymbol{D}_{0^+} - \boldsymbol{D}_{0^-}) \cdot \boldsymbol{n}^{-/+} = \left.\epsilon\frac{\mathrm{d}V}{\mathrm{d}x}\right|_{0^-} - \left.\epsilon\frac{\mathrm{d}V}{\mathrm{d}x}\right|_{0^+} = \rho_\mathrm{s} \qquad (12.4.5.6)$$

于是得到

$$\left.\epsilon\frac{\mathrm{d}V}{\mathrm{d}x}\right|_{+\frac{1}{2}} - \left.\epsilon\frac{\mathrm{d}V}{\mathrm{d}x}\right|_{-\frac{1}{2}} + \rho_\mathrm{s} + \int_0^{0.5h_-}\rho\mathrm{d}x + \int_0^{0.5h_+}\rho\mathrm{d}x = 0 \qquad (12.4.5.7)$$

(12.4.5.7) 是我们在软件实施中所依据的最终形式。

(5) 金属半导体接触仅有两个, 并且只在第一层最左边与最后一层的最右边, 因此判断左右边界是否属于半导体金属接触的条件就成为, 该子层是否是第一层以及最后一层, 子层网格点遍历框架就成为:

① 左边边界点集合即第 1 个点, 判断该层是否是第 1 层, 如果是, 则调用金属半导体接触子程序, 否则调用赋值子程序, 并进行界面电荷修正;

② 内部网格点集合即第 2 到第 $N-1$ 个点, 调用赋值子程序;

③ 右边边界点集合即第 N 个点, 判断该层是否是最后一层, 如果是, 则调用金属半导体接触子程序, 否则调用赋值子程序。

(6) 每层材料的边界只有两个, 要么是外部金属半导体接触, 要么是材料界面, 不存在自由表面。如果是金属半导体接触的话, 则边界点静电势固定, 为热平衡时值, 步长方程为

$$\delta V^i = 0 \qquad (12.4.5.8\mathrm{a})$$

写成矩阵元的形式就是

$$a(i,i) = 1 \qquad (12.4.5.8\mathrm{b})$$

$$a(i, i \neq j) = 0 \qquad (12.4.5.8\mathrm{c})$$

$$f^i = 0 \tag{12.4.5.8d}$$

还要注意的是，金属半导体接触边界点的邻接点关于该边界点静电势的静电势步长也是 0，一维情形下，边界点仅有一个邻接点，左边是 $a(i+1,i) = 0$，右边是 $a(i-1,i) = 0$，因此要把边界点的邻接点集合单独处理。

材料界面，要调用赋值子程序计算相应"半个"控制体积元导数与函数值，并加在相应位置矩阵元与函数值上。整体而言，子层网格点遍历框架进一步修正为：

⓪根据子层编码判断是否是第 1 层与最后一层，判断左右边界是否是金属半导体接触界面；

①左边边界点集合，即第 1 个点，如果是第一层，则调用金属半导体接触子程序，否则调用赋值子程序计算导数与函数值，填充相应位置矩阵元与函数值数值，并进行界面电荷修正；

②左边边界点邻接点集合，即第 2 个点，调用赋值子程序计算导数与函数值，并根据左边边界类型判断是否设置 $a(i,i-1)$ 为 "0"；

③内部点集合：即第 3 到第 $N-2$ 个点，调用赋值子程序；

④右边边界点集合，即第 $N-1$ 个点，如果是最后一层，则调用赋值子程序计算导数与函数值，并根据右边边界类型是否设置 $a(i,i+1)$ 为 "0"；

⑤第 N 个点，如果是最后一层，则调用金属半导体接触子程序，否则调用赋值子程序计算导数与函数值，填充相应位置矩阵元与函数值数值。

经过上述处理填充后的 Jacobian 具有如图 12.4.1 所示的形式，像这样非 0 元素仅有少数几个的矩阵称为稀疏矩阵。对于上述形式矩阵，鉴于非 0 矩阵元以对角线为中心呈现带状分布，通常称为带状矩阵[8,9]，所有行中对角矩阵元右边最多非 0 矩阵元个数称为上带宽，左边最多非 0 矩阵元个数称为下带宽，依据离散方程的物理意义，带宽由网格的连通性决定。图 12.4.1 中的带状矩阵上下带宽都是 1。

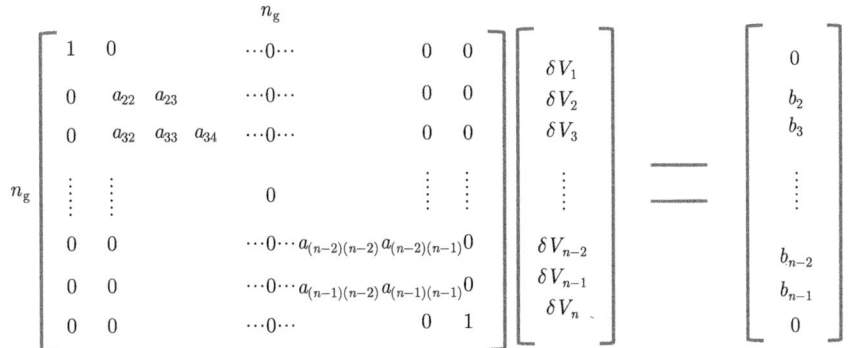

图 12.4.1 一维稳态 Poisson 方程 Jacobian

如果采用方形矩阵直接储存图 12.4.1 所示的 Jacobian，则会占用大量的内存，通常可以压缩成如图 12.4.2 所示紧致列形式或行形式。

$$
\text{(a)} \begin{bmatrix} 0 & 0 & u_2 & \cdots & & u_{n-2} & 0 \\ 1 & d_2 & d_3 & \cdots & & d_{n-2} & d_{n-1} & 1 \\ 0 & l_3 & d_3 & u_3 & \cdots & l_{n-2} & l_{n-1} & 0 & 0 \end{bmatrix} \qquad \text{(b)} \begin{bmatrix} 0 & 1 & 0 \\ 0 & d_2 & u_2 \\ l_3 & d_3 & u_3 \\ \vdots & \vdots & \vdots \\ l_{n-2} & d_{n-2} & u_{n-2} \\ l_{n-1} & d_{n-1} & 0 \\ 0 & 1 & 0 \end{bmatrix}
$$

图 12.4.2　一维稳态 Poisson 方程 Jacobian 的紧致 (a) 列形式或 (b) 行形式

稀疏矩阵需要建立紧致储存格式中矩阵元地址与原方形矩阵中位置的映射关系，例如，下对角与上对角矩阵元的映射关系分别为

$$
\begin{aligned} l_i &\Longleftrightarrow a(i, i-1) \\ u_i &\Longleftrightarrow a(i, i+1) \end{aligned} \tag{12.4.5.9}
$$

(7) 由于非耦合 Poisson 方程是列对角占优的三对角矩阵，高斯消元过程中不需要选主元，可以采用比较简单的直接解法 (见第 13 章)。例如，图 12.4.1 所示的 Jacobian 能够用四个一维数组分别储存下对角线 L、对角线 D 和上对角线 U 以及函数值 B，如图 12.4.3 所示。

$$
U \begin{bmatrix} 0 & u_2 & u_3 & \cdots & u_{n-2} & 0 & 0 \end{bmatrix}
$$

$$
D \begin{bmatrix} 1 & d_2 & d_3 & \cdots & d_{n-2} & d_{n-1} & 1 \end{bmatrix}
$$

$$
L \begin{bmatrix} 0 & 0 & l_3 & \cdots & l_{n-2} & l_{n-1} & 0 \end{bmatrix}
$$

$$
B \begin{bmatrix} 0 & b_2 & b_3 & \cdots & b_{n-2} & b_{n-1} & 0 \end{bmatrix}
$$

图 12.4.3　采用四个一维数组储存一维稳态 Poisson 方程 Jacobian

下面子程序 dis1_dd_st_p 实施 (2) 的功能，其中 prn 是 (10.4.1.3a) 中计算得到的归一化常数，调用了子程序 Charge_Point 计算网格点 i 处的电荷密度及关于 E_{Fe} 和 E_{Fh} 的导数。

```
subroutine dis1_dd_st_p( ou,prn,n,d,dl,dc,dr,f )
  use defect , only : defect_v_
```

12.4 稳态 Poisson 方程

```
use connect , only : connect_
use ah_precision , only : wp => REAL_PRECISION
implicit none
integer , intent( in ) :: ou
real( wp ) , intent( in )  :: prn
type( connect_ ) , intent( in ) :: n
type( defect_v_ ) , intent( in ) :: D
real( wp ) , intent( out ) :: dl,dc,dr,f

interface
   subroutine Charge_Point( ou,e,d,f )
      use esc , only : esc_v_
      use defect , only : defect_v_
      use ah_precision , only : wp => REAL_PRECISION
      implicit none
      integer , intent( in ) :: ou
      type( esc_v_ ) , intent( in ) :: e
      type( defect_v_ ) , intent( in ) :: D
      real( wp ) , intent( out ) :: f(3)
   end subroutine Charge_Point
end interface

real( wp ) :: V,ep,hl,hr,f1(3)
dl = 0.0_wp
dc = 0.0_wp
dr = 0.0_wp
f  = 0.0_wp
V  = 0.0_wp
ep = n%nc%m%d%ep

if( n%isleft ) then
   hl = n%hl
   dl = ep/hl
   dc = - dl
   V  = hl
   f  = dl*( n%nl%nv(1)-n%nc%nv(1) )
end if
if( n%isright ) then
   hr = n%hr
   dr = ep/hr
```

```
            dc = dc - dr
            V  = V  + n%hr
            f  = f  + dr*( n%nr%nv(1)-n%nc%nv(1) )
        end if

        V = 0.5_wp*V
        call Charge_Point( ou,n%nc%m%e,d,f1 )

        f1 = f1 * V * prn
        dc = dc + f1(2) - f1(3)
        f  = f  + f1(1)
    end subroutine dis1_dd_st_p
```

【练习】

依据 (12.4.5.4)~(12.4.5.7) 写出热传导方程的界面形式,并编写一维稳态计算子程序。

12.5 连续性方程

本节给出连续性方程/能流方程的 Jacobian 矩阵元的具体形式,包括矩阵元分布、带宽、稀疏性、边界条件对矩阵分布型态的影响等等。同时初步分析 Jacobian 矩阵的数值线性代数特性。

12.5.1 基本过程

与 (12.4.2.1) 类似,写成步长的一阶 Taylor 展开式:

$$\sum_{k \in N(i)} \left(\frac{\partial \boldsymbol{F}_{ik}}{\partial V^i} \delta V^i + \frac{\partial \boldsymbol{F}_{ik}}{\partial \eta_{\mathrm{e}}^i} \delta \eta_{\mathrm{e}}^i + \frac{\partial \boldsymbol{F}_{ik}}{\partial T_{\mathrm{e}}^i} \delta T_{\mathrm{e}}^i + \frac{\partial \boldsymbol{F}_{ik}}{\partial V^k} \delta V^k + \frac{\partial \boldsymbol{F}_{ik}}{\partial \eta_{\mathrm{e}}^k} \delta \eta_{\mathrm{e}}^k + \frac{\partial \boldsymbol{F}_{ik}}{\partial T_{\mathrm{e}}^k} \delta T_{\mathrm{e}}^k \right) d_{ik}$$

$$+ \delta \left(\frac{g^i}{n^i} - R^i \right) \sum_{k \in N(i)} \Omega_{ik} \theta_{ik} = 0 \tag{12.5.1.1}$$

(12.5.1.1) 中流密度的各种导数项由第 11 章中的相关内容直接得到。

同质界面:

$$\sum_{\pm} \left[\sum_{\substack{k \in N_i^{\pm} \\ k \notin \partial \Omega}} d_{ik} F_{ik} + \sum_{\substack{k \in N_i^{\pm} \\ k \in \partial \Omega}} d_{ik}^{\pm} F_{ik}^{0\pm} + \int (G_\phi - R_\phi + S_\phi) \, \mathrm{d}\Omega_i^{\pm} \right] + G_{\mathrm{s}} - R_{\mathrm{s}} = 0 \tag{12.5.1.2}$$

异质界面：

$$\sum_{\pm}\left[\sum_{\substack{k\in N_i^{\pm}\\k\notin\partial\Omega}}d_{ik}F_{ik}+\sum_{\substack{k\in N_i^{\pm}\\k\in\partial\Omega}}d_{ik}^{\pm}F_{ik}^{0\pm}\right.$$
$$\left.+\int\left(G_{\phi}-R_{\phi}+S_{\phi}-\frac{\partial n_{\phi}}{\partial t}\right)\mathrm{d}\Omega_i^{\pm}+G_{\mathrm{s}}-R_{\mathrm{s}}\right]n_{\phi}^{\pm}=0 \qquad (12.5.1.3)$$

12.5.2 产生复合项

其中的 G 是光学产生速率、光子耦合、碰撞离化等，R 包括自发辐射复合、Auger 复合、各种缺陷态 (单能级、带尾态和高斯态)、界面复合等。下面以电子连续性方程为例进行阐述。

被载流子浓度归一化后的各种源分别如下

(1) 光学产生速率：

$$\delta\left(\frac{g^i}{n^i}\right)=\frac{g^i}{N_\mathrm{c}^i}\delta\left(\frac{1}{F_{1\mathrm{h}}(\eta_\mathrm{e}^i)}\right)=\frac{g^i}{N_\mathrm{c}^i}\delta\left(\mathrm{e}^{-\gamma_\mathrm{e}^i-\eta_\mathrm{e}^i}\right)=-\frac{g^i}{N_\mathrm{c}^i}\mathrm{e}^{-\gamma_\mathrm{e}^i-\eta_\mathrm{e}^i}\frac{F_{m\mathrm{h}}(\eta_\mathrm{e}^i)}{F_{1\mathrm{h}}(\eta_\mathrm{e}^i)}\delta\eta_\mathrm{e}^i$$
$$(12.5.2.1)$$

(2) 自发辐射复合 (1.2.4.5)、Auger 复合 (1.2.6.2a)、(1.2.6.2b)、单能级 SRH 复合 (1.2.5.1)、带尾态、高斯态缺陷都含有 $np-n_0p_0$，被载流子浓度归一化后为

$$p^i-\frac{n_0^i}{n^i}p_0^i \qquad (12.5.2.2\mathrm{a})$$

依据各种定义得到

$$\left(p^i-\frac{n_0^i}{n^i}p_0^i\right)=N_\mathrm{v}^i\left[F_{1\mathrm{h}}(\eta_\mathrm{h}^i)-\frac{F_{1\mathrm{h}}(\eta_\mathrm{e0}^i)}{F_{1\mathrm{h}}(\eta_\mathrm{e}^i)}F_{1\mathrm{h}}(\eta_\mathrm{h0}^i)\right]$$
$$=N_\mathrm{v}^i\left[\mathrm{e}^{\gamma_\mathrm{h}^i+\eta_\mathrm{h}^i}-\mathrm{e}^{\gamma_\mathrm{e0}^i+\eta_\mathrm{e0}^i+\gamma_\mathrm{h0}^i+\eta_\mathrm{h0}^i-\gamma_\mathrm{e}^i-\eta_\mathrm{e}^i}\right] \qquad (12.5.2.2\mathrm{b})$$

$$\delta\left(p^i-\frac{n_0^i}{n^i}p_0^i\right)=N_\mathrm{v}^i\left[\mathrm{e}^{\gamma_\mathrm{h}^i+\eta_\mathrm{h}^i}\frac{F_{m\mathrm{h}}(\eta_\mathrm{h}^i)}{F_{1\mathrm{h}}(\eta_\mathrm{h}^i)}\delta\eta_\mathrm{h}^i+\mathrm{e}^{\gamma_\mathrm{e0}^i+\eta_\mathrm{e0}^i+\gamma_\mathrm{h0}^i+\eta_\mathrm{h0}^i-\gamma_\mathrm{e}^i-\eta_\mathrm{e}^i}\frac{F_{m\mathrm{h}}(\eta_\mathrm{e}^i)}{F_{1\mathrm{h}}(\eta_\mathrm{e}^i)}\delta\eta_\mathrm{e}^i\right]$$
$$(12.5.2.2\mathrm{c})$$

(12.5.2.2b) 需要相应网格点的热平衡电子/空穴约化 Fermi 能的 Fermi-Dirac(FD) 积分值，这往往需要不停索引热平衡静电势值，假设载流子系综温度一致且轻掺杂 (载流子分布 Maxwell-Boltzmann(MB) 统计 $F_{1\mathrm{h}}(\eta_\mathrm{e0}^i)F_{1\mathrm{h}}(\eta_\mathrm{h0}^i)=\mathrm{e}^{-E_\mathrm{g}^i}$) 得到 (5.9.3.1) 中的形式：$n^ip^i-n_0^ip_0^i=\left(1-\mathrm{e}^{E_\mathrm{Fh}^i-E_\mathrm{Fe}^i}\right)n^ip^i$，(12.5.2.2b) 相应简化为

$$\left(p^i-\frac{n_0^i}{n^i}p_0^i\right)=p^i\left(1-\mathrm{e}^{E_\mathrm{Fh}^i-E_\mathrm{Fe}^i}\right) \qquad (12.5.2.2\mathrm{d})$$

$$\delta\left(p^i - \frac{n_0^i}{n^i}p_0^i\right) = p^i e^{E_{Fh}^i - E_{Fe}^i}\delta E_{Fe}^i - p^i e^{E_{Fh}^i - E_{Fe}^i}\delta E_{Fh}^i + p^i \frac{F_{mh}(\eta_h^i)}{F_{1h}(\eta_h^i)}\left(1 - e^{E_{Fh}^i - E_{Fe}^i}\right)\delta\eta_h^i$$

$$= p^i e^{E_{Fh}^i - E_{Fe}^i}\delta E_{Fe}^i - p^i \delta E_{Fh}^i - p^i \left(1 - e^{E_{Fh}^i - E_{Fe}^i}\right)\delta qV^i \qquad (12.5.2.2e)$$

需注意的是，通常假定 (5.9.3.1) 中 n 和 p 依然服从 Fermi-Dirac 统计，出现了 (12.5.2.2e) 等号右边第一个计算形式，第二个等号右边计算形式是纯粹的 MB 统计形式。鉴于变量之间的非简明连接关系，依据函数乘积微分法则的关联图能够清晰地表达这种中间值与最终计算结果之间的关联关系，同时又能避免编程时引入的失误，如图 12.5.1 所示。

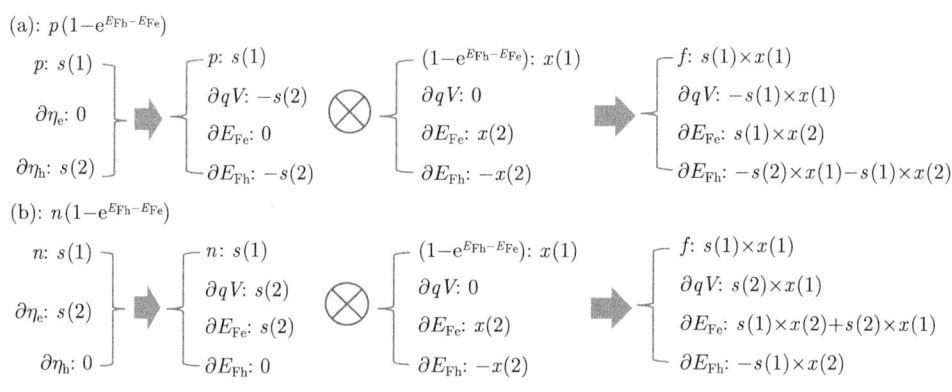

图 12.5.1　电子 (a) 和空穴 (b) 主导连续性方程中的关联图

下面子程序 seb_b2_dd 显示了 (12.5.2.2d) 第一个等号右边的计算过程，其中参数 x 是一个 2 元数组，储存 $1 - e^{E_{Fh}^i - E_{Fe}^i}$ 与 $e^{E_{Fh}^i - E_{Fe}^i}$。

```
subroutine seb_b2_dd( IsHole,x,c,v,f,d )
    implicit none
    logical , intent( in ) :: IsHole
    real( wp ) , intent( in ) :: x(2)
    type( seb_v_ ) , intent( in )  ::  c,v
    real( wp ) , intent( out )  :: f,d(3)

    real( wp ) :: s(2)

    if( IsHole ) then
        !    n*(1-exp(Efh-Efe))
        s(1) = c%n*exp(c%r%ln1)
        s(2) = s(1)*c%r%rm1
        f    = s(1)*x(1)
```

12.5 连续性方程

```
            d(1)  =   s(2)*x(1)
            d(2)  =   s(1)*x(2)
            d(3)  =  -d(2)
            d(2)  =   d(1)+d(2)
        else
            !   p*(1-exp(Efh-Efe))
            s(1)  =  v%n*exp(v%r%ln1)
            s(2)  =  s(1)*v%r%rm1
            f     =  s(1)*x(1)
            d(1)  = -s(2)*x(1)
            d(2)  =  s(1)*x(2)
            d(3)  =  d(1)-d(2)
        end if
    end subroutine seb_b2_dd
```

在此基础上相继得到如下。

(3) Auger 复合：

$$\begin{aligned}\text{n 型}: &\delta\left(p^i - \frac{n_0^i}{n^i}p_0^i\right)\left(n^i - n_0^i\right) + \left(p^i - \frac{n_0^i}{n^i}p_0^i\right)\delta n^i \\ \text{p 型}: &\delta\left(p^i - \frac{n_0^i}{n^i}p_0^i\right)\left(p^i - p_0^i\right) + \left(p^i - \frac{n_0^i}{n^i}p_0^i\right)\delta p^i\end{aligned} \quad (12.5.2.3)$$

(4) 单能级 SRH 复合、带尾态、高斯态缺陷：

$$\begin{aligned}&\delta\left[\frac{1}{\tau_\text{p}(n^i + n_\text{t}^i) + \tau_\text{n}(p^i + p_\text{t}^i)}\left(p^i - \frac{n_0^i}{n^i}p_0^i\right)\right] \\ &= \frac{\delta\left(p^i - \frac{n_0^i}{n^i}p_0^i\right)}{\tau_\text{p}(n^i + n_\text{t}^i) + \tau_\text{n}(p^i + p_\text{t}^i)} - \frac{\tau_\text{p}\delta n^i}{[\tau_\text{p}(n^i + n_\text{t}^i) + \tau_\text{n}(p^i + p_\text{t}^i)]^2}\left(p^i - \frac{n_0^i}{n^i}p_0^i\right)\end{aligned}$$
$$(12.5.2.4)$$

结合表 5.9.3 计算得到数值，对应的关联如图 12.5.2 所示。

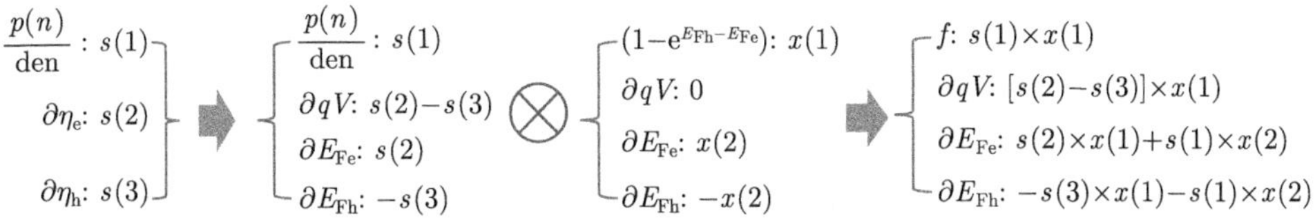

$$\left.\begin{array}{l}\frac{p(n)}{\text{den}}: s(1) \\ \partial\eta_\text{e}: s(2) \\ \partial\eta_\text{h}: s(3)\end{array}\right\} \Rightarrow \left\{\begin{array}{l}\frac{p(n)}{\text{den}}: s(1) \\ \partial qV: s(2)-s(3) \\ \partial E_\text{Fe}: s(2) \\ \partial E_\text{Fh}: -s(3)\end{array}\right. \otimes \left\{\begin{array}{l}(1-\text{e}^{E_\text{Fh}-E_\text{Fe}}): x(1) \\ \partial qV: 0 \\ \partial E_\text{Fe}: x(2) \\ \partial E_\text{Fh}: -x(2)\end{array}\right. \Rightarrow \left\{\begin{array}{l}f: s(1)\times x(1) \\ \partial qV: [s(2)-s(3)]\times x(1) \\ \partial E_\text{Fe}: s(2)\times x(1)+s(1)\times x(2) \\ \partial E_\text{Fh}: -s(3)\times x(1)-s(1)\times x(2)\end{array}\right.$$

图 12.5.2　SRH 复合项的关联图

在此基础上，经过修正的表 5.9.6 子程序如下：

```fortran
subroutine defect_calrecomratesb( IsFe,x,cb,vb,Def,f,d)
    ! OBJECT :
    ! =======
    !         Jacobian and functional values of scaled composite
        defect
    !         recombination rate
    ! =======
    ! Model :
    ! =======
    !         Electron:
    !                                     tn*p                    1
    !         SUM( --------------------------*-- )
    !                   tn*(p+pt) + tp*(n+nt) tn
    !         Hole:
    !                                     tp*n                    1
    !         SUM( --------------------------*-- )
    !                   tn*(p+pt) + tp*(n+nt) tp
    ! =======

    ! Implentment :
    ! =======
    !         (1) Call subroutine SLD_CalRecomrate to calculate
        SLD part
    ! =======

    use seb , only : seb_v_

    implicit none
    logical , intent( in ) :: IsFe
    real( wp ) , intent( in ) :: x(2)
    type( seb_v_ ) , intent( in ) :: cb,vb
    type( defect_v_ ) , intent( in ) :: def
    real( wp ) , intent( out ) :: f,d(3)

    integer :: i
    real( wp ) :: f0(3),s(3)

    s = 0.0_wp
    SLD__:do i = 1, def%nsl , 1
        call sld_calrecomrate( IsFe,cb,vb,def%sl(i)%s,f0 )
```

12.5 连续性方程

```
           s = s + f0
        end do SLD__

        f = x(1)*s(1)
        d(1) = (s(2)-s(3))*x(1)
        d(2) = s(2)*x(1)+s(1)*x(2)
        d(3) = -(s(3)*x(1)+s(1)*x(2))
     end subroutine defect_calrecomratesb
```

(5) 量子隧穿电流密度：(8.1.4.6a)~(8.1.4.6d) 与 (9.1.4) 中归一化，即

$$\delta \left[\frac{AT^2 \Delta E_{\mathrm{Vol}}}{N_{\mathrm{c}}^i} \mathrm{e}^{-\gamma_{\mathrm{e}}^i - \eta_{\mathrm{e}}^i} \ln \frac{1+\mathrm{e}^{\eta_{\mathrm{e}(\mathrm{e})}^{i'}}}{1+\mathrm{e}^{\eta_{\mathrm{e}}^i}} \right]$$

$$= \frac{AT^2 \Delta E_{\mathrm{Vol}}}{N_{\mathrm{c}}^i} \left\{ \frac{\mathrm{e}^{\eta_{\mathrm{e}(\mathrm{e})}^{i'}}}{1+\mathrm{e}^{\eta_{\mathrm{e}(\mathrm{e})}^{i'}}} \delta \eta_{\mathrm{e}}^{i'} - \left[\mathrm{e}^{-\gamma_{\mathrm{e}}^i - \eta_{\mathrm{e}}^i} \frac{F_{\mathrm{mh}}(\eta_{\mathrm{e}}^i)}{F_{\mathrm{1h}}(\eta_{\mathrm{e}}^i)} \ln \frac{1+\mathrm{e}^{\eta_{\mathrm{e}(\mathrm{e})}^{i'}}}{1+\mathrm{e}^{\eta_{\mathrm{e}}^i}} + \frac{\mathrm{e}^{\eta_{\mathrm{e}}^i}}{1+\mathrm{e}^{\eta_{\mathrm{e}}^i}} \right] \delta \eta_{\mathrm{e}}^i \right\}$$

(12.5.2.5)

【练习】

1. 参考 (1.2.7.1a)、(1.2.7.1b)，写出碰撞离化产生的增量变分形式。

2. 依据电子/空穴之间的变量替换原则，验证空穴主导的输运方程中 (12.5.2.3) 的对应形式为：$n^i \left[1 - \mathrm{e}^{E_{\mathrm{Fh}}^i - E_{\mathrm{Fe}}^i} \right] \delta q V^i + n^i \left(\delta E_{\mathrm{Fe}}^i - \mathrm{e}^{E_{\mathrm{Fh}}^i - E_{\mathrm{Fe}}^i} \delta E_{\mathrm{Fh}}^i \right)$。

3. 验证 (12.5.2.2)~(12.5.2.5) 中关于电子系综准 Fermi 能的偏导数都大于 0。

4. 结合 (11.1.2.3c)、(12.5.2.2a)、(12.5.2.2e) 和习题 3 的结论，证明 Jacobian 是行占优但不一定是列占优。

5. 结合第 7 章内容所计算得到光子自循环空间关联表，编写能够嵌入连续性方程的自发辐射复合再吸收项的子程序，考虑射线光学与传输矩阵两种情形，讨论空间关联的影响。

12.5.3 跨越异质界面的电流密度

在实施跨越如图 8.1.1 的异质界面能带排列的流密度时，有一个因素需要格外注意，即 (8.1.6.6a)、(8.1.6.6b) 的数值离散形式应该满足热平衡时为 0 的基本内在要求。这里有个矛盾：我们假设载流子浓度服从 Fermi-Dirac 统计，而 (8.1.6.6a)(8.1.6.6b) 推导是从 Maxwell-Boltzmann 统计得到的，直接在 (8.1.6.6a)、(8.1.6.6b) 中假设 n_1 和 n_2 采用 Fermi-Dirac 统计形式 (4.2.3.2)，平衡时为 0 的限制条件一般情况下不成立：

$$\boldsymbol{n}_1 \cdot \boldsymbol{J}_{\mathrm{n}}^{\mathrm{TE}} = m_2 t_{\mathrm{e}1}^2 \left[\left(\frac{t_{\mathrm{e}2}}{t_{\mathrm{e}1}} \right)^2 F_{\mathrm{1h}} \left(\frac{E_{\mathrm{Fe}2} - E_{\mathrm{c}2}}{t_{\mathrm{e}2}} \right) - F_{\mathrm{1h}} \left(\frac{E_{\mathrm{Fe}1} - E_{\mathrm{c}1}}{t_{\mathrm{e}1}} \right) \mathrm{e}^{\frac{E_{\mathrm{c}1} - E_{\mathrm{c}2}}{t_{\mathrm{e}1}}} \right]$$

$$= m_2 \left[F_{1h}(-E_{c2}) - F_{1h}(-E_{c1}) e^{E_{c1}-E_{c2}} \right] \tag{12.5.3.1}$$

从 (12.5.3.1) 左右等温等准 Fermi 能形式可以知道，两边载流子浓度很低时 Fermi-Dirac 统计等同于 Maxwell-Boltzmann 统计，(12.5.3.1) 第一个等号右边形式可以确保热平衡时跨越异质界面的流密度为 0，但是在 (8.1.6.6a)、(8.1.6.6b) 中如果假设 n_0 服从 Fermi-Dirac 统计，则可以保证在热平衡时跨越异质界面的热离子发射流密度为 0：

$$\boldsymbol{n}_1 \cdot \boldsymbol{J}_n^{\mathrm{TE}} = m_2 t_{e1}^2 \left[\left(\frac{t_{e2}}{t_{e1}}\right)^2 F_{1h}\left(\frac{E_{\mathrm{Fe}2} - E_{c2}}{t_{e2}}\right) - F_{1h}\left(\frac{E_{\mathrm{Fe}1} - E_{c2}}{t_{e1}}\right) \right]$$

$$\xrightarrow{\text{等温退化}} m_2 \left[F_{1h}(-E_{c2}) - F_{1h}(-E_{c2}) \right] \tag{12.5.3.2}$$

归一化后的跨越异质界面的流密度为

$$\boldsymbol{n}_1 \cdot \boldsymbol{J}_n^{\mathrm{TE}} = n_1 \frac{m_2}{m_1} \sqrt{\frac{t_{e1}}{m_1}} e^{\gamma_{e2}^1 + \eta_{e2}^1 - (\gamma_{e1}^1 + \eta_{e1}^1)} \left[\left(\frac{t_{e2}}{t_{e1}}\right)^2 e^{\gamma_{e2}^2 + \eta_{e2}^2 - (\gamma_{e1}^1 + \eta_{e1}^1)} - 1 \right] \tag{12.5.3.3a}$$

$$\boldsymbol{n}_2 \cdot \boldsymbol{J}_n^{\mathrm{TE}} = -\boldsymbol{n}_1 \cdot \boldsymbol{J}_n^{\mathrm{TE}} = n_2 \sqrt{\frac{t_{e2}}{m_2}} \left[\left(\frac{t_{e1}}{t_{e2}}\right)^2 e^{\gamma_{e2}^1 + \eta_{e2}^1 - (\gamma_{e2}^2 + \eta_{e2}^2)} - 1 \right] \tag{12.5.3.3b}$$

其中，下标表示材料电子态参数，上标表示格点变量，如 η_{e2}^1 表示左边格点变量 1 在右边 2 的电子态参数中计算约化 Fermi 能，方括号内的因子能确保热平衡时跨越异质界面的热离子发射流密度为 0。鉴于 (12.5.3.3b) 仅在以 2 为中心的控制单元出现，如果总是以 1 标志中心格点并以其载流子浓度进行归一化，则进行 (1↔2) 得到

$$\boldsymbol{n}_{2\leftrightarrow 1} \cdot \boldsymbol{J}_n^{\mathrm{TE}} = n_1 \sqrt{\frac{t_{e1}}{m_1}} \left[\left(\frac{t_{e2}}{t_{e1}}\right)^2 e^{\gamma_{e1}^2 + \eta_{e1}^2 - (\gamma_{e1}^1 + \eta_{e1}^1)} - 1 \right] \tag{12.5.3.3c}$$

这种替换原则使得 (12.5.3.3a) 和 (12.5.3.3c) 的方括号内具有相同的形式，而且编程时仅通过计算 (12.5.3.3a) 和 (12.5.3.3c) 就能获得其他能带排列的情形，这种对应关系如图 12.5.3 所示。

电子与空穴之间的对应关系需要结合统计分布函数中变量的符号 (4.5.3.5a)、(4.5.3.5b)、流密度与输运方程中电流密度，对于左高右低的空穴能带排列，本质上与电子左低右高的能带排列情形相同，替换关系导出思路如图 12.5.4 所示。

最终在编程时采用与电子跨越界面热离子发射点计算子程序的过程如图 12.5.5 所示，其中箭头内标示替换原则。

12.5 连续性方程

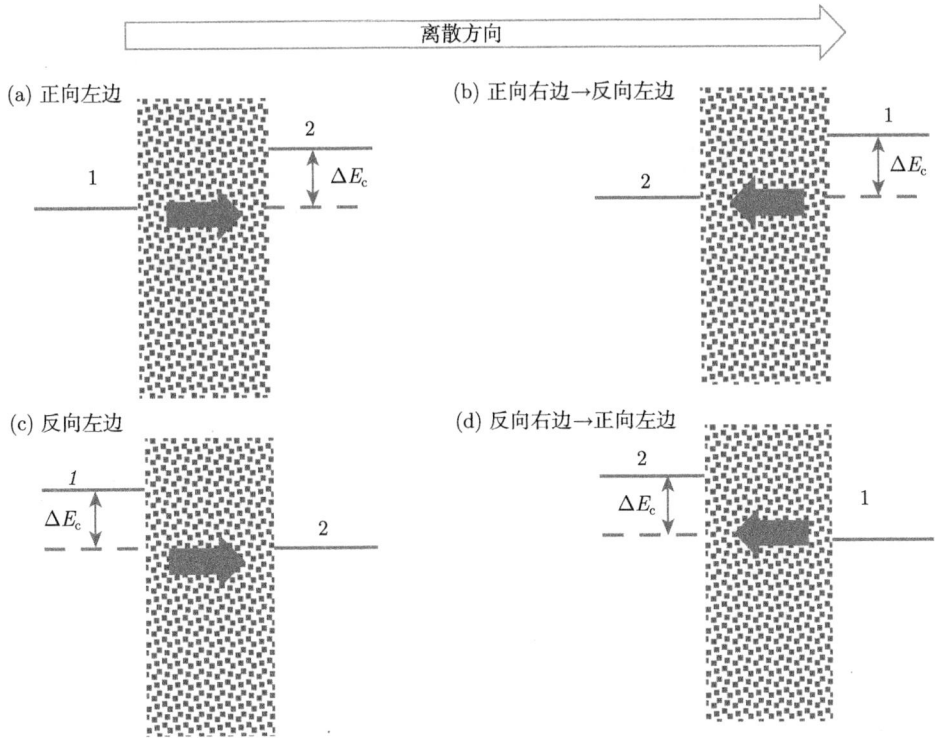

图 12.5.3　不同能带排列对应的替换原则

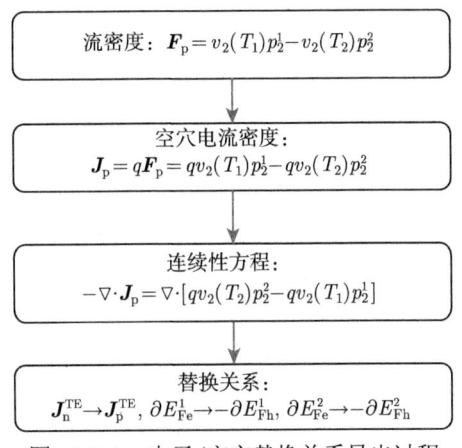

图 12.5.4　电子/空穴替换关系导出过程

(12.5.3.3a) 和 (12.5.3.3c) 被载流子浓度约化过的流密度的变分分别为

$$\delta\left(\frac{\boldsymbol{n}_1\cdot\boldsymbol{J}_{\mathrm{n}}^{\mathrm{TE}}}{n_1}\right)=\frac{1}{2t_{\mathrm{e1}}}\left(\frac{\boldsymbol{n}_1\cdot\boldsymbol{J}_{\mathrm{n}}^{\mathrm{TE}}}{n_1}\right)\delta t_{\mathrm{e1}}+\left(\frac{\boldsymbol{n}_1\cdot\boldsymbol{J}_{\mathrm{n}}^{\mathrm{TE}}}{n_1}\right)\left[\frac{F_{\mathrm{mh}}\left(\eta_{\mathrm{e2}}^1\right)}{F_{\mathrm{1h}}\left(\eta_{\mathrm{e2}}^1\right)}\delta\eta_{\mathrm{e2}}^1-\frac{F_{\mathrm{mh}}\left(\eta_{\mathrm{e1}}^1\right)}{F_{\mathrm{1h}}\left(\eta_{\mathrm{e1}}^1\right)}\delta\eta_{\mathrm{e1}}^1\right]$$

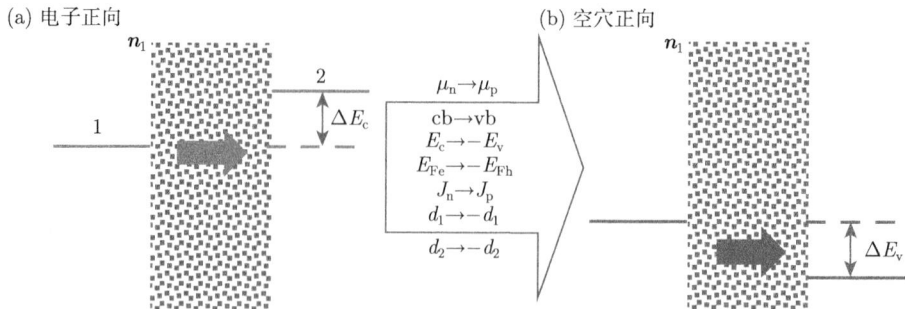

图 12.5.5　电子到空穴的编程实施过程

$$+ \left[\frac{m_2}{m_1}\sqrt{\frac{t_{e1}}{m_1}}e^{\gamma_{e2}^1+\eta_{e2}^1-(\gamma_e^1+\eta_e^1)} + \frac{\boldsymbol{n}_1 \cdot \boldsymbol{J}_n^{TE}}{n_1}\right]$$

$$\times \left\{2\left(\frac{\delta t_{e2}}{t_{e2}} - \frac{\delta t_{e1}}{t_{e1}}\right) + \left[\frac{F_{mh}(\eta_{e2}^2)}{F_{1h}(\eta_{e2}^2)}\delta\eta_{e2}^2 - \frac{F_{mh}(\eta_{e2}^1)}{F_{1h}(\eta_{e2}^1)}\delta\eta_{e2}^1\right]\right\}$$

$$= \frac{1}{2t_{e1}}\left(\frac{\boldsymbol{n}_1 \cdot \boldsymbol{J}_n^{TE}}{n_1}\right)\delta t_{e1} - \left(\frac{\boldsymbol{n}_1 \cdot \boldsymbol{J}_n^{TE}}{n_1}\right)\frac{F_{mh}(\eta_{e1}^1)}{F_{1h}(\eta_{e1}^1)}\delta\eta_{e1}^1$$

$$- \frac{m_2}{m_1}\sqrt{\frac{t_{e1}}{m_1}}e^{\gamma_{e2}^1+\eta_{e2}^1-(\gamma_e^1+\eta_e^1)}\frac{F_{mh}(\eta_{e2}^1)}{F_{1h}(\eta_{e2}^1)}\delta\eta_{e2}^1$$

$$+ \left[\frac{m_2}{m_1}\sqrt{\frac{t_{e1}}{m_1}}e^{\gamma_{e2}^1+\eta_{e2}^1-(\gamma_e^1+\eta_e^1)} + \frac{\boldsymbol{n}_1 \cdot \boldsymbol{J}_n^{TE}}{n_1}\right]\frac{F_{mh}(\eta_e^2)}{F_{1h}(\eta_e^2)}\delta\eta_e^2$$

$$+ \left[\frac{m_2}{m_1}\sqrt{\frac{t_{e1}}{m_1}}e^{\gamma_{e2}^1+\eta_{e2}^1-(\gamma_e^1+\eta_e^1)} + \frac{\boldsymbol{n}_1 \cdot \boldsymbol{J}_n^{TE}}{n_1}\right]2\left(\frac{\delta t_{e2}}{t_{e2}} - \frac{\delta t_{e1}}{t_{e1}}\right)$$

$$\tag{12.5.3.4a}$$

$$\delta\left(\frac{\boldsymbol{n}_{2\leftrightarrow 1} \cdot \boldsymbol{J}_n^{TE}}{n_{2\leftrightarrow 1}}\right) = \frac{1}{2t_{e1}}\left(\frac{\boldsymbol{n}_{2\leftrightarrow 1} \cdot \boldsymbol{J}_n^{TE}}{n_{2\leftrightarrow 1}}\right)\delta t_{e1}$$

$$+ \sqrt{\frac{t_{e1}}{m_1}}\left(\frac{t_{e2}}{t_{e1}}\right)^2 e^{\gamma_{e1}^2+\eta_{e1}^2-(\gamma_{e1}^1+\eta_{e1}^1)}$$

$$\times \left[2\left(\frac{\delta t_{e2}}{t_{e2}} - \frac{\delta t_{e1}}{t_{e1}}\right) + \left(\frac{F_{mh}(\eta_{e1}^2)}{F_{1h}(\eta_{e1}^2)}\delta\eta_{e1}^2 - \frac{F_{mh}(\eta_e^1)}{F_{1h}(\eta_e^1)}\delta\eta_e^1\right)\right]$$

$$\tag{12.5.3.4b}$$

恒温情况下：

$$\boldsymbol{n}_1 \cdot \boldsymbol{J}_n^{TE} = n_1\frac{m_2}{m_1}\sqrt{\frac{1}{m_1}}e^{\gamma_{e2}^1+\eta_{e2}^1-(\gamma_e^1+\eta_e^1)}\left[e^{\gamma_{e2}^2+\eta_{e2}^2-(\gamma_{e2}^1+\eta_{e2}^1)}-1\right] \tag{12.5.3.5a}$$

12.5 连续性方程

$$\boldsymbol{n}_{2\leftrightarrow 1}\cdot\boldsymbol{J}_{\mathrm{n}}^{\mathrm{TE}} = n_1\sqrt{\frac{1}{m_1}}\left[\mathrm{e}^{\gamma_{\mathrm{e}1}^2+\eta_{\mathrm{e}1}^2-(\gamma_{\mathrm{e}1}^1+\eta_{\mathrm{e}1}^1)}-1\right] \qquad (12.5.3.5\mathrm{b})$$

相应的变分为

$$\begin{aligned}
\delta\left(\frac{\boldsymbol{n}_1\cdot\boldsymbol{J}_{\mathrm{n}}^{\mathrm{TE}}}{n_1}\right) &= \left(\frac{\boldsymbol{n}_1\cdot\boldsymbol{J}_{\mathrm{n}}^{\mathrm{TE}}}{n_1}\right)\left[\frac{F_{m\mathrm{h}}(\eta_{\mathrm{e}2}^1)}{F_{1\mathrm{h}}(\eta_{\mathrm{e}2}^1)}\delta\eta_{\mathrm{e}2}^1 - \frac{F_{m\mathrm{h}}(\eta_{\mathrm{e}1}^1)}{F_{1\mathrm{h}}(\eta_{\mathrm{e}1}^1)}\delta\eta_{\mathrm{e}1}^1\right] \\
&\quad + \left[\frac{m_2}{m_1}\sqrt{\frac{1}{m_1}}\mathrm{e}^{\gamma_{\mathrm{e}2}^1+\eta_{\mathrm{e}2}^1-(\gamma_{\mathrm{e}}^1+\eta_{\mathrm{e}}^1)} + \frac{\boldsymbol{n}_1\cdot\boldsymbol{J}_{\mathrm{n}}^{\mathrm{TE}}}{n_1}\right] \\
&\quad \times \left[\frac{F_{m\mathrm{h}}(\eta_{\mathrm{e}2}^2)}{F_{1\mathrm{h}}(\eta_{\mathrm{e}2}^2)}\delta\eta_{\mathrm{e}2}^2 - \frac{F_{m\mathrm{h}}(\eta_{\mathrm{e}2}^1)}{F_{1\mathrm{h}}(\eta_{\mathrm{e}2}^1)}\delta\eta_{\mathrm{e}2}^1\right] \\
&= -\left(\frac{\boldsymbol{n}_1\cdot\boldsymbol{J}_{\mathrm{n}}^{\mathrm{TE}}}{n_1}\right)\frac{F_{m\mathrm{h}}(\eta_{\mathrm{e}1}^1)}{F_{1\mathrm{h}}(\eta_{\mathrm{e}1}^1)}\delta\eta_{\mathrm{e}1}^1 - \frac{m_2}{m_1}\sqrt{\frac{1}{m_1}}\mathrm{e}^{\gamma_{\mathrm{e}2}^1+\eta_{\mathrm{e}2}^1-(\gamma_{\mathrm{e}}^1+\eta_{\mathrm{e}}^1)}\frac{F_{m\mathrm{h}}(\eta_{\mathrm{e}2}^1)}{F_{1\mathrm{h}}(\eta_{\mathrm{e}2}^1)}\delta\eta_{\mathrm{e}2}^1 \\
&\quad + \left[\frac{m_2}{m_1}\sqrt{\frac{1}{m_1}}\mathrm{e}^{\gamma_{\mathrm{e}2}^1+\eta_{\mathrm{e}2}^1-(\gamma_{\mathrm{e}}^1+\eta_{\mathrm{e}}^1)} + \frac{\boldsymbol{n}_1\cdot\boldsymbol{J}_{\mathrm{n}}^{\mathrm{TE}}}{n_1}\right]\frac{F_{m\mathrm{h}}(\eta_{\mathrm{e}2}^2)}{F_{1\mathrm{h}}(\eta_{\mathrm{e}2}^2)}\delta\eta_{\mathrm{e}2}^2
\end{aligned}$$

$$(12.5.3.5\mathrm{c})$$

$$\delta\left(\frac{\boldsymbol{n}_{2\leftrightarrow 1}\cdot\boldsymbol{J}_{\mathrm{n}}^{\mathrm{TE}}}{n_{2\leftrightarrow 1}}\right) = \sqrt{\frac{1}{m_1}}\mathrm{e}^{\gamma_{\mathrm{e}1}^2+\eta_{\mathrm{e}2}^2-(\gamma_{\mathrm{e}}^1+\eta_{\mathrm{e}}^1)}\left[\frac{F_{m\mathrm{h}}(\eta_{\mathrm{e}1}^2)}{F_{1\mathrm{h}}(\eta_{\mathrm{e}1}^2)}\delta\eta_{\mathrm{e}1}^2 - \frac{F_{m\mathrm{h}}(\eta_{\mathrm{e}}^1)}{F_{1\mathrm{h}}(\eta_{\mathrm{e}}^1)}\delta\eta_{\mathrm{e}}^1\right]$$

$$(12.5.3.5\mathrm{d})$$

典型的实施子程序如下所示,其中逻辑变量 Isnl 表示从左到右,逻辑变量 IsHole 和 IsReverse 表示载流子类型和能带排列情况,返回值每列的顺序为 V、E_{Fe} 和 E_{Fh};

```
module subroutine Flux_DD_JnTE(Isn1,IsHole,lnm1,lnm2,sb1,sb2,f,d)
    use seb , only : seb_v_
    use math , only : Math_Expm1
    use ah_precision , only : wp => REAL_PRECISION,OPERATOR
        (.GreaterThan.)
    implicit none
    logical , intent( in ) :: Isn1,IsHole
    real( wp ) , intent( in ) :: lnm1,lnm2
    type( seb_v_ ) , intent( in ) :: sb1,sb2
    real( wp ) , intent( out ) :: f,d(6)

    logical    :: IsReverse
    real( wp ) :: s,Y,x(2),dEc,f1,dy1,dy2
    IsReverse = .FALSE.
    dEc = sb2%E-sb1%E
```

```
        if( dEc.GreaterThan.0.0_wp ) then
           if( IsHole ) IsReverse = .TRUE.
        else
           if( .Not.IsHole ) IsReverse = .TRUE.
        end if
        Y = sb2%r%ln1-sb1%r%ln1
        Y = Y + (sb2%lnn-sb1%lnn)
        Y = Y + (lnm2-lnm1)
        s = 1.0_wp/sqrt(sb1%mc)

        if( IsHole ) dEc = -dEc
        x = Math_Expm1( Y+dEc )

        if( (Isn1.and.(.not.IsReverse)).or.((.Not.Isn1).and.
           IsReverse) ) then
           s = sb2%mc/sb1%mc*s
           f1 = exp( -dEc )
           f  = f1*x(1)*s
           f1 = f1*x(2)*s
        else
           f  = x(1)*s
           f1 = x(2)*s
        end if
        dy1 = -f1*sb1%r%rm1
        dy2 =  f1*sb2%r%rm1

        d = 0.0_wp
        f = f1
        d(1) = dy1
        d(2) = dy1
        d(4) = dy2
        d(5) = dy2

        if( IsHole ) then
           d(3) = -d(2)
           d(2) = 0.0_wp
           d(6) = -d(5)
           d(5) = 0.0_wp
        end if
     end subroutine Flux_DD_JnTE
```

类似地,可以编制 $\dfrac{\boldsymbol{n}_2 \cdot \boldsymbol{J}_{\mathrm n}^{\mathrm{TE}}}{n_2}$ 以及含有载流子系综温度变量的跨越异质界面的流密度的子程序。

【练习】

1. 推导验证 (12.5.3.5a)~(12.5.3.5d)。

2. 在上述基础上,编写含有格点载流子系综温度变量的 (12.5.3.5a)~(12.5.3.5d) 的子程序。

12.5.4 一维形式

材料内部

$$\boldsymbol{F}_{i-\frac{1}{2}}^{ii-1}++\boldsymbol{F}_{i+\frac{1}{2}}^{ii+1}+\int\left(G_\phi-R_\phi+S_\phi-\frac{\partial n_\phi}{\partial t}\right)\mathrm{d}\Omega_i=0 \qquad (12.5.4.1)$$

同质界面如图 12.5.6 所示。

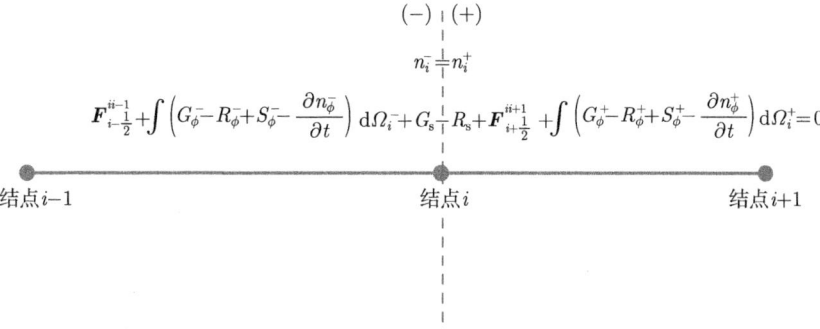

图 12.5.6 同质界面网格点 Jacobian 计算形式

异质界面如图 12.5.7 所示。

下面以单能带为例,程序实施上述离散方程:

```
subroutine dis1_dd_st_c_te( IsHole,sc,c,def,f,d,g )
  use seb , only : seb_v_
  use flux , only : flux_Jn_DD,Flux_DD_JnTE
  use math , only : math_expm1
  use defect , only : defect_v_,defect_calrecomratesb
  use scaler , only : scaler_
  use connect , only : connect_,connect_ms,connect_Isn1
  use ah_precision , only : wp => REAL_PRECISION
  implicit none
```

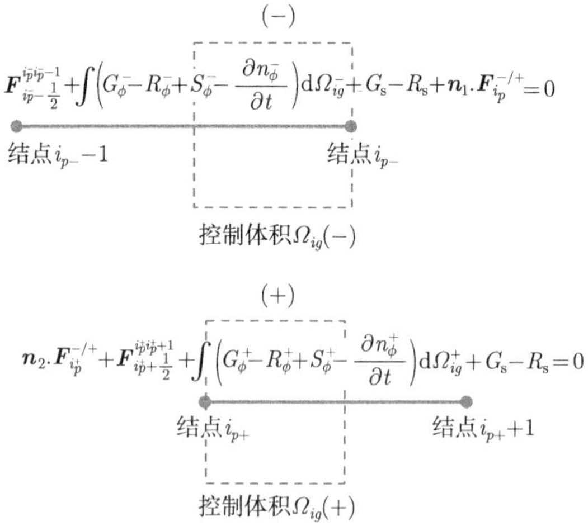

$$\boldsymbol{F}_{i_p^- - \frac{1}{2}}^{i_p^- \bar{i}_p^- -1} + \int \left(G_\phi^- - R_\phi^- + S_\phi^- - \frac{\partial n_\phi^-}{\partial t} \right) \mathrm{d}\Omega_{ig}^- + G_\mathrm{s} - R_\mathrm{s} + \boldsymbol{n}_1 . \boldsymbol{F}_{i_p}^{-/+} = 0$$

结点 $i_{p-}-1$ 　　　　　结点 i_{p-}

控制体积 $\Omega_{ig}(-)$

$$\boldsymbol{n}_2 . \boldsymbol{F}_{i_p}^{-/+} + \boldsymbol{F}_{i_p^+ + \frac{1}{2}}^{i_p^+ \bar{i}_p^+ +1} + \int \left(G_\phi^+ - R_\phi^+ + S_\phi^+ - \frac{\partial n_\phi^+}{\partial t} \right) \mathrm{d}\Omega_{ig}^+ + G_\mathrm{s} - R_\mathrm{s} = 0$$

结点 i_{p+} 　　　　　结点 $i_{p+}+1$

控制体积 $\Omega_{ig}(+)$

图 12.5.7　异质界面网格点 Jacobian 计算形式

```
!    input/output parameters

logical , intent( in ) :: IsHole
type( scaler_ ) , intent( in )   :: sc
type( connect_ ) :: c
type( defect_v_ ) , intent( in ) :: def
real( wp ) , intent( out ) :: f,d(9)
real( wp ) , optional, intent( in ) :: g

!    local variables
logical :: IsScaling , Isg
integer :: offset,ind(2)
real( wp ) :: s,Vol,lnmi,lnmk,mc,cg,cte,csrh
real( wp ) :: f3,f4,f1(2),x(2),d1(6,2),d3(3),d4(3)
type( seb_v_ ) , pointer :: cb,vb,sbi,sbk

!    执行部分

s = 1.0_wp
IsScaling = .false.
Isg = present(g)
d = 0.0_wp
f = 0.0_wp
f1 = 0.0_wp
d1 = 0.0_wp
```

12.5 连续性方程

```
f3 = 0.0_wp
d3 = 0.0_wp
Vol = 0.0_wp

!     变量初始化
if( IsHole ) then
   offset = 3
   cg = sc%cgp
   csrh = sc%csrhp
   cte = sc%ctep
   mc = c%nc%t%m%mp
   lnmi = c%nc%t%m%lnmp
   sbi => c%nc%m%e%vb%eb(1)

else
   offset = 2
   cg = sc%cgn
   cte = sc%cten
   csrh = sc%csrhn
   mc = c%nc%t%m%mn
   lnmi = c%nc%t%m%lnmn
   sbi => c%nc%m%e%cb%eb(1)
end if

!     计算 $1 - e^{(E_{Fh} - E_{Fe})}$
x = Math_Expm1(c%nc%nv(3)-c%nc%nv(2))
x(1) = - x(1)

!     左边邻近格点计算
if( c%isleft ) then
   if( Ishole ) then
      lnmk = c%nl%t%m%lnmp
      sbk => c%nl%m%e%vb%eb(1)
   else
      lnmk = c%nl%t%m%lnmn
      sbk => c%nl%m%e%cb%eb(1)
   end if


   if( c%isLeftIs ) then
```

```
            !       左边是异质界面

                    标志跨越异质界面流密度在 Jacobian 中位置
              ind(1) = 1
              ind(2) = 2
              call Flux_DD_JnTE( IsHole,sbi,sbk,f1(1),d1(:,1) )

              f1(1)   = f1(1)/mc*cte
              d1(:,1) = d1(:,1)/mc*cte
           else
            !       左边是正常网格

       call flux_Jn_DD( Ishole,c%hl,c%nc%nv,c%nl%nv,lnmi,lnmk,sbi,
          sbk,f1(1),d1(:,1) )

              if( .Not.c%IsRight ) then
!       左边是同质界面，计算两边迁移率最小值并归一化
                 call connect_ms( IsHole,c )
                 f1(1)   = f1(1)*(mc/c%ms)
                 d1(:,1) = d1(:,1)*(mc/c%ms)
              end if
              Vol = c%hl
           end if
        end if

   !       右边邻近网格点计算

      if( c%isright ) then
         if( Ishole ) then
              lnmk = c%nr%t%m%lnmp
              sbk  => c%nr%m%e%vb%eb(1)
         else
              lnmk = c%nr%t%m%lnmn
              sbk  => c%nr%m%e%cb%eb(1)
         end if

         if( c%IsRightIs ) then
              ind(1) = 2
              ind(2) = 1
```

12.5 连续性方程

```
            !     获取右边能带排列信息, 并进行 η_e2^1 或 η_e1^2 及其 Fermi-Dirac
                  积分相关量计算
            call connect_Isn1( c )
            call Flux_DD_JnTE( IsHole,sbi,sbk,f1(2),d1(:,2) )
            !if( IsHole ) then

            !end if
            f1(2) = f1(2)/mc*cte
            d1(:,2) = d1(:,2)/mc*cte
        else
call flux_Jn_DD( Ishole,c%hr,c%nc%nv,c%nr%nv,lnmi,lnmk,sbi,sbk,
     f1(2),d1(:,2) )
            if( .Not.c%IsLeft )then

            !     同质界面进行迁移率归一化
                f1(2) = f1(2)*(mc/c%ms)
                d1(:,2) = d1(:,2)*(mc/c%ms)
            end if
            Vol= Vol + c%hr
        end if
    end if

    Vol = 0.5_wp*Vol

    !     缺陷复合速率计算
    cb => c%nc%m%e%cb%eb(1)
    vb => c%nc%m%e%vb%eb(1)
    call defect_calrecomratesb( .Not.IsHole,x,cb,vb,def,f3,d3 )
    f3 = f3*Vol*csrh
    d3 = d3*Vol*csrh
    f4 = 0.0_wp
    d4 = 0.0_wp

    !     光学产生速率
    if( Isg ) then
        f4 = cg*g*exp(-sbi%r%ln1)/sbi%N*Vol
        d4(1) = f4*sbi%r%rm1
        if( IsHole ) then
            d4(2) = 0.0_wp
```

```
            d4(3) = d4(1)
         else
            d4(1) = -d4(1)
            d4(2) = d4(1)
            d4(3) = 0.0_wp
         end if
      end if

!          迁移率归一化
      if( .not.(c%IsLeft.and.c%IsRight) ) then
         f3 = f3/c%ms
         d3 = d3/c%ms
         if( IsG ) then
            f4 = f4/c%ms
            d4 = d4/c%ms
         end if
      else
         f3 = f3/mc
         d3 = d3/mc
         if( Isg ) then
            f4 = f4/mc
            d4 = d4/mc
         end if
      end if

!          以热离子发射流密度进行归一化
      if( c%IsLeftIs.or.c%IsRightIs ) then
         if( exponent(d1(offset,ind(1))).GT.exponent(d1(offset,ind
            (2))) )then
            s = abs(d1(offset,ind(1)))
            IsScaling = .TRUE.
            f1 = f1/s
            d1 = d1/s
            f3 = f3/s
            d3 = d3/s
            if( Isg ) then
               f4 = f4/s
               d4 = d4/s
            end if
         end if
```

12.5 连续性方程

```
       end if

!          矩阵元赋值
       if( c%IsLeft ) then
          f = f1(1)
          d(1:3) = d1(4:6,1)
          d(4:6) = d1(1:3,1)
       end if
       if( c%IsRight ) then
          f = f + f1(2)
          d(4:6) = d(4:6) + d1(1:3,2)
          d(7:9) = d1(4:6,2)
       end if
       f = f - f3
       d(4:6) = d(4:6)   - d3
       if( Isg ) then
          f = f + f4
          d(4:6) = d(4:6) + d4
       end if

end subroutine dis1_dd_st_c_te
```

【练习】

1. 程序 dis1_dd_st_c_te 中，补充自发辐射复合和 Auger 复合项，观察需要调用的物理模型数据。

2. 如果假设异质界面上载流子系综准 Fermi 能连续，则修改 dis1_dd_st_c_te 程序使其适应。

3. 在 dis1_dd_st_c_te 程序中，分别采用热离子发射电流密度、复合项和光学产生项为归一化系数，观察对计算过程的影响。

12.5.5 量子隧穿

依据第 9 章中的结论，量子隧穿对连续性方程的影响体现在非局域隧穿电流与缺陷复合寿命的增强因子，后者以一个附加系数的形式附加在本征寿命上，前者则引入了电子系综和空穴系综之间的空间非局域关联。如果形象地把隧穿过程当作一支射箭，那么对于 Jacobian 矩阵元填充过程而言，这主要涉及四个方面。

(1) 实时的隧穿能量区域与几何区域提取。这涉及隧穿中止点能量与空间位置的判断原则，另外，隧穿电流密度潜入输运方程中时需要格点控制体能量体积元，如 (9.1.4) 和 (9.2.1a) 所示，同时也需要计算隧穿起始点能量体积元与中止点能量体积元的重叠部分，这在程序编制中要格外小心，否则会引入数值不稳定。

(2) 隧穿路径的搜索算法。包括记录沿途的网格单元编码、中止点所在单元中的位置等。

(3) 实时隧穿概率的计算。在 9.4 节的框架内进行计算，隧穿路径上的能带分布复杂性使得这部分任务有时相当复杂，而且数值不确定性也很大。

(4) 相关矩阵元的填充。从 Jacobian 矩阵的分布来说，量子隧穿的非局域性破坏了其原先的规则分布，尤其是对于耦合情况。

可以看出，(1)~(3) 条完全依赖于能带分布，因此适合分析量子隧穿的网格必须能够"精确"分辨出能带导数变化与曲率变化，而 (4) 则依赖于对网格单元局部编码与全局编码的准确引用。

12.5.6 导带/价带隧穿

下面以如图 12.5.8 所示的 n++/p++ 型能带排列为例，输入的参数分别是左右两边区域的编码 (nll,nsl) 与 (nlr,nsr)，借助它们可以获得相关的电子态、缺陷态、载流子输运、格点变量和网格等参数。

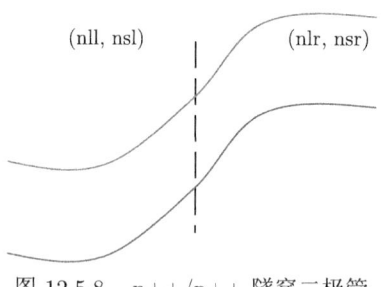

图 12.5.8　n++/p++ 隧穿二极管

步骤 1：获取隧穿区域各种参数，涉及电子态、缺陷态、载流子输运、格点变量和网格等，其中掺杂类型决定了能带分布。

步骤 2：搜索隧穿发生区域 $[E_{cmin}, E_{vmax}]$，能带曲线几何的角度，这种极值点应该是能带曲线的拐点，存在于两边能带平缓或者导数正负发生变化的地方，满足：

$$\frac{dE_c}{dx} = 0 \quad (12.5.6.1a)$$

$$\frac{dE_v}{dx} = 0 \quad (12.5.6.1b)$$

现实中，鉴于网格单元的特点，只能以导数作为判断标准，使能带下降量或

12.5 连续性方程

上升量小于某个提前设定的阈值，如 (12.5.6.1a) 与 (12.5.6.1b) 所示：

$$\frac{\Delta E_c}{h} < \tan\theta_c \qquad (12.5.6.1c)$$

$$\frac{\Delta E_v}{h} < \tan\theta_c \qquad (12.5.6.1d)$$

考虑到隧穿结能带空间分布的特点，搜索都是从子层或材料层界面开始依次向各自材料内部区域进行，直至 (12.5.6.1c)、(12.5.6.1d) 满足，或者合适的中止点，其中 $\theta_c < 10°$，如果单元直径是 0.5nm，则单元上的能带变化量为 $\sim$3meV，实际经验表明这个阈值通常是足够的。

步骤 3：检查两者之间是否存在能量重叠区域。如图 12.5.9 的能带分布，获得了潜在的隧穿中止点 E_{cmin} 和 E_{vmax}，如果能量距离很小，则表示可隧穿的重叠区几乎没有，这个阈值人为设置，我们取 5meV，如果判断不存在重叠区域，则直接返回。

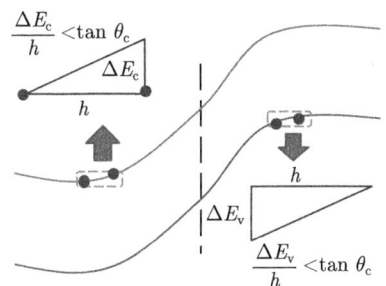

图 12.5.9　隧穿中止点能量搜索示意图

步骤 4：对于异质结隧穿二极管，检查隧穿是否存在界面隧穿，这部分留在后续阐述。

步骤 5：计算或者引用 Richardson 常数。从 (9.1.1a)~(9.1.1d) 可以看出，Richardson 常数是其中制约隧穿电流密度幅值的关键参数，研究也显示了极大影响[10-12]，一种可能的选择是取两边有效质量的几何平均：

$$AT^2 = C\sqrt{m_e m_h} \qquad (12.5.6.2)$$

步骤 6：依据输运方程类型与 (9.1.1a)~(9.1.1d)，计算隧穿引起的矩阵元修正，分成如下几个步骤：

(1) 依据输运方程类型选择一个能量点 E_{qt}，搜索与之相对应的另外一边等能点所在网格单元，搜索所经历的方向称为隧穿搜索路径 (图 12.5.10)，对于一维网格单元，直接从界面另外一边遍历网格单元，判断 E_{qt} 是否位于该单元上能带最大值与最小值之间，如果是，则停止，标志该单元 i_{match}，否则继续。对于二维网格单元，采用沿隧穿方向的深度搜索算法是比较便利的。

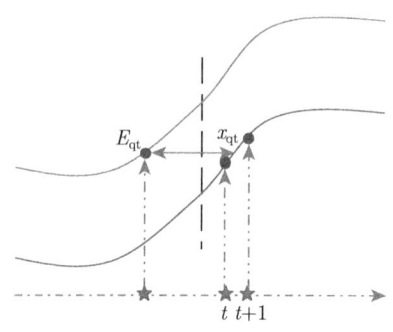

图 12.5.10　隧穿路径搜索示意图

(2) 插值获得对应的格点变量。

插值的关键是要获得等能点在隧穿路径中止单元中的几何位置，这往往通过在网格单元上线性假设的静电势完成：

$$\frac{E_{qt} - E_v^t}{E_v^{t+1} - E_v^t} = \frac{x_{qt} - x_t}{x_{t+1} - x_t} \tag{12.5.6.3}$$

有了隧穿等能点的几何位置 x_{qt}，可以获得此位置的其他格点变量，电子/空穴系综温度采用线性差值的方式得到。为了确保插值方式与流密度离散方法的兼容，电子/空穴准 Fermi 能采用传递函数插值的方式得到，以空穴准 Fermi 能为例，能量为 E_{qt} 的 x_{qt} 处的准 Fermi 能为

$$\frac{\mathrm{e}^{(E_v - E_{Fh})x_{qt}} - \mathrm{e}^{(E_v - E_{Fh})t}}{\mathrm{e}^{(E_v - E_{Fh})t+1} - \mathrm{e}^{(E_v - E_{Fh})t}} = \frac{\mathrm{e}^{\left(qV - \gamma_h'\right)^{x_{qt}} - \left(qV - \gamma_h'\right)^t} - 1}{\mathrm{e}^{\left(qV - \gamma_h'\right)^{t+1} - \left(qV - \gamma_h'\right)^t} - 1} \tag{12.5.6.4}$$

电子准 Fermi 能的插值可以类似得到。(12.5.6.4) 左边在 $(qV - \gamma_h')^t - (qV - \gamma_h')^{t+1} \approx 0$ 的情况下需要用级数展开的方式以避免数值溢出。

(3) 计算隧穿概率。

依据 9.4 节中的内容，结合隧穿搜索路径，进行隧穿概率的数值计算，对于一维和二维规则网格，只需要对网格单元在隧穿方向上的投影长度进行积分即可。

(4) 计算供给函数。

基于插值得到等能点处的载流子系综准 Fermi 能，依据 (9.1.1a)~(9.1.1d) 可以得到两侧的供给函数。

12.5 连续性方程

(5) 计算控制体上的能量体积元。

对于左边网格，隧穿网格点的控制体上的能量体积元为 ΔE_{vol}^i，而插值得到的左边点的能量体积元可能与多个网格点的能量体积元相交，因此要以等能点对应单元为中心，搜索附近与其在能量上有重叠的单元。如图 12.5.11 所示的一维情形，能量单元重叠至少存在两个格点。

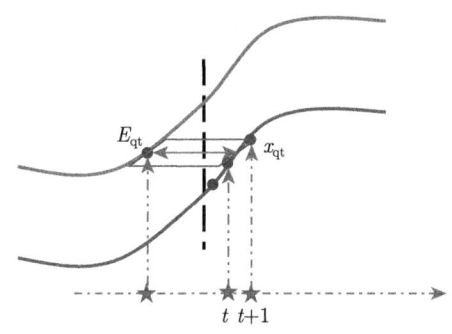

图 12.5.11 隧穿能量体积元示意图

(6) 计算针对当前格点变量的偏导数，并加在相应的 Jacobian 矩阵元上。

在上述步骤基础上，右边网格点及控制单元对应的附加项：$\text{TP}[\text{path}(i)] * \text{supply}[\text{path}(i).\text{end}] * \Delta E_{\text{vol}}^i$，左边网格点及控制单元：$\sum_k \text{TP}[\text{path}(i)] * \text{supply}[\text{path}(i).\text{end}] * \Delta E_{\text{vol}}^i \cap \Delta E_{\text{vol}}^{ik} \neq 0$，量子隧穿是空间非局域行为，通常涉及两种不同类型的载流子系综准 Fermi 能。如果仅考虑单个主输运方程，偏导数项修正仅附加在对角矩阵元，但是对于耦合情形，则在 Jacobian 中引入更多的不规则矩阵元，图 12.5.12 显示了带/带隧穿对电子–空穴耦合输运方程的 Jacobian 形状的影响。

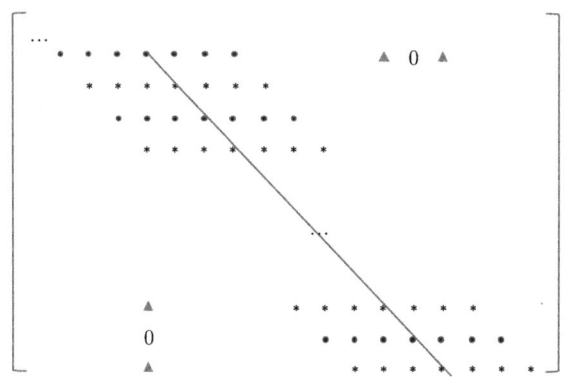

图 12.5.12 存在隧穿的输运方程 Jacobian 形状示意图

下面代码比较原始地呈现了针对 n++/p++ 隧穿结的一种简化的 BTBT 的 Jacobian 矩阵元的修正过程。

```
subroutine btbt_sublayer( IsFe,IsDD,sc,Sll,Slr,A,B )
  use tf , only : tf1
  use rfe , only : rfe_,rfe3_init
  use seb , only : seb_v_
  use scaler , only : scaler_
  use sublayer , only : sublayer_
  use ah_precision , only : wp => REAL_PRECISION , operator &
      (.lessthan.)

  implicit none
  !.
  !. 输入输出参数,包括主方程类型、异质界面处理方式、归一化量、BTBT 子层对
     和系数矩阵等
  logical,    intent( in ) :: IsFe
  logical,    intent( in ) :: IsDD
  type( scaler_ ) , intent( in ) :: sc
  type( sublayer_ ) , intent( in ) :: sll,slr
  real( wp ) , dimension( : ) :: B
  real( wp ) , dimension( :,: ) :: A

  !
  integer :: i,j,k,t,m,ln0,ln1,rn0,rn1
  real( wp ) :: Ecl,Evl,Ecr,Evr,mel,mhl,mer,mhr,eqtl,eqtr
  real( wp ) :: E0,E1,eqt,DOS,mn,V0,V1,Ef0,Ef1,dV,dEf,AT2
  real( wp ) :: ex0,tr,ex1,fl,fr,suppl,coe,ke,kh,kv,de,r,Vol,jt,df, &
      f0,ksum
  real( wp ) :: dEf0,dEf1,Tqt,EVol_min,EVol_max,e_min,e_max, &
      Ef_start,Ef_emp
  type( rfe_ ) :: r0, r1
  type( seb_v_ ) , pointer :: sebl, sebr
  real( wp ) , dimension( : ) , pointer :: hl,hr,Vl,Vr,Efl,Efr

  ! 指向网格单元、格点变量和电子态参数
  hl => sll%sp%h
  hr => slr%sp%h
  Vl => sll%sp%V
  Vr => slr%sp%V
  Efl => sll%sp%Efe
```

12.5 连续性方程

```
Efr  => slr%sp%Efh
sebl => sll%m%e%cb%eb(1)%E
sebr => slr%m%e%vb%eb(1)%E

Ecl = Sebl%E
Evl = sll%m%e%vb%eb(1)
Ecr = slr%m%e%cb%eb(1)
Evr = Sebr%E

!. 依照 (12.5.6.1c) 的原则从界面出发向左边材料搜索导带的极值点
!. 这个方向, 能带能量是下降的
t = sll%nonb(2)%t
E0 = Ecl - Vl(t)
do t = sll%nonb(2)%t, sll%nonb(1)%t, -1
   E1 = Ecl - Vl(t-1)
   if( (E0-E1)/hl(t-1).lessthan.0.17633_wp ) exit
   E0 = E1
end do
ln0 = t
eqtl = Ecl - Vl(ln0)

!. 依照 (12.5.6.1d) 的原则从界面出发向右边材料搜索价带的极值点
!. 这个方向能量是上升的
t = slr%nonb(1)%t
E0 = Evr - Vr(t)
do t = slr%nonb(1)%t, slr%nonb(2)%t, 1
   E1 = Evr - Vr(t+1)
   if( (E1-E0)/hr(t).lessthan.0.17633_wp )exit
   E0 = E1
end do
rn1 = t
eqtr = Evr - Vr(rn1)
if( (eqtr-eqtl).lessthan.0.1_wp ) return

! ------------------------------------------------------------
!. 下面代码搜索两边材料的隧穿能量区间
!. ------------------------------------------------------------
!. 左边隧穿区间的上界 ≤ 右边材料最高隧穿能量 Eqtr

do t = sll%nonb(2)%t, ln0,-1
```

```
      E1 = Ecl - Vl(t)
      if( E1.lessthan.eqtr ) exit
   end do
   ln1 = t
   if( (ln1-ln0).lt.2 ) return

   !. 右边隧穿区间的下界 ≥ 左边材料最低隧穿能量 Eqtl

   do t = slr%nonb(1)%t, rn1, 1
      E1 = Evr - Vr(t)
      if( eqtl.lessthan.E1 ) exit
   end do
   rn0 = t
   if( (rn1-rn0).lt.2 ) return
   !
   ! ******.end of code segment for tunneling regions of both
      sides.******
   !

   ! 计算 Richardson 常数
   ! ---------------------------
   mel = SEBl%smc
   mhl = sll%m%e%vb%eb(1)%smc
   mer = SEBr%smc
   mhr = slr%m%e%vb%eb(1)%smc
   AT2 = sqrt(mel*mhl*mer*mhr)


   !. 电子连续性方程
   if( IsFe ) then
      mn = sll%f%t%m%mn
      dos = sebl%n
      !
      !. 遍历左边导带网格单元
      !
      m = slr%nonb(1)%t
      !
      do t = ln0, ln1, 1
         !
         !. electron tunneling energy
```

12.5 连续性方程

```
!
eqt = Ecl - Vl(t)
Ef_start = Efl(t)
!
!. 遍历左边单元寻找价带端与之等能点所在单元
!
E0 = Evr - Vr(m)
do k = m, slr%nonb(2)%t, 1
   E1 = Evr - Vr(k+1)
   if( (E0-Eqt)*(E1-Eqt).lessthan.0.0_wp ) exit
   E1 = E0
end do
m = k

!. 由能量比例推算出几何比例
r = (Eqt-E0)/(E1-E0)


!
!. 依据 (12.5.6.4) 插值获得等能点的空穴系综准 Fermi 能
!
V0 = Vr(k)
V1 = Vr(k+1)
Ef0 = Efr(k)
Ef1 = Efr(k+1)

call rfe3_init( .false.,Evr,V0,Ef0,r0 )
call rfe3_init( .false.,Evr,V1,Ef1,r1 )
dV= V1-V0+(r0%gama-r1%gama)
dEf=Ef0-Ef1
ex0 = exp( dEf ) - 1.0_wp

!. 调用传递函数计算 (12.5.6.4) 等号右边表达式

tr  = tf1(dV,r*dV )
ex1 = 1.0_wp + ex0*tr
Ef_emp = Ef0 - log(ex1)

!. 基于 (9.4.1.5) 的双带 WKB 近似计算波矢积分

ksum = 0.0_wp
```

!. 遍历右边 p++ 材料网格单元

```
do j = slr%nonb(1)%t,k,1
   V1=Vr(j)
   ke = mer * sqrt(Ecr-V1-Eqt)
   kh = mhr * sqrt(Eqt-(Evr-V1))
   kv = ke*kh/sqrt(ke*ke+kh*kh)
   if( j.eq.slr%nonb(1)%t ) then
      Vol = hr(j)
   else if( j.eq.k ) then
      Vol = hr(j)*r*2.0_wp + hr(j-1)
   else
      Vol = hr(j-1) + hr(j)
   end if
   ksum = ksum + kv * Vol

end do
```

!. 遍历左边 n++ 材料网格单元
```
do j = t,sll%nonb(2)%t,1
   V1=Vl(j)
   !
   if( j.eq.t ) then
      ke = 0.0_wp
   else
      ke = mel * sqrt(Ecl-V1-Eqt)
   end if
   kh = mhl * sqrt(Eqt-(Evl-V1))
   kv = ke*kh/sqrt(ke*ke+kh*kh)
   if( j.eq.slr%nonb(2)%t ) then
      Vol = hl(j-1)
   else if(j.eq.t) then
      Vol = hl(j)
   else
      Vol = hl(j-1) + hl(j)
   end if

   ksum = ksum + kv * Vol
```

12.5 连续性方程

```
end do
!
tqt = exp ( - ksum*sc%ck )
!

!. 计算当前网格点载流子统计中间值
V0 =   Vl(t)
call rfe3_init( .TRUE.,Ecl,V0,Ef_start,r0 )

! 计算当前网格点能量控制体区间及体积
E0=Ecl-Vl(t-1)
E1=Ecl-Vl(t+1)
EVol_max = 0.5_wp*(E1+Eqt)
EVol_min = 0.5_wp*(E0+Eqt)
de = EVol_max - EVol_min

! 依据 (9.1.1b) 进行隧穿电流计算, 注意这里的方向是 n1
coe = sc%cten*AT2*dE*Tqt

!       统计函数计算

fl = 1.0_wp + exp( Ef_start-eqt )
fr = 1.0_wp + exp( Ef_emp-eqt )
suppl = log( fr/fl )
df = ( 1.0_wp-fl )/fl

!       归一化因子是迁移率与载流子浓度的乘积

df = (df - suppl*r0%rm1)*coe
f0 = coe * suppl

!       获取当前网格全局编码

if(IsDD)then
   i = sll%nonb(1)%ig + t-1
else
   i = sll%nonb(1)%ip + t-1
end if

!       矩阵元填充
```

```
              b(i) = b(i) + f0*exp(-r0%ln1)/(mn*Dos)
              A(3,i) = A(3,i) + df*exp(-r0%ln1)/(mn*Dos)
           end do

        else

!. 空穴连续性方程

           mn = slr%f%t%m%mp
           dos = sebr%n
           !
           !. 左边网格单元遍历
           !
           m = slr%nonb(1)%t
           !
           do t = ln0, ln1, 1
              !
              !. electron tunneling energy
              !
              eqt = Ecl - Vl(t)
              Ef_start = Efl(t)
              !
              !. 遍历左边单元寻找价带端与之等能点所在单元
              !
              E0 = Evr - Vr(m)
              do k = m, slr%nonb(2)%t, 1
                 E1 = Evr - Vr(k+1)
                 if( (E0-Eqt)*(E1-Eqt).lessthan.0.0_wp ) exit
                 E1 = E0
              end do
              m = k
              r = (Eqt-E0)/(E1-E0)
              !
              !. 依据 (12.5.6.4) 插值获得等能点的空穴系综准 Fermi 能

              V0 = Vr(k)
              V1 = Vr(k+1)
              Ef0 = Efr(k)
              Ef1 = Efr(k+1)
```

12.5 连续性方程

```
call rfe3_init( .false.,Evr,V0,Ef0,r0 )
call rfe3_init( .false.,Evr,V1,Ef1,r1 )
dV = V1-V0 + (r0%gama-r1%gama)
dEf = Ef0 - Ef1
ex0 = exp( dEf ) - 1.0_wp
tr  = tf1( dV,r*dV)
ex1 = 1.0_wp + ex0*tr
Ef_emp = Ef0 - log(ex1)

!. 基于 (9.4.1.5) 的双带 WKB 近似计算波矢积分

ksum = 0.0_wp

!. 右边
i = slr%nonb(1)%t
do j = i,k,1
   V1=Vr(j)
   ke = mer * sqrt(Ecr-V1-Eqt)
   kh = mhr * sqrt(Eqt-(Evr-V1))
   kv = ke*kh/sqrt(ke*ke+kh*kh)
   if( j.eq.i ) then
      Vol = hr(j)
   else if( j.eq.k ) then
      Vol = hr(j)*r*2.0_wp + hr(j-1)
   else
      Vol = hr(j-1) + hr(j)
   end if
   ksum = ksum + kv * Vol

end do

!. 左边
i = sll%nonb(2)%t
do j = t,sll%nonb(2)%t,1
   V1 = Vl(j)
   !
   if( j.eq.t ) then
      ke = 0.0_wp
   else
      ke = mel*sqrt(Ecl-V1-Eqt)
```

```
         end if
         kh = mhl*sqrt(Eqt-(Evl-Vl))
         kv = ke*kh/sqrt(ke*ke+kh*kh)
         if( j.eq.i) then
            Vol = hl(j-1)
         else if(j.eq.t) then
            Vol = hl(j)
         else
            Vol = hl(j-1) + hl(j)
         end if

         ksum = ksum + kv * Vol

      end do
      !
      tqt = exp ( -ksum*sc%ck )
      !
      !. 计算当前网格点能量控制体区间及体积
      !
      E0=Ecl-Vl(t-1)
      V0=Ecl-Vl(t)
      E1=Ecl-Vl(t+1)
      EVol_max = 0.5_wp*(E1+V0)
      EVol_min = 0.5_wp*(E0+V0)
      de = EVol_max - EVol_min

      ! 依据 (9.1.1b) 进行隧穿电流计算，注意这里的方向是 n1
      coe = sc%cten*AT2*Tqt
      fl = 1.0_wp + exp( Ef_start-eqt )
      fr = 1.0_wp + exp( Ef_emp-eqt )
      suppl = log( fr/fl )
      df = ( fr-1.0_wp )/fr
      !
      ! 计算关于 k 单元上格点变量的偏导数
      !
      def1 = x(2)*tr/ex1
      def0 = df*(1.0_wp-def1)
      def1 = df*def1
      !
      f0 = coe*suppl*de
```

12.5 连续性方程

```
!
!  计算当前格点能量控制体在左边网格单元上的分解
!  以当前单元为中心,分别向一维网格分布的两个方向搜索

!
do j = k-1,slr%nonb(1)%t, -1
   V1 = Vr(j+1)
   e_max = 0.5_wp*(Evr-V1+Evr-Vr(j+2))
   e_min = 0.5_wp*(Evr-Vr(j)+Evr-V1)

   ! 计算当前格点能量控制体在左边网格单元上的分量
   if( e_max.lessthan.EVol_min ) exit
   de = min(e_max,EVol_max) - max(e_min,EVol_min)
   if( IsDD ) then
      i = slr%nonb(1)%ig + j
   else
      i = slr%nonb(1)%ip + j
   end if
   call rfe3_init( .false.,Evr,V1,Efr(j+1),r0 )
   coe = coe*de*exp(-r0%ln1)/(dos*mn)
   A(3,i) = a(3,i) + coe*r0%rm1*suppl
   b(i)   = b(i) + coe*suppl

   ! 非对角矩阵元的填充,仅限于隧穿路径终点所处的单元

   if( j.eq.k-1 ) then
      a(2,i+1) = a(2,i+1) + coe*def1
      a(3,i)   = a(3,i) + coe*def0
   end if

end do

l = slr%nonb(2)%t-1
do j = k,l, -1
   V1 = Vr(j+1)
   E0 = Evr-V1
   if( j.eq.l ) then
      E1 = E0
   else
      E1 = Evr-Vr(j+2)
```

```
            end if
            e_max = 0.5_wp*(Evr-V1+Evr-Vr(j+2))
            e_min = 0.5_wp*(Evr-Vr(j)+Evr-V1)
            if( EVol_max.lessthan.e_min ) exit
            de = min(e_max,EVol_max) -max(e_min,EVol_min)
            if( IsDD ) then
               i = slr%nonb(1)%ig + j
            else
               i = slr%nonb(1)%ip + j
            end if
            call rfe3_init( .false.,Evr,V1,Efr(j+1),r0 )
            coe =   coe*de*exp(-r0%ln1)/(dos*mn)
            A(3,i) = a(3,i) + coe*r0%rm1*suppl
            b(i)   = b(i) + coe*suppl
            if( j.eq.k ) then
               a(4,i-1) = a(4,i-1) + coe*def0
               a(3,i)   = a(3,i) + coe*def1
            end if
         end do
      end do
   
   end if
end subroutine btbt_sublayer
```

图 12.5.13 显示了依据上述程序方法计算的电场强度 (electric field) 与隧穿概率 (TP)。

需要指出的是，上述方法仅适用于厚度大于 10nm 的隧穿结的数值分析，如果厚度小于电子德布罗意波长，如文献 [13] 中的 3nm 中间 GaAs 层，需要采用非平衡 Green 函数或者由 (3.6.2.10) 和 (3.6.2.11) 获得包络函数空间分布后，再计算重叠积分得到。

【练习】

1. 基于 (11.1.5.3)，采用电流密度恒等假设，推导 (12.5.6.4)，类似给出电子准 Fermi 能插值公式。

2. 针对二维规则长方形网格单元，发展隧穿路径的搜索算法，讨论三角形网格单元上的相应算法。

3. 以级数展开方式编制子程序计算 (12.5.6.4) 等号右边部分，并进一步发展整个隧穿电流密度关于 E_{Fh}^t 和 E_{Fh}^{t+1} 偏导数值计算子程序。

4. 在子程序 btbt_sublayer 中，如果采用 (9.4.1.11) 计算复杂异质结构隧穿

12.5 连续性方程

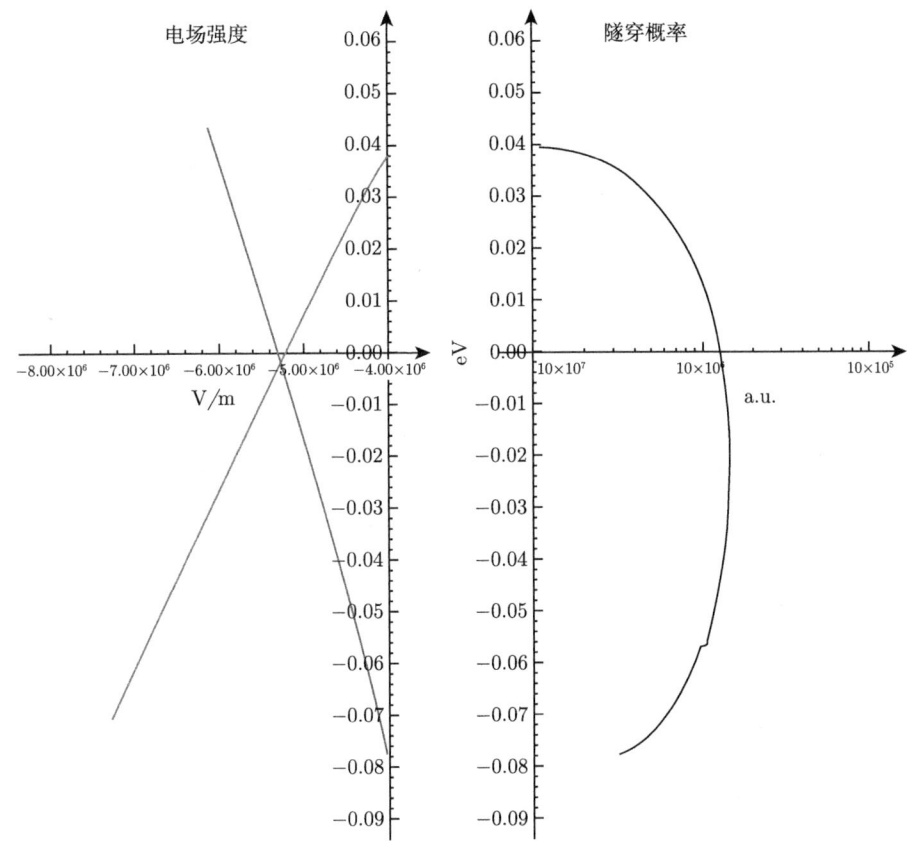

图 12.5.13 计算得到的电场与隧穿概率

概率，则试替换相应部分。

5. 本节示例代码中对空穴部分是采用从电子部分插值的形式获得，如果空穴部分采用自身计算的方式，试比较两种计算方式所得到的结果的区别。

12.5.7 能带/界面隧穿

下面以如图 12.5.14 所示的能带排列为例，能带界面隧穿区间要满足以下三个条件。

(1) 能量要高于右边界面处能带值：$E(x) > E_c(0^+)$。

(2) 距离界面距离要小于最大隧穿深度：$x < L_{qt}$，这也是一个依赖于能带分布的物理量，与设置光学截断深度 (6.5.2.2a) 和 (6.5.2.2b) 一样，通常需要在实际运算中判断波矢和：

$$\int k(x)\,\mathrm{d}x \approx \sum_i k_i \Delta x_i > 13.186 \tag{12.5.7.1}$$

(3) 单元上能量差要大于预先设定的对能带曲线变化的值

$$\Delta E_i > E_s \tag{12.5.7.2}$$

这三个条件相互制约,图 12.5.14 显示两种不同的情况。

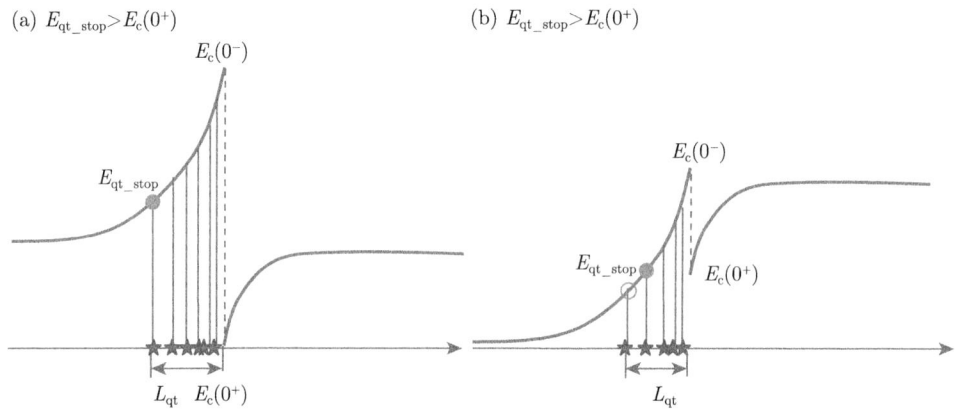

图 12.5.14　两种不同能带排列的异质界面

上述讨论并没有考虑界面右边处量子限制的影响,如果计入量子限制,对应图 12.5.14(b) 的能带分布,则需要将最低能量为量子限制中的最低能级,如图 12.5.15 所示。

$$E(x) > E_{qc}^1(0^+) \tag{12.5.7.3}$$

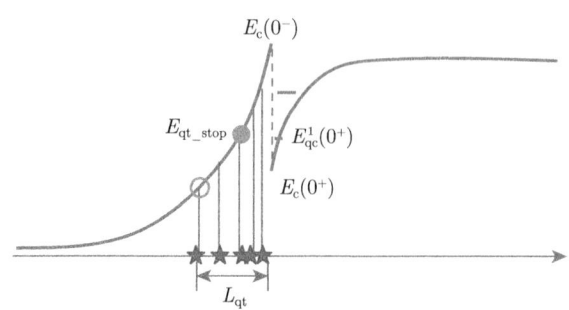

图 12.5.15　界面存在量子隧穿情形

此时隧穿属于典型的二维/三维混合类型,需要借助波函数的重叠积分与跃迁矩阵元进行计算[14-17]。鉴于能带/界面隧穿通常发生在同种类型载流子之间,且有一端空间位置固定,很容易看出 Jacobian 附加矩阵元的分布,如图 12.5.16 所示。

依据上述讨论建立针对能带分布如图 12.5.14 和图 12.5.15 所示的 BTST 隧穿子程序 subroutine btst_sublayer(sc,Sll,Slr,A,B),基本框架如下:

12.5 连续性方程

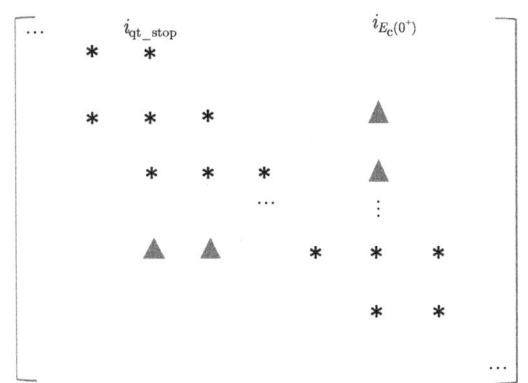

图 12.5.16　界面存在隧穿的 Jacobian 分布

(1) 建立对电子态模型参数与格点变量的索引；

(2) 计算界面能带值与左边导带隧穿范围 $E_c(L_{qt})$，进行比较搜索，获得 E_{qt_stop} 和相应的隧穿能量区间与空间几何范围；

(3) 隧穿能量区域内逐个网格点遍历计算相应能量控制体、统计分布函数项、隧穿电流密度等，获得各个偏导数并附加在相应位置 Jacobian 的矩阵元上。

关于 BTST 的一些应用见文献 [18] 和 [19]，鉴于量子隧穿是一种空间几何范围很小的效应，早期的一些文献里把量子隧穿效应嵌入异质界面热离子发射模型中 [20]，如图 12.5.15 所示的能带分布，修正过的异质界面热离子发射电流密度为

$$\boldsymbol{n}_1 \cdot \boldsymbol{J}_n^{\mathrm{TE}} = q(1+\delta) v_{e1}(T_{e2}) N_{c1}(T_{e2}) F_{1h}(\eta_{e1}^2) - q(1+\delta) v_{e1}(T_{e1}) N_{c1}(T_{e1}) F_{1h}(\eta_{e1}^1) \tag{12.5.7.4a}$$

$$\delta = \frac{1}{k_B T_L N_{c1}(T_{e1}) F_{1h}(\eta_{e1}^1)} \int_{E_{qt\_stop}}^{E_c(0^-)} \ln \frac{1+e^{\eta_{e2}^2(0^+)}}{1+e^{\eta_{e1}(E)}} T(E) \,\mathrm{d}E \tag{12.5.7.4b}$$

这种方式能够避免非局域性对 Jacobian 矩阵元的规则分布的负面影响。

【练习】

1. 设定一个隧穿最大截止深度，编写一个能够搜索如图 12.5.14 所示能带分布的 E_{qt_stop} 的子程序，考虑如图 (a) 和 (b) 所示的两种情形，并拓展到其他类型能带分布。

2. 完成 btst_sublayer 的具体实施。

12.5.8　能带/缺陷隧穿

图 9.3.1 显示了材料带隙中单个缺陷能级分别向导带与价带隧穿交换载流子的情况，器件结构中，缺陷连续分布，除了确定隧穿区域外，还要确定哪些位置的缺陷是不需要考虑其与能带之间的隧穿的。如图 12.5.17 所示的缺陷分布，首

先考虑缺陷与能带隧穿交换引起的场增强因子，这里直接引用热跃迁辅助机制的公式 (9.3.2.4)，可以确定对应电子与空穴的场增强因子分别为

$$g_n = \int_{E_T}^{E_c} e^{E_c - E} T\left[E\left(x, x'\right)\right] dE = \int_0^{E_{dc}} e^{E} T\left[\left(E_c - E\right)\left(x, x'\right)\right] dE \quad (12.5.8.1a)$$

$$g_p = \int_{E_v}^{E_t} e^{E - E_v} T\left[E\left(x, x'\right)\right] dE = \int_0^{E_{dv}} e^{E} T\left[\left(E_v + E\right)\left(x, x'\right)\right] dE \quad (12.5.8.1b)$$

其中，隧穿概率的计算多采用 WKB 近似。实际中，鉴于实时隧穿路径搜索与隧穿概率计算的复杂性和数值不确定性，文献中多采用一些近似表达式，如采用均匀电场近似、Maxwell-Boltzmann 统计以及 Airy 函数的渐近特性[21,22]：

$$g_{n(p)} = \frac{E_{dc(v)}}{k_B T} \int_0^1 e^{\frac{E_{dc(v)}}{k_B T} u - K_{n(p)} u^{3/2}} du \quad (12.5.8.2)$$

其中，$K_{n(p)} = \frac{4}{3} \frac{\sqrt{2 m_e E_{dc(v)}^3}}{q \hbar |E|}$，可以看出 (12.5.8.2) 不具备量子隧穿的空间非局域性质。

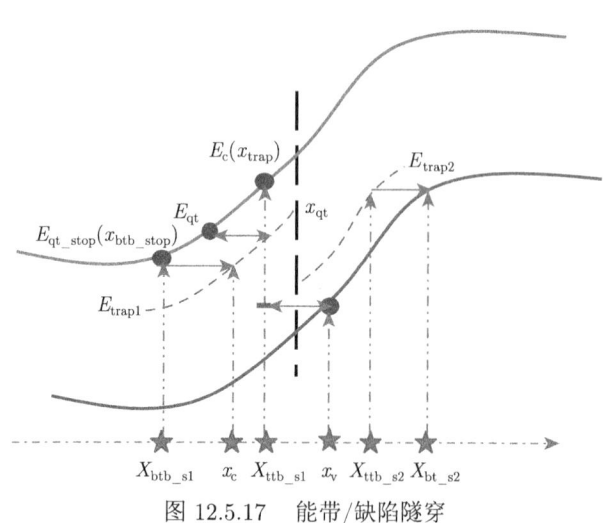

图 12.5.17　能带/缺陷隧穿

其次，从图 12.5.17 可以看出，如果缺陷能级的能量低于或高于直接带隙隧穿的中止能量区域，那么是不需要计算隧穿效应的，对应于空间位置分别为

$$E_{trap}\left(x_{ttb\_s1}\right) \approx E_{btb\_s1}\left(x_{btb\_s1}\right) \quad (12.5.8.3a)$$

$$E_{\text{trap}}(x_{\text{ttb\_s2}}) \approx E_{\text{btb\_s2}}(x_{\text{btb\_s2}}) \tag{12.5.8.3b}$$

基于能带/能隧穿的数值计算流程，能够直接给出能带/缺陷隧穿的流程 subroutine ttbt_sublayer(sc,Sll,Slr,def,ge,gh)，这里 def 是缺陷模型，ge 和 gh 分别是电子和空穴的场增强因子，基本框架如下：

(1) 索引格点变量、电子态模型参数和缺陷模型参数；

(2) 结合能带分布与缺陷参数，搜索缺陷隧穿中止能量 $E_{\text{btb\_stop}}$ 与空间位置 ($x_{\text{ttb\_stop}}$)；

(3) 隧穿区域内逐个格点遍历计算隧穿概率，进而获得场增强因子 ge 和 gh。关于 BTBT 与 TTBT 嵌入同一个输运方程中的数值分析结果见文献 [23]。

【练习】

1. 结合能带/能带隧穿计算流程，给出场增强因子的数值计算流程，并编程实施。

2. 给定隧穿二极管，两边材料参数为 ($\varepsilon_{\text{r}} = 11.6$, $N_{\text{c}} = 5\times 10^{18}\text{cm}^{-3}$, $N_{\text{v}} = 1\times 10^{19}\text{cm}^{-3}$, $E_{\text{g}} = 2.0\text{eV}$)，掺杂分别为 n++(掺杂 $N_{\text{d}} = 1\times 10^{20}\text{cm}^{-3}$, $E_{\text{dc}} = 5\text{meV}$, $\tau_{\text{n}} = \tau_{\text{p}} = 100\text{ns}$, 缺陷 $E_{\text{dc}} = 0.16\text{eV}$, $\tau_{\text{n}} = \tau_{\text{p}} = 10\text{ns}$, $N_{\text{trap}} = 1\times 10^{18}\text{cm}^{-3}$)，p++ (掺杂 $N_{\text{a}} = 1\times 10^{20}\text{cm}^{-3}$, $E_{\text{dc}} = 25\text{meV}$, $\tau_{\text{n}} = \tau_{\text{p}} = 100\text{ns}$, 缺陷 $E_{\text{dc}} = 0.4\text{eV}$, $\tau_{\text{n}} = \tau_{\text{p}} = 10\text{ns}$, $N_{\text{trap}} = 1\times 10^{18}\text{cm}^{-3}$)，试编制程序计算 n++ 中 E_{dc} 为 0.16eV 的 $x_{\text{ttb\_s1}}$ 与 $x_{\text{ttb\_s2}}$，选取一个位置的缺陷能级，比较采用 WKB 近似计算 (12.5.8.1a) 与采用 (12.5.8.2) 计算的场增强因子的区别。

12.6 能流方程

在针对连续性方程的数值实施基础上，能直接类比得到能流方程的实施过程，体材料的输运方程与 12.5.1 节中完全一样，这里只讨论与连续性方程有差别的地方。

12.6.1 源项

由 (4.5.8.2f) 和 (4.5.8.2g) 知道，与连续性方程不同的是，能流方程所有产生复合项都要乘上载流子系综的能量，其中要注意的是，在处理光学跃迁时忽略了相应光子能量的光生载流子到载流子系综能量的跃迁过程，而是认为载流子能量在一个比带内载流子系综弛豫更短的时间尺度内，直接跃迁进入载流子系综，因此处理光学跃迁与载流子系综之间的弛豫需要一个更加"快"的动力学过程模型。另一种处理方式是把这部分热载流子损耗直接加在晶格热传导方程上 [24]：

$$H_{\text{A}} = g(x,\lambda)(E_{\text{ph}} - w_{\text{n}} - E_{\text{g}} - w_{\text{p}}) \tag{12.6.1.1}$$

其他项主要是自发辐射复合项、Auger 复合项、量子隧穿项等，其中典型的是载流子系综热能在网格单元上的计算，这可以通过类比的形式直接借用 12.6 节中的形式，如电子热能：

$$\int (nw_\mathrm{n})\,\mathrm{d}\Omega_i = \frac{3}{2}\int \left[nk_\mathrm{B}T_\mathrm{e}\frac{F_\mathrm{3h}(\eta_\mathrm{e})}{F_\mathrm{1h}(\eta_\mathrm{e})}\right]\mathrm{d}\Omega_i \qquad (12.6.1.2)$$

式中，$\dfrac{F_\mathrm{3h}(\eta_\mathrm{e})}{F_\mathrm{1h}(\eta_\mathrm{e})}$ 可以认为在网格单元上是线性变化的，其他插值可以借助 (11.2.1.2b) 获得。

能量输运方程另外要注意的是，电场强度与电流密度点积项在单元上的积分 [25,26]，利用分部积分法可以转换成另外一种形式，如电子能流输运方程中：

$$q\boldsymbol{E}\cdot\boldsymbol{J}_\mathrm{n} = -\nabla(qV\boldsymbol{J}_\mathrm{n}) + qV\nabla\cdot\boldsymbol{J}_\mathrm{n} \qquad (12.6.1.3)$$

这样单元上的积分为

$$\int (q\boldsymbol{E}\cdot\boldsymbol{J}_\mathrm{n})\,\mathrm{d}\Omega_i = \int qV\boldsymbol{J}_\mathrm{n}\cdot\mathrm{d}\boldsymbol{S} + q\frac{3}{2}\int qV(G-R)\,\mathrm{d}\Omega_i \qquad (12.6.1.4)$$

【练习】

1. 编制 (12.6.1.2) 的计算子程序，选取一组数据，比较不同近似获得的结果的数值差异。

2. 以 (12.6.1.1) 修正晶格热传导方程。

3. 分别编制 (12.6.1.4) 在一维线段网格和二维长方形网格单元上的子程序。

12.6.2 跨越异质界面的能流密度

依据 (8.1.6.6b) 和连续性方程中的讨论，可以直接得到跨越如图 8.1.1 所示的异质界面能带排列的能流密度公式：

$$\boldsymbol{n}_2\cdot\boldsymbol{S}_{\mathrm{n},2}^{\mathrm{TE}} = 2\left[k_\mathrm{B}T_{\mathrm{e}2}v_{\mathrm{n}2}(T_{\mathrm{e}2})N_{\mathrm{c}2}(T_{\mathrm{e}2})F_\mathrm{1h}(\eta_{\mathrm{e}2}^2) - k_\mathrm{B}T_{\mathrm{e}1}v_{\mathrm{n}2}(T_{\mathrm{e}1})N_{\mathrm{c}2}(T_{\mathrm{e}1})F_\mathrm{1h}(\eta_{\mathrm{e}2}^1)\right]$$
$$(12.6.2.1)$$

这部分能流密度也可以由 1 到 2 的能流密度减去载流子热离子发射流密度所消耗的势能得到

$$\boldsymbol{n}_1\cdot\boldsymbol{S}_{\mathrm{n},2}^{\mathrm{TE}} = \boldsymbol{n}_1\cdot\boldsymbol{S}_{\mathrm{n},1}^{\mathrm{TE}} - \boldsymbol{n}_1\cdot\boldsymbol{F}_{\mathrm{n},1}^{\mathrm{TE}}\times\Delta E_\mathrm{c} = \boldsymbol{n}_1\cdot\boldsymbol{S}_{\mathrm{n},1}^{\mathrm{TE}} + \boldsymbol{n}_1\cdot\frac{\boldsymbol{J}_{\mathrm{n},1}^{\mathrm{TE}}}{q}\times\Delta E_\mathrm{c} \qquad (12.6.2.2)$$

于是得到 1 到 2 的能流密度为

$$\boldsymbol{n}_1\cdot\boldsymbol{S}_{\mathrm{n},1}^{\mathrm{TE}} = 2\left[k_\mathrm{B}T_{\mathrm{e}1}v_{\mathrm{n}2}(T_{\mathrm{e}1})N_{\mathrm{c}2}(T_{\mathrm{e}1})F_\mathrm{1h}(\eta_{\mathrm{e}2}^1) - k_\mathrm{B}T_{\mathrm{e}2}v_{\mathrm{n}2}(T_{\mathrm{e}2})N_{\mathrm{c}2}(T_{\mathrm{e}2})F_\mathrm{1h}(\eta_{\mathrm{e}2}^2)\right]$$

$$+ \Delta E_{\mathrm{c}} \left[v_{\mathrm{n}2}(T_{\mathrm{e}1}) N_{\mathrm{c}2}(T_{\mathrm{e}1}) F_{\mathrm{1h}}\left(\eta_{\mathrm{e}2}^{1}\right) - v_{\mathrm{n}2}(T_{\mathrm{e}2}) N_{\mathrm{c}2}(T_{\mathrm{e}2}) F_{\mathrm{1h}}\left(\eta_{\mathrm{e}2}^{2}\right) \right] \tag{12.6.2.3}$$

同样也能得到载流子替换原则。注意到 (8.1.6.6b) 的推导过程中采用 Maxwell-Boltzmann 统计，实际实施中可以类比地将 (12.6.2.3) 的 1/2 阶 Fermi-Dirac 积分换成 3/2 阶积分。

【练习】

编制 (12.6.2.3) 对应的实施子程序，类比图 12.5.4，讨论其中的载流子与带阶排列替换原则。

12.7　Poisson 方程的其他形式

在太阳电池数值分析中，Poisson 方程经常遇到的是瞬态和量子限制，这两种情况的 Jacobian 矩阵元计算过程各自具有特征，下面简要讨论这两种情况。

12.7.1　瞬态

依据 (5.11.1.1e) 与 (10.3.3.1)，控制体上积分形式为

$$\int \nabla \cdot \left[\varepsilon \nabla \frac{\partial qV}{\partial t} \right] \mathrm{d}\Omega - \sum_{k} \{ \boldsymbol{J}_{\mathrm{n}} + \boldsymbol{J}_{\mathrm{p}} \}_{ik} d_{ik} = 0 \tag{12.7.1.1}$$

静电势梯度时间导数项的离散采用一阶导数：

$$\int \nabla \cdot \left[\varepsilon \nabla \frac{\partial qV}{\partial t} \right] \mathrm{d}\Omega = \int \nabla \cdot \left[\varepsilon \nabla \frac{qV(t+\Delta t) - qV(t)}{\Delta t} \right] \mathrm{d}\Omega \tag{12.7.1.2}$$

流密度采用 (10.3.6.2a) 的时间轴半网格插值，相应格点的计算直接调用 12.5 节中的子程序。

【练习】

1. 写出 (12.7.1.2) 所对应的时间归一化量。
2. 写出非耦合与耦合形式下，(12.7.1.2) 所对应的矩阵元形式并编程实施。

12.7.2　量子限制

量子限制情形的主要特征是增加 Schrödinger 方程的求解，由于这是涉及有限区域下的能量本征值与本征函数的求解过程，所以需要增加实施该过程的相关数据结构与数值算法。

(1) 量子限制的数据结构。

描述一个能够数值识别的量子限制结构，需要明确量子限制存在的起始层、中止层、能带类型、垒层和阱底典型能量等，考虑到异质界面的因素，这种典型能

量一般存在于界面的两边,需要层编码与相对位置两个基本参数,整体如图 12.7.1 所示。

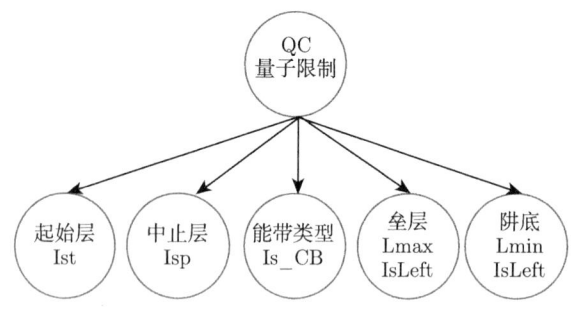

图 12.7.1　量子限制的典型数据结构

(2) Schrödinger 方程的离散。

依据 10.3.7 节,可以给出 Schrödinger 方程的有限差分离散,一维情形是一典型的三对角本征方程,如图 12.7.2 所示。

$$\begin{bmatrix} d_1 & u_1 & & \cdots 0 \cdots & & 0 & 0 \\ l_1 & d_2 & u_2 & \cdots 0 \cdots & & 0 & 0 \\ 0 & l_3 & d_3 & u_3 \cdots 0 \cdots & & 0 & 0 \\ \vdots & & & \vdots & & & \vdots \\ 0 & 0 & & \cdots 0 \cdots & d_{n-2} & u_{n-2} & 0 \\ 0 & 0 & & \cdots 0 \cdots & l_{n-1} & d_{n-1} & u_{n-1} \\ 0 & 0 & & \cdots 0 \cdots & & l_n & d_n \end{bmatrix} \begin{bmatrix} \varphi_1 \\ \varphi_2 \\ \varphi_3 \\ \vdots \\ \varphi_{n-2} \\ \varphi_{n-1} \\ \varphi_n \end{bmatrix} = E \begin{bmatrix} \varphi_1 \\ \varphi_2 \\ \varphi_3 \\ \vdots \\ \varphi_{n-2} \\ \varphi_{n-1} \\ \varphi_n \end{bmatrix}$$

图 12.7.2　一维结构 Schrödinger 方程离散本征方程

(3) 限制能级本征值能量区间。

理论上说,$n \times n$ 矩阵的本征值有 n(存在重叠),我们只对位于量子阱中的有限几个感兴趣,因此需要借助量子限制数据结构明确这个能量区间,下面代码段通过获得异质界面处的能量给出最终量子限制的本征值存在范围。

```
m = lmax(n)%nlc
    select case(lmax(n)%locc)
    case('l')
        ecmax = hlstr(m)%ebl%Ec - V(m)%A(1)
    case('r')
        Ecmax = hlstr(m)%ebr%Ec - V(m)%a(V(m)%num)
    end select
m = lmin(n)%nlc
    select case(lmin(n)%locc)
```

12.7 Poisson 方程的其他形式

```
case('l')
    ecmin = hlstr(m)%ebl%Ec - V(m)%A(1)
case('r')
    Ecmin = hlstr(m)%ebr%Ec - V(m)%a(V(m)%num)
end select
```

(4) 本征值及本征函数计算。这部分是数值线性代数中一大类内容，已经发展了很多成熟高效的算法，对于图 12.7.2 所示的三对角矩阵，可以借助 eigenpack 包中的程序给出，读者可以参考相关内容。

(5) 本征函数的归一化。这一步实施每个本征函数的归一化：

$$\int |\psi_i|^2 \, \mathrm{d}x = 1 \tag{12.7.2.1}$$

(6) 量子限制区域态密度修正。这里依据文献 [27] 中的方法将阱中二维载流子浓度与阱上三维载流子浓度统一类比为 Poisson 方程中的三维载流子，相关的影响以修正过的带变态密度体现：

$$N_c' F_{1h}\left(\frac{E_F - E_c}{k_B T}\right) = N_c F_{1h}\left(\frac{E_F - E_b}{k_B T}\right) + \sum_n A_D |\psi_n(x)|^2 F_y\left(\frac{E_F - E_n}{k_B T}\right) \tag{12.7.2.2}$$

其中，$F_{1h}\left(\frac{E_F - E_b}{k_B T}\right) = \dfrac{1}{\Gamma\left(\dfrac{3}{2}\right)} \int_{E_b}^{\infty} \dfrac{x^{\frac{1}{2}}}{1+\mathrm{e}^{x-\eta_e}} \mathrm{d}x$ 是 1/2 阶不完备 Fermi-Dirac 积分。(12.7.2.2) 的实施如下面代码段，其中 1/2 阶不完备 Fermi-Dirac 积分采用 40 结点拉盖尔 (Laguerre) 函数计算 (5.10.2.3b)。对于像太阳电池这样的低注入器件，准 Fermi 能位于量子阱中，采用正交拉盖尔函数计算是一种比较好的简单高效方法。

```
            nc = seb%nc
            ec = seb%ec - V

            x0 = Efe - ec

            ! 计算二维载流子浓度
            den = 0.
            do n = 1, nqc, 1
               s0 = vec1(k,n)
               s0 = s0 * s0
               den = den + s0 * log( 1. + exp( Efe-val(n) ) )
            end do
```

```
              den  =  den * me * s2d/Nr0
              if ((ec-Ecmax.lt.0.0d+00) then

                 !. 基于不完备 Fermi- Dirac 积分，计算高于势垒的三维载流子
                    浓度

                 b0 = Ecmax - ec

                 !   采用 40 结点拉盖尔函数计算
                 call lag40pointquad(x0,b0,dom)
                 dom = exp(x0-b0)*dom / 0.88623
                 !    修正带边态密度

                 seb%nc = (den + dom*Nc) / fd( x0 )
```

(7) 按照通常的 Poisson 方程进行 Jacobian 矩阵元填充。

【练习】
1. 推算二维载流子统计归一化量。
2. 补充 (12.7.1.1) 的计算子程序。
3. 将整个量子限制区域计算过程 (1)~(7) 封装成一个独立的子程序。

参 考 文 献

[1] Golub G H, Van Loan C F. Matrix Computations. 4th ed. Baltimore: Johns Hopkins University Press, 2013: 598-600.

[2] Dongarra J J, Duff L S, Sorensen D C, et al. Numerical Linear Algebra on High-Performance Computers. Beijing: Tsinghua University Press, 2011: 112.

[3] Davis T A. Direct Methods for Sparse Linear Systems. Philadelphia: SIAM, 2006:4-5.

[4] Duff I S, Erisman A M, Reid J K. Direct Methods for Sparse Matrices. 2nd ed. Oxford : Oxford University Press, 2017:18-40.

[5] Burden R L, Faires J D. 数值分析. 7 版. 冯烟利, 朱海燕, 译. 北京: 高等教育出版社, 2005: 125-135.

[6] Quarteoni A, Sacco R, Saleri F. Numerical Mathematics. Berlin, Heidelberg : Springer-Verlag, 2000: 356-361.

[7] Litsios J, Fichtner W. Automatic discretization and analytical Jacobian generation for device simulation using a physical-model description language. Proceedings of International Workshop on Numerical Modeling of processes and Devices for Integrated Circuits: NUPAD V, 1994: 147-150.

[8] Golub G H, Van Loan C F. Matrix Computations. 4th ed. Baltimore: Johns Hopkins University Press, 2013: 176.

[9] Demmel J W. 应用数值线性代数. 王国荣, 译. 北京: 人民邮电出版社, 2007: 69.

[10] Hermle M, Létay G, Philipps S P, et al. Numerical simulation of tunnel diodes and multi-junction solar cells. Progress in Photovoltaics Research & Applications, 2010, 16(5): 409-418.

[11] Wheeldon J F, Valdivia C E, Walker A W, et al. Performance comparison of AlGaAs, GaAs and InGaP tunnel junctions for concentrated multijunction solar cells. Progress in Photovoltaics: Research and Applications, 2011, 19(4): 442-452.

[12] Kim R K, Dutton R W. Effects of local electric field and effective tunnel mass on the simulation of band-to-band tunnel diode model. 2005 International Conference on Simulation of Semiconductor Processes and Devices, 2005: 159-162.

[13] Enrique B, García I, Barrutia L, et al. Highly conductive p++AlGaAs/n++GaInP tunnel junctions for ultra-high concentrator solar cells. Progress in Photovoltaics: Research and Applications, 2014, 22(4): 399-404.

[14] David E, Marco P, Palestri P, et al. A review of selected topics in physics based modeling for tunnel field-effect transistors. Semiconductor Science Technology, 2017, 32(8): 083005.

[15] Ghetti A, Hamad A, Silverman P J, et al. Self-consistent simulation of quantization effects and tunneling current in ultra-thin gate oxide MOS devices. 1999 International Conference on Simulation of Semiconductor Processes and Devices. SISPAD'99 (IEEE Cat. No.99TH8387), 1999: 239-242.

[16] Jiang Z, Lu Y, Tan Y, et al. Quantum transport in AlGaSb/InAs TFETs with gate field in-line with tunneling direction. IEEE Transactions on Electron Devices, 2015, 62(8): 2445-2449.

[17] Pan A, Chi O C. Modeling direct interband tunneling. II. Lower-dimensional structures. Journal of Applied Physics, 2014, 116(5): 054509-054509-8.

[18] Serra A C, Santos H A. Transmission tunneling current across heterojunction barriers. Proceedings of MELECON'94. Mediterranean Electrotechnical Conference, 1994, 2: 581-584.

[19] Lyumkis E, Mickevicius R, Penzin O, et al. Simulation of electron tunneling in HEMT devices. 2000 IEEE International Symposium on Compound Semiconductors. Proceedings of the IEEE Twenty-Seventh International Symposium on Compound Semiconductors, 2000, 1: 179-184.

[20] Yang K, East J R, Haddad G I. Numerical modeling of abrupt heterojunctions using a thermionic-field emission boundary condition. Solid-State Electronics, 1993, 36(3): 321-330.

[21] Hurkx, G A, Klaassen D B, Knuvers M P. A new recombination model for device simulation including tunneling. IEEE Transactions on Electron Devices, 1992, 39(2): 331-338.

[22] Baudrit M, Algora C. Tunnel diode modeling, including nonlocal trap-assisted tunneling: A focus on IIIV multijunction solar cell simulation. IEEE Transactions on Electron Devices, 2010, 57(10): 2564-2571.

[23] García, I, Rey-Stolle I, Algora C. Performance analysis of AlGaAs/GaAs tunnel junctions

for ultra-high concentration photovoltaics. Journal of Physics D: Applied Physics, 2012, 45(4): 045101.
[24] Piprek J. Semiconductor Optoelectronic Devices, Introduction to Physics and Simulation. San Diego : Academic Press, 2003: 146.
[25] Kato A, Katada M. A rapid, stable decoupled algorithm for solving semiconductor hydrodynamic equations. IEEE Transactions on Computer Aided Design of Integrated Circuits & Systems, 1994, 13(11): 1425-1428.
[26] Snowden C M. Introduction to Semiconductor Device Modelling. Singapore: World Scientific Publishing Co Pte Ltd., 1986: 60-77.
[27] Pacelli A. Self-consistent solution of the Schrödinger equation in semiconductor devices by implicit iteration. IEEE Transactions on Electron Devices, 1997, 44(7): 1169-1171.

第 13 章 非线性方程组的求解

13.0 概　　述

半导体器件输运方程在某个网格上离散后,得到的非线性方程组没有办法通过解析的形式获得,通常做法是给定初始值,选择合适的映射获得下一次值并再作为初始值进行重复映射,直到网格点变量值满足要求,称之为迭代算法,假设非线性方程组 $f_i\{x^j: j=1,\cdots,n\}=0: i=1,\cdots,n$,$n$ 是需要求解的网格变量数目,其迭代算法流程框架如下所述[1-4]。

记录迭代次数 $k=0$,给定网格点变量初始值 $\{x_0^k: j=1,\cdots,n\}$。

步骤 1:通过某种方法获得对当前网格点变量值的修正值 (也称为步长) $\{d_k^j: j=1,\cdots,n\}$;

步骤 2:根据获得的变量修正值判断迭代过程是否满足停止要求,如果是,则保存当前网格点变量值与迭代过程信息并退出过程,如果不满足,则进入步骤 3;

步骤 3:结合步骤 1 中的当前网格点变量值修正值 $\{d_k^j: j=1,\cdots,n\}$,选择某种策略生成合适的伸缩系数 α^k,修正当前网格点变量值:

$$x_{k+1}^j = x_k^j + \alpha_k d_k^j : j=1,\cdots,n \tag{13.0.1}$$

步骤 4:计算新网格点变量值下的非线性方程组 $f_i\{x_{k+1}^j: j=1,\cdots,n\}: i=1,\cdots,n$ 残差值 (也称函数值) 及其导数值,根据获得残差值及其导数值计算判断迭代过程是否满足停止要求,如果是,则保存当前网格点变量值与迭代过程信息并退出过程,如果不满足,则保存当前网格点变量值并重新返回步骤 1,开始新一次的迭代过程。

各种迭代法的主要区别在于步骤 1 中步长的选择策略,既然是求非线性方程组的 "0" 点,直接的想法是用某种简单曲线的解来近似解或者搜索能够降低函数范数的方向,这分别衍生出了两大类:牛顿 (Newton) 法与无约束优化法。

本节中不准备完整详细地介绍非线性方程组求解的方方面面,而是针对半导体太阳电池数值分析情形,以 Newton 法为基石,阐述数值实施过程中所遇到的问题,并提出一些有效的解决方法。

13.1 牛顿–拉弗森方法

这一节介绍半导体器件数值分析中常用的牛顿–拉弗森 (Newton-Raphson, NR) 迭代法。

13.1.1 基本过程

网格点变量值修正值的 Newton-Raphson 方法认为,"当前值 + 修正值"能够使得函数值为 0,即

$$f_i\left\{x_k^j + \Delta x_k^j : j = 1, \cdots, n\right\} = 0 \tag{13.1.1.1}$$

将式 (13.1.1.1) 进行一阶 Taylor 级数展开得到

$$f_i\left\{x_k^j\right\} + \frac{\partial f_i\left\{x_k^j : j = 1, \cdots, n\right\}}{\partial x_j} d_k^j + O\left[\left(d_k^j\right)^2\right] = 0 : j = 1, \cdots, n \tag{13.1.1.2}$$

定义 Jacobian 矩阵 $J(x_k) = \dfrac{\partial f_i\left\{x_k^j : j = 1, \cdots, n\right\}}{\partial x_j}$,忽略二阶及以上诸项,得到当前变量值修正值:

$$d_k = -J(x_k)^{-1} F(x_k) \tag{13.1.1.3}$$

$\left\{x_k^j : j = 1, \cdots, n\right\} : k = 1, 2, \cdots$ 称为迭代序列。上述过程可总结为如下数学语言描述。

假设 $F : \mathbf{R}^n \to \mathbf{R}^n$ 连续可微,并给定初始值 $x_0 \in \mathbf{R}^n$,则迭代过程为

$$\begin{aligned} J(x_k) d_k &= -F(x_k) \\ x_{k+1} &= x_k + d_k \end{aligned}, \quad k = 1, 2, \cdots \tag{13.1.1.4}$$

从几何上说,Newton 法寻找的是以当前变量值及其导数值形成的超平面与坐标轴的交叉点。Newton 法有个很好的特征:仿射变换下的不变性,是说在 Jacobian 矩阵与残差值上各乘上矩阵并不改变 Newton 步长,即

$$DJ(x_k) \Delta x_k = -DF(x_k) \tag{13.1.1.5}$$

观察到整个过程后,直观的疑问至少有如下几个方面:
(1) 收敛速度如何;
(2) 这种忽略了二阶及以上诸项的线性近似是否有效以及何种情况下有效;
(3) 显而易见的是 Jacobian 矩阵不能奇异,否则 $d_k^j \to \pm\infty$,这种解没有意义;

(4) 由于是做了线性近似,那是否仅在 d_k^j 小到一定程度才能使得线性近似很好逼近函数行为,才能确保沿着函数本身轨迹进行到下一个有效点;

(5) 最关键的问题是什么样的初始值能够确保迭代序列最终收敛到零点。
这些疑问引出了 Newton-Raphson 方法的收敛性问题。

13.1.2 收敛性

数值数学上有两个关于 Newton 迭代方法收敛性问题的定理[2]。第一个定理告诉我们,Newton 迭代方法要成功必须满足四个条件:① 非线性方程组确定存在零解;② 零解处的 Jacobian 矩阵非奇异;③ 零解附近的区域内 Jacobian 矩阵具有 Lipschitz 连续的特征;④ 初始值位于这个区域内,那么迭代序列以二阶快速收敛到零解。数学语言描述该定理如下。

假设 $F:\mathbf{R}^n \to \mathbf{R}^n$ 是包含零解凸开集 D 上的一阶连续可微函数,Jacobian 矩阵非奇异,$\|J_F^{-1}(x^*)\| < C$,具备 Lipschitz 连续:$\forall x, y \in B(x^*, R), \|J_F(x) - J_F(y)\| < L\|x - y\|$,那么存在 $r > 0$,对于任意的 $x_0 \in B(x^*, r)$,迭代过程 (13.1.1.4) 产生的迭代序列唯一,且以二阶收敛到 x^*,即

$$\|x_{k+1} - x^*\| < CL\|x_k - x^*\|^2 \tag{13.1.2.1}$$

第二个称作 Kantorovich 定理,告诉我们满足如下三个条件的 Newton 迭代也能到零解:① 初始值的 Jacobian 矩阵非奇异;② 初始值的某个邻近区域内 Jacobian 矩阵具有 Lipschitz 连续的特征;③ 初始修正值能够确保函数的线性特征,那么非线性方程组在这个区域内存在零解,只是这个收敛没有第一个定理那么快。数学语言描述该定理如下。

假设 $F: D \in \mathbf{R}^n \to \mathbf{R}^n$ 是在凸开集 $D_0 \in D$ 上的二阶连续可微函数,具备 Lipschitz 连续:$\forall x, y \in D_0, \|J_F(x) - J_F(y)\| < \gamma\|x - y\|$。如果存在 $x_0 \in D_0$,满足 $\|J_F^{-1}(x_0)\| < \beta$,$\|J_F^{-1}(x_0)F(x_0)\| < \eta$,且 $\alpha = \beta\gamma\eta \leqslant \frac{1}{2}$,令 $t^* = \frac{1 - \sqrt{(1-2\alpha)}}{\beta\gamma}$,$t^{**} = \frac{1 + \sqrt{(1-2\alpha)}}{\beta\gamma}$,Newton 迭代过程所产生的迭代序列 $\{x_k\}$ 在闭球集合 $\bar{S}(x_0, t^*)$ 内,并收敛到 $S(x_0, t^{**}) \cap D_0$ 内的零解,且有

$$\|x_k - x^*\| \leqslant \frac{(2\alpha)^{2^k}}{\beta\gamma 2^k} \tag{13.1.2.2}$$

针对这两个定理对我们实际工作的引导意义,至少应该有如下几个方面。

(1) 从纯粹的物理意义上来说,半导体器件方程解应该总是存在的,并且在物理意义上还可以得到解的存在是否唯一。

(2) Jacobian 矩阵非奇异。这个条件对于实际工作有两面的意义：一是要选择合适离散方式，使 Jacobian 矩阵非奇异，要对离散得到的矩阵进行分析；二是进行程序调试时，要对该矩阵进行实时跟踪观察。

(3) Jacobian 矩阵具备 Lipschitz 连续。

(4) 如果满足上述条件，以及初始值选择合理，那么收敛速度是很快的。为了进一步加速收敛速度，如何选择合适的离散以及归一化方法使得 CL 小，这在实际工作中要格外注意。

13.1.3 数值准确性

实际实施过程中，我们关心的是物理模型与离散化过程近似下，Newton-Raphson 算法到底有多准确，即极限精度与极限残差。观察 Newton-Raphson 算法过程，我们可以知道数值误差来自于三个方面[5,6]：

(1) 残差值计算过程，用参数 e_k 表示；

(2) 生成 Jacobian 过程 E'_k 与求解步长线性方程组 E''_k，这两者息息相关，最终都反映在步长误差上，因此用一个参数 E_k 表示；

(3) 步长与当前变量值相加获得新变量值 ϵ_k。

(1)~(3) 可以统一成误差公式：

$$x_{k+1} = x_k - [J(x_k) + E_k]^{-1}[F(x_k) + e_k] + \epsilon_k \tag{13.1.3.1}$$

理想情况下，认为 (1)~(3) 都满足工作精度 u，然而从前面物理模型近似与离散化过程得知，半导体方程残差值与导数值中各中间变量的近似计算使其实际精度可能远小于工作精度 u，若用一个函数 $\psi(F, x_k, \bar{u})$ 表示实际中以精度 $\bar{u}$ 计算的残差值所产生的误差，那么有

$$e_k \leqslant u\|F(x_k)\| + \psi(F, x_k, \bar{u}) \tag{13.1.3.2}$$

用误差函数 $\phi(F, x_k, n, u)$ 表示步长线性方程组的不稳性与生成 Jacobian 近似误差，有

$$E_k \leqslant u\phi(F, x_k, n, u) \tag{13.1.3.3}$$

通常认为 ϵ_k 远小于 (1) 和 (2) 的误差，因此忽略不计。

残差值与 Jacobian 计算中的不确定性数据与不精确近似计算可以认为是步长线性方程组的扰动，我们关心两个问题：①这些扰动所产生的步长解与扰动之间的关联关系是什么？②这些扰动会不会使得步长线性方程组奇异？

这两个问题都涉及矩阵的扰动性。首先我们看线性方程组的稳定性结论：如果这个扰动不是特别大，则步长的相对误差是 Jacobian 条件数乘以 Jacobian 与

13.1 牛顿–拉弗森方法

残差值的相对误差：

$$\frac{\left\|\tilde{d}_k - d_k^*\right\|}{\|d_k^*\|} \leqslant \kappa(J_k)[\rho_J + \rho_F]. \tag{13.1.3.4}$$

其中，$\tilde{d}_k$ 是实际解；d_k^* 是理想精确解；$\rho_J = \dfrac{\|E_k'\|}{\|J_k\|}$；$\rho_F = \dfrac{\psi(F, x_k, u)}{\|F_k\|}$，这表明了 Jacobian 条件数对步长相对误差的关键影响。

第二个结论告诉我们多大的扰动不会使得步长线性方程组奇异：残差值与 Jacobian 两者的相对误差的最大值和 Jacobian 条件数乘积小于 1，方程组不奇异，即

$$J_k d_k^* = -F_k$$
$$(J_k + \delta J_k)\tilde{d}_k = -(F_k + \delta F_k)$$

满足 $\|\delta J_k\| \leqslant \epsilon \|J_k\|$，$\|\delta F_k\| \leqslant \epsilon \|F_k\|$，$\epsilon \kappa(J_k) = r < 1$，则 $J_k + \delta J_k$ 非奇异且有

$$\frac{\left\|\tilde{d}_k\right\|}{\|d_k^*\|} \leqslant \frac{1+r}{1-r} \tag{13.1.3.5a}$$

$$\frac{\left\|\tilde{d}_k - d_k^*\right\|}{\|d_k^*\|} \leqslant \frac{2}{1-r}\epsilon\kappa(J_k) \tag{13.1.3.5b}$$

下面两个定理是关于极限精度与极限残差的。

第一个定理是关于极限精度的，告诉我们极限精度正比于精确解的 Jacobian 条件数与残差值误差之乘积。具体数学形式如下。

假设非线性方程组存在解 x_* 且解的 Jacobian J_* 非奇异，满足 $\epsilon\kappa(J_*) \leqslant \dfrac{1}{8}$，形成 Jacobian 与步长线性方程组求解过程误差满足 $\|J_k^{-1}\| u\phi(F, x_k, n, u) \leqslant \dfrac{1}{8}$，以及初始值的 Jacobian 距离解 Jacobian 不太远，$\gamma \|x_0 - x_*\| \|J_*^{-1}\| \leqslant \dfrac{1}{8}$，浮点数运算 Newton 迭代产生按范数相对误差下降序列 $\{x_k\}$ 直到第一个 k 满足如下关系为止：

$$\frac{\|x_{k+1} - x_*\|}{\|x_*\|} \approx \frac{\|J_*^{-1}\|}{\|x_*\|}\psi(F, x_k, \bar{u}) + u \leqslant \kappa(J_*)\frac{\psi(F, x_k, \bar{u})}{\|F_*\|} + u \tag{13.1.3.6}$$

第二条定理是关于极限残差的，告诉我们极限残差约等于残差值误差加上 Jacobian 范数、变量范数和精度三者之积的和，也就是说它要比残差值误差大。具体数学形式如下。

假设满足第一条定理中的非线性方程组且极限精度

$$g = \|x_{k+1} - x_*\| \approx \|J_*^{-1}\| \psi(F, x_k, \bar{u}) + u \|x_*\| \tag{13.1.3.7}$$

满足距离最终解不太远 $\|x_{k+1} - x_*\| \gamma \|J_*^{-1}\| \leqslant \dfrac{1}{8}$，那么浮点数运算 Newton 迭代产生按范数相对误差下降残差序列 $\{\|F(x_k)\|\}$ 直到第一个 k 满足如下关系为止：

$$\|F(x_{k+1})\| \approx \psi(F, x_k, \bar{u}) + u \|J_k\| \|x_k\| \tag{13.1.3.8}$$

13.1.4 预处理

(13.1.1.5) 提供了一种使得非线性方程组的各个分量总是以近似相同数量级出现的数学基础，观察流密度的离散过程 (11.1.1.1)、(11.2.1.1a) 和 (11.3.1.2a) 可以知道，这种归一化应该是迁移率与载流子浓度的乘积，在一些材料体系中，电子与空穴之间、同一类型载流子在不同层之间其迁移率数值差别很大，如非晶材料、有机材料等，这时选的归一化对角矩阵为

$$D^i = \left(\mu_n^i n^i\right)^{-1} \tag{13.1.4.1}$$

以 12.5.4 节中的一维连续性方程为例，不同区域网格点离散方程的归一化形式如下所述。

(1) 内部区域。

考虑到单元范围内迁移率变化不大，取中心格点处迁移率与载流子浓度的乘积作为归一化量。则

$$\boldsymbol{F}_{i-\frac{1}{2}}^{ii-1} + + \boldsymbol{F}_{i+\frac{1}{2}}^{ii+1} + \dfrac{\int \left(G_\phi - R_\phi + S_\phi - \dfrac{\partial n_\phi}{\partial t}\right) \mathrm{d}\Omega_i}{\mu_n^i n^i} = 0 \tag{13.1.4.2a}$$

(2) 连续性界面。

考虑到载流子浓度在界面上的连续性，但不同功能层中迁移率的明显差别，取两者迁移率中的最小值 $\mu_s = \min\left(\mu_n^-, \mu_n^+\right)$ 作为归一化量，对应图 12.5.5 的形式为

$$\dfrac{\mu_n^-}{\mu_s} \boldsymbol{F}_{i-\frac{1}{2}}^{ii-1} + \dfrac{\int \left(G_\phi^- - R_\phi^- + S_\phi^- - \dfrac{\partial n_\phi^-}{\partial t}\right) \mathrm{d}\Omega_i^-}{\mu_s n^i}$$

$$+ \dfrac{G_s - R_s}{\mu_s n^i} + \dfrac{\mu_n^+}{\mu_s} \boldsymbol{F}_{i+\frac{1}{2}}^{ii+1} + \dfrac{\int \left(G_\phi^+ - R_\phi^+ + S_\phi^+ - \dfrac{\partial n_\phi^+}{\partial t}\right) \mathrm{d}\Omega_i^+}{\mu_s n^i} = 0 \tag{13.1.4.2b}$$

13.1 牛顿–拉弗森方法

实施时可以在连通性数据结构中储存归一化量及其所处位置。

(3) 异质界面。

分别取左右两边界面处迁移率与载流子浓度的乘积，对应图 12.5.6 的形式为

$$F_{i_p^- - \frac{1}{2}}^{i_p^- i_p^- - 1} + \frac{\int \left(G_\phi^- - R_\phi^- + S_\phi^- - \frac{\partial n_\phi^-}{\partial t} \right) \mathrm{d}\Omega_{ig}^-}{\mu_n^- n^-} + \frac{G_s - R_s}{\mu_n^- n^-} + \frac{\bm{n}_1 \cdot \bm{F}_{i_p^-}^{-/+}}{\mu_n^- n^-} = 0 \tag{13.1.4.2c}$$

$$\frac{\bm{n}_2 \cdot \bm{F}_{i_p^+}^{-/+}}{\mu_n^+ n^+} + F_{i_p^+ + \frac{1}{2}}^{i_p^+ i_p^+ + 1} + \frac{\int \left(G_\phi^+ - R_\phi^+ + S_\phi^+ - \frac{\partial n_\phi^+}{\partial t} \right) \mathrm{d}\Omega_{ig}^+}{\mu_n^+ n^+} + \frac{G_s - R_s}{\mu_n^+ n^+} = 0 \tag{13.1.4.2d}$$

需要注意的是，归一化矩阵的选取是一个动态过程，上述选取的出发点是流密度主导输运方程，产生复合项相对比较小；如果是相反的情形，则需要以产生复合项数值作为归一化量。

【练习】

结合自己计算的器件结构特征，观察选择连续性方程归一化量对非线性方程组数值的影响。

13.1.5 中止标准

需要设定合适的标准来实施 13.0 节中步骤 2 的中止，既然是求解方程组的 "0" 点，直接结论是以函数值是否为 0 作为判断标准。然而 13.1.3 节表明，各种误差来源使得函数值只能有限精度地接近 0[6]，限制之下只能采用所有格点函数值绝对值中的最大值应该小于某个控制参数 $\varepsilon_{\mathrm{abs}}$ 的方法，其中下标 abs 的意义在后面说明：

$$\|\bm{F}\|_\infty = \max_{j=1,\cdots,n} |f_j| \leqslant \varepsilon_{\mathrm{abs}} \tag{13.1.5.1}$$

另外一种是格点变量的修正值小于某个控制参数 $\varepsilon_{\mathrm{rel}}$：

$$\|\bm{D}^k\|_\infty = \max_{j=1,\cdots,n} |d_j^k| \leqslant \varepsilon_{\mathrm{rel}} \tag{13.1.5.2a}$$

然而，由于 x_j^k 幅值差异很大，如电子/空穴系综温度和晶格温度可能达到几百 K 以上，而静电势、电子/空穴准 Fermi 能等仅有几 eV，显而易见，若仅取一个固定绝对值，会在不同幅度的格点变量之间引入不相同的误差，从而需要采用限制相对误差小于某个控制参数 $\varepsilon_{\mathrm{rel}}$ 的方法，假设 $j_{\max}$ 是对应 $\|\bm{D}^k\|_\infty$ 处的格点变量编码：

$$\frac{\|\bm{D}^k\|_\infty}{|x_k^{j_{\max}}|} \leqslant \varepsilon_{\mathrm{rel}} \tag{13.1.5.2b}$$

这也是在控制参数中增加下标 rel 的原因 (rel 表示相对误差)。同样,(13.1.5.1) 中的控制参数不涉及相对误差, 因而采用下标 abs 标明是绝对误差。实施 (13.1.5.2b) 存在的一个问题是 $\left|x_k^{j_{\max}}\right|$ 可能有限精度地接近 0, 应对这种情况的方法是将 (13.1.5.2b) 变为乘积的形式:

$$\left\|\boldsymbol{D}^k\right\|_\infty \leqslant \varepsilon_{\mathrm{rel}}\left|x_k^{j_{\max}}\right| \tag{13.1.5.2c}$$

如果 $\left|x_k^{j_{\max}}\right| < 1$, 有时会使得 (13.1.5.2c) 右边乘积太小而成为永远不可能完成的数值任务, 因此, 持续修正为

$$\left\|\boldsymbol{D}^k\right\|_\infty \leqslant \varepsilon_{\mathrm{rel}}\max\left(1, x_k^{j_{\max}}\right) \tag{13.1.5.2d}$$

(13.1.5.2d) 的典型实施子程序如下:

```
subroutine Newton_TestStep( x,dx,eps,flag,code )
  use ah_precision , only : wp => REAL_PRECISION , OPERATOR
      (.GreaterThan.)
  implicit none
  real( wp ) , intent( in ) :: x,dx,eps
  logical , intent( inout ) :: flag
  integer , intent( inout ) :: code
  real( wp ) :: ax,bx
  ax = abs(x)
  bx = abs(dx)
增量绝对值小于1的情形,直接判断绝对误差
  if ( ax.GreaterThan.1.0_wp ) then
     if( bx.GreaterThan.eps*ax ) return
     flag = .TRUE.
     code =   2
  else
增量绝对值大于1的情形,判断相对误差
     if( bx.GreaterThan.eps ) return
     flag = .TRUE.
     code =   2
  end if
end subroutine Newton_TestStep
```

上述讨论也表明迭代中止标准至少需要两个控制参数 $\varepsilon_{\mathrm{abs}}$ 和 $\varepsilon_{\mathrm{rel}}$。

实施数值过程中, 对于不同的格点变量需要根据其幅值范围选择对应的迭代终止标准, 对于扩散漂移体系, 如果以静电势和载流子系综准 Fermi 能为格点变量, 鉴于它们的幅值范围都在 $\sim$1eV, 可以直接采用格点变量增量的无穷范数作

为控制参数：

$$\max\left(\left\|V^{k+1}-V^k\right\|_\infty, \left\|E_{\text{Fe}}^{k+1}-E_{\text{Fe}}^k\right\|_\infty, \left\|E_{\text{Fh}}^{k+1}-E_{\text{Fh}}^k\right\|_\infty\right) < \varepsilon_3 \qquad (13.1.5.3\text{a})$$

能量输运体系中，温度变量的最小幅值在环境温度 300K，需要取相对变量[7]，综合有

$$\max\left(\left\|V^{k+1}-V^k\right\|_\infty, \left\|E_{\text{Fe}}^{k+1}-E_{\text{Fe}}^k\right\|_\infty, \left\|E_{\text{Fh}}^{k+1}-E_{\text{Fh}}^k\right\|_\infty,\right.$$
$$\left.\frac{\left\|T_{\text{e}}^{k+1}-T_{\text{e}}^k\right\|_\infty}{T_{\text{ref}}}, \frac{\left\|T_{\text{h}}^{k+1}-T_{\text{h}}^k\right\|_\infty}{T_{\text{ref}}}, \frac{\left\|T_{\text{h}}^{k+1}-T_{\text{h}}^k\right\|_\infty}{T_{\text{ref}}}\right) < \varepsilon_6 \qquad (13.1.5.3\text{b})$$

【练习】
1. 编写实施 (13.1.5.1) 的子程序，并讨论误差来源对 ε_{abs} 下界的限制。
2. 讨论误差来源对 ε_{rel} 下界的限制。

13.1.6 收缩系数

前面已经说过 Newton 法寻找的是以当前变量值及其导数值形成的超平面与坐标轴的交叉点，(13.1.1.2) 在一维情形下可以变换成

$$\frac{0-f(x_0)}{x_1-x_0} = f'(x_0) \qquad (13.1.6.1)$$

(13.1.6.1) 表示 x_1 是 x_0 处切线与 x 轴的交点，然而这个交点 x_1 处的函数值却未必会比 x_0 处的值要小，图 13.1.1 显示了两种不同的情况：①由于函数性质接近直线或者 x_0 离真正的 0 点不远，所以函数值绝对值递减，这种情形是我们所期望的收敛；②函数变化剧烈，或者 x_0 离真正的 0 点比较远，所以函数值绝对值 $|f(x_1)|$ 反而奇异增大，这种情形通常称为过冲。

观察图 13.1.2 的直观感觉是，只有减少 Newton 步长 (如点五角星)，才能降低这种过冲所引起的数值不稳定或者溢出：

$$d'_k = t_k d_k \qquad (13.1.6.2)$$

如图 13.1.2 所示，(13.1.6.2) 中的 t_k 通常称为收缩系数。

理论和实施上已经提出了多种方案确定 t_k，其中一种是根据函数值范数的幅值[8]：

$$t_k = \frac{1}{1+\kappa_k\|F(x_k)\|} \qquad (13.1.6.3)$$

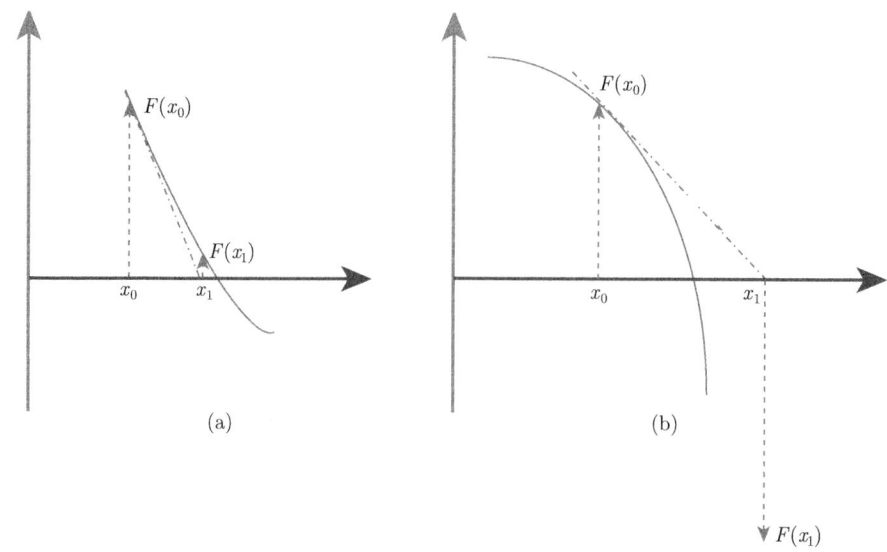

图 13.1.1 Newton 迭代的两种基本情形：(a) 收敛和 (b) 过冲

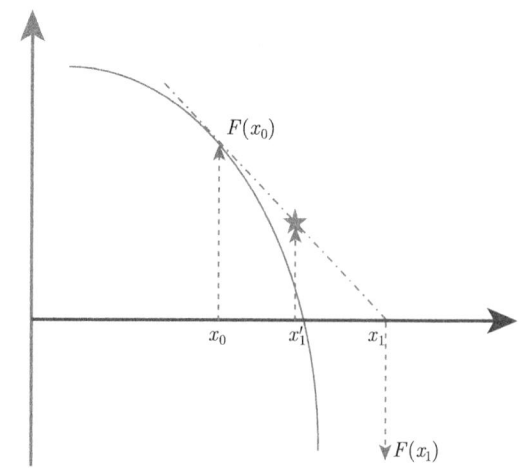

图 13.1.2 避免 Newton 法过程的收缩

其中，κ_k 是确保函数范数下降的调节参数。在 (13.1.6.1) 的基础上进一步增强 Jacobian 对角矩阵元：

$$J'_k = s_k I + J(x_k) \tag{13.1.6.4}$$

另外一种方法基于 Newton 步长范数，当范数大于某个阈值 δ 时，$\|d_k\| > \delta$，选择收缩系数：

$$t_k = \frac{\delta}{\|d_k\|} \tag{13.1.6.5}$$

13.1 牛顿–拉弗森方法

实际结果表明，(13.1.6.3) 和 (13.1.6.5) 都能确保迭代过程具有比较好的收敛特性，以载流子系综 Fermi 能为变量的输运体系求解中，(13.1.6.5) 中 δ 可以设置的范围高达 300meV。

其他一些方法基于数值优化中的思想，如线性搜索算法、信赖域算法等，其基本思想是在梯度方向或 Newton 方向上选择合适函数范数下降方向及其步长 [9,10]：

$$f(\boldsymbol{x}) = \frac{1}{2}\|\boldsymbol{F}(\boldsymbol{x})\|^2 = \frac{1}{2}\sum_{i=1}^{n} f_i^2(\boldsymbol{x}) \qquad (13.1.6.6)$$

(13.1.6.6) 称为优值函数，这样，求解非线性方程组转换成了优值函数最小值的求解。线性搜索算法和信赖域算法都具有拟二阶或二阶收敛特性。

线性搜索算法是在 (13.1.6.6) 的某个下降方向 $\boldsymbol{p}_k$ 上选择具有合适的步长收缩系数 α_k 以满足沃尔夫 (Wolfe) 条件：

$$\begin{aligned} f(x_k + \alpha_k \boldsymbol{p}_k) &\leqslant f(x_k) + c_1 \alpha_k \nabla f_k^\mathrm{T} \boldsymbol{p}_k \\ \nabla f(x_k + \alpha_k \boldsymbol{p}_k)^\mathrm{T} \boldsymbol{p}_k &\geqslant c_2 \nabla f_k^\mathrm{T} \boldsymbol{p}_k \end{aligned} \qquad (13.1.6.7)$$

(13.1.6.7) 中 $0 < c_1 < c_2 < 1$，两个条件分别体现了优值函数下降和步长下界限制，如果选择 Newton 方向作为下降方向，下降方向 $\boldsymbol{p}_k$ 为

$$\boldsymbol{p}_k = -\left(\boldsymbol{J}_k^\mathrm{T} \boldsymbol{J}_k + r_k \boldsymbol{I}\right)^{-1} \boldsymbol{J}_k^\mathrm{T} \boldsymbol{F}(\boldsymbol{x}_k) = \left(\boldsymbol{J}_k^\mathrm{T} \boldsymbol{J}_k + r_k \boldsymbol{I}\right)^{-1} d_k \qquad (13.1.6.8\mathrm{a})$$

其中，r_k 的选择使得 $\boldsymbol{p}_k$ 是一个有效的下降方向：

$$\frac{-\boldsymbol{p}_k^\mathrm{T} \nabla f(x_k)}{\|\boldsymbol{p}_k^\mathrm{T}\| \|\nabla f(x_k)\|} \geqslant \delta \in (0,1) \qquad (13.1.6.8\mathrm{b})$$

信赖域假设在一个可信赖的范围 Δ_k 内，优值函数具有二次形式 (13.1.6.9)，在该信赖区域内寻找使其下降的步长，因此算法的主要内容涉及修改信赖域范围与步长选择两个内容：

$$\begin{aligned} \min_{\boldsymbol{p}_k \in R^n} m_k(\boldsymbol{p}_k) &= \frac{1}{2}\|\boldsymbol{F}(\boldsymbol{x}_k) + \boldsymbol{J}(\boldsymbol{x}_k)\boldsymbol{p}_k\|^2 \\ &= f(\boldsymbol{x}_k) + \boldsymbol{p}_k^\mathrm{T} \boldsymbol{J}_k^\mathrm{T} \boldsymbol{F}(\boldsymbol{x}_k) + \frac{1}{2}\boldsymbol{p}_k^\mathrm{T}\boldsymbol{J}_k^\mathrm{T}\boldsymbol{J}_k\boldsymbol{p}_k, \quad \|\boldsymbol{p}_k\| \leqslant \Delta_k \end{aligned} \qquad (13.1.6.9)$$

上述加入步长收缩系数的算法称为全局 Newton 法，尽管名称是 "全局"，但还是需要一个相对比较靠近最终解的初始猜测值。

【练习】

1. 编程实施 (13.1.6.3)，观察不同 κ_k 和 $\|F(x_k)\|$ 对迭代过程的影响。

2. 编程实施 (13.1.6.5)，观察不同 δ 对迭代过程的影响。

3. 建立基于 Newton 方向的线性搜索算法的算法过程，并讨论其与直接 Newton 法在数值计算量上的区别。

13.1.7　典型算法框架

从 13.1.2 节中定理 1 和 2 中迭代过程 (13.1.1.4) 至少应该满足如图 13.1.3 所示的流程，其中，Jacobian 是否奇异 $\|J_F^{-1}(x_k)\| < \beta$ 需要借助线性代数的方法，这留在第 14 章中阐述。有四个条件，只要其中之一满足迭代即终止：① Jacobian 奇异；② 迭代次数超过最大允许次数；③ 步长范数满足中止标准；④ 函数值范

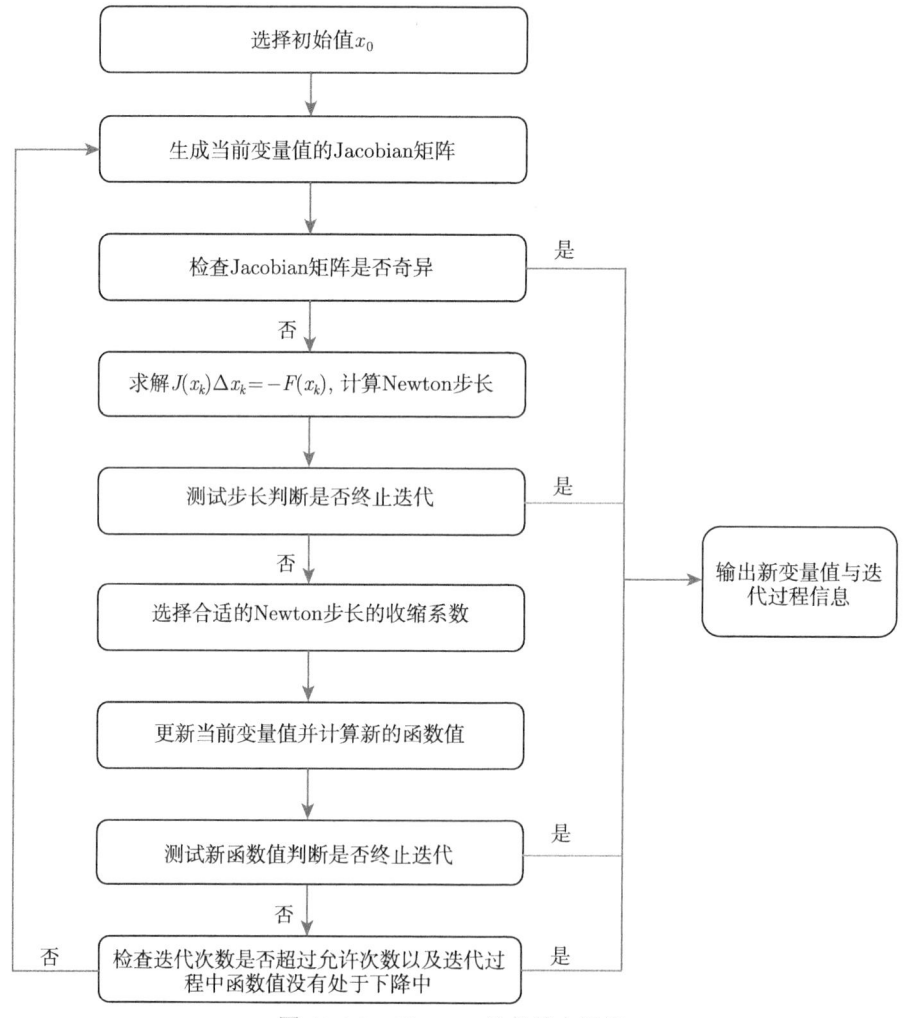

图 13.1.3　Newton 迭代基本框架

13.1 牛顿–拉弗森方法

数满足中止标准，其中 ① 和 ② 是迭代过程报错信息，需要输出相应运行时信息，③ 和 ④ 是迭代过程成功标志，需要输出相应参与误差。对于半导体器件分析，迭代过程有时需要最终产生误差的器件区域内的几何位置，这需要相应的子程序去完成。

下面程序是对图 13.1.3 相对应的扩散漂移体系中单个输运方程的求解过程，其中中止代码 termcode 取值 1 是函数值中止迭代，2 是步长中止迭代，3 是异常中止迭代，这里省略了 Jacobian 奇异值判断过程，行号 200 表示中止迭代，行号 100 表示开始新一次迭代。

```
module subroutine Work_Solve1_DDSt( IsDD,&
     & ou ,iform,c1, w, termcode , mloop , fnorm ,dnorm )

    implicit none
    !     Input/Output Parameters
    logical , intent( in ) :: IsDD
    integer , intent( in ) :: ou
    integer , intent( in ) :: iform
    type( connect_ )  :: c1
    type( work_ ) :: w
    integer , intent( out ) :: termcode
    integer , intent( out ) :: mloop
    real( wp ) , intent( out ) :: fnorm,dnorm

    !     Local Variables

    logical :: flag
    integer :: i,n,kl,ku,nv,nhl,offset
    integer :: t0,t1,nl0,nl1,istat,info
    character( len=4 ) :: prefix
    character( len=40 ) :: title
    integer , pointer :: vnode(:)

    real( wp ) , pointer :: X(:)
    real( wp ) , dimension(:,:) , pointer :: A
    real( wp ) , dimension(:) , pointer :: B

    type( STOP_ITER_ ) , pointer :: sc
    type( STEP_SELECTION_ ) , pointer :: ss

    type( DA1 ) , pointer :: V1(:) , V2(:)
```

```
        type( IDA ) , pointer :: Snode(:)

        ! 获取相关数值计算控制参数
        nullify( sc,ss,V1,V2,X,vnode,snode )
        sc => w%ctr%nm%solver
        ss => w%ctr%nm%Step_Strategy
        Nhl = w%str%nhl

        vnode => w%grd%vnode
        snode => w%grd%snode

        ! 根据输运方程类型申请 Jacobian 和函数值储存空间
        nullify( A,B )
        if( iform.eq.4 ) then
            kl = 3
            ku = 3
            nv = 2
        else
            kl = 1
            ku = 1
            nv = 1
        end if

        if( IsDD ) then
            offset = -1
            n = w%grd%ng
        else
            if( iform.eq.1 ) then
                offset = -1
                n = w%grd%ng
            else
                offset = 0
                n = w%grd%np
            end if
        end if
        n = n*nv
        if( iform.EQ.1 ) then
            prefix = 'Fp: '
            title = '** Poisson **'
            allocate( A(n,kl+ku+1),B( n ),stat = istat )
```

13.1 牛顿-拉弗森方法

```
            V1 => w%nvr%V
      else
         allocate( A(2*kl+ku+1,n),B( n ),stat = istat )
         if( iform.EQ.2 ) then
            V1 => w%nvr%Efe
            prefix = 'Fe: '
            title = '** Electron Continuity **'
         else if( iform.eq.3 ) then
            V1 => w%nvr%Efh
            prefix = 'Fh: '
            title = '** Hole Continuity **'
         else
            V1 => w%nvr%Efe
            V2 => w%nvr%Efh
            prefix = '2X2: '
            title = '** 2X2 Continuity Solver Result **'
         end if
      end if

      !      初始化迭代过程监测变量
      flag = .FALSE.
      mloop = 0
      termcode = 0
      fnorm = 0.0_wp
      dnorm = 0.0_wp

100   mloop = mloop + 1

      !      Jacobian 初始化
      if( iform.GT.1 ) then
         call GB_Default( n,kl,ku,A )
      end if

! Jacobian 与函数值填充
call Jac1_Dd_St( IsDD,iform,w%Scl,c1,w%Str,A,B )
! Jacobian 奇异性计算判断
......
      !      计算 $\|F(x_k)\|_\infty$
      call Math_Norm0_1( i,fnorm,B,n )
```

```
          !       $\|F(x_k)\|_\infty$ 几何位置追踪
          !       call Nvr_Trace_Back1d( i,offset,nhl,vnode,nl0,t0 )
          !       X => w%grd%X(nl0)%A
  !       call Nvr_Display( prefix,'Fmax:','fnorm =',nl0,t0,fnorm,
          snode,X,ou )

          !       检测函数值范数是否满足迭代中止标准
          call STOP_CRITERIA_TEST( .TRUE.,mloop,fnorm,0.0_wp,
                  sc%Inner,flag,termcode )

          if ( flag ) goto 200
          B = - B

          !       求解线性方程组 J*dx = -Fh
          if( iform.EQ.1 ) then
             call tdsolve( n,A(:,1),A(:,2),A(:,3),b )
          else
             call DGBTF2( A,n,kl,ku,B,info )
          end if
          !       计算 $\|d_k\|_\infty$

          call Math_Norm0_1( i,dnorm,B,n )

          !       $\|d_k\|_\infty$ 几何位置追踪
          !       call Nvr_Trace_Back1d( i,offset,nhl,vnode,nl1,t1 )
          !       X => w%grd%X(nl1)%A
          !       call Nvr_Display( prefix,'Smax:','dnorm =',nl1,t1,dnorm
                  ,snode,X,ou )

          !       输出中间过程信息
             write( ou,'(2(A10,1X,es11.4))' ) '||F||inf =',fnorm, '||
                  dx||inf =',dnorm

          !       检测步长是否满足
          call STOP_CRITERIA_TEST( .FALSE.,mloop,1.0_wp,dnorm,Sc%
                  Inner,flag,termcode )

          if ( flag ) goto 200

          !       Newton 步长收缩计算
```

13.1 牛顿–拉弗森方法

```
      call Step_Selection_Run( dnorm,ss )

      !      格点变量更新
      call Nvr_Renew( offset,nhl,V1,B )
      goto 100

200   continue
      !       迭代过程信息输出
      write( ou,'(A40)' )   title
      write( ou,'(A20,1X,I4)' ) 'Iteration Number =', mloop
      if ( termcode.eq.1 ) then
         write( ou,'(A20,1X,A10,1X,es11.4)' ) '||F||inf < EPS
     ','||F||inf =',fnorm
         X => w%grd%X(nl0)%A
      call Nvr_Display( prefix,'||F||inf < EPS','||F||inf =',nl0,
     t0,fnorm,snode,X,ou )

      else if ( termcode.eq.2 ) then
         write( ou,'(A20,1X,A10,1X,es11.4)' ) '||dx||inf < EPS
     ','||dx||inf =',dnorm
         X => w%grd%X(nl1)%A
      call Nvr_Display( prefix,'||dx||inf < EPS','||dx||inf
     =',nl1,t1,dnorm,snode,X,ou )

      else if ( termcode.eq.-1 ) then
         X => w%grd%X(nl0)%A
         call Nvr_Display( prefix,'nodal','||F||inf =',nl0,t0,
     fnorm,snode,X,ou )
         X => w%grd%X(nl1)%A
         call Nvr_Display( prefix,'nodal','||dx||inf =',nl1,t1,
     dnorm,snode,X,ou )
         stop 'ERROR ! '

      end if
      !    释放储存空间
      deallocate( A,B,stat = istat )
      Nullify( A,B )
      nullify( X,V1,V2,Vnode,Snode )
      nullify( Sc,Ss )
   end subroutine Work_Solve1_DDSt
```

【练习】
完善具有 Jacobian 奇异性判断的迭代过程。

13.2 细节与示例

将基于 13.1 的内容所发展的数值实施流程应用在单个输运方程的求解过程，实现高效快速的收敛并不是一件容易的事，并且不同的输运方程其不同工作条件下的迭代情况也有一些属于自己的典型特征，这是整个非线性方程组求解过程中最耗时也最容易失败的地方。本节列举了其中的一些细节，并提出了相应的解决策略，其中，Poisson 方程与晶格热传导方程在离散过程与子程序编写准确无误的情况下通常具有很好的收敛行为，对初始值的容忍度比较高；而载流子连续性方程和能量输运方程的收敛过程相对而言比较长，且对初始值比较敏感。

13.2.1 故障排除

典型的 Newton-Raphson 迭代中函数范数或者步长范数 (下称"范数") 随迭代次数的演化过程如图 13.2.1 所示，在经历初始几次振荡后，开始以一阶收敛下降，最后以二阶收敛行为快速下降，不同的初始值选取、输运方程离散与工作条件会使得这三个区的表现各不相同。另外图 13.2.1 也表明，Newton-Raphson 迭代不是稳定的范数下降过程，某些况下可能存在适当的违背。

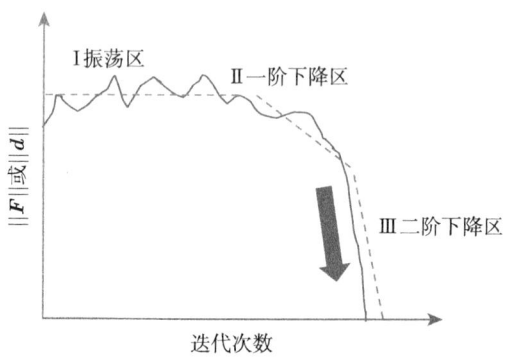

图 13.2.1 典型的 Newton-Raphson 迭代过程行为

然而实际中编程实施时遇到的情况通常呈现如下三种情形：① 范数经历初始几次振荡后快速增长，如图 13.2.2(a) 所示；② 范数经历初始几次振荡后，在两个典型数值区域内反复振荡不收敛，如图 13.2.2(b) 所示；③ 范数经历一段下降后开始振荡甚至持续反常增长，不再呈现二阶收敛特性，如图 13.2.2(c) 所示。结合 13.1.2 节中的内容，数值本质上是 Jacobian 矩阵存在适当的奇异，且偏离 Lipschitz 连

13.2 细节与示例

续。同时,对于多异质结构,采用界面的热离子发射模型降低了 Jacobian 矩阵的数值健壮性,发生上述情形的概率大大增加。另外,物理模型复杂的体系容易发生上述异常。

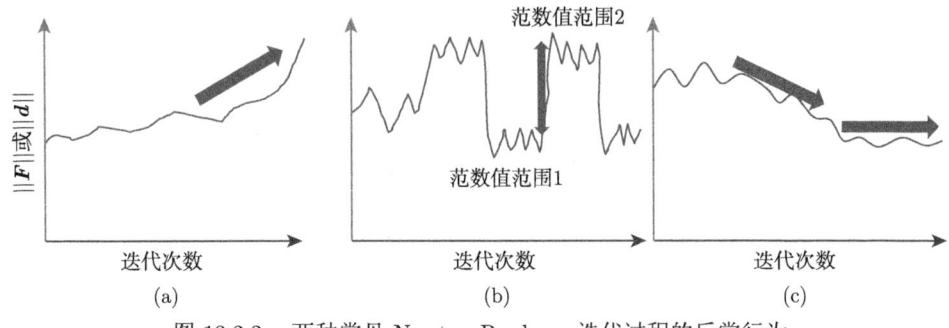

图 13.2.2 两种常见 Newton-Raphson 迭代过程的反常行为

对于像半导体器件数值分析这样涉及模型参数读取、归一化、模型中间值计算、输运方程离散、Jacobian 矩阵填充、线性方程求解等方面繁多且层层嵌套的情形,要准确定位找到原因往往不是一件容易的事,通常需要耗费大量的时间进行溯源,实际经验表明可以从如下几方面入手。

(1) 模型参数值的计算子程序。涉及初始化、中间值计算、参数传递等方面。

(2) 散度项与产生复合项子程序。这部分由于涉及大量的子程序嵌套而使得故障的定位异常困难,可以从 Jacobian 矩阵奇异导致收敛反常这一数学本质提出相应的对策。例如,观察输运方程中不同项的偏导数的符号作为程序输出结果正确与否的初始判断,对于第 12 章中输运方程的离散过程,电子/空穴连续性方程的物理特征要求,各项产生的对角矩阵元与非对角矩阵元的符号之间要满足表 13.2.1 的要求。

表 13.2.1 电子/空穴连续性方程中各项的符号

	电子	空穴
对角矩阵元	−	+
邻接格点非 0 矩阵元	+	−
光学产生项对角矩阵元	−	+
复合项对角矩阵元	−	+
TE 模型对角矩阵元	−	+
TE 模型邻接格点非 0 矩阵元	+	−
BTBT 量子隧穿对角矩阵元	−	+

其次,输出相应的 Jacobian 矩阵,观察对角矩阵元、非对角矩阵元与函数值之间的数量级关系,这可以作为对子程序输出结果的检查步骤。

(3) 格点变量和子程序返回值的索引。这包括两部分内容：① 格点变量的全局、材料块和子层内索引，不当的格点变量会导致收敛反常，或虽收敛但解反常；② 数值离散子程序返回值中各偏导数位置的索引，这方面索引不当会直接导致如图 13.2.2(a) 和 (b) 中的迭代反常。

(4) 归一化量。归一化量承担了输运方程中不同项的量纲转换与数值归一化，如果出现失误，会导致原本"同步"的项出现数量级上的反常差异，导致迭代过程出现如图 13.2.2(c) 中情形。在作者的早期开发过程中，曾经出现过空穴输运方程中热离子发射归一化量数量级错误而导致收敛过程一直振荡的情形，当时花了比较长的时间才找到相关原因。

(5) 初始值猜测。迭代法的特征要求初始猜测值尽可能接近最终解，基于简化物理模型的解往往是比较"好"的初始猜测值。

下面把 (1)~(4) 准确无误称为"编程无误"。

【练习】

写出能量输运体系的能流方程中各项偏导数的符号，作为编程实施检查的一个标准。

13.2.2 Poisson 方程

编程无误的 Poisson 方程 (包括晶格热传导方程) 由于其良好的椭圆特性，在任何情形下 (有无光照) 都具有很好的收敛特性。即使是表 6.7.1 中的具有 20~30 层的复杂器件结构的热平衡能带计算，也仅需 8 次迭代以函数值范数 $\|\boldsymbol{F}\|_\infty = 2.2666\times 10^{10}$ 快速收敛中止，具体每一次迭代的范数值如表 13.2.2 所示。

表 13.2.2　表 6.7.1 中器件结构的热平衡能带计算的范数值

$\|\boldsymbol{F}\|_\infty$	$\|\boldsymbol{d}\|_\infty$
1.8392×10^2	5.5332×10^1
4.6803×10^0	1.8837×10^1
7.0905×10^{-1}	7.6822×10^0
1.0621×10^{-1}	2.5185×10^0
5.6737×10^{-3}	5.1850×10^{-1}
5.1702×10^{-4}	3.4434×10^{-2}
4.0688×10^{-6}	2.1696×10^{-4}
2.2666×10^{-10}	

热平衡能带分布如图 13.2.3 所示，可以看出该器件结构的复杂性。

在计算热平衡能带前需要生成 Poisson 方程迭代初始猜测值，这可以根据其物理意义实施。热平衡情况的主要特征是所有区域的准 Fermi 能位于 0 点，在这种情况下，如果知道了热平衡约化 Fermi 能 η_e^0，那么依据其定义：$\eta_\mathrm{e}^0 = E_\mathrm{Fe}^0 + qV^0 - E_\mathrm{c} = qV^0 - E_\mathrm{c}$，可以得到 $\eta_\mathrm{e}^0 + E_\mathrm{c} = qV^0$，这样定义的静电势值通常称为内建静电势。热平衡静电势的初始猜测值产生分成三部分：材料内部、界面与表面。

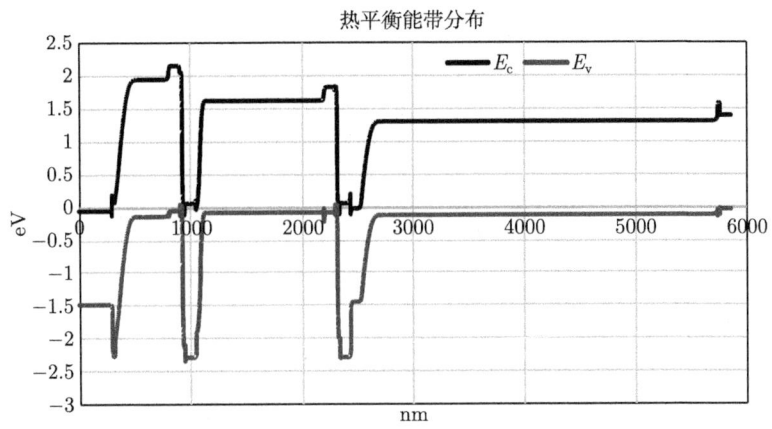

图 13.2.3　表 6.7.1 中器件结构的热平衡能带分布

(1) 材料内部网格点的初始猜测值来自依据电荷中性方程 (10.4.2.5a) 计算得到的热平衡约化 Fermi 能 η_e^0，如果是非均匀材料，则需要逐个格点计算，依据定义得到

$$V^0 = \eta_e^0 + E_c \tag{13.2.2.1}$$

(2) 同质/异质界面上的网格点的初始猜测值利用了静电势在界面上连续的条件，取两边紧邻内部网格点静电势初始猜测值 V^{0-} 与 V^{0+} 的算术平均值：

$$V^0 = 0.5 \times (V^{0-} + V^{0+}) \tag{13.2.2.2}$$

(3) 表面分成金属半导体接触与自由表面两种，金属半导体接触属于狄利克雷 (Dirichlet) 边界条件，静电势永远是固定值，为电荷中性方程所定义的内建静电势，可以设置一端的静电势为 0。自由表面的初始猜测值取其紧邻材料内部网格点处的内建静电势。

【练习】

依据 (13.2.2.1a) 和 (13.2.2.1b)，编制热平衡 Poisson 方程迭代初始值猜测子程序。

13.2.3　无光照连续性方程

编程无误的无光照连续性方程 (包括能源输运方程) 通常也具有很好的收敛性，即使是外加电压步长达到 0.4eV，其中施加偏压后的初始值猜测采用线性比例方式[11]，对于两端欧姆 (Ohmic) 接触器件，由外加电压步长 V_{step} 所产生的静电势猜测值为

$$V_T^i = \frac{V_{\text{step}}}{V^n - V^1}(V^i - V^1) + V^i \tag{13.2.3.1}$$

其中，i 是网格点全局编码；V^1，V^i 和 V^n 分别为上一次迭代过程得到的网格点的静电势。下面程序进一步简化成外加电压步长的等网格分布，也能取得很好的收敛特性：

```
step = Vap / dble(w%grd%ng)
   do i = 1, w%str%nhl, 1
      lp => w%str%hl(i)
      V   => lp%sp%V
      Efe => lp%sp%Efe
      Efh => lp%sp%Efh
      do j = 1, lp%sp%ne, 1
         k = k + 1
         delta = step * (k-1)
         V(j)   = V(j)   + delta
         Efe(j) = Efe(j) - delta
         Efh(j) = Efh(j) - delta
      end do
      if( i.eq.w%str%nhl ) then
         V(j)   = V(j) + Vap
         Efe(j) = Efe(j) - Vap
         Efh(j) = Efh(j) - Vap
      else
         k = k + 1
         delta = step * (k-1)
         V(j)   = V(j)   + delta
         Efe(j) = Efe(j) - delta
         Efh(j) = Efh(j) - delta
      end if
      k = k-1
   end do
```

表 13.2.3 是典型的 7 层异质结构太阳电池 (光从 n 端入射) 从热平衡出发在施加偏压 0.52V 下的初始迭代过程信息，设置迭代中止为相对误差或绝对误差小于等于 1×10^{-7}，最后一次计算数值没有列出，其中外加偏压在网格上的分配用到了上述子程序。

13.2.4 光照连续性方程

与暗特性不同的是，太阳电池在光照情况下载流子系综的 Fermi 能往往偏离平衡位置比较大，尤其是采用热离子发射模型处理异质界面的情形，没有比较"好"的初始猜测值，迭代过程往往不收敛或者收敛速度很慢。满足 13.1 节中要

表 13.2.3 典型 7 层异质结构太阳电池从热平衡出发在施加偏压 0.52V 下的初始迭代过程信息

Fp(4)		Fe(12)		Fh(25)	
$\|F\|_\infty$	$\|d\|_\infty$	$\|F\|_\infty$	$\|d\|_\infty$	$\|F\|_\infty$	$\|d\|_\infty$
1365×10^0	1.0539×10^0	9.5141×10^{-2}	3.9383×10^1	1.0165×10^{-1}	2.1740×10^2
1.3461×10^{-3}	1.0436×10^{-2}	4.4414×10^{-1}	4.5384×10^0	1.1351×10^0	1.4603×10^1
3.4824×10^{-6}	1.9844×10^{-5}	2.5690×10^{-1}	6.9855×10^0	3.6743×10^0	1.4005×10^1
1.7900×10^{-11}		7.2726×10^{-1}	5.6689×10^0	2.3384×10^0	1.7909×10^1
		1.5688×10^0	4.3731×10^0	1.6438×10^0	1.5199×10^2
		1.6953×10^0	3.3709×10^0	1.5798×10^0	1.3306×10^1
		1.1538×10^0	2.1548×10^0	9.6766×10^{-1}	1.2798×10^1
		5.3309×10^{-1}	1.1320×10^0	5.7445×10^{-1}	1.2202×10^1
		1.4067×10^{-1}	3.5066×10^{-1}	3.2630×10^{-1}	7.3552×10^1
		9.4507×10^{-3}	3.5862×10^{-2}	3.0012×10^{-1}	6.4745×10^0
		1.8545×10^{-4}	4.1903×10^{-4}	6.9611×10^{-2}	2.2472×10^0
		3.8280×10^{-8}		2.0416×10^{-2}	1.8422×10^0
				2.5214×10^{-2}	8.5320×10^0
				4.1118×10^{-2}	1.7194×10^0
				4.7908×10^{-3}	2.3104×10^0
				2.1438×10^{-3}	5.3935×10^0
				1.0540×10^0	5.3218×10^0
				2.9717×10^0	1.3030×10^0
				7.5812×10^{-1}	1.2994×10^0
				3.9355×10^{-1}	7.9210×10^{-1}
				1.3558×10^{-1}	4.1524×10^{-1}
				2.7433×10^{-2}	1.0300×10^{-1}
				1.3463×10^{-3}	5.7194×10^{-3}
				3.8596×10^{-6}	1.6367×10^{-5}
				3.1546×10^{-11}	

求的初始值需要借助于简化的输运体系求解,根据数值特性的差异,猜测区域被分成三部分。

1) 材料内部

(10.4.2.6) 已经给出这种初始值的猜测过程。另外,需要注意的是,由于光学入射深度截断的因素,某些网格点可能存在光学产生速率为 0 的情形,多子由于浓度比较高,影响很小;而少子浓度很低,即使很小的光学产生速率也会导致较大的准 Fermi 能移动,这时的光学入射深度截断会使得相邻网格点的少子准 Fermi 能的猜测值具有比较大的跳跃,给迭代计算带来很大的不稳定性。

2) 异质界面

异质界面初始值对迭代过程尤其重要,这主要是因为受带阶的影响比较大,而且往往异质界面两边的光学产生速率差异比较大,如窗口层/发射区和基区/背场层界面,在某些波长情形下发射区与基区存在光学产生速率,而窗口层与背场层由于带隙相对宽,光学产生速率为 0。这里假设依然是开路情况,没有内部扩散

电流，以左高右低分布的价带界面为例，两边的局部方程分别为

$$v_2(T_2)p_2^2 - v_2(T_1)p_2^1 + \int \left(g_1 - \frac{\Delta p_1}{\tau_1}\right)\mathrm{d}x = 0 \qquad (13.2.4.1\mathrm{a})$$

$$v_2(T_1)p_2^1 - v_2(T_2)p_2^2 + \int \left(g_2 - \frac{\Delta p_2}{\tau_2}\right)\mathrm{d}x = 0 \qquad (13.2.4.1\mathrm{b})$$

表 13.2.4 和表 13.2.5 比较了 350nm 处 AM0 光强照射下两种有差别的载流子系综准 Fermi 能猜测子程序对迭代过程的影响，其中，光学层准 Fermi 能延伸是指将存在光学入射深度截断层的准 Fermi 能由阶段前的值延伸到异质界面处；非光学层线性化是指在不存在光学产生速率的层里把所有网格点变量用两端异质界面值线性连接；异质界面两边关联产生是指采用 (13.2.4.1a) 和 (13.2.4.1b) 对异质界面两边载流子准 Fermi 能进行联立求解的计算。

表 13.2.4　两种不同初始值猜测策略的子程序

	子程序 1	子程序 2
光学层准 Fermi 能延伸	√	√
非光学层线性化	√	√
异质界面两边关联产生	√	×

由表 13.2.5 可以看出，影响比较大的是空穴连续性方程的收敛速率，这主要是因为电池结构是 n 型入射，导致空穴准 Fermi 能猜测变动比较大。

表 13.2.5　光照电子/空穴连续性方程初始迭代过程信息

子程序 1				子程序 2			
Fe(43)		Fh(27)		Fe(44)		Fh(52)	
$\|\boldsymbol{F}\|_\infty$	$\|\boldsymbol{d}\|_\infty$	$\|\boldsymbol{F}\|_\infty$	$\|\boldsymbol{d}\|_\infty$	$\|\boldsymbol{F}\|_\infty$	$\|\boldsymbol{d}\|_\infty$	$\|\boldsymbol{F}\|_\infty$	$\|\boldsymbol{d}\|_\infty$
1.0000×10^0	1.0588×10^4	1.1453×10^0	1.5848×10^3	4.3012×10^{14}	1.0681×10^4	2.3978×10^{14}	2.8205×10^1
1.3442×10^0	3.2699×10^1	3.1648×10^0	2.3442×10^1	4.2988×10^{14}	3.2991×10^1	1.8419×10^{14}	2.6538×10^1
3.0746×10^0	3.4189×10^0	7.6975×10^0	1.8247×10^1	3.5840×10^{14}	3.4137×10^0	1.3887×10^{14}	2.3765×10^1
1.0000×10^0	3.2841×10^0	5.4737×10^0	8.0146×10^1	1.3185×10^{14}	2.6057×10^0	1.0076×10^{14}	2.0909×10^1
1.0000×10^0	3.0539×10^0	1.9312×10^2	3.1272×10^4	4.8504×10^{13}	2.7746×10^0	6.9420×10^{13}	1.7975×10^1
1.0000×10^0	2.7819×10^0	2.5602×10^2	1.2604×10^7	1.7844×10^{13}	2.4540×10^0	4.3910×10^{13}	1.4919×10^1
1.0000×10^0	2.2831×10^0	2.5621×10^2	3.4832×10^7	6.5643×10^{12}	2.0166×10^0	2.2946×10^{13}	1.3065×10^1
1.0000×10^0	1.7660×10^0	2.5621×10^2	8.6932×10^4	2.4149×10^{12}	1.5357×10^0	8.6629×10^{12}	2.9176×10^3
1.0000×10^0	1.3959×10^0	2.5619×10^2	2.1323×10^2	8.8838×10^{11}	1.2376×10^0	8.6257×10^{12}	1.1746×10^6
1.0000×10^0	1.1538×10^0	2.4913×10^2	1.7259×10^1	3.2682×10^{11}	1.0683×10^0	8.6256×10^{12}	3.5226×10^7
1.0000×10^0	1.0302×10^0	1.8212×10^2	1.8279×10^1	1.2023×10^{11}	1.0016×10^0	8.6256×10^{12}	1.5185×10^5
1.0000×10^0	1.0000×10^0	1.3692×10^2	1.7613×10^1	4.4230×10^{10}	1.0000×10^0	8.6273×10^{12}	4.6212×10^2
1.0000×10^0	1.0000×10^0	1.0244×10^2	1.6110×10^1	1.6271×10^{10}	1.0000×10^0	9.3153×10^{12}	8.3428×10^0
1.0000×10^0	1.0000×10^0	7.4234×10^1	1.5216×10^1	5.9858×10^9	1.0000×10^0	4.7143×10^{12}	4.0739×10^0
1.0000×10^0	1.0000×10^0	5.1822×10^1	1.4009×10^1	2.2021×10^9	1.0000×10^0	1.9233×10^{12}	3.1838×10^0
1.0000×10^0	1.0000×10^0	3.4397×10^1	1.2685×10^1	8.1010×10^8	1.0000×10^0	7.6509×10^{11}	2.4060×10^0

13.2 细节与示例

续表

子程序 1				子程序 2			
Fe(43)		Fh(27)		Fe(44)		Fh(52)	
$\|F\|_\infty$	$\|d\|_\infty$	$\|F\|_\infty$	$\|d\|_\infty$	$\|F\|_\infty$	$\|d\|_\infty$	$\|F\|_\infty$	$\|d\|_\infty$
1.0000×10^0	1.0000×10^0	6.7771×10^1	1.1412×10^1	2.9802×10^8	1.0000×10^0	2.8724×10^{11}	3.1691×10^0
1.0000×10^0	1.0000×10^0	2.0373×10^2	1.0246×10^1	1.0963×10^8	1.0000×10^0	1.0583×10^{11}	3.6546×10^0
1.0000×10^0	1.0000×10^0	1.1436×10^2	8.2770×10^0	4.0332×10^7	1.0000×10^0	3.8932×10^{10}	4.7991×10^1
1.0000×10^0	1.0000×10^0	5.4808×10^1	6.2176×10^0	1.4837×10^7	1.0000×10^0	3.4357×10^{10}	1.8456×10^4
1.0000×10^0	1.0000×10^0	2.0002×10^1	3.8742×10^0	5.4584×10^6	1.0000×10^0	3.4346×10^{10}	1.5910×10^6
1.0000×10^0	1.0000×10^0	6.5007×10^0	1.9426×10^0	2.0080×10^6	1.0000×10^0	3.4345×10^{10}	5.0172×10^3
1.0000×10^0	1.0000×10^0	1.6987×10^0	7.7587×10^{-1}	7.3871×10^5	1.0000×10^0	3.4304×10^{10}	1.0482×10^1
1.0000×10^0	1.0000×10^0	2.4286×10^{-1}	1.9841×10^{-1}	2.7176×10^5	1.0000×10^0	1.9353×10^{10}	1.8987×10^0
1.0000×10^0	1.0000×10^0	7.4001×10^{-3}	1.2168×10^{-2}	9.9974×10^4	1.0000×10^0	7.1195×10^9	1.7222×10^0
9.9999×10^{-1}	1.0000×10^0	7.4589×10^{-6}	3.7780×10^{-5}	3.6778×10^4	1.0000×10^0	2.6191×10^9	1.3792×10^0
9.9999×10^{-1}	1.0000×10^0			1.3530×10^4	1.0000×10^0	9.6352×10^8	1.0515×10^0
9.9996×10^{-1}	9.9999×10^{-1}			4.9773×10^3	1.0000×10^0	3.5446×10^8	1.0059×10^0
9.9990×10^{-1}	9.9998×10^{-1}			1.8310×10^3	1.0000×10^0	1.3040×10^8	1.0001×10^0
9.9972×10^{-1}	9.9994×10^{-1}			6.7354×10^2	1.0000×10^0	4.7971×10^7	1.0000×10^0
9.9923×10^{-1}	9.9984×10^{-1}			2.4773×10^2	1.0001×10^0	1.7647×10^7	1.0000×10^0
9.9792×10^{-1}	9.9957×10^{-1}			9.1085×10^1	1.0004×10^0	6.4921×10^6	1.0000×10^0
9.9436×10^{-1}	9.9882×10^{-1}			3.3459×10^1	1.0010×10^0	2.3883×10^6	1.0001×10^0
9.8476×10^{-1}	9.9676×10^{-1}			1.2259×10^1	1.0026×10^0	8.7861×10^5	1.0003×10^0
9.5921×10^{-1}	9.9099×10^{-1}			4.4604×10^0	1.0067×10^0	3.2322×10^5	1.0009×10^0
8.9355×10^{-1}	9.7423×10^{-1}			1.5924×10^0	1.0163×10^0	1.1891×10^5	1.0025×10^0
7.3986×10^{-1}	9.2278×10^{-1}			5.3969×10^{-1}	1.0322×10^0	4.3742×10^4	1.0068×10^0
4.9909×10^{-1}	7.6724×10^{-1}			1.5845×10^{-1}	1.0287×10^0	1.6092×10^4	1.0181×10^0
9.8088×10^{-2}	4.2214×10^{-1}			3.1213×10^{-2}	9.0878×10^{-1}	5.9212×10^3	1.0467×10^0
1.3041×10^{-2}	8.4642×10^{-2}			5.6820×10^{-3}	5.8837×10^{-1}	2.1828×10^3	1.1147×10^0
1.5699×10^{-3}	2.4465×10^{-3}			1.4869×10^{-2}	1.9067×10^{-1}	8.1280×10^2	1.2604×10^0
2.6729×10^{-6}	1.9181×10^{-6}			5.7963×10^{-3}	1.4624×10^{-2}	3.1278×10^2	1.5125×10^0
				7.4262×10^{-5}	7.3486×10^{-5}	1.2491×10^2	1.8015×10^0
						4.8337×10^1	1.9915×10^0
						1.7042×10^1	1.9474×10^0
						5.5394×10^0	1.9475×10^0
						1.6411×10^0	1.6088×10^0
						3.3082×10^{-1}	8.7136×10^{-1}
						5.0952×10^{-2}	1.9348×10^{-1}
						2.5229×10^{-3}	9.4834×10^{-3}
						5.6671×10^{-6}	2.6776×10^{-5}

【练习】

1. 依据 (13.2.4.1a) 和 (13.2.4.1b)，编制计算异质界面载流子系综准 Fermi 能猜测子程序。

2. 根据自己的器件结构，观察光照情况下不同的初始值猜测策略对迭代过程的影响，编制出优化高效的子程序。

13.3 方 程 组

无论是扩散漂移体系还是能量输运体系，或者是量子修正的输运体系，最直接的想法是给定初始值直接求解类似 (10.2.3.3a) 的非线性方程组，这通常称为全 Newton 迭代，然而现实中有几个困难使其通常难以实现：① 大规模矩阵存储与计算，从第 12 章可以看出，耦合方程组的矩阵元分布比单独输运方程的矩阵元分布要"凌乱"得多，这使得线性方程组的求解复杂度大大增加；② 不同幅值范围的变量同时迭代使得 Jacobian 矩阵元的数值幅度差别比较大；③ 不同输运方程在异质界面的处理方式不同，导致难以组织起数值稳定的同样尺寸变量矩阵元，比如，静电势与晶格温度在异质界面连续，而载流子准 Fermi 能与系综温度存在跳跃；④ 多变量的增加使得初始值的猜测变得困难起来。因此，发展能够充分利用独立输运方程数值求解上的便利获得与全 Newton 迭代一样解的方法，对于现实简洁高效数值实施具有非常重要的意义。

13.3.1 Gummel 迭代

Gummel 迭代是指，依次独立求解输运体系中每个方程，并把当前解作为下一个方程保持不变的格点变量。图 13.3.1 实施了与 (10.2.4.1a)~(10.2.4.3c) 对应

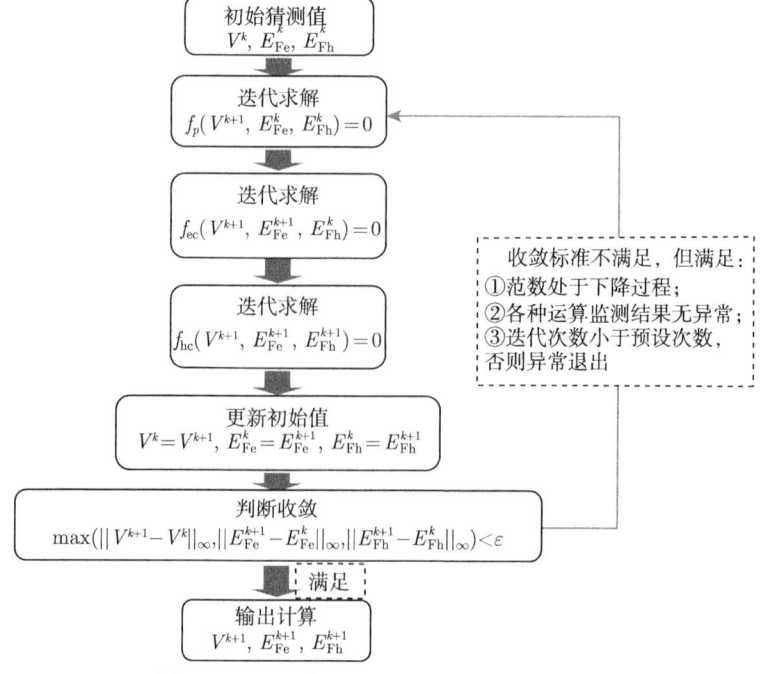

图 13.3.1 扩散漂移体系 Gummel 迭代过程

13.3 方程组

的扩散漂移体系，迭代中止的标准是，三个网格变量增量范数小于设定控制精度或者某个单独方程存在迭代异常，或者总的迭代次数超过预设总次数，对于能量输运体系也可以发展相应的 Gummel 迭代过程。

基于图 13.3.1 能够直接编制出相关的子程序，如下所示：

```fortran
      module subroutine work_Gummel( IsDD,ou,c1,w,ierr )
        implicit   none
        logical , intent( in ) :: IsDD
        integer , intent( in ) :: ou
        type( connect_ )   :: c1
        type( work_ ) :: w
        integer, intent( out ) :: ierr

        logical :: flag
        integer :: i,j,k,l,m,mloop,termcode
        real( wp ) :: fnorm,dnorm
        real( wp ) :: t(3),derr(50)
        real( wp ) , dimension( w%grd%np ) :: V0,Efe0,Efh0
        integer , pointer :: vnode( : )
        type( da1 ) , dimension( : ) , pointer :: V, Efe, Efh
        type( STOP_ITER_ ) , pointer :: sc

        vnode => w%grd%vnode
        V   => w%nvr%V
        Efe => w%nvr%Efe
        Efh => w%nvr%Efh
        sc   => w%ctr%nm%solver
        !    迭代控制变量初始化
        m    =   0
        flag =  .TRUE.
        derr =  0.0_wp

100 m   =   m + 1
        !     储存现有网格变量值
        k   = 0
        do i = 1, w%str%nhl, 1
           j = vnode(i)
           v0( k+1:k+j )  =   V(i)%A(:)
           Efe0( k+1:k+j ) =   Efe(i)%A(:)
           Efh0( k+1:k+j ) =   Efh(i)%A(:)
```

```
         k = k + j
      end do
  !    开始 Poisson 方程迭代
      call work_solve1_ddst( IsDD,ou,1,c1,w,termcode,mloop,Fnorm,
         Dnorm )
      if ( termcode.eq.-1 ) then
         write( ou,'(I2,A20)' ) mloop , 'th Poisson divergent'
         goto 200
      end if
  !    电子连续性方程迭代
      call work_solve1_ddst( IsDD,ou,2,c1,w,termcode,mloop,Fnorm,
         Dnorm )
      if ( termcode.eq.-1 ) then
         write( ou,'(I2,A20)' ) mloop , 'th electron divergent'
         goto 200
      end if
  !    空穴连续性方程迭代
      call work_solve1_ddst( IsDD,ou,3,c1,w,termcode,mloop,Fnorm,
         Dnorm )
      if ( termcode.eq.-1 ) then
         write( ou,'(I2,A20)' ) mloop , 'th hole divergent'
         goto 200
      end if
  !    计算 $\max\left(\|V^{k+1}-V^k\|_\infty, \|E_{\mathrm{Fe}}^{k+1}-E_{\mathrm{Fe}}^k\|_\infty, \|E_{\mathrm{Fh}}^{k+1}-E_{\mathrm{Fh}}^k\|_\infty\right)$
      k = 0
      t = 0.0_wp
      do i = 1, w%str%nhl, 1
         l = vnode(i)
         do j = 1, l, 1
            t(1) = max(abs(V(i)%A(j)-v0(k+j)),t(1) )
            t(2) = max(abs(Efe(i)%A(j)-Efe0(k+j)),t(2) )
            t(3) = max(abs(Efh(i)%A(j)-Efh0(k+j)),t(3) )
         end do
         k = k + l
      end do
      derr(m) = maxval(t)
      write( ou,'(A10,1X,I4,1X,A6,1X,es11.4)' ) 'derr(',m,') = '
         , derr(m)
  !    判断迭代中止标准
      call STOP_CRITERIA_TEST( .FALSE.,m,1.0_wp,derr(m),Sc%Outter
```

13.3 方程组

```
           ,flag,ierr )
!          如果异常或值成功中止迭代
 if( flag ) goto 200
!          否则开始新一次迭代
 goto 100

 200 continue
 if( ierr.eq.-1 ) then
    write( ou,'(A30)' ) 'divergent maximum loop!'
    write( ou,'(a20,es11.4)' ) 'residual error = ',derr
 end if

end subroutine Work_Gummel
```

实践证明，Gummel 迭代对于大部分半导体太阳电池器件结构都具有很好的收敛特性，如表 13.3.1 所示，表 13.2.3 的后续几次迭代都很快，第二次 Poisson 方程用了 11 次迭代收敛，电子和空穴连续性方程分别用了 5 次和 4 次，而第三次每个方程均只用了一次，第一次迭代增量范数为 1.5479×10^1，第二次为 1.0824×10^{-1}，第三次 $<10^{-6}$，对于表 13.2.5 的后续也具有类似的结果。

表 13.3.1 接续表 13.2.3 的 Gummel 迭代信息

次数	F_p		F_e		F_h	
	$\|F\|_\infty$	$\|d\|_\infty$	$\|F\|_\infty$	$\|d\|_\infty$	$\|F\|_\infty$	$\|d\|_\infty$
2	5.3092×10^2	4.1356×10^0	3.5917×10^{-2}	2.0441×10^0	2.4926×10^{-2}	5.8195×10^{-1}
	1.2008×10^2	1.8250×10^0	1.6834×10^{-1}	6.8638×10^{-1}	1.3694×10^{-3}	3.9186×10^{-2}
	3.5492×10^1	1.3560×10^0	4.0971×10^{-2}	1.1368×10^{-1}	9.3790×10^{-6}	1.9626×10^{-4}
	1.1951×10^1	1.0886×10^0	9.2742×10^{-4}	3.6378×10^{-3}	7.1756×10^{-10}	
	4.1640×10^0	1.0639×10^0	7.7148×10^{-7}			
	1.4157×10^0	9.6556×10^{-1}				
	4.3004×10^{-1}	6.9991×10^{-1}				
	9.3757×10^{-2}	2.9863×10^{-1}				
	1.0036×10^{-2}	4.2246×10^{-2}				
	1.7892×10^{-4}	7.2897×10^{-4}				
	5.3354×10^{-8}					
3	5.3386×10^{-8}		7.7148×10^{-7}		7.1756×10^{-10}	

另一方面，考虑到电子连续性方程与空穴连续性方程在异质界面处理上的一致性，可以把它们两个联立起来共同作为一个方程求解，这可以看作是 Gummel 迭代的拓展，如图 13.3.2 所示。

半导体太阳电池数值分析中经常遇到的另外一种情形是电路与器件输运方程组成混合模型，如图 1.8.1 中将太阳电池二极管模型换成输运方程求解。这里简

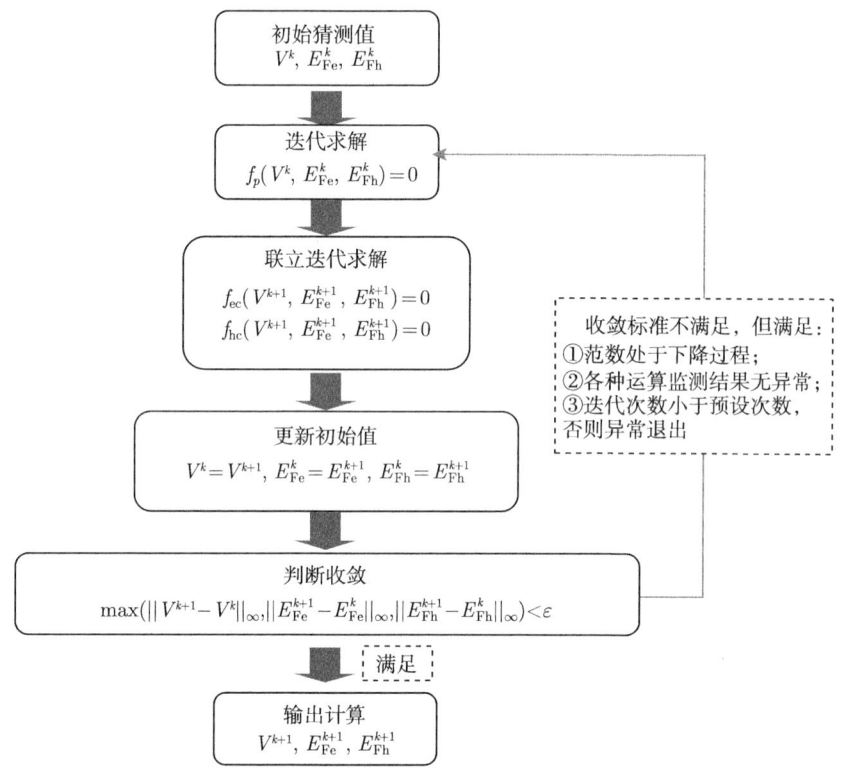

图 13.3.2　电子与空穴连续性方程联立求解的 Gummel 迭代

单假设仅存在串联电阻,在隧穿结数值分析中经常遇到这种情形[12],假设外加电压和串联电阻分别是 V_{app} 和 R_{s},电流是 I,整个系统的非线性方程是

$$F(I) = J_{\text{ph}}(V_{\text{app}} - IR_{\text{s}}) - I = 0 \quad (13.3.1.1)$$

由于 (13.3.1.1) 中 $J_{\text{ph}}(V_{\text{app}} - IR_{\text{s}})$ 采用数值方法求解不存在解析表达式,所以只能用迭代的方法求解,显而易见,解应该位于区间 $[J_{\text{ph}}(V_{\text{app}} - J_{\text{ph}}(V_{\text{app}})R_{\text{s}}),\ J_{\text{ph}}(V_{\text{app}})]$,Newton 法需要 $J_{\text{ph}}(V_{\text{app}} - IR_{\text{s}})$ 在 I 附近的导数,这可以用导数数值近似的方式获得[13]

$$J'_{\text{ph}}(V_{\text{app}} - IR_{\text{s}}) = \frac{J_{\text{ph}}(V_{\text{app}} - IR_{\text{s}}) - J_{\text{ph}}(V_{\text{app}} - (I - \Delta I)R_{\text{s}})}{\Delta I} \quad (13.3.1.2)$$

在步长比较小的情况下,(13.3.1.2) 结合 Newton 法产生了割线法[14]:

$$\Delta I_{k+1} = -\frac{\Delta I_k}{F(I_k) - F(I_{k-1})} F(I_k) \quad (13.3.1.3)$$

基于上述讨论可以建立流程如图 13.3.3 所示,其中输入参数包括输入偏置电压 V_{app},串联电阻 R_{s},电流密度偏移量 ΔI,迭代中止 ε_1,割线法开启 ε_2。更加

13.3 方程组

复杂的电路可以借助数据结构进行封装，割线法可以采用函数值变化和步长两种方式判断是否开启，如果不满足割线法计算，则数值导数需要采用 (13.3.1.2) 的计算方式。

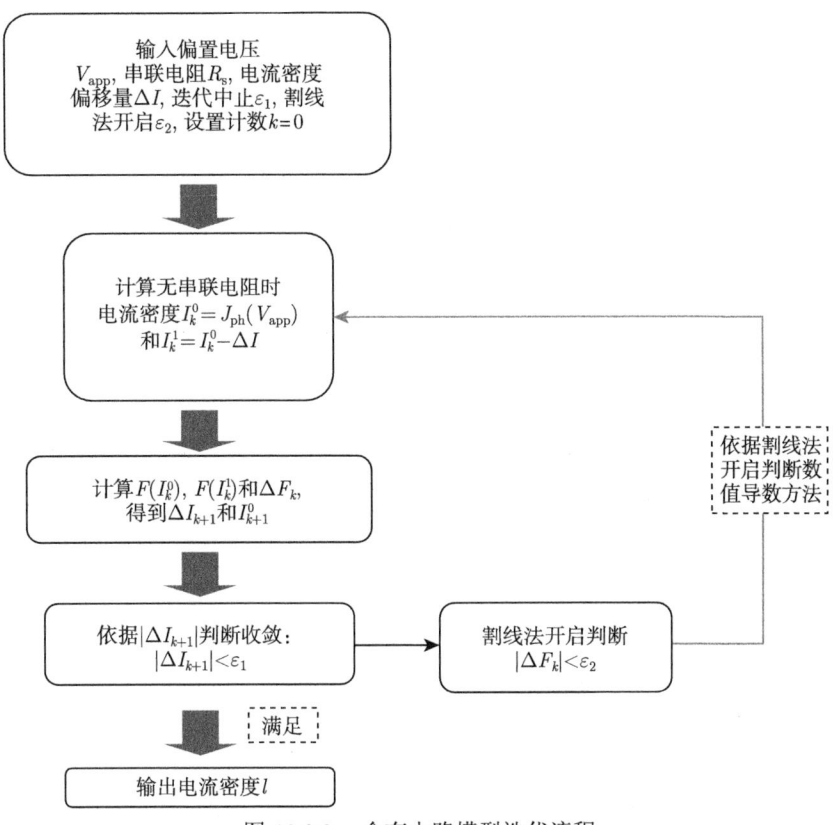

图 13.3.3　含有电路模型迭代流程

结合第 7 章中的内容，可以进行含有光子自循环的数值分析，前提是要先计算器件结构中发生光子自循环区域的空间关联表，然后调用输运方程耦合求解模块，流程如图 13.3.4 所示。

【练习】

1. 写出解耦合的能量输运体系的 Gummel 迭代框架图。
2. 写出面向能量输运体系的部分 Gummel 迭代框架图，实施细节参考文献 [15]。
3. 模仿图 13.3.2 流程，写出对应的 Gummel 迭代函数模版。
4. 模仿图 13.3.3 流程，写出对应的函数模版。
5. 模仿图 13.3.4 流程，写出对应的函数模版。

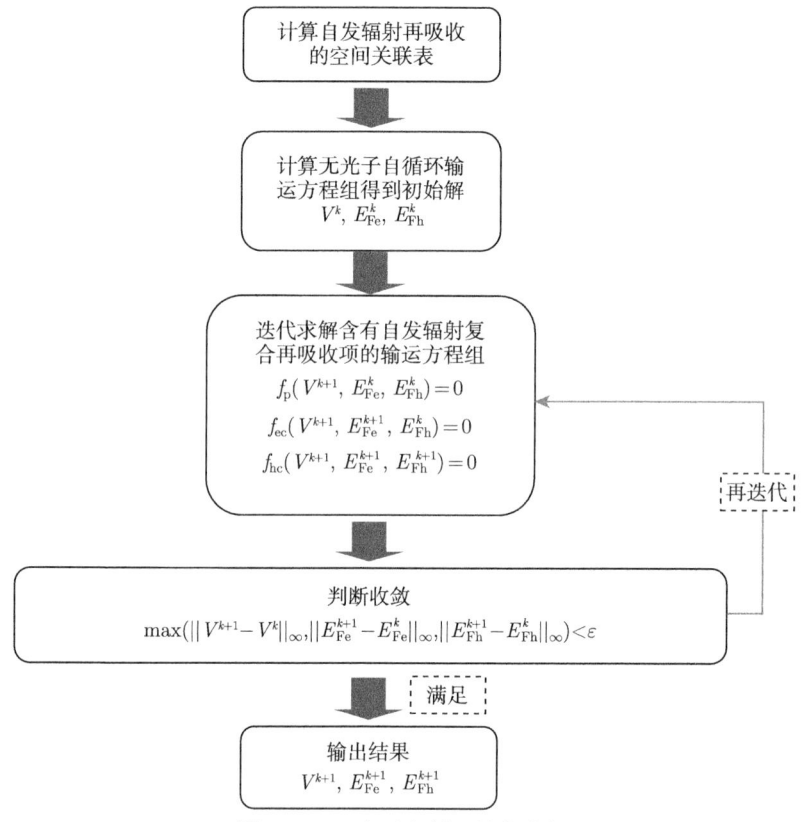

图 13.3.4 光子自循环迭代流程

13.3.2 SOR-Newton 方法

借助于线性代数中的迭代方法,既能够部分保持全 Newton 法的快速收敛特性,又能降低数值计算要求,其中常用的是基于矩阵分裂的超松弛 (SOR) 迭代,因此这种修正型 Newton 法也称为 SOR-Newton 法,这里简要介绍其基本思想。

首先将 (13.1.1.3) 简写成标准线性方程组的形式:

$$A\left(\boldsymbol{u}^{k}\right) \delta \boldsymbol{u}^{k}=\boldsymbol{b}^{k} \tag{13.3.2.1}$$

基于矩阵分裂的一般迭代映射为 [16]

$$M\delta\boldsymbol{u}_{r+1}^{k}=N\delta\boldsymbol{u}_{r}^{k}+\boldsymbol{b}^{k} \tag{13.3.2.2}$$

劈裂矩阵 A 为

$$A=\frac{1}{\omega}\left\{\omega L+D-\left[(1-\omega) D-\omega U\right]\right\} \tag{13.3.2.3a}$$

$$\frac{1}{\omega}\left(\omega L+D\right)\delta\boldsymbol{u}_{r+1}^{k}=\frac{1}{\omega}\left[(1-\omega) D-\omega U\right]\delta\boldsymbol{u}_{r}^{k}+\boldsymbol{b}^{k} \tag{13.3.2.3b}$$

13.3 方程组

$$\delta \boldsymbol{u}_{r+1}^k = (\omega L + D)^{-1} \left[(1-\omega) D - \omega U \right] \delta \boldsymbol{u}_r^k + \omega (\omega L + D)^{-1} \boldsymbol{b}^k \tag{13.3.2.3c}$$

其中，ω 称为超松弛系数，为了保证 (13.3.2.3b) 中的映射为压缩映射，超松弛因子需要满足：

$$0 < \omega < 2 \tag{13.3.2.4}$$

假设初始猜测值为 $\delta \boldsymbol{u}_0^k$，经过 m 次迭代的递推关系：

$$\begin{aligned}
\delta \boldsymbol{u}_m^k &= \left\{ (\omega L + D)^{-1} \left[(1-\omega) D - \omega U \right] \right\}^m \delta \boldsymbol{u}_0^k \\
&\quad + \left\{ \boldsymbol{I} + \cdots + \left\{ (\omega L + D)^{-1} \left[(1-\omega) D - \omega U \right] \right\}^{m-1} \right\} \omega (\omega L + D)^{-1} \boldsymbol{b}^k
\end{aligned} \tag{13.3.2.5a}$$

如果 $\delta \boldsymbol{u}_0^k = 0$，则简化为 [17]

$$\delta \boldsymbol{u}_m^k = \left\{ \boldsymbol{I} + \cdots + \left\{ (\omega L + D)^{-1} \left[(1-\omega) D - \omega U \right] \right\}^{m-1} \right\} \omega (\omega L + D)^{-1} \boldsymbol{b}^k \tag{13.3.2.5b}$$

以扩散漂移体系为例，典型的全 Newton 迭代为

$$\begin{aligned}
\frac{\partial f_{\mathrm{p}}^i}{\partial V} \cdot \delta V^k + \frac{\partial f_{\mathrm{p}}^i}{\partial E_{\mathrm{Fe}}} \cdot \delta E_{\mathrm{Fe}}^k + \frac{\partial f_{\mathrm{p}}^i}{\partial E_{\mathrm{Fh}}} \cdot \delta E_{\mathrm{Fh}}^k &= f_{\mathrm{p}}^i \left(V^k, E_{\mathrm{Fe}}^k, E_{\mathrm{Fh}}^k \right) \\
\frac{\partial f_{\mathrm{e}}^i}{\partial V} \cdot \delta V^k + \frac{\partial f_{\mathrm{e}}^i}{\partial E_{\mathrm{Fe}}} \cdot \delta E_{\mathrm{Fe}}^k + \frac{\partial f_{\mathrm{e}}^i}{\partial E_{\mathrm{Fh}}} \cdot \delta E_{\mathrm{Fh}}^k &= f_{\mathrm{e}}^i \left(V^k, E_{\mathrm{Fe}}^k, E_{\mathrm{Fh}}^k \right) \\
\frac{\partial f_{\mathrm{h}}^i}{\partial V} \cdot \delta V^k + \frac{\partial f_{\mathrm{h}}^i}{\partial E_{\mathrm{Fe}}} \cdot \delta E_{\mathrm{Fe}}^k + \frac{\partial f_{\mathrm{h}}^i}{\partial E_{\mathrm{Fh}}} \cdot \delta E_{\mathrm{Fh}}^k &= f_{\mathrm{h}}^i \left(V^k, E_{\mathrm{Fe}}^k, E_{\mathrm{Fh}}^k \right)
\end{aligned} \tag{13.3.2.6}$$

与通常矩阵劈裂迭代法不同的是，这里以变量而不是矩阵元位置区分下三角与上三角：

$$\begin{aligned}
&\begin{pmatrix} \dfrac{\partial f_{\mathrm{p}}^i}{\partial V} & 0 & 0 \\ \dfrac{\partial f_{\mathrm{p}}^i}{\partial V} & \dfrac{\partial f_{\mathrm{e}}^i}{\partial E_{\mathrm{Fe}}} & 0 \\ \dfrac{\partial f_{\mathrm{p}}^i}{\partial V} & \dfrac{\partial f_{\mathrm{e}}^i}{\partial E_{\mathrm{Fe}}} & \dfrac{\partial f_{\mathrm{h}}^i}{\partial E_{\mathrm{Fh}}} \end{pmatrix} \begin{pmatrix} \delta V_{m+1}^k \\ \delta E_{\mathrm{Fe},m+1}^k \\ \delta E_{\mathrm{Fh},m+1}^k \end{pmatrix} \\
&= \begin{pmatrix} f_{\mathrm{p}}^i \left(V^k, E_{\mathrm{Fe}}^k, E_{\mathrm{Fh}}^k \right) \\ f_{\mathrm{e}}^i \left(V^k, E_{\mathrm{Fe}}^k, E_{\mathrm{Fh}}^k \right) \\ f_{\mathrm{h}}^i \left(V^k, E_{\mathrm{Fe}}^k, E_{\mathrm{Fh}}^k \right) \end{pmatrix} - \begin{pmatrix} 0 & \dfrac{\partial f_{\mathrm{e}}^i}{\partial E_{\mathrm{Fe}}} & \dfrac{\partial f_{\mathrm{h}}^i}{\partial E_{\mathrm{Fh}}} \\ 0 & 0 & \dfrac{\partial f_{\mathrm{h}}^i}{\partial E_{\mathrm{Fh}}} \\ 0 & 0 & 0 \end{pmatrix} \begin{pmatrix} \delta V_m^k \\ \delta E_{\mathrm{Fe},m}^k \\ \delta E_{\mathrm{Fh},m}^k \end{pmatrix}
\end{aligned} \tag{13.3.2.7}$$

增加超松弛因子后，(13.3.2.7) 转化为多个单独方程的连续求解 [18]：

$$\frac{\partial f_{\text{p}}^{i}}{\partial V} \cdot \delta V_{m+1}^{k} = f_{\text{p}}^{i}\left(V_{m}^{k}, E_{\text{Fe},m}^{k}, E_{\text{Fh},m}^{k}\right) - \omega \left(\frac{\partial f_{\text{p}}^{i}}{\partial E_{\text{Fe}}} \cdot \delta E_{\text{Fe},m}^{k} + \frac{\partial f_{\text{p}}^{i}}{\partial E_{\text{Fh}}} \cdot \delta E_{\text{Fh},m}^{k}\right)$$

$$\frac{\partial f_{\text{e}}^{i}}{\partial E_{\text{Fe}}} \cdot \delta E_{\text{Fe},m+1}^{k} = f_{\text{e}}^{i}\left(V_{m}^{k}, E_{\text{Fe},m}^{k}, E_{\text{Fh},m}^{k}\right) - \omega \left(\frac{\partial f_{\text{e}}^{i}}{\partial V} \cdot \delta V_{m+1}^{k} + \frac{\partial f_{\text{e}}^{i}}{\partial E_{\text{Fh}}} \cdot \delta E_{\text{Fh},m}^{k}\right)$$

$$\frac{\partial f_{\text{h}}^{i}}{\partial E_{\text{Fh}}} \cdot \delta E_{\text{Fh},m+1}^{k} = f_{\text{h}}^{i}\left(V_{m}^{k}, E_{\text{Fe},m}^{k}, E_{\text{Fh},m}^{k}\right) - \omega \left(\frac{\partial f_{\text{h}}^{i}}{\partial V} \cdot \delta V_{m+1}^{k} + \frac{\partial f_{\text{h}}^{i}}{\partial E_{\text{Fe}}} \cdot \delta E_{\text{Fe},m+1}^{k}\right)$$

(13.3.2.8)

依据 (13.3.2.7) 建立了 SOR-Newton 法的数值实施框架, 如图 13.3.5 所示, 其中设置了两个精度控制系数 ε_1 和 ε_2, 分别对应求解步长的内迭代循环和求解

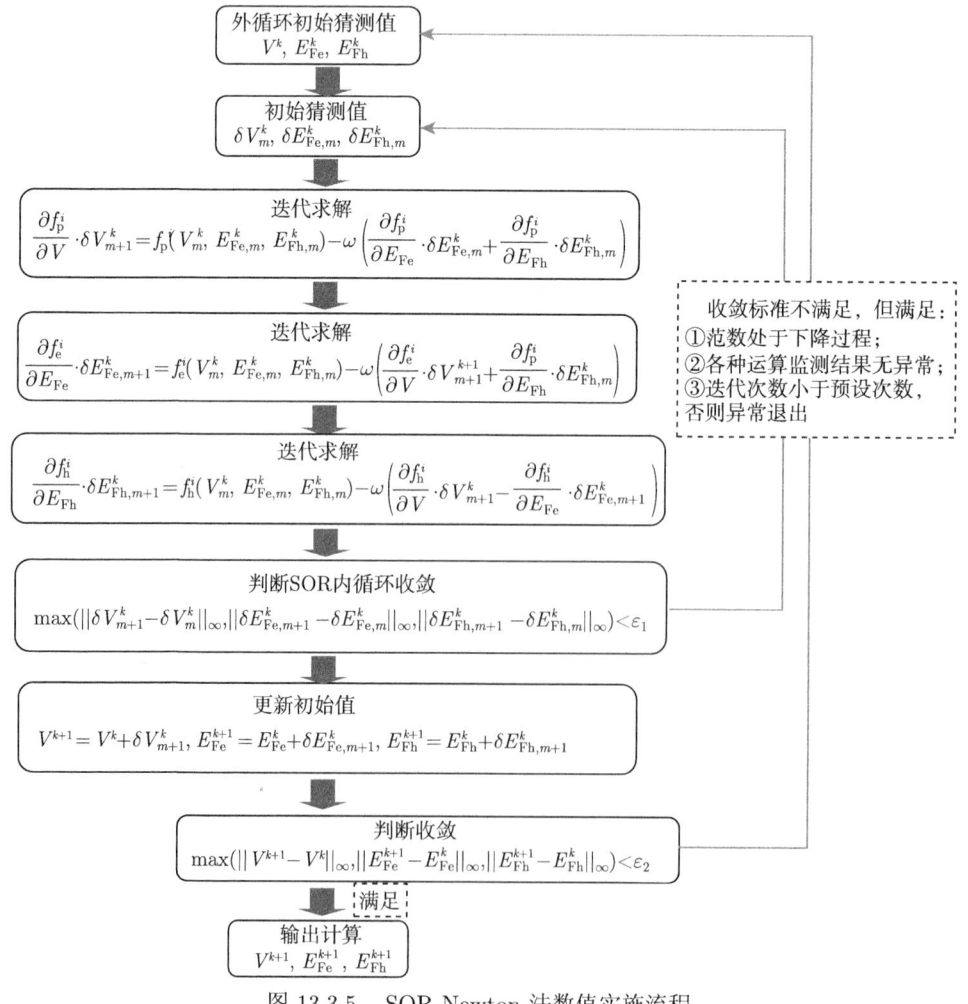

图 13.3.5　SOR-Newton 法数值实施流程

非线性方程组解的外迭代循环。

可以看出，SOR-Newton 法收敛特性的关键是选择合适的超松弛因子 ω，文献 [19]~[21] 提出一种基于迭代解特性的自适应选择算法：

$$\alpha_m^k = \frac{\|\delta \boldsymbol{u}_m^k\|}{\|\delta \boldsymbol{u}_{m-1}^k\|} \to \beta_m^k = \frac{\alpha_m^k + \omega_{m-1}^k - 1}{\omega_{m-1}^k \alpha_m^k} \to \omega_m^k = \frac{2}{1 + \sqrt{1 - (\beta_m^k)^2}} \quad (13.3.2.9)$$

β_m^k 实际上是迭代映射的谱半径，初始可以在 (0,2) 区间选择一个超松弛因子，尽管 (13.3.2.1) 在通常求解时收敛速度比较慢，但对量子隧穿情形确实是很好的解决方案。

【练习】

依据图 13.3.5 编制相应子程序，并查找文献谈论是否有更好的超松弛因子选取策略。

参 考 文 献

[1] 范金燕, 袁亚湘. 非线性方程组数值方法. 北京: 科学出版社, 2018: 6-7.

[2] Dennis J E, Jr, Schnabel R B. 无约束最优化与非线性方程的数值方法. 北京: 科学出版社, 2009: 86.

[3] Ortega J M, Rheinboldt W C. 多元非线性方程组迭代解法. 朱季纳, 译. 北京: 科学出版社, 1983: 192.

[4] Kelley C T. Iterative Methods for Linear and Nonlinear Equations. Philadelphia: Society for Industrial and Applied Mathematics, 1995.

[5] Higham N J. Accuracy and Stability of Numerical Algorithms. 2nd ed. Beijing: Tsinghua University Press, 2011: 287-303.

[6] Axelrad V. Grid quality and its influence on accuracy and convergence in device simulation. IEEE Transactions on Computer Aided Design of Integrated Circuits & Systems, 1998, 17(2): 149-157.

[7] Choi W S, Ahn J G. A time dependent hydrodynamic device simulator SNU-2D with new discretization scheme and algorithm. IEEE Transactions on Computer-Aided Design of Integrated Circuits and Systems, 1994, 13(7): 899-908.

[8] Selberherr S. Analysis and Simulation of Semiconductor Devices. Vienna: Springer, 1984: 205-207.

[9] Bank R E, Rose D J. Global approximate Newton methods. Numerische Mathematik, 1981, 37(2): 279-295.

[10] Nocedal J, Wright S J, Mikosch T V. Numerical Optimization. Berlin, Heidelberg: Springer, 1999: 34-97.

[11] Kurata M. Numerical Analysis for Semiconductor Devices. New York: Lexington Books, 1982: 46.

[12] García I, Rey-Stolle I, Algora C. Performance analysis of AlGaAs/GaAs tunnel junctions for ultra-high concentration photovoltaics. Journal of Physics D: Applied Physics, 2012, 45(4): 045101.

[13] Dennis J E, Jr, Schnabel R B. 无约束最优化与非线性方程的数值方法. 北京: 科学出版社, 2009: 77-80.

[14] Quarteoni A, Sacco R, Saleri F. Numerical Mathematics. Berlin, Heidelberg: Springer-Verlag, 2000: 257-262.

[15] Kato A, Katada M. A rapid, stable decoupled algorithm for solving semiconductor hydrodynamic equations. IEEE Transactions on Computer Aided Design of Integrated Circuits & Systems, 1994, 13(11): 1425-1428.

[16] Saad Y. Iterative Methods for Sparse Linear Systems. 2nd ed. 北京: 科学出版社, 2009: 103-128.

[17] Quarteoni A, Sacco R, Saleri F. Numerical Mathematics. Berlin Heidelberg: Springer-Verlag, 2000: 580-581.

[18] Selberherr S. Analysis and Simulation of Semiconductor Devices. Vienna: Springer, 1984: 208-210.

[19] Franz A F, Franz G A, Selberherr S, et al. Finite boxes—A generalization of the finite-difference method suitable for semiconductor device simulation. IEEE Transactions on Electron Devices, 1983, 30(9): 1070-1082.

[20] 李建宇, 黎薰. 牛顿-SOR 迭代方法中最佳松弛因子的算法. 四川大学学报 (自然科学版), 1995, 32(4): 382-385.

[21] 刘其贵, 吴金. 一种大型非线性系统求解算法——Newton-SOR+ 算法. 东南大学学报 (自然科学版), 1999, 29(4): 63-67.

第 14 章 稀疏线性方程组

14.0 概 述

求解 Newton 步长涉及 Jacobian 线性方程组的求解,由第 12 章可以看出,基于规则网格的离散半导体太阳电池输运方程,其对应的线性方程系数矩阵基本上是稀疏矩阵,而且相对也比较规则,尤其是一维,产生的是带状矩阵或者更简单的三对角矩阵,这种情况下通常采用直接求解的方法,即高斯 (Gauss) 消元法:

$$Ax = b \tag{14.0.1}$$

线性方程组 (14.0.1) 的求解分为直接法与迭代法两种。

(1) 直接法是把 A 分解成容易求解的一些矩阵的乘积,如上三角矩阵、下三角矩阵、正交矩阵等,如果是下三角矩阵与上三角矩阵的乘积则称为 LU 分解,如果是正交矩阵与上三角矩阵的乘积则称为 QR 分解。直接法能够有效节省计算量和储存空间,在一些维数相对比较小、具有特殊分布型态 (如带状矩阵、对称) 等场合具有巨大优势,借助于符号分解过程和块计算思想 (supernodal multifront),甚至一些维数为 10^6 的稀疏矩阵也采用直接法。

(2) 迭代法是给定 x 的初始值 x^0,产生一迭代序列 $\{x^k\}$,使其逐渐接近 $x = A^{-1}b$,与非线性方程组的迭代求解过程一样,其中最关键的是要选择能够收敛的高效迭代映射。对于某些具有良好线性数值特性 (对角占优等) 的矩阵而言,最简单的迭代过程是将 A 的下三角 L、对角 D 与上三角 U 的部分重组成一个迭代映射,其中典型的是后向高斯–赛德尔 (Gauss-Seidel) 迭代算法:

$$(L+D)x^{k+1} = b - Ux^{k-1} \tag{14.0.2a}$$

(14.0.2a) 收敛要求矩阵 $(L+D)^{-1}U$ 的幅值最大的特征值小于 1,为了加强这种数值优势,通常引入一个可调节参数,形成所谓的超松弛算法:

$$\left(L + \frac{D}{\omega}\right)x^{k+1} = b + \left[\left(\frac{1}{\omega} - 1\right)D - U\right]x^{k-1} \tag{14.0.2b}$$

其中,ω 的选择非常关键,对于对称矩阵,通常有 $0 < \omega < 2$。

从另一个角度看，迭代法是一个计算最小值的过程：

$$\min_{x \in R^n} \frac{1}{2} x^{\mathrm{T}} A x - x^{\mathrm{T}} b \tag{14.0.2c}$$

这样数值最优化中的很多思想就可以拿来用，产生如共轭梯度、最小残差等算法。

与 Newton 法求解非线性方程组一样，迭代有个最关键的问题是选择足够好的初始猜测值，显而易见的做法是对 A 进行某种形式的分解然后求解得到，同时为了加速迭代过程，通常也借助直接法和简单迭代的一些思想对 A 进行预处理。

完整阐述一般稀疏线性方程组的求解算法不是本书的目的，为了简明扼要，本章内容主要围绕直接法中的 LU 分解展开，针对一维器件结构所产生的带状矩阵提出简单明确的算法，对于二维情形可以类推。

作为计算科学的支柱，线性方程组的求解算法的参考文献不可计数，这里选取几本比较著名的，如《矩阵计算》，其作者是美国的 Gene H.Golub 和 Charles F.Van Loan，该书紧密结合著名的线性代数程序库 LAPCK 展开，方便学习算法时阅读程序，袁亚湘有译本 [1]。

另外一本可以参考的是 LAPACK 的作者之一 James W. Demmel 编写的《应用数值线性代数》，由人民邮电出版社 2007 年翻译出版，可以看作是《矩阵计算》一书的补充 [2]。

迭代法可以参考 Yousef Saad 的书，体系地介绍了迭代算法 [3]。

关于线性程序库，建议参考 LAPACK(线性代数包的简称)，它包含了数值线性代数中最常遇到的问题，用 Fortran 77 编写，可以简洁高效地运行在很多高性能计算机上。学习算法的时候参考该程序可以让你的学习算法严谨和灵活。官方网站是 http://www.netlib.org/lapack/。

另一方面，尽管在量子限制区域存在本征值与本征函数的求解，本节不准备展开这方面的内容，而是直接采用 Brian Smith、James Boyle、Jack Dongarra、Burton Garbow、Y. Ikebe、V. Klema、Cleve Moler 等开发的 EISPACK 软件包，相关内容可以参考文献 [4]~[6]。

14.1 高斯消元法

高斯消元法的目的是把线性矩阵 A 中对角元素下全部消为 0，由此产生了一个下三角与上三角形状的矩阵。

14.1.1 基本过程

$$A = \begin{pmatrix} a_{11} & \cdots & a_{1n} \\ \vdots & \ddots & \vdots \\ a_{n1} & \cdots & a_{nn} \end{pmatrix} = \begin{pmatrix} l_{11} & & \\ \vdots & \ddots & \\ l_{1n} & \cdots & l_{nn} \end{pmatrix} \begin{pmatrix} u_{11} & \cdots & u_{1n} \\ & \ddots & \vdots \\ & & u_{nn} \end{pmatrix} = LU$$

(14.1.1.1)

(14.1.1.1) 对应如下的乘积过程:

$$l_1(:)u_1^1 = A(:,1)$$

$$l_1(:)u_2^1 + l_2(:)u_2^2 = A(:,2)$$

$$\vdots$$

$$(l_1, \cdots, l_{j-1}, l_j, \cdots, l_n) \begin{pmatrix} u_j^1 \\ \vdots \\ u_j^j \\ \vdots \\ 0 \end{pmatrix} = A(:,j)$$

$$\sum_{1}^{j-1} l_i u_j^i = A(1:j-1, j)$$

这样线性方程组 $Ax = b$ 能够化简成两个接续的上三角与下三角线性方程组:

$$Ly = b \qquad (14.1.1.2a)$$

$$Ux = y \qquad (14.1.1.2b)$$

1) 下三角方程的前进法

下三角方程解法通过观察方程 (14.1.1.2a) 展开形式直接得到

$$\begin{aligned} l_{11}y_1 &= b_1 \\ l_{21}y_1 + l_{22}y_2 &= b_2 \\ &\vdots \\ l_{n1}y_1 + \cdots + l_{nn}y_n &= b_n \end{aligned} \qquad (14.1.1.3)$$

显而易见,如果以列形式储存矩阵元,有如下的向前算法 14.1.1.1:

```
for j=1,n-1
    b(j)=b(j)/l_jj
    b(j+1:n)=b(j+1:n)-b(j)·L(j+1:n,j)
end
b(n)=b(n)/l_nn
```

2) 上三角的后退法

同样，将方程 (14.1.1.2b) 展开可以得到如下形式：

$$u_{11}x_1 + \cdots + u_{1n}x_n = y_1$$
$$\vdots$$
$$u_{n-1,n-1}x_{n-1} + u_{n-1,n}x_n = y_{n-1}$$
$$u_{nn}x_n = y_n$$

(14.1.1.4)

如果以列形式储存矩阵元，有如下的向后算法 14.1.1.2：

```
for j=n,2,-1
    x(j)=b(j)/u_jj
    b(1:j-1)=b(1:j-1)-b(j)·L(1:j-1,j)
end
b(1)=b(1)/u_nn
```

3) 消元过程

以下将对角元素清 0 的过程来源于对单个列向量的操作，如 (14.1.1.5)：

$$M_k \begin{pmatrix} v_1 \\ \vdots \\ v_k \\ v_{k+1} \\ \vdots \\ v_n \end{pmatrix} = \begin{pmatrix} 1 & \cdots & 0 & 0 & \cdots & 0 \\ \vdots & \ddots & \vdots & \vdots & \ddots & \vdots \\ 0 & \cdots & 1 & 0 & \cdots & 0 \\ 0 & \cdots & -\beta^{k+1} & 1 & \cdots & 0 \\ \vdots & \ddots & \vdots & \vdots & \ddots & \vdots \\ 0 & \cdots & -\beta^n & 0 & \cdots & 1 \end{pmatrix} \begin{pmatrix} v_1 \\ \vdots \\ v_k \\ v_{k+1} \\ \vdots \\ v_n \end{pmatrix}$$

$$= \begin{pmatrix} v_1 \\ \vdots \\ v_k \\ v_{k+1} - \beta^{k+1}v_k \\ \vdots \\ v_n - \beta^n v_k \end{pmatrix} = \begin{pmatrix} v_1 \\ \vdots \\ v_k \\ 0 \\ \vdots \\ 0 \end{pmatrix}$$

(14.1.1.5)

14.1 高斯消元法

显而易见，如果让第 $k+1:n$ 元素为 0，需要 $\beta^{\mathrm{T}} = \left(0,\cdots,0,\dfrac{v_{k+1}}{v_k},\cdots,\dfrac{v_n}{v_k}\right)$，向量 β 称为高斯列向量，M_k 称为高斯消元矩阵，以此类推，作用在矩阵 A 上让第 j 列 $A(j+1:n,j)=0$，则需要 $\beta_j^{\mathrm{T}} = \left(0,\cdots,0,\dfrac{a_{j+1\,j}}{a_{jj}},\cdots,\dfrac{a_{nj}}{a_{jj}}\right)$，进一步可以证明相应的高斯消元矩阵可以写成 $M_j = I_n - \beta_j e_j^{\mathrm{T}}$ 形式，其中 I_n 为单位矩阵，$\beta_j^{\mathrm{T}} = \left(0,\cdots,0,\beta_j^{j+1},\cdots,\beta_j^n\right)$ 为高斯列向量，$e_j^{\mathrm{T}} = (0,\cdots,1,0,\cdots,0)$ 为第 j 个单位行向量。高斯消元矩阵具有如下基本特性：

$$M_j^{-1} = I_n + \beta_j e_j^{\mathrm{T}} \tag{14.1.1.6a}$$

$$M_i M_j = I_n - \beta_i e_i^{\mathrm{T}} - \beta_j e_j^{\mathrm{T}} \tag{14.1.1.6b}$$

$$M_j A(j+1:n,i) = A(j+1:n,i) - \beta_j a_{ji} \tag{14.1.1.6c}$$

从 (14.1.1.1) 可以看出，高斯消元矩阵影响的是第 i 列的 $j+1$ 到 n 的元素。从第一列开始实施 (14.1.1.5) 并结合 (14.1.1.6a)~(14.1.1.6c) 可以得到

$$M_{n-1}\cdots M_1 A = U \tag{14.1.1.7a}$$

$$\begin{aligned}
A &= M_1^{-1}\cdots M_{n-1}^{-1} U \\
&= \left(I_n + \beta_1 e_1^{\mathrm{T}}\right)\cdots\left(I_n + \beta_{n-1} e_{n-1}^{\mathrm{T}}\right) U \\
&= \left(I_n + \beta_1 e_1^{\mathrm{T}}\cdots \beta_{n-1} e_{n-1}^{\mathrm{T}}\right) U = LU
\end{aligned} \tag{14.1.1.7b}$$

从 (14.1.1.7b) 可以看出，对角元素为 1 的下三角矩阵 L 每列储存了对应的高斯列向量元素，这个规律指明了 LU 分解中的元素产生和储存方式。

4) LU 分解过程

结合上述讨论，可以得到一个所谓的外积 LU 分解算法 14.1.1.3：

```
for i=1,n-1
    A(i+1:n,i)=A(i+1:n,i)/A(i,i)
    A(i+1:n,i+1:n)=A(i+1:n,i+1:n)-A(i+1:n,i)·A(i,i+1:n)
end
```

其他形式的 LU 分解过程参考文献 [7] 中的 93-102 页，140-143 页。

【练习】

1. 证明 (14.1.1.6a) 和 (14.1.1.6b)。
2. 如果 L 和 U 以行形式储存，写出与算法 14.1.1.2 相对应的算法。

14.1.2 选主元

高斯列向量的产生需要对角元素去除其以下矩阵元,如果对角元素小于下面矩阵元,如 0.001 和 1,会使得相应的高斯列向量数值幅度增加,如 1/0.001=1000,进而使得 L 和 U 的矩阵元增大,持续几次高斯消元操作下去,L 和 U 会越来越大,这给上三角与下三角矩阵方程求解增加了数值不稳定性,显而易见,如果将这两行进行交换,则不会产生这种持续方法效应,这种设置赋值最大矩阵元为对角元的过程称为选主元过程,其目的主要是提高数值稳定性。

记在第 j 列消元过程需要的行交换矩阵为 P_j,如 $P_1 = \begin{pmatrix} 0 & 0 & 1 \\ 0 & 1 & 0 \\ 1 & 0 & 0 \end{pmatrix}$ 表示左乘 3 阶方形矩阵能够将第 1 行与第 3 行进行交换,实际操作中通常用一个一维整数数组储存交换矩阵,比如,针对 3 阶矩阵的一维整数数组 (3,0,0) 中的第 1 个元素 3 表示第 1 列消元时需要将第 1 行与第 3 行交换,以此类推。

可以验证交换矩阵具有如下特性:① $P_j^{\mathrm{T}} = P_j^{-1} = P_j$;② 左乘交换行,右乘交换列,另外交换仅发生在对角元与其以下的矩阵元之间,即 $A(j:n,j:n)$ 部分,并不改变之前的 L 和 U 部分,综合这些因素,与 (14.1.1.7a) 相对应的逐列的分解方式为

$$M_{n-1}P_{n-1}\cdots M_1 P_1 A = U \tag{14.1.2.1}$$

(14.1.2.1) 描述的符号分解过程如下所述。

(1) 对于 A 的第 j 列 $A(:,j)$,依次从左边作用 $\prod_{j-1}^{1} M_k P_k A(:,j) = F_j(:)$,判断 $F_j(:)$ 的非零矩阵元 $f_{ij} \neq 0$ 个数及分布;

(2) 选取 $F_j(:)$ 的 $j,\cdots,n$ 中绝对值最大的元素 $F_j(i)$,交换 $F_j(i)$ 与 $F_j(j)$,并记 $P_j = i$;

(3) 将 $F_j(:)$ 的 $1,\cdots,j$ 各元素赋值给 $U_j(1,\cdots,j) = F_j(1,\cdots,j)$;

(4) 将 $F_j(:)$ 的 $j+1,\cdots,n$ 各元素除以 $F_j(j)$ 并赋值给 β_j。

(14.1.2.1) 也可以转换为公式 $PA = LU$ 的形式:

$$A = P_1 M_1^{-1} \cdots P_{n-1} M_{n-1}^{-1} U \tag{14.1.2.2}$$

(14.1.2.2) 的导出需要借助高斯消元矩阵与交换矩阵乘积的一个性质:

$$M_j^{-1} P_{j+1} = P_{j+1}\left(I + P_{j+1}\beta_j e_j^{\mathrm{T}}\right) \tag{14.1.2.3}$$

(14.1.2.2) 中依次将交换矩阵从右边转移到左边,最终结果有

$$P_1 M_1^{-1} \cdots P_{n-1} M_{n-1}^{-1}$$

14.1 高斯消元法

$$=P_1\cdots P_{n-1}\left(I+P_{n-1}\cdots P_2\beta_1e_1^{\mathrm{T}}\right)\left(I+P_{n-1}\cdots P_3\beta_2e_2^{\mathrm{T}}\right)\cdots$$
$$\times\left(I+P_{n-1}\beta_{n-2}e_{n-2}^{\mathrm{T}}\right)\left(I+\beta_{n-1}e_{n-1}^{\mathrm{T}}\right)$$
$$=P_1\cdots P_{n-1}\left(I+P_{n-1}\cdots P_2\beta_1e_1^{\mathrm{T}}+P_{n-1}\cdots P_3\beta_2e_2^{\mathrm{T}}+\cdots\beta_{n-1}e_{n-1}^{\mathrm{T}}\right) \quad (14.1.2.4)$$

考虑到 (14.1.2.4) 不是严格单位下三角矩阵，因此通常采用如下形式：

$$P_{n-1}\cdots P_1A=P_{n-1}\cdots P_2M_1^{-1}P_2M_2^{-1}\cdots P_{n-1}M_{n-1}^{-1}U \quad (14.1.2.5)$$

根据 (14.1.2.3)，可以得到：$P_2M_1^{-1}P_2M_2^{-1}=\left(I+P_2\beta_1e_1^{\mathrm{T}}\right)\left(I+\beta_2e_2^{\mathrm{T}}\right)=I+P_2\beta_1e_1^{\mathrm{T}}+\beta_2e_2^{\mathrm{T}}$，依次类推，最终有

$$P_{n-1}\cdots P_2M_1^{-1}P_2M_2^{-1}\cdots P_{n-1}M_{n-1}^{-1}$$
$$=I_n+P_{n-1}\cdots P_2\beta_1e_1^{\mathrm{T}}+P_{n-1}\cdots P_3\beta_2e_2^{\mathrm{T}}+\cdots+\beta_{n-1}e_{n-1}^{\mathrm{T}} \quad (14.1.2.6)$$

相较于 (14.1.1.7b)，可以知道第 j 列的元素为 $P_{n-1},\cdots,P_{j+1}\beta_j$，这样存在列选主元情形下的线性方程组的求解在储存上多了一个一维交换数组，与 (14.1.1.2a) 和 (14.1.1.2b) 相对应的过程为

$$PAx=LUx=P_{n-1}\cdots P_1b \quad (14.1.2.7)$$

与 (14.1.2.7) 相关的算法：

```
for i=1,n-1
    确定k满足：A(k,i)=‖A(k:n,i)‖_∞,i<k⩽n
    记录P(i)=k
    A(k,i:n)↔ A(i,i:n)
    如果|A(i,i)| ≠ 0
    A(i+1:n,i)=A(i+1:n,i)/A(i,i)
    A(i+1:n,i+1:n)=A(i+1:n,i+1:n)-A(i+1:n,i)\cdot A(i,i+1:n)
end
```

LAPACK 中关于 LU 分解的相关实施过程参考以 ***tf* 命名的相关子程序。

【练习】

1. 验证交换矩阵的两个性质。
2. 证明 (14.1.2.3)、(14.1.2.4) 和 (14.1.2.6)。

14.1.3 不需要选主元

从 14.1.2 节可以看到，选主元需要更多的局部矩阵元遍历与比较，同时消元过程也会引入额外的非零填充，现在感兴趣的是什么情形下不需要选主元，充分

条件是如果矩阵列对角占优，那么消元过程中不需要选主元。下面我们以说明的方式给出证明，其基本思想是消元过程不会改变剩余子阵列对角占优这一特性，以第 1 列消元过程为例，第 1、2 列元素满足：

$$\sum_{j \neq 1} |a_{j1}| < |a_{11}| \tag{14.1.3.1a}$$

$$\sum_{j \neq 2} |a_{j2}| < |a_{22}| \tag{14.1.3.1b}$$

第 1 列消元对第 2 列元素的修改为

$$á_{22} = a_{22} - \frac{a_{21}}{a_{11}} a_{12} \tag{14.1.3.2a}$$

$$á_{j2} = a_{j2} - \frac{a_{j1}}{a_{11}} a_{12} \tag{14.1.3.2b}$$

新的第 2 列对角元绝对值减去对角元下面元素绝对值的和为

$$|á_{22}| - \sum_{j=3}^{n} |á_{j2}| > |a_{22}| - \left|\frac{a_{21}}{a_{11}} a_{12}\right| - \sum_{j=3}^{n} |a_{2j}| - \sum_{j=3}^{n} \left|\frac{a_{j1}}{a_{11}} a_{12}\right| \tag{14.1.3.3}$$

其中两项的和实际上为

$$\left|\frac{a_{21}}{a_{11}} a_{12}\right| + \sum_{j=3}^{n} \left|\frac{a_{j1}}{a_{11}} a_{12}\right| = \left|\frac{a_{12}}{a_{11}}\right| \sum_{j=2}^{n} |a_{j1}| < |a_{12}| \tag{14.1.3.4}$$

于是有

$$|á_{22}| - \sum_{j=3}^{n} |á_{j2}| > |a_{22}| - \sum_{j \neq 2}^{n} |a_{j2}| > 0 \tag{14.1.3.5}$$

14.1.4 三对角矩阵

少数的情况如一维 Poisson 方程和热传导方程的三对角 Jacobian 求解不需要选主元策略，可以采用快速的追赶方法，如图 14.1.1 所示。

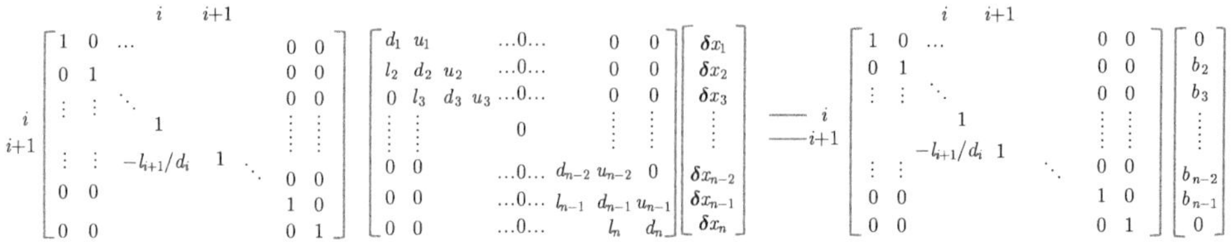

$$\begin{matrix} & & i & i+1 & & \\ & \begin{bmatrix} 1 & 0 & \cdots & & 0 & 0 \\ 0 & 1 & & & 0 & 0 \\ \vdots & \vdots & \ddots & & \vdots & \vdots \\ & & 1 & & & \\ \vdots & \vdots & -l_{i+1}/d_i & \ddots & & \\ 0 & 0 & & & 1 & 0 \\ 0 & 0 & & & 0 & 1 \end{bmatrix} & \begin{bmatrix} d_1 & u_1 & \cdots 0 \cdots & 0 & 0 \\ l_2 & d_2 & u_2 & \cdots 0 \cdots & 0 & 0 \\ 0 & l_3 & d_3 & u_3 \cdots 0 \cdots & 0 & 0 \\ & & & 0 & & \\ 0 & 0 & & \cdots 0 \cdots d_{n-2} & u_{n-2} & 0 \\ 0 & 0 & & \cdots 0 \cdots & l_{n-1} & d_{n-1} & u_{n-1} \\ 0 & 0 & & \cdots 0 \cdots & & l_n & d_n \end{bmatrix} & \begin{bmatrix} \delta x_1 \\ \delta x_2 \\ \delta x_3 \\ \vdots \\ \delta x_{n-2} \\ \delta x_{n-1} \\ \delta x_n \end{bmatrix} & \xrightarrow[i+1]{i} & \begin{bmatrix} 1 & 0 & \cdots & & 0 & 0 \\ 0 & 1 & & & 0 & 0 \\ \vdots & \vdots & \ddots & & \vdots & \vdots \\ & & 1 & & & \\ \vdots & \vdots & -l_{i+1}/d_i & \ddots & & \\ 0 & 0 & & & 1 & 0 \\ 0 & 0 & & & 0 & 1 \end{bmatrix} & \begin{bmatrix} 0 \\ b_2 \\ b_3 \\ \vdots \\ b_{n-2} \\ b_{n-1} \\ 0 \end{bmatrix} \end{matrix}$$

图 14.1.1 三对角矩阵的消元

相应的计算子程序如下：

```
subroutine tdsolve(n,l,d,u,b)
  use ah_precision,only : wp => REAL_PRECISION
  implicit none
  integer,  intent( in )    :: n
  real( wp ), intent( in )    :: L(n),u(n)
  real( wp ), intent( inout ) :: b(n),d(n)
  integer :: i
  real( wp ) :: t

  ! every step perform M on d and b
  do i = 2, n, 1
     t = l(i) / d(i-1)
     d(i) = d(i) - t * u(i-1)
     b(i) = b(i) - t * b(i-1)
  end do

  !. backward solve Ux = y
  b(n) = b(n) / d(n)
  do i = n-1, 1, -1
     b(i) = (b(i) - u(i)*b(i+1)) / d(i)
  end do
end subroutine tdsolve
```

LAPACK 中关于三对角矩阵的相关实施过程参考以 *GT*** 命名的相关子程序。

14.1.5 带状矩阵

对于分别如图 12.3.6 ~ 图 12.3.8 所示的带状矩阵，(14.1.1.5) 中的高斯列向量与算法 14.1.1.3 中的列 $i+1:n$ 与行 $i+1:n$ 分别只需要考虑到 $i+1:i+$KL 与 $i+1:i+$KU，这样储存空间大为减小，如列储存格式为 $A($Kl+KU+1$,n)$，同时在 LU 分解算法过程中还有其他一些需要注意的细节。

1. 带宽

LU 分解过程中的选主元策略对矩阵的带宽产生了影响，例如，列选主元涉及对角矩阵元与其下面同列元素的比较和行交换，最极端的情况是与最下面行的交换，如图 14.1.2 所示，后果是总带宽从 KL+KU+1 变成为 2KL+KU+1，这在矩阵空间申请时需要注意。

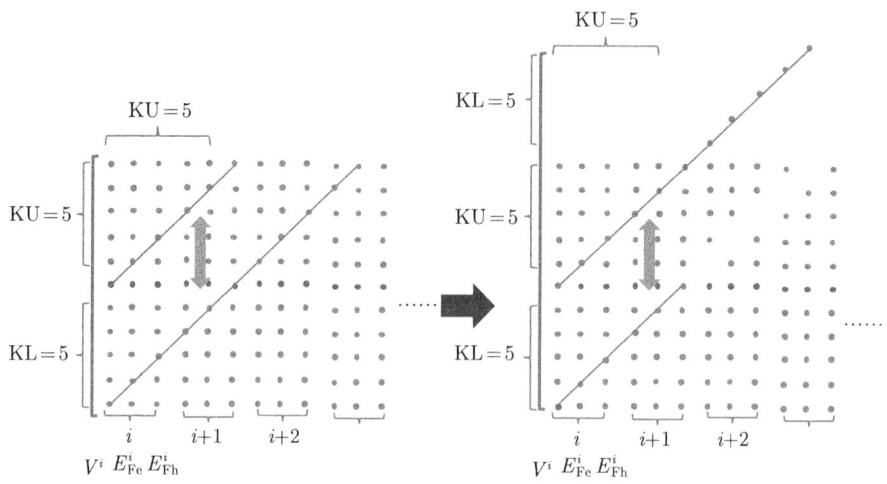

图 14.1.2　列选主元策略对带宽的影响示意图

2. 离散不填充矩阵元的初始化

带状矩阵在储存空间申请结束时,有部分矩阵元是数值离散过程中不涉及的,为了避免有负面影响,需要将其设置为 0,以如图 14.1.3 所示的上下带宽为 5 的带状矩阵为例,这种类型的矩阵元包括三部分:① 图中标志为 1 的虚线三角形所代表的 LU 分解不涉及的部分;② 向量格点变量填充不涉及的图中标志为 2 的虚线三角形的部分;③ LU 分解所列选主元策略所附加的上面 KL 带宽的矩阵元,图中标志为 1 的虚线长方形部分。

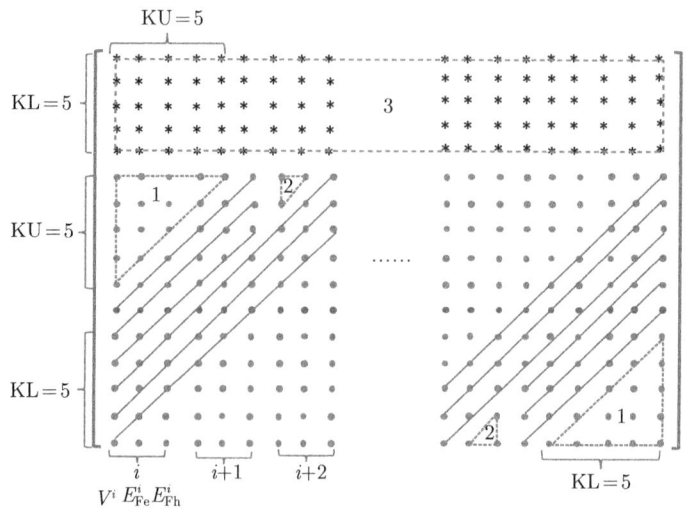

图 14.1.3　扩散漂移体系 3 格点主变量需要预设 0 矩阵元示意图

14.1 高斯消元法

处理方法上，① 和 ③ 对应矩阵元部分的预设为 0，如下子程序；② 相应部分只需在填充过程中将该行带宽范围内所有数值离散不涉及矩阵元预设为 0 即可。

```
subroutine GB_Default( n,kl,ku,a )
  use ah_precision , only : wp => REAL_PRECISION
  implicit none
  integer , intent( in ) :: n,kl,ku
  real( wp ) , dimension( 2*kl+ku+1,n ) :: a

  integer :: i
①部分矩阵元预设0
  do i = 1, ku, 1
     a( kl+1:kl+ku+1-i,i ) = 0.0_wp
  end do
  do i = 1, kl, 1
     a( kl+ku+1+i:2*kl+ku+1,n-i+1 ) = 0.0_wp
  end do
③部分矩阵元预设0
  A(1:kl,:) = 0.0_wp

end subroutine GB_Default
```

其中需要注意的是，② 是由格点变量的多元性引起的，比如，当前格点的电子/空穴准 Fermi 能只与下一格点的相关，在单个输运方程 Jacobian 中并不存在，如图 14.1.4 所示。

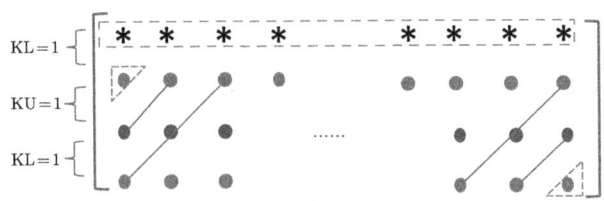

图 14.1.4　一维单个输运方程单格点主变量需要预设 0 矩阵元示意图

3) 边界条件的影响

如以 Ohmic 接触为代表的 Dirichlet 边界条件，边界处的格点变量并不变化，需要将其与其他格点变量的关联矩阵填充为 0(图 14.1.5 中标志为 4 的虚线菱形部分)，同时也要将其他格点变量与之相关的矩阵元填充为 0(图 14.1.5 中标志为 5 的虚线长方形部分)。

相应的子程序如表 14.1.1 所示。

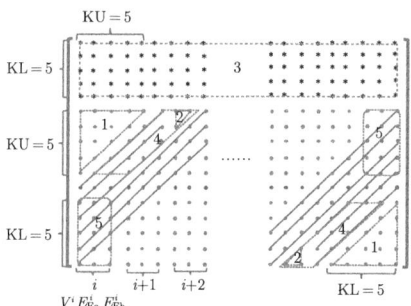

图 14.1.5　Dirichlet 边界条件对矩阵元填充的影响

表 14.1.1　Ohmic 接触下对边界及邻近格点赋值的影响

边界上格点	邻近边界格点
| ```
subroutine Jac1_SB_Ohmic
(Is_Left,iPos,nv,kb,a,b)
  implicit none
  logical, intent(in):: Is_Left
  integer, intent(in)::iPos
  integer, intent(in)::nv
  integer, intent(in)::kb
  real(wp), pointer::a(:,:),b(:)
  !~. local variables .~
  integer::i,j,k,kd
  kd=kb + 1
  k=nv*iPos
  ! 每个格点变量编码 [nv*(iPos-1),nv*iPos]
  if (Is_left) then
    do i= k-nv+1, k, 1
      ! 设置函数值为 0.0
      b(i)=0.0_wp
      ! 设置对角矩阵元为 1.0
      a(kd,i)=1.0_wp
      ! 设置与下一个格点的关联矩阵元为 0
      a(kl+ku+1+1:kl+ku+1+kl,i)=0.0_wp
end do
  else
    do i=k-nv+1, k, 1
      b(i)=0.0_wp
      a(kd,i)=1.0_wp
      ! 设置与近邻格点的关联矩阵元为 0.0
      do j=1, kb,1
        a(kd+j,i-j)=0.0_wp
      end do
    end do
  end if
end subroutine Jac1_SB_Ohmic
``` | ```
subroutine Jac1_SB_Ohmic_Next
(Is_Left,iPos,nv,ku,kl,a)
  use ah_precision, only : wp=>REAL_PRECISION
  implicit none
  logical, intent(in)::Is_Left
  integer, intent(in)::iPos,nv
  integer, intent(in)::ku,kl
  real(wp), pointer::a(:,:)
  !~. local variables.~
  integer::i,k
  if (Is_left) then
    k=nv*(iPos-1)+1
    do i=k-nv, k-1, 1
      a(kl+ku+1+1:kl+ku+1+kl,i)=0.0_wp
    end do
  else
    k=nv*iPos
    do i=k+1, k+nv, 1
      a(kl+ku+1-1:kl+ku+1-ku,i)=0.0_wp
    end do
  end if
end subroutine Jac1_SB_Ohmic_Next
``` |

14.2 求解精度

LAPACK 中关于带状矩阵的相关实施过程参考以 *GB*** 命名的相关子程序。

【练习】

参考算法 14.1.1.3，写出与带状矩阵相对应的版本。

14.1.6 稀疏矩阵的图表示

如果把矩阵元看作是平面上的一个个点并把它们用线连接，整个矩阵就可以用图 $G(V,E)$ 的形式表示出来：V 表示顶点，代表矩阵元；E 表示边，代表两者之间的连通性。如果 $a_{ij} \neq 0$ 同时 $a_{ji} \neq 0$，只需在 i 编码格点与 j 编码格点之间连线即可表示这种双向关系，这种图称为无向图；而如果 $a_{ji} = 0$，就需要两者之间引入有方向的连线，对应图称为有向图。对于偏微分方程离散所产生的图，从数值离散的定义可以知道，产生的 Jacobian 是如图 14.1.6 所示的无向图。

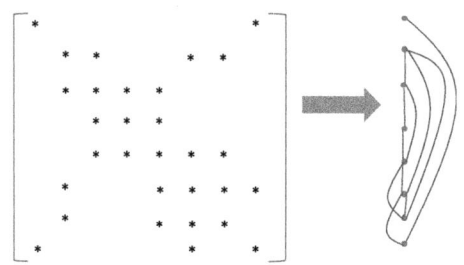

图 14.1.6　典型的稀疏矩阵与图的对应示例

鉴于一般稀疏矩阵在 LU 分解中所涉及矩阵元填充和消除的复杂性，可以借助相对应图论描述进行某种符号分解确定所产生的额外矩阵元分布，这是很多直接法求解系数线性矩阵所采用的方法 [8-11]，相关软件综述参考文献 [2] 中的 77-78 页。

【练习】

画出如上面所述的一维器件方程在网格变量为 1 和 3 的情况下三对角矩阵的图，总结其中规律。

14.2　求解精度

鉴于矩阵分解过程和三角方程求解过程都存在数值误差，即有限精度的计算 [12,13]，另外物理模型和材料测试参数的不确定性也是这种误差的一个来源，由此产生一个明显的问题：这些误差对最终数值计算结果精度的影响是多大？

下面以扰动的方式简要阐述，假设精度是 u，存在误差的系数矩阵与函数值向量的修正形式为

$$(A + \Delta A) y = b + \Delta b \to (A + \boldsymbol{u}F) y = b + \boldsymbol{u}f \tag{14.2.1}$$

其中，F 和 f 分别是系数矩阵与函数值向量的偏差，y 是相应的解，可以表示成 $\boldsymbol{u}$ 的一阶 Taylor 级数形式：

$$y = x + \boldsymbol{u}\dot{x} + O(\boldsymbol{u}^2) \tag{14.2.2}$$

将 (14.2.2) 代入 (14.2.1) 得到

$$\dot{x} = A^{-1}(f - Fx) \tag{14.2.3}$$

解的相对误差为

$$\frac{\|y-x\|}{\|x\|} = \boldsymbol{u} \left\| \frac{A^{-1}(f-Fx)}{x} \right\| \leqslant \boldsymbol{u} \|A^{-1}\| \|A\| \left(\frac{\|f\|}{\|b\|} + \frac{\|F\|}{\|A\|} \right) = \boldsymbol{u}\kappa(A) \left(\frac{\|f\|}{\|b\|} + \frac{\|F\|}{\|A\|} \right) \tag{14.2.4}$$

其中，$\kappa(A)$ 称为矩阵 A 的条件数，显然这是一个与矩阵范数形式息息相关的参数，(14.2.4) 的结论是，存在误差的计算过程，其对解的影响上界取决于精度与矩阵条件数的乘积，进一步，如果系数矩阵与函数值向量的误差分别为 $\Delta A = \boldsymbol{u}A$ 和 $\Delta b = \boldsymbol{u}b$，从 (14.2.4) 可以看出数值精度上界为 $\sim 2\boldsymbol{u}\kappa(A)$。如果 $\boldsymbol{u}$ 的数值精度为 10^{-p}，$\kappa(A) \approx 10^q$，则最终数值精度上界为 $p-q$ 位；如果 $q=5$，则单精度与双精度计算得到的数值精度上界分别为 2 和 11 位。

条件数的计算一方面涉及矩阵逆范数，使其计算量比较大，另一方面也不是需要特别精确，仅得到数量级即可。根据数学定义，矩阵求逆与求解函数值为单位矩阵的线性方程组等同：

$$A^{-1} \iff Ax = \boldsymbol{I} \tag{14.2.5}$$

直接求解 (14.2.5) 需要比较大的计算量，而可以通过选择合适初始值进行迭代求解，过程中不断增大 x，最终 $\|A^{-1}\|_\infty \approx \|x\|_\infty$，这是 LINPACK 和 LAPACK 等程序包中采用的思路 [2,14,15]。

条件数可以通过对矩阵元的归一化进行改善：

$$\frac{\|y-x\|}{\|x\|} \approx \boldsymbol{u}\left(D_1^{-1} A D_2\right) \tag{14.2.6}$$

实施过程中发现，矩阵元的奇异增大主要发生在异质界面处 (其中含有带阶的指数项)，如果初始值猜测不当，会使得某个矩阵元特别大，即使采用归一化策略也会导致其他矩阵元特别小，从而引起数据精度的丢失，使得迭代过程漫长，如表 14.2.1 中黑体部分所示。因此对于半导体器件数值分析而言，改善条件数是数值猜测值和数值计算方法共同努力的过程。

表 14.2.1 典型异质界面矩阵元分布

96	9.2865×10^{-1}	-2.1028×10^0	1.1742×10^0	0.0000×10^0
97	1.0312×10^0	-2.3533×10^0	1.3221×10^0	0.0000×10^0
98	1.1623×10^0	-2.6719×10^0	1.5095×10^0	0.0000×10^0
99	1.3346×10^0	-3.0915×10^0	1.7569×10^0	0.0000×10^0
100	1.5687×10^0	-3.6700×10^0	2.1013×10^0	0.0000×10^0
101	1.9020×10^0	-1.9020×10^0	$\mathbf{4.7014 \times 10^{-5}}$	0.0000×10^0
Layer No. 2				
SubLayer No. 1				
102	$\mathbf{5.9133 \times 10^{-1}}$	-2.9594×10^0	2.3680×10^0	0.0000×10^0
103	1.6722×10^0	-3.6614×10^0	1.9892×10^0	0.0000×10^0
104	1.3280×10^0	-3.0456×10^0	1.7176×10^0	0.0000×10^0
105	1.0977×10^0	-2.6064×10^0	1.5087×10^0	0.0000×10^0
106	9.3662×10^{-1}	-2.2756×10^0	1.3390×10^0	0.0000×10^0
107	8.2077×10^{-1}	-2.0162×10^0	1.1954×10^0	0.0000×10^0
108	7.3627×10^{-1}	-1.8068×10^0	1.0705×10^0	0.0000×10^0
109	6.7422×10^{-1}	-1.6344×10^0	9.6014×10^{-1}	0.0000×10^0
110	6.2844×10^{-1}	-1.4909×10^0	8.6250×10^{-1}	0.0000×10^0
111	5.9413×10^{-1}	-1.3711×10^0	7.7696×10^{-1}	0.0000×10^0
112	5.6734×10^{-1}	-1.3175×10^0	7.5012×10^{-1}	0.0000×10^0
113	5.8964×10^{-1}	-1.3736×10^0	7.8396×10^{-1}	0.0000×10^0
114	6.5962×10^{-1}	-1.4932×10^0	8.3359×10^{-1}	0.0000×10^0
115	7.3375×10^{-1}	-1.6337×10^0	8.9993×10^{-1}	0.0000×10^0
116	8.1573×10^{-1}	-1.8012×10^0	9.8547×10^{-1}	0.0000×10^0
117	9.1026×10^{-1}	-2.0051×10^0	1.0948×10^0	0.0000×10^0
118	1.0236×10^0	-2.2594×10^0	1.2358×10^0	0.0000×10^0
119	1.1649×10^0	-2.5865×10^0	1.4216×10^0	0.0000×10^0
120	1.3483×10^0	-3.0237×10^0	1.6754×10^0	0.0000×10^0
121	1.5979×10^0	-3.6395×10^0	2.0416×10^0	0.0000×10^0
122	1.9590×10^0	-2.5358×10^0	$\mathbf{5.7680 \times 10^{-1}}$	0.0000×10^0
Layer No. 3				
SubLayer No. 1				
123	$\mathbf{5.5529 \times 10^{-1}}$	-2.5898×10^0	2.0346×10^0	0.0000×10^0
124	1.9658×10^0	-3.8065×10^0	1.8406×10^0	0.0000×10^0
125	1.7788×10^0	-3.4586×10^0	1.6798×10^0	0.0000×10^0
126	1.6248×10^0	-3.1691×10^0	1.5443×10^0	0.0000×10^0
127	1.4959×10^0	-2.9244×10^0	1.4285×10^0	0.0000×10^0
128	1.3865×10^0	-2.7149×10^0	1.3284×10^0	0.0000×10^0
129	1.2925×10^0	-2.5335×10^0	1.2410×10^0	0.0000×10^0
130	1.2107×10^0	-2.3748×10^0	1.1641×10^0	0.0000×10^0
131	1.1391×10^0	-2.2349×10^0	1.0958×10^0	0.0000×10^0

这里需要指出的是，除许多文献中给出的金属-氧化物-半导体场效应晶体管 (MOSFET) 器件结构的条件数取决于网格点数目和网格质量外，异质结构中能带台阶分布对条件数的影响巨大，典型的条件数范围为 $10^4 \sim 10^9$。

LAPACK 中关于条件数的相关实施过程参考以 ***con 命名的相关子程序。

参 考 文 献

[1] Golub G H, Von Loan C F. 矩阵计算. 3 版. 袁亚湘, 等译. 北京: 人民邮电出版社, 2001: 98-198.

[2] Demmel J W. 应用数值线性代数. 王国荣, 译. 北京: 人民邮电出版社, 2007.

[3] Saad Y. Iterative Methods for Sparse Linear Systems. 2nd ed. 北京: 科学出版社, 2009.

[4] 威尔金森 J H. 代数特征值问题. 石钟慈, 邓健新, 译. 北京: 科学出版社, 2006.

[5] Smith B, Boyle J, Dongarra J, et al. Matrix Eigensystem Routines, EISPACK Guide, Lecture Notes in Computer Science, Volume 6. Berlin: Springer Verlag, 1976.

[6] Dongarra J J, Duff I S, Sorensen D C. Numerical Linear Algebra on High-performance Computers. Philadelphia: SIAM: Society for Industrial and Applied Mathematics, 1998: 99-103.

[7] Golub G H, Von Loan C H. 矩阵计算-Matrix Computations. 4th ed. 北京: 人民邮电出版社, 2014: 93-143.

[8] George A, Gilbert J R, Liu J. Graph Theory and Sparse Matrix Computation. New York: Springer-Verlag, 1993.

[9] Duff I S, Erisman A M , Reid J K. Direct Methods for Sparse Matrices. Oxford: Oxford University Press, 2017: 2-9.

[10] Davis T A. Direct Methods for Sparse Linear Systems. Philadelphia: Society for Industrial and Applied Mathematics, 2006: 4-5.

[11] Mehta D P, Sahni S. Handbook of Data Structures and Applications. 2nd ed. Boca Raton, London, New York, Washington, D.C: Chapman & Hall/CRC, 2005: 59-1-59-29.

[12] Golub G H, Von Loan C H. 矩阵计算-Matrix Computations. 4th ed. 北京: 人民邮电出版社, 2014: 137-139.

[13] Duff I S, Erisman A M, Reid J K. Direct Methods for Sparse Matrices. Oxford: Oxford University Press, 2017: 76-83.

[14] Engeln-Mullges G, Uhlig F. Numerical Algorithms with Fortran. Berlin, Heidelberg: Springer, 1996: 112-118.

[15] Higham N J. Accuracy and Stability of Numerical Algorithms. 2nd ed. Beijing: Tsinghua University Press, 2011: 287-303.

第 15 章 网格生成

15.0 概　　述

求解主导光生载流子输运规律的偏微分方程组,第一步是将半导体太阳电池器件区域分解成若干解在其上满足一定要求的小区域,每个小区域称为单元,它们的集合称为网格,这个过程称为网格生成。单元通常是一维、二维和三维空间的凸几何体,单元的顶点称为格点,这样偏微分方程组的连续解就被这些格点的离散值所替代,单元内任一点的变量和其他物理模型值可以通过比较简单的差值得到。网格生成技术是各种偏微分方程 (组) 数值求解、图像处理、计算几何等学科的核心之一,研究历史超过 60 年,所研究的网格生成技术几乎能够满足一切需求[1]。

网格生成技术高度面向对象,其有效性与效率取决于对物理模型的适应性,没有统一的能够广泛应用的方法。这里的适应性是指网格分布能够有效分辨出解的空间变化,例如,解变化剧烈的地方,网格要密一些;解变化平缓的地方,网格要疏一些。鉴于半导体微电子与光电子器件数值分析的巨大需求,面向半导体输运模型的网格生成技术在过去几十年里取得了巨大进展。就学科的归属而言,半导体太阳电池的网格生成是半导体输运模型下的一小类,基本上可以直接借用其中的理论与方法。另外,由于半导体太阳电池在物理模型、器件结构与几何尺寸等方面多有不同,这使得其网格生成技术与其他半导体微电子和光电子器件相比又具有自身特征。

鉴于此,网格生成过程与对物理模型的研究过程环环相扣,相辅相成,基本分成如下三步。

(1) 初始网格:根据物理模型特征及其所猜测的最终解的分布生成与之相匹配的初始网格,在其上求解偏微分方程组获得初始解。初始解猜测的准确性依赖于对物理模型简化所得到的信息。

(2) 自适应:依据某种偏差衡量标准 (称为控制函数) 计算每个单元上的量,并依据这个量动态调整网格大小与位置,使网格的分布与疏密更加匹配解的空间分布。

(3) 专有网格:依据专有的物理模型产生附加的网格并在 (1) 和 (2) 过程中相应调整。某些专有物理模型的计算需要除计算网格外的一些辅助网格,如各种非局域量子隧穿，这些专有网格也要实现与解的初始匹配，以及与计算过程的自适应匹配。

本章中介绍半导体太阳电池中网格生成的基本概念与流程，重点介绍其中的网格自适应与专有网格的相关理论和方法。

15.1 基 本 对 象

想象一下，面对如图 15.1.1 所示的二维半导体太阳电池器件要进行数值分析，其有如下几个特征。

(1) 物理上由材料特征与功能层所确定的分层是其基本特征，如前面所了解的即使是一个同质结太阳电池，也至少由三个功能层组成：发射区、本征 (UID) 区与基区，如果再加上发射区的复杂结构与梯度背场，可能会有 5 个或 6 个功能层。

(2) 几何上横向远大于纵向，比如，栅线之间的间距大体上都在 mm 级，并且呈现周期性排列，纵向尺寸从窗口层、背场层、发射区的 10nm 到基区的 μm 甚至 mm，这种横向大尺寸与栅线的周期性排列，使得我们可以选取一个小型的单元来代表整个太阳电池器件。图 15.1.1 中就体现了这种思想，如同从一条栅线电极的中间劈开组成了平面器件，从这个意义上说，每个功能层是一个场方向两个短边相接而组成的环，长方形特征可以使得网格系统的定义与划分大大简化。

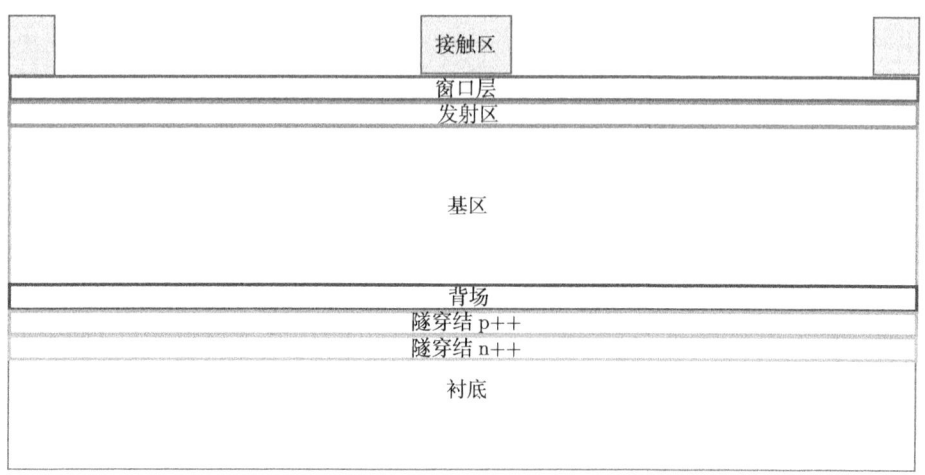

图 15.1.1　典型半导体太阳电池二维器件示意图

它的网格生成的基本流程如图 15.1.2 所示。

15.1 基本对象

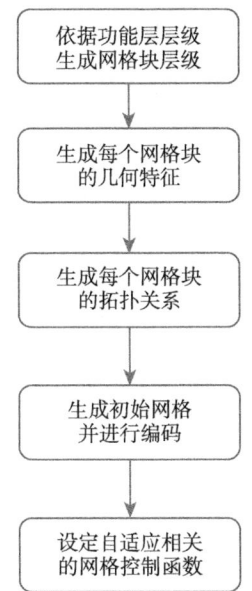

图 15.1.2　典型半导体太阳电池网格划分流程图

(1) 生成网格层级结构。依据材料属性与功能层属性,将器件几何区域分解成若干小块 (block)。这些块的最小单元就是组成器件的各个功能层所占据的几何范围。

(2) 对所有块进行几何特征上的标志 (尺寸、边界、与其他块的连通性),结合邻近块物理模型特征猜测块内与界面上解的分布。由于太阳电池在横向尺寸上的扩展,这些块基本上都是比较规则的长方形。如果功能层内部不存在晶界,则内部网格能够采用小长方形或者直角三角形的形式,其各个直角边分别与建立在器件几何区域上的直角坐标两个轴相平行,这种网格称为坐标网格。因此太阳电池的网格架构是分块–坐标网格结构,功能层组成的块上面可以定义更大的材料块,即所有具有相同材料模型的功能层集合。坐标网格是结构网格的一种,除表面外,每个单元具有同样的结构与拓扑。显而易见,靠近界面处的网格在纵向尺寸上要小一些,横向网格在靠近金属半导体接触的地方也要小一些,但是这并不代表纵向网格在功能层内部就不要密,有时功能层内部也存在能带弯曲,如窗口层,这使得网格需要更高的密度来分辨这些内部弯曲。

(3) 定义功能层内的网格拓扑关系。除了如金属半导体接触所定义的台面外,所有横向尺寸无限大的功能层在横向边界上满足周期性条件,即每个满足上述条件的功能层的左右边界上的网格重叠,这种关系通常称为网格的拓扑。幸运的是,这种横向周期性条件只是发生在同一功能层的内部而不涉及其他功能层。

(4) 生成初始网格并进行编码。根据上述网格总体特征及对每个功能层内物理模型的初始猜测，选择合适的方法生成每个功能层内的网格。网格编码包括三部分：单元、格点与边界，即标记每个单元的全局、材料块、功能层块内编码，标记每个功能层块的界面与表面单元集合，标记每个单元内格点的全局、材料块、功能层编码等。

(5) 设定自适应相关的网格控制函数。由于输运模型偏微分方程由导数项与源项两部分组成，所以控制函数也分成两种，分别描述解的变化速度 (斜率与曲率) 和单元上相关源项积分计算所产生的近似误差，半导体太阳电池中的各种量子隧穿网格的控制函数从特性上讲归属为第一类。

15.2 基本概念

10.3.1 节已经介绍了网格的部分基本概念，基于第 12 章的认识这里再整体扩充一下[2]。

(1) 网格大小 (单元数目、格点数目、连通性等) 和单元几何特征 (尺寸、格点拓扑关系、连通性)。这里的格点拓扑关系是指单元上点、线和面等基本组成要素之间的相对关联关系。除了各种储存数据的数组外，封装连通性和拓扑关系的数据结构具有重要意义，12.4.5 节和 12.5.4 节中的子程序已经显示了连通性在输运方程离散与 Jacobian 矩阵元填充中的巨大数值便利性。

(2) 网格组织。主要体现为网格整体、单元和格点的编码等，要方便数值离散时的有序调用。第 11 章中的流密度计算与第 12 章中的输运方程在格点控制体上的离散，分别涉及以格点为中心的局部编码，索引网格单元的功能层内的编码，索引格点变量的材料块内的编码，填充 Jacobian 矩阵元的全局编码等。另外，针对输运方程的差异，全局编码分成几何编码和物理编码两种情形。

(3) 单元与网格的形变。设置一个标准参考单元，观察每个单元与参考单元的偏离情况。对太阳电池常见结构，单元都是线段、长方形和直角三角形，本身就是或者稍小偏离标准参考单元。对于偏离比较大的单元，数值离散方法往往需要做出相应调整[3]。

(4) 与器件特征相匹配。包括器件几何区域、数学边界条件、器件物理模型。前面已经提到，半导体太阳电池是以功能层为最小组成要素的，因此网格生成需要在以功能层界面限定的范围内展开，显而易见需要标志边界上的单元集合，单元需要增加能够显示界面特征的成员，如表 10.3.1 中一维数据结构中 IsLeft 和 IsRight 两个逻辑成员。另外，光强沿入射方向上的指数下降限定了网格单元在此方向上的分布，如果存在量子隧穿，则网格也要做相应的调整。

(5) 与解相匹配。网格的空间分布能够与理论预期解的理想空间分布相匹配，网格点能够在关键物理量变化陡峭的地方更密，依据解的空间分布调整网格疏密

15.2 基本概念

的过程称为自适应,相关方法有两种。① 网格数目固定,按某种标准移动格点位置,使其在关键物理量变化快的区域密集,其他区域疏松,这种方法通常称为移动网格法;② 在关键物理量变化快的区域的网格按照某种标准进行细分,在变化慢或者基本不变化的区域合并网格,这样能够消除解的振荡,提高数值精度和产生复合项数值差值精度,同时也能够允许稍微大一些的时间步长,该方法称为网格细分法。前者单元和格点的储存数据结构是一个元素数目固定的数组,调整的是数组中的值;后者相应的储存数据结构是动态分配和释放内存的链表。无论采用哪种方法,都需要一种能够指示是否进行网格自适应的判断标准,直观地,这应该是一个相对阈值,低于或高于则分别对应着合并或细分,这个阈值通常称为网格判据。

(6) 与数值离散方法相匹配。显而易见,基于导数近似的有限差分和基于弱形式的有限体积法更倾向于规则网格,而基于单元函数插值的有限元法对网格的要求则比较低。另外,离散方法也依据网格特征做出调整,例如,三角形网格上如何减少沿边中垂法线方向跨越单元的流密度不一致所引入的误差[4],在粗网格上提高数值离散精度等[5]。对于网格自适应过程,数值离散方法给出解的误差估计,可以依据该误差估计判断某个单元是否需要细分。网格特征不仅制约着数值计算精度,还影响了非线性方程组的收敛特性[6]。

基于上述概念,定义一个网格数据结构至少需要包括:① 单元拓扑关系;② 格点连通性,其中包括界面连通性;③ 不同层次单元与格点的索引编码;④ 储存单元和格点网格参数的数组或链表;⑤ 储存网格单元质量数据的数组或链表,如果是特殊物理模型要求的专有网格,则需要附加相应部分,如图 15.2.1 所示。

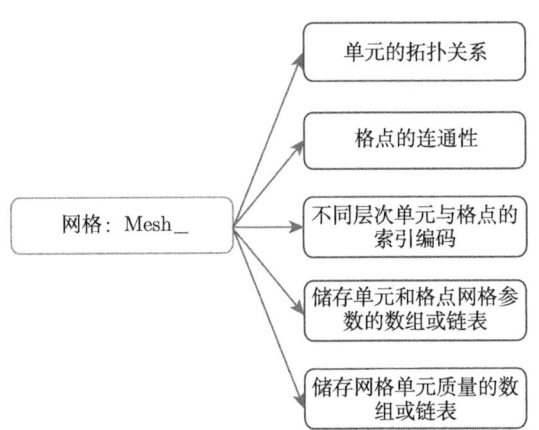

图 15.2.1 定义网格数据结构的基本组成要素

另外,对于由功能层组成的半导体太阳电池器件,网格数据结构必须含有按照

第 12 章中子层–材料块遍历赋值所定义的子层与子层之间，以及材料块与材料块之间的邻接关系，相对于最低层次的格点连通性，这是一种更高一层的子层连通性。

10.3 节数值离散中已经介绍一维情形网格的若干基本概念，一维网格具有单元长度与单元编码一致的基本特性，鉴于格点变量在材料块内连续性的物理特征，可以将原本面向功能层的网格数据结构统一定义成面向材料块的，如下所示：

```
type grid_
    !     材料块数目、单元总数和格点总数
    integer :: nl
    integer :: ne
    integer :: ng

    !     网格长度与起点坐标
    type( da1 ) , pointer  :: h( : ),x( : )

    !     网格质量
    type( da1 ) , pointer  :: cur( : )
    type( da1 ) , pointer  :: chr( : )

    !     存放材料块及其子层中单元数目的数组
    integer , pointer  :: vnode( : )
    type( ida ) , pointer  :: snode( : )

end type grid_
```

关于网格数据结构的更多讨论，参考文献 [7]。

【练习】

1. 对于二维单元分别为长方形和直角三角形的网格，分别定义网格相关数据结构。

2. 在一维情形下，界面点仅有 1 个，对于二维单元分别为长方形和直角三角形的网格，讨论如何定义其边界集合。

3. 讨论如何在二维单元分别为长方形和直角三角形的网格数据结构中，增加关于依照遍历顺序的子层和材料块连通性描述。

15.3 生成方法

网格生成是指把目标几何区域划分成适合偏微分方程离散的若干小区域集合的过程，结构网格的生成方法主要有如下几种[8-10]：

(1) 代数方法或特殊函数的形式，这种方法对于简单几何区域具有快速直接的优点；

(2) 微分方程方法，适合于边界形状较复杂或内部有空洞的区域；

(3) 变分方法，针对含有约束条件的网格产生，其原理是将目标函数最大或最小化。

对于半导体太阳电池这种功能层形状与边界都足够规则的几何区域而言，(1) 中的方法基本就足够了，且实施过程也相对简单直接，而对于半导体光电、微电以及功率器件等，则需要更加复杂的网格生成过程[11-17]。

代数法生成网格的基本过程是把器件区域 (图 15.3.1(b)，通常称为物理区域，对应太阳电池是某个功能层) 映射成边长为 1 的正方形 (图 15.3.1(a)，通常称为计算区域)，先在计算区域上产生网格，再借助两者之间的坐标变换映射到物理区域上，过程如 (15.3.1)：

$$\boldsymbol{x}(\boldsymbol{\xi}): \Xi^n \to X^n, \quad \boldsymbol{\xi} = (\xi_1, \cdots, \xi_n), \quad \boldsymbol{x} = (x_1, \cdots, x_n) \tag{15.3.1}$$

可以想象，计算区域上的单元都是标准的正方形和等腰直角三角形。

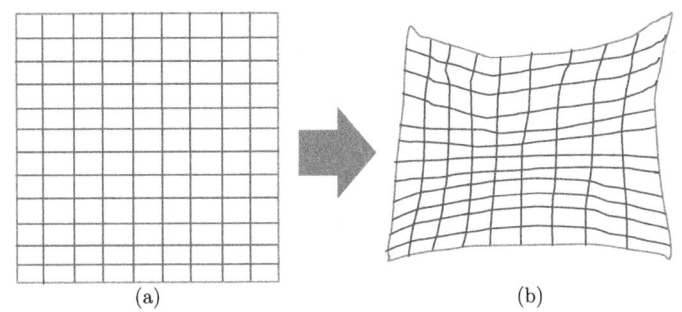

图 15.3.1　结构网格所定义的映射

15.4　初始网格

通过对物理模型的研究，我们可以大体上知道要求解的物理变量的空间分布情况，这样允许我们提前人为地依据所猜测的物理变量空间分布情况调整网格的疏密分布。对物理模型的研究至少能得到如下几点启示。

(1) 界面附近总是物理变量 (如静电势) 变化比较快的地方，无论是同质界面还是异质界面，关于静电势的初始信息可以通过 pn 结的经典分析方法得到，这也是把功能层作为网格划分的最小基本单元的原因，可通过功能层来定义最基本的网格块边界。这样，边界附近的初始网格需要密一些，其他物理变量变化平缓的地方采用疏一些，即尺寸比较大的单元。

(2) 比较薄的层如窗口层、背场层、发射区、梯度背场等 (图 15.1.1),典型的几何尺寸为 10~100nm,往往是物理变量曲率变化比较大的地方,而且曲率变化是集中在内部而非边界,这些导致物理变量的幅度变化可能不显著,因此这些层往往整体上采用密网格。

(3) 在掺杂扩散区域,网格分布需要分辨出扩散掺杂原子在材料内部的分布,鉴于掺杂原子空间分布曲线数据都是由测试获得或有很好的数学模型,这些数据或函数也可以用来控制网格分布。

(4) 半导体太阳电池由于光入射,光子流密度主要集中在吸收区的前面部分,如前面我们所知道的,光强变化基本呈指数关系下降,为了能够有效地分辨出这个指数关系,太阳电池发射区到基区的前半部分往往也采用比较密的网格。

(5) 单元的最小尺寸依据输运方程假设,物理变量在半个晶格尺寸内变化很小,$h_{\min} \geqslant 0.2\text{nm}$,最大网格尺寸 $h_{\max}$ 则没有限制,取决于实际情况。有时也取 $h_{\min}$ 正比于德拜 (Debye) 长度:

$$\lambda_{\mathrm{D}} = C\sqrt{\frac{\varepsilon k_{\mathrm{B}} T_{\mathrm{L}}}{q \max_{\Omega}(N_{\mathrm{A}}, N_{\mathrm{D}})}} \tag{15.4.1}$$

其中,C 是预设的比例常数;其他参数具有通常的物理意义。

(6) 横向尺寸达到 cm 的特征,使得该方向上两个电极之间的中间区域能够允许比纵向上大得多的网格,但是在起始单元,直径应该与纵向相应直径相一致。

针对这种情况,通常做法是先在计算区域调整网格的疏密再映射到物理区域,如 (15.4.2) 及图 15.4.1 所示,这种调整计算区域网格疏密的映射称为中间变换,也称拉伸函数,这样 [0,1] 上的均匀坐标 $\boldsymbol{\xi}$ 变成了非均匀坐标 $\boldsymbol{q}$。

$$\begin{aligned} &\boldsymbol{x}(\boldsymbol{q})(\boldsymbol{\xi}): \Xi^n \to Q^n \to X^n, \quad \boldsymbol{\xi} = (\xi_1, \cdots, \xi_n) \\ &\boldsymbol{q} = (q_1, \cdots, q_n), \quad \boldsymbol{x} = (x_1, \cdots, x_n) \end{aligned} \tag{15.4.2}$$

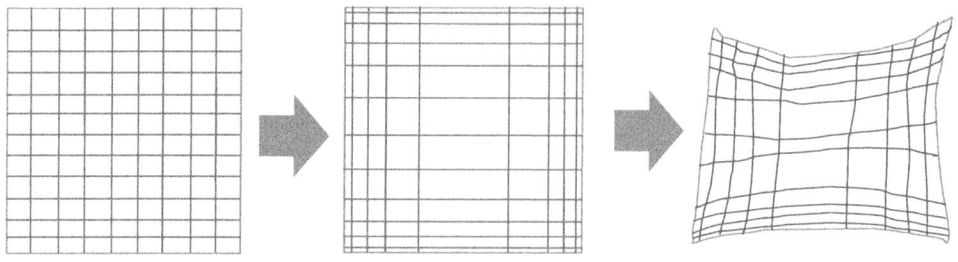

图 15.4.1 含有网格疏密调整的生成过程

15.4 初始网格

中间变换 (拉伸函数) 的选择有很多 [18,19]，基本参数是控制从小直径单元区域到大直径单元稀疏区域的过渡行为以及过渡速率，常见的有：① 幂函数，包括线性、抛物、插值等；② 指数函数；③ 对数函数；④ 由微分方程或者其他方式定义的特殊函数等，其中指数函数里比较著名的是控制 0 到 1 点网格直径变化的 Eriksson 函数：

$$Q(\xi, \alpha, \Delta\xi_{\max}) = \Delta\xi_{\max} \frac{e^{\alpha\xi} - 1}{e^{\alpha} - 1} \tag{15.4.3}$$

其中，α 和 $\Delta\xi_{\max}$ 分别为单元直径增长控制参数与允许最大步长。(15.4.2) 的另外一种应用方式是设置最小步长，也就是第一个单元直径和总单元数目，结合厚度计算出控制参数 α，过程留作练习。

对于一般的多异质结太阳电池结构，实际经验表明，纵向单元直径采用线性变化，横向采用指数变化足够能产生满足要求的初始网格。

下面以一维情形为例阐述单元直径的线性变化，其靠近界面的区域要求网格密一些，鉴于功能层存在两个界面，对于偶数网格数目，网格分布呈中心对称：

$$h_i = \frac{2(h_{\max} - h_{\min})}{N - 2}(i - 1) + h_{\min}, \quad i = 1, \cdots, \frac{N}{2}, \quad h_{N-i+1} = h_i \tag{15.4.4a}$$

对于奇数网格数目，网格分布在中心取得最大值：

$$h_i = \frac{2(h_{\max} - h_{\min})}{N - 1}(i - 1) + h_{\min}, \quad i = 1, \cdots, \frac{N + 1}{2}, \quad h_{N-i+1} = h_i \tag{15.4.4b}$$

其中，网格单元数目和最小单元直径是确定的，通过求和可以获得最大单元直径 $h_{\max}$。相关网格单元分布如图 15.4.2 所示。

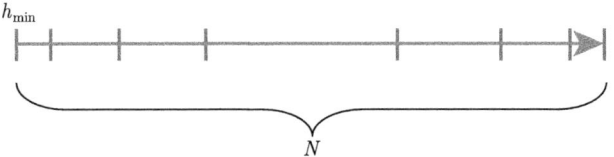

图 15.4.2 双界面线性变化网格单元示意图

定义相关的数据结构如下：

```
type mesh_linear1d_

    integer      :: s_ID ! 控制函数类型
    integer      :: Ne   ! 单元数目
```

```
real( wp ) :: hmin! 最小单元直径
integer   :: atr       ! 单界面还是双界面
real( wp ) :: alpha! 控制参数

end type mesh_linear1d_
```

由 (15.4.3) 和 (15.4.4a)、(15.4.4b) 定义的网格单元尺寸通常用于半导体太阳电池的初始网格生成过程。图 15.4.3 显示了图 15.1.1 中器件结构的一种初始网格形态，与金属–半导体场效应晶体管 (MESFET) 类似[20]，但由于多异质界面的存在，网格在纵向上的分布却又完全不同。

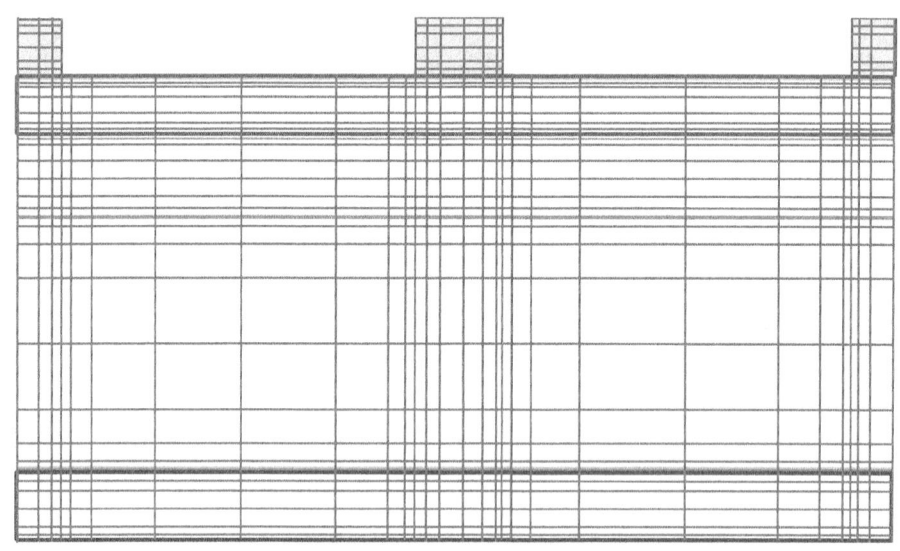

图 15.4.3　对应图 15.1.1 中器件结构的一种初始网格形态

【练习】

1. 某种半导体材料的相对介电常数为 11.2，晶格温度 T_L 为 300K，计算掺杂浓度分别为 10^{17}cm^{-3}，10^{18}cm^{-3} 和 10^{19}cm^{-3} 时的 Debye 长度。

2. 计算自己器件结构中所有层的 Debye 长度，并与每层厚度相比较，推断是否能将 Debye 长度作为最小单元直径。

3. 选取一个器件结构，比较指数控制函数网格分布与线性控制网格部分的区别。

4. 给定厚度、最小单元直径和单元数目，推导其上的 Eriksson 拉伸函数形式。

5. 某电池结构的基区与发射区厚度分别为 3500nm 和 20nm，单元数目分别为 100 和 20，最小单元直径取 0.5nm，依据 (15.4.4a) 和 (15.4.4b) 分别生成初始网格。

6. 某电池结构两条栅线之间的间距是 800μm，材料介电常数为 13.6，温度 300K，最大掺杂浓度 $10^{18}\mathrm{cm}^{-3}$，设置靠近栅线处最小网格单元直径为 0.5nm，计划用 50 个网格单元过渡到两条栅线中间，给出其依据指数拉伸函数生成的初始网格。

7. 结合本节内容与图 15.1.1，定义周期性边界/异质界面长方形功能层与裸露边界/异质界面/Ohmic 接触边界长方形功能层的数据结构，使其适应相应的初始网格生成算法，最终给出所示的典型太阳电池器件结构的初始网格生成子程序。

15.5 自 适 应

自适应网格能够匹配解的变化，减少离散误差，有效地提高精度与数值计算效率，缺点是自适应过程也引入了额外的计算量和工作空间。网格的自适应过程可以分成四步。

① 选择合适的判据及其计算方法；② 基于当前网格数据建立网格点移动的控制方程；③ 求解控制方程获得新的网格点位置；④ 通过插值方式获得新网格点物理量值，其中②～④是一个迭代过程，直到反复求解的前后两次网格点之间移动距离小于某个控制参数，本节主要阐述①。判据应该围绕最终解的特征确立，计算方法要精确但计算量不能太大，10.3.7 节中已经粗略给出了判据的直观选择依据，这里详细列举一下[21-30]。

1. 曲线几何相关特征参数

判据表示成单元直径的幂指数与局部解导数的乘积，这一个充分依赖当前解曲线几何特征的量，具有比较大的离散特征：

$$e = d^p Q \left(\frac{\mathrm{d}^i u}{\mathrm{d} x^i} \right) \tag{15.5.1}$$

其中，网格变量 u 可以是静电势、载流子系综准 Fermi 能、载流子系综温度、晶格温度等。曲线几何中，一阶导数对应斜率，二阶导数对应曲率。实际实施中，某个网格单元上的网格变量曲线几何判断不能仅依靠当前网格产生，以避免出现图 10.3.14(b) 中的情形，而是应该以附近几个网格单元数据进行插值的形式计算得到。

2. 局部截断误差 (LTE)

有限差分法和有限体积法都能借助级数展开的形式获得局部截断误差，以 Poisson 方程为例：

$$(\mathrm{LTE})_x = O\left(h\right) \frac{\partial V}{\partial x} + O\left(h^2\right) \approx O\left(h\right) \frac{\partial \rho}{\partial x} \tag{15.5.2}$$

这样产生的 Poisson 方程的误差判据为单元上不同格点之间的电荷密度之差：

$$e_V^T = C_V \max\left(\left|\rho_i^\tau - \rho_j^\tau\right|\right) \tag{15.5.3}$$

其中，C_V 是预设常数，由此可见这是一种高度局域的方法，从半导体器件物理的角度而言，该判据会将网格单元集中在 n 和 p 起伏比较大的区域，如各种耗尽区的边缘。

3. 半网格计算的外推

最直观的方法是将每个网格分半细化，获得相应格点变量值与原先的值进行比较：

$$e_\phi(x_i, y_i) = u_{h/2}(x_i, y_i) - u_h(x_i, y_i) \tag{15.5.4}$$

这些判据中经常采用 Richardson 外推 (15.5.5) 取代 (15.5.4)：

$$e_\phi(x_i, y_i) = \frac{4u_{h/2}(x_i, y_i) - u_h(x_i, y_i)}{3} \tag{15.5.5}$$

显而易见，这种方法的计算量大大增加，实际中除了多重网格法外很少使用。

4. 邻近区域插值

选定某个物理量 F，通过附近几个网格单元的格点变量组成一个小系统，插值外推得到当前网格单元上的格点变量的函数关系，通过插值格点变量函数关系获得物理量与当前单元局部物理量在整个单元上积分的差值 (15.5.6a)，或者直接比较两者的差值 (15.5.6b)：

$$e_i = \int |F - F^*| \, d\Omega \tag{15.5.6a}$$

$$e_i = \frac{|F - F^*|}{|F^*|} \tag{15.5.6b}$$

其中，* 表示仅依靠当前网格单元格点变量计算得到物理量 F，这个物理量可以是电流密度、能流密度、产生复合项等。对应的有限元方法可以采用更高阶插值函数，这会产生额外的插值点，求解时原有顶点的误差为 0，只需要计算新增加顶点的误差，以 Poisson 方程为例，每个单元上采用高阶基函数 $e = \sum_i \alpha_i \nu_i$ 展开成内积的形式 [21]：

$$\langle \varepsilon \nabla V, v_i \rangle_{\tau_i} = (-\rho, v_i)_{\tau_i} + \langle \varepsilon \nabla V, v_i \rangle_{\Omega_B \cap \tau_i} + \gamma \langle \boldsymbol{J}, v_i \rangle_{\Omega_F \cap \tau_i} \tag{15.5.7}$$

其中，下标 B 表示器件边界；$\boldsymbol{J} = \varepsilon_{\tau 1}(\varepsilon \nabla V \cdot \boldsymbol{n}_1)_{\tau 1} + \varepsilon_{\tau 2}(\varepsilon \nabla V \cdot \boldsymbol{n}_2)_{\tau 2}$ 表示邻接两个单元跨越共有边的法线方向上流密度的量，来源于高斯面积分，如图 15.5.1 所示。

15.5 自适应

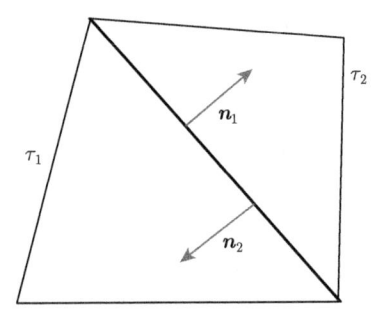

图 15.5.1 相邻单元共右边流密度面积分

5. 迭代步长

上述几种方法都是局域或小区域局域的量，而非线性方程组迭代求解中的步长却是全局关联的量，可以选择前后两次迭代下的某个物理量的差别作为判据，如载流子浓度增量[31]：

$$e_i = |\Delta n| + |\Delta p| \tag{15.5.8}$$

在上述判据选择方法中，局部网格上的 LTE 和曲线几何判据不能用于含有输运方程的半导体器件中的网格单元细化的指示器。另外，单纯依靠 Poisson 方程和静电势计算能带上的曲线几何特征是不够的，这种做法仅在低注入情形下合理，但在偏压增加的情况下给出的信息却不全面。例如，高注入在 Ohmic 接触附近载流子准 Fermi 能急剧弯曲，只有依靠连续性方程才能给出网格细化的全面合理信息。

下面示例计算网格单元上一个与网格变量 u 二阶导数相关的判据[29]：

$$\frac{1}{2V_{bi}} \max_{\tau_i} \left(\frac{\mathrm{d}^2 u}{\mathrm{d}l^2} d^2 \right) < \varepsilon \tag{15.5.9}$$

其中，d 是单元直径；$\mathrm{d}l$ 表示 u 最大导数值方向，这里涉及的二阶导数能够借助附近单元的格点变量值通过插值的方式得到，下面示例二次样条函数外推，如图 15.5.2 所示的网格排列，产生两组三结点组合 (P_{-1}, P_0, P_1) 和 (P_0, P_1, P_2)：

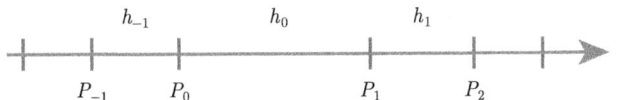

图 15.5.2 以 P_0, P_1 和 P_2 为结点的二次样条函数配置

相应地，以 P_{-1}, P_0 和 P_1 或 P_0, P_1 和 P_2 为结点的二次样条函数为

$$P_{-1}(t) = P_{-1} + P_0 * t + P_1 * t^2$$
$$P_0(t) = P_0 + P_1 * t + P_2 * t^2 \tag{15.5.10a}$$

相应的系数可以通过三结点连接条件获得，如 (15.5.10a) 中第二组方程：

$$P(0) = P_0$$
$$P(t') = P_0 + P_1 * t' + P_2 * t'^2 \tag{15.5.10b}$$
$$P(1) = P_0 + P_1 + P_2$$

对于 (15.5.10a) 第一组方程，$t' = \dfrac{h_{-1}}{h_{-1} + h_0}$，第二组 $t' = \dfrac{h_0}{h_1 + h_0}$，最终 $[0,1]$ 区间上的变量为

$$u(x) = \left[1 - \frac{x-x_0}{x_1-x_0}\right] P_{-1}\left(\frac{x-x_{-1}}{x_1-x_{-1}}\right) + \frac{x-x_0}{x_1-x_0} P_0\left(\frac{x-x_0}{x_2-x_0}\right) \tag{15.5.10c}$$

在 (15.5.10c) 的基础上可以获得相应的二阶导数。

下面程序演示了上述思想，其中用函数 math_ spline2nd_dt2 封装了二阶导数的计算。

```
module subroutine Nvr_Cal_Curvature( ou,Vmax,n,g )
    use grid , only : grid_
    use math , only : math_spline2nd_dt2
    use ah_precision , only : wp => REAL_PRECISION
    implicit none
    integer , intent( in ) :: ou
    real( wp ) , intent( in ) :: Vmax
    type( nvr_ ) , intent( in ) :: n
    type( grid_ ) :: g

    integer :: i,j,nl
    real( wp ) :: Vm,V0,V1,V2,hm,h0,h1,Pm,P0,tm,t0
    real( wp ) , dimension( : ) , pointer :: h,V,C

    if ( .not.associated(n%V) ) then
        write( ou,'(A40)' ) 'Nvr_Cal_Curvature Error 1:No V !'
    end if
    if ( .not.associated(g%Cur) ) then
        write( ou,'(A40)' ) 'Nvr_Cal_Curvature Error 2:No Cur !'
    end if
```

15.5 自适应

```
nl = g%nl
V0 = n%V(1)%a(1)
h0 = g%h(1)%a(1)

do i = 1, nl, 1

   h => g%h(i)%a
   C => g%Cur(i)%a
   V => n%V(i)%a


   if (i.eq.1) then
      !    边界网格点
      hm = h0
      h0 = h(1)
      tm = 0.5_wp
      h1 = h(2)
      t0 = h0/(h0+h1)
      Vm = V0
      V1 = V(2)
      V2 = V(3)

      !    调用函数math_spline2nd_dt2进行插值计算
      Pm = abs(math_spline2nd_dt2( tm,Vm,V0,V1 ))
   Else
      hm = h0
      h0 = h1
      tm = 1.0_wp - t0
      h1 = h(2)
      t0 = h0/(h0+h1)
      Vm = V0
      V0 = V1
      V1 = V2
      V2 = V(3)
      Pm = P0

   end if
   P0 = abs(math_spline2nd_dt2( t0,V0,V1,V2 ))
```

```
            c(1) = 0.5_wp*( Pm*tm*tm+P0*t0*t0 )/Vmax

            do j = 2, g%vnode(i)-2, 1
               !       tm <---t'
               hm = h0
               h0 = h1
               tm = 1.0_wp - t0
               h1 = h(j+1)
               t0 = h0/(h0+h1)
               Vm = V0
               V0 = V1
               V1 = V2
               V2 = V(j+2)
               Pm = P0
               P0 = abs(math_spline2nd_dt2( t0,V0,V1,V2 ))
               c(j) = 0.5_wp*( Pm*tm*tm+P0*t0*t0 )/Vmax
            end do

            hm = h0
            h0 = h1

            Vm = V0
            V0 = V1
            V1 = V2
            if (i.LT.nl) then
               h1 = g%h(i+1)%a(1)
               V2 = n%V(i+1)%a(2)
            end if

            tm = 1.0_wp - t0
            if (i.eq.nl) then
               t0 = 0.5_wp
            else
               t0 = h0/(h0+h1)
            end if

            Pm = P0
            P0 = abs(math_spline2nd_dt2( t0,V0,V1,V2 ))
            c(j) = 0.5_wp*( Pm*tm*tm+P0*t0*t0 )/Vmax
```

15.6 等误差分布

```
    end do

end subroutine Nvr_Cal_Curvature
```

图 15.5.3 是计算得到的某隧穿结构一维网格单元上的曲率分布，可以看出判据高值总是集中在异质界面附近。

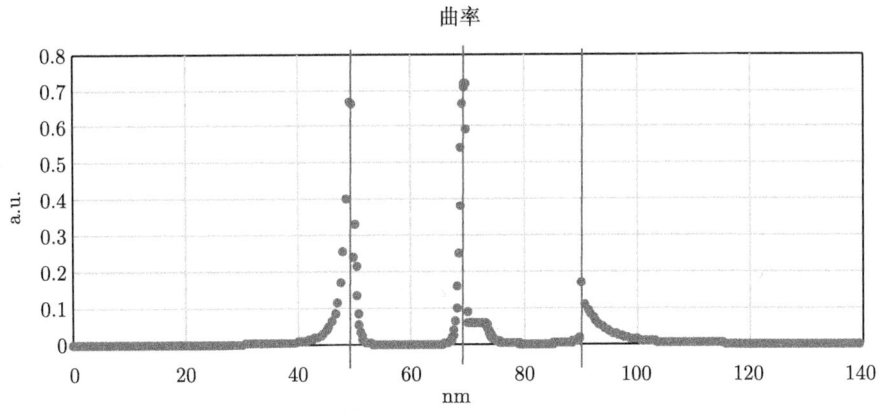

图 15.5.3 某个隧穿结构中部分网格对应 (15.5.9) 值

【练习】

1. 依据图 15.5.1 标示，推导 (15.5.7)。
2. 结合 (15.5.10a) 和 (15.5.10b)，将 P_i 分别表示成相应格点变量的函数。
3. 编写 (15.5.10c) 的二阶导数计算子程序，如果改成三次样条函数，试推导相关类似 (15.5.10c) 的函数表达式并编制程序。

15.6 等误差分布

等误差的概念非常清晰：给定网格点数目，依据建立的标准分布网格点与单元，使得每个单元上的误差一样，

$$\int_{x_{i-1}}^{x_i} w(x)\mathrm{d}x = C \tag{15.6.1a}$$

或者表达成这个区间上的积分形式，

$$\frac{1}{N}\int_{x_0}^{x_N} w(x)\mathrm{d}x = C \tag{15.6.1b}$$

$$h_i w_i = C \tag{15.6.1c}$$

对上式进行微分可以得到控制函数方程：

$$\frac{\mathrm{d}}{\mathrm{d}\xi}\left\{w\left[x\left(\xi\right)\right]\right\}\frac{\mathrm{d}x}{\mathrm{d}\xi}=0 \tag{15.6.2}$$

采用有限差分的方法求解 (15.6.2)，边界处固定不动 [32]：

$$\frac{\mathrm{d}}{\mathrm{d}\xi}\left\{w\left[x\left(\xi\right)\right]\right\}\frac{\mathrm{d}x}{\mathrm{d}\xi}\bigg|_i = \frac{1}{\Delta\xi}\left\{w\frac{\mathrm{d}x}{\mathrm{d}\xi}\bigg|_{i+\frac{1}{2}} - w\frac{\mathrm{d}x}{\mathrm{d}\xi}\bigg|_{i-\frac{1}{2}}\right\}$$
$$= \frac{1}{\Delta\xi^2}\left\{w_{i+\frac{1}{2}}x_{i+1} + w_{i-\frac{1}{2}}x_{i-1} - \left(w_{i+\frac{1}{2}} + w_{i-\frac{1}{2}}\right)x_i\right\} \tag{15.6.3}$$

在曲线几何中通常选择权重函数为 [33]

$$w(x) = \begin{cases} \alpha + \|u(x)\| \\ \sqrt{\alpha + \|u_x(x)\|^2} \\ \sqrt{\alpha + \beta\|u_x(x)\|^2 + \gamma\|u_{xx}(x)\|^2} \end{cases} \tag{15.6.4}$$

其中，当 $\alpha = 1$ 时，(15.6.4) 中的第二项表示弧长 $\Delta s_i = \int_{x_{i-1}}^{x_i}\sqrt{1+\|u_x(x)\|^2}\mathrm{d}x = C$。采用二阶导数或曲率的权重函数：

$$w(x) = \begin{cases} 1 + \alpha\kappa\sqrt{1+\|u_x(x)\|^2} \\ 1 + \alpha\|u_x(x)\| + \dfrac{\beta}{\kappa}\|u_{xx}(x)\|^2 \end{cases} \tag{15.6.5}$$

其中，曲率 κ 定义为

$$\kappa = \frac{u_{xx}}{\sqrt{\left(1+\|u_x(x)\|^2\right)^3}} \tag{15.6.6}$$

【练习】

1. 在基于等误差分布的网格自适应过程中，选取合适的调节参数 α、β 和 γ 非常关键，从自己的器件结构某一区域网格出发，求解热平衡 Poisson 方程得到格点静电势，编制等误差分布网格优化程序，分别选择以电场强度和 (15.5.9) 为权重函数，观察最终网格点的分布。

2. 考虑如果以迭代步长 (15.5.8) 或者准 Fermi 能步长为权重函数，给出相应的等误差分布算法。

15.7 自适应过程

实际操作中通常是几种网格自适应方法综合使用，如细分、合并，以及通过求解控制函数微分方程进行光滑等，这主要是因为细分和合并本质上是一种数值离散容易产生起伏的过程，而求解控制函数微分方程则是一种基于连续性但容易使得网格过细的过程，两者相结合能够使得网格分布更加柔滑一些。下面程序综合细分合并，以判据 (15.5.9) 为权重求解 (15.6.3) 动态优化网格单元分布，其思路是，网格判据偏差不是很大的地方通过求解控制方程的形式进行局部移动，而在起伏剧烈或者非常小的地方采用细分或合并的形式。

```
module subroutine Grid_Adapt( ou,n,hmin,X0,X1,Cs,h,F,C,X )
    use ah_precision , only : wp => REAL_PRECISION
    implicit none
    integer , intent( in ) :: ou,n
    real( wp ) , intent( in ) :: hmin,X0,X1
    real( wp ) , intent( out ) :: Cs
    real( wp ) , dimension( : ), intent( inout ) :: h,F,C,X

    integer :: k,i0,i1,ind,flag,errcode
    integer :: num(n)
    type( grid_interval_ ) :: lab(2)

    获取网格判据，并进行相应的标志

    call Grid_Refine_Criteria( ou,n,hmin,X0,X1,h,C,flag,Cs,ind, &
        lab,num,errcode )
    select case(flag)
    case(0)
    case(1)
        i0 = lab(1)%k+1
        i1 = n - lab(2)%k

        网格点局部移动
        call Grid_Local_Moving( i1-i0+1,F(i0:i1+1),Cs,h(i0:i1), &
            lab(1)%Xr,lab(2)%Xl,C(i0:i1) )

        do k = 2, n, 1
            X(k) = X(k-1) + h(k-1)
        end do
    case(2)
```

```
            i0 = lab(1)%iStop+1
            i1 = lab(2)%iStart-1

            if (ind.eq.2) k = lab(1)%k - lab(1)%iStop + lab(1)%
               iStart - 1
            if (ind.eq.3) k = lab(2)%k - lab(2)%iStop + lab(2)%
               iStart - 1
            if (ind.eq.4) k = lab(1)%k - lab(1)%iStop + lab(1)%
               iStart - 1 + lab(2)%k - lab(2)%iStop + lab(2)%
               iStart - 1

            网格单元局部合并
            call Grid_Local_Merge( ou,k,i0,i1,Cs,h,C,num,errcode )

            网格单元局部细分
            call Grid_ReSize( ou,n,num,C,F,h,errcode )

            i0 = lab(1)%k+1
            i1 = n - lab(2)%k

            网格点局部移动
            call Grid_Local_Moving( i1-i0+1,F(i0:i1+1),Cs,h(i0:i1),
               lab(1)%Xr,lab(2)%Xl,C(i0:i1) )

            网格点新坐标更新

            do k = 2, n, 1
               X(k) = X(k-1) + h(k-1)
            end do

        case default
        end select

end subroutine Grid_Adapt
```

【练习】

1. 观察自己器件的离散网格特征，提出相应的综合网格自适应算法并编制子程序实施。

2. 查看相关文献，总结网格自适应过程涉及的各种思路与算法。

15.8 专有网格

量子隧穿通常发生在电场强度很高的区域，实际器件中，同质结构内部电场强度分布比较均匀，隧穿概率空间变化缓慢，而异质结构的内部电场强度分布比较陡峭，致使隧穿概率空间变化剧烈，准确地对量子隧穿二极管进行数值分析则需要高数值精度地计算隧穿概率。

这使得网格分布适合做量子隧穿分析，有两种方式：① 采用通常的面向输运方程的网格，由于这种网格不是以电场强度为控制函数优化的，往往网格点的能量控制体之间存在很大的起伏，图 15.8.1 显示了某一隧穿结的能带、面向输运方程的网格点和隧穿路径，可以看出网格单元分布并不匹配高数值精度计算隧穿概率的专门密集要求；② 在局部量子隧穿区域附加新的网格以电场强度为控制函数进行分布优化，另外量子隧穿，尤其是 BTBT，通常是双向，单靠一边的电场强度并不能取得最优化的结果，需要综合两边的电场强度协同优化。

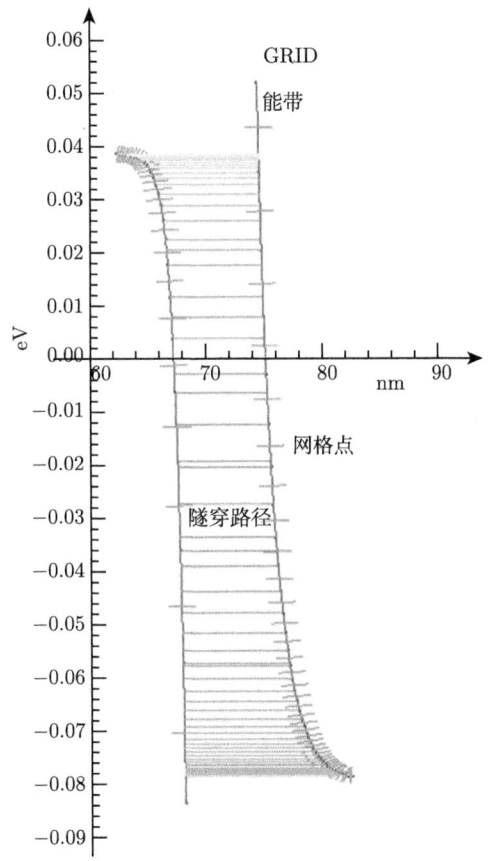

图 15.8.1　某一隧穿结的能带、面向输运方程的网格点和隧穿路径

双向优化的基本原理是将网格单元集合 $\{NQT\}$ 以通过求解控制方程 (15.8.1) 的形式进行分布上的优化,确保点在隧穿概率最高的空间位置附近密度比较稠密,其他位置比较稀疏。

$$\nabla\left[\sqrt{1+C\left|\frac{\nabla V(l)}{F_{\max}^l}\right|\left|\frac{\nabla V(r)}{F_{\max}^r}\right|}\nabla x\right]=0 \qquad (15.8.1)$$

式中,C 是调节参数;$F_{\max}^l$ 和 $F_{\max}^r$ 为电场强度归一化参数。当然可以采用更广义的函数定义,例如 $f\left(\left|\frac{\nabla V(l)}{F_{\max}^l}\right|\left|\frac{\nabla V(r)}{F_{\max}^r}\right|\right)$ 等,其效果如图 15.8.2 所示,要注意的是,这种网格也是以从量子隧穿区域一边开始,另外一边通过插值获得。

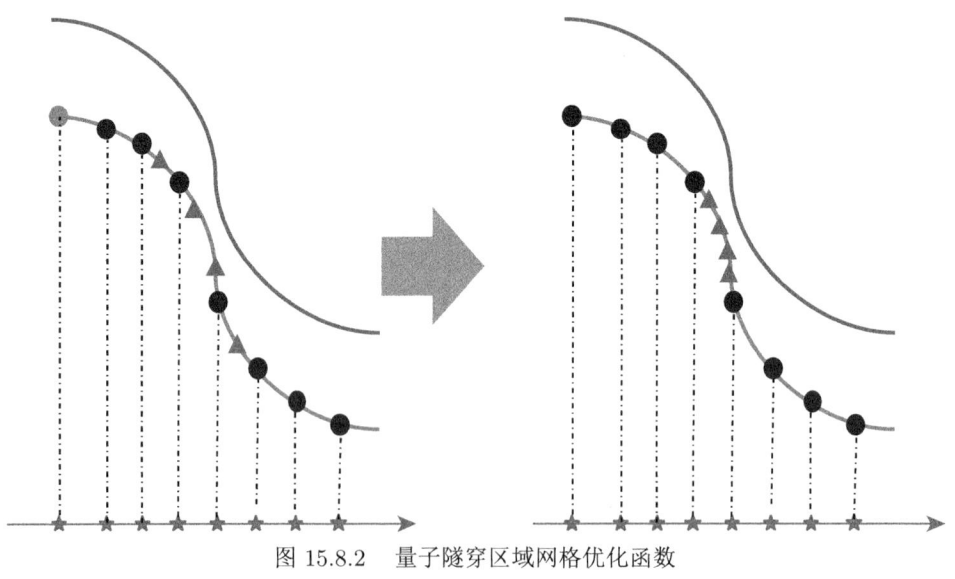

图 15.8.2　量子隧穿区域网格优化函数

15.9　网格自适应迭代映射

网格自适应过程对 13.3.1 节中的迭代映射进行了修正,以漂移扩散体系为例,网格自适应伴随迭代映射分成两种情况:① 热平衡 Poisson 方程求解结束基于静电势分布数据的网格自适应迭代映射;② 输运方程联立求解后,基于静电势、电子/空穴准 Fermi 能分布数据的网格自适应迭代映射,相应地分别如图 15.9.1(a) 和 (b) 所示。

15.9 网格自适应迭代映射

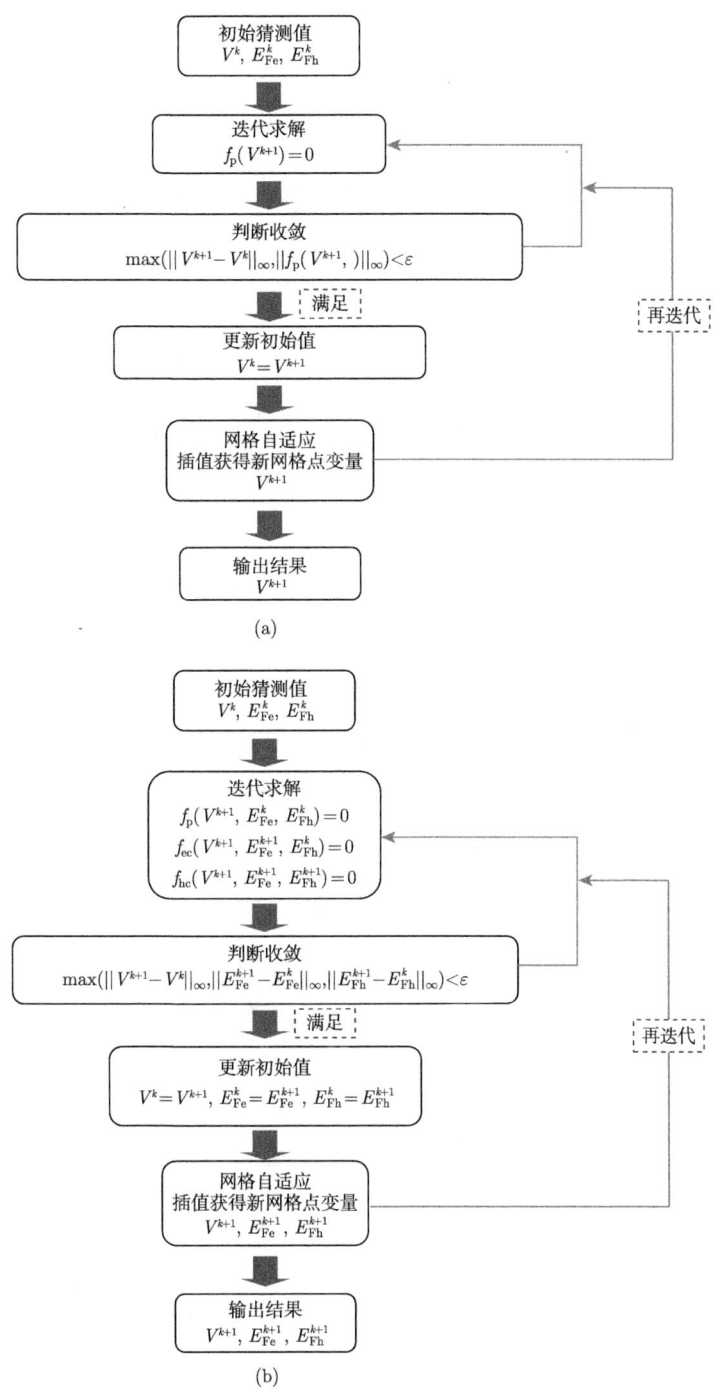

图 15.9.1 扩散漂移体系中的两种典型网格自适应迭代映射

【练习】

1. 编制程序进行热平衡 Poisson 方程求解实现基于静电势分布数据的网格自适应迭代映射。

2. 选取合适的网格判据，编制程序实现基于静电势、电子/空穴准 Fermi 能分布数据的网格自适应迭代映射，并比较不同网格判据对自适应结果的影响。

参 考 文 献

[1] Thompson J F, Soni B K, Weatherill B P. Handbook of Grid Generation. Boca Roton: CRC Press, 1999.

[2] Liseikin V D. Grid Generation Methods. Netherlands: Springer, 2010: 2-5.

[3] Patil M B. New discretization scheme for two-dimensional semiconductor device simulation on triangular grid. IEEE Transactions on Computer-Aided Design of Integrated Circuits and Systems, 1998, 17(11): 1160-1165.

[4] Burgler J F, Bank R E, Fichtner W, et al. A new discretization scheme for the semiconductor current continuity equations. IEEE Transactions on Computer-Aided Design of Integrated Circuits and Systems, 2006, 8(5): 479-489.

[5] Mijalkovic S. Exponentially fitted discretization schemes for diffusion process simulation on coarse grids. IEEE Transactions on Computer-Aided Design of Integrated Circuits and Systems, 1996, 15(5): 484-492.

[6] Axelrad V. Grid quality and its influence on accuracy and convergence in device simulation.IEEE Transactions on Computer-Aided Design of Integrated Circuits and Systems, 2002, 17(2): 149-157.

[7] Frey P J, George P L. Mesh Generation Application to Finite Elements. Oxford & Paris: Hermes Science, 2007: 47-96.

[8] 郑耀, 陈建军. 非结构网格生成: 理论、算法和应用. 北京: 科学出版社, 2016: 9-15.

[9] 张来平, 常兴华, 赵钟, 等. 计算流体力学网格生成技术. 北京: 科学出版社, 2017: 64-68.

[10] Farrashkhalvat M, Miles J P. Basic Structured Grid Generation: With an Introduction to Unstructured Grid Generation. Oxford: Butterworth-Heinemann Elsevier Ltd, 2003: 76-115.

[11] Kan E C, Hsiau Z K, Rao V, et al. Gridding techniques for the level set method in semiconductor process and device simulation. 1997 International Conference on Simulation of Semiconductor Processes and Devices, 1997: 327-330.

[12] Ciampolini P, Forghieri A, Pierantoni A, et al. Adaptive mesh generation preserving the quality of the initial grid. IEEE Transactions on Computer-Aided Design of Integrated Circuits and Systems, 1989, 8(5): 490-500.

[13] Heitzinger C, Sheikholeslami A, Park J M, et al. A method for generating structurally aligned high quality grids and its application to the simulation of a trench gate MOSFET. 33rd Conference on European Solid-State Device Research, 2003: 457-460.

[14] Yajima A, Jonishi H, Maruyama A. A grid generation system for process and device simulation. IEEE International Conference on Computer-Aided Design (ICCAD-89) Digest of Technical Papers, 1988: 116-119.

[15] Tanaka K, Kato H, Ciampolini P, et al. Adaptive mesh generation in three dimensional device simulation. Proceedings of International Workshop on Numerical Modeling of Processes and Devices for Integrated Circuits: NUPAD V, 1994: 163-166.

[16] Schoenmaker W, Magnus W, Meuris P, et al. Renormalization group meshes and the discretization of TCAD equations. IEEE Transactions on Computer-Aided Design of Integrated Circuits and Systems, 2002, 21(12): 1425-1433.

[17] De Marchi L, Franze F, Baravelli E, et al. Wavelet-based adaptive mesh generation for device simulation. Solid-State Electronics, 2006, 50(4): 650-659.

[18] Farrashkhalvat M, Miles J P. Basic Structured Grid Generation: With an Introduction to Unstructured Grid Generation. Oxford: Butterworth-Heinemann Elsevier Ltd, 2003: 98-103.

[19] Liseikin V D. Grid Generation Methods. Netherlands: Springer, 2010: 101-130.

[20] Snowden C. Introduction to Semiconductor Device Modelling. Singapore: World Scientific Publishing Co. Pte. Ltd, 1986.

[21] Coughran W, Pinto M R. Adaptive grid generation for VLSI device simulation. Computer-Aided Design of Integrated Circuits and Systems, IEEE Transactions on, 1991, 10(10): 1259-1275.

[22] Tanaka K, Ciampohni P, Pierantoni A, et al. Comparison between a posteriori error indicators for adaptive mesh generation in semiconductor device simulation. [Proceedings] 1993 International Workshop on VLSI Process and Device Modeling (1993 VPAD), 1993: 118-119.

[23] Tanaka K, Kato H, Ciampolini P, et al. Adaptive mesh generation in three dimensional device simulation. Proceedings of International Workshop on Numerical Modeling of Processes and Devices for Integrated Circuits: NUPAD V, 1994: 163-166.

[24] Dang R, Matsushita K, Hayashi H. A highly efficient adaptive mesh approach to semiconductor device simulation-application to impact ionization analysis. IEEE Transactions on Magnetics, 2003, 27(5): 4162-4165.

[25] Coughran W. M. Faster device modeling using adaptive spatial meshes and continuation. Workshop on Numerical Modeling of Processes & Devices for Integrated Circuits. IEEE Xplore, 1990: 85-86.

[26] Fichtner W. New development and old problems in grid generation and adaptation for TCAD application. SISPAD, 1999: 67-70.

[27] Kan E C, Hsiau Z K, Rao V, et al. Gridding techniques for the level set method in semiconductor process and device simulation. 1997 International Conference on Simulation of Semiconductor Processes and Devices, 1997: 327-330.

[28] Bilrgler J F, Coughran W M, Fichtner W. An adaptive grid refinement strategy for the drift-diffusion. Workshop on Numerical Modeling of Processes and Devices for

Integrated Circuits, 1990: 83-84.

[29] Ciampolini P, Forghieri A, Pierantoni A, et al. Adaptive mesh generation preserving the quality of the initial grid. IEEE Transactions on Computer-Aided Design of Integrated Circuits and Systems, 1989, 8(5): 490-500.

[30] Conradi P, Schroeder D. Locally adaptive multigrid method for 3D numerical investigation of semiconductor devices. IEEE Comput. Soc. Press, 1989, 5: 52-54.

[31] Fukuda K, Asai H, Hattori J, et al. A moving mesh method for device simulation. 2015 International Conference on Simulation of Semiconductor Processes and Devices (SISPAD), 2015: 409-412.

[32] Farrashkhalvat M, Miles J P. Basic Structured Grid Generation: With an Introduction to Unstructured Grid Generation. Oxford: Butterworth-Heinemann Elsevier Ltd, 2003: 157-158.

[33] Liseikin V D. Grid Generation Methods. Netherlands: Springer, 2010: 208.

第 16 章 器件结构编辑器

16.0 概　　述

从前面几章可以看出，对一个完整的太阳电池结构进行数值分析，需要输入的模型很多。当然可以先把各种模型以计算模块能够无错误读取的形式储存在一个文件中，但这样做的后果通常是负面的：第一，该文件只有计算程序模块开发者能够读懂；第二，随着模型的增加，初始数据输入时也非常容易出现差错，而且不容易检查；第三，文件拓展性比较差；第四，随着时间推移，再次翻看该文件时连理解都很困难；第五，计算模块承担了器件结构模型的转换与判断，大大增加了计算软件的复杂性。例如早期输入一个器件结构中的名称为 p-contact 的材料：

```
#*HetLayer Name*
p-GaAs_Contact
#*Layer Property*
f
#1;Band Lineup
f,01
+0.0000d+00
#2:Band Gap
f,01
+1.4240d+00
#3:Dieletric constant
f,01
+1.2900d+01
4:CB DOS
f,01
4.0000d+17
5:VB DOS
f,01
7.0000d+18
6:B
f,01
+1.0000d-10
```

```
!sublayer number
04
p_contact
*BGN
f
!BGN End
*Delta Doping
0
!Delta Doping End
Geometry Setting:th hmin Nnode atr
50.,0.5,100,M
ELectron mobility
f,01
800.
Hole Mobility
f,01
800.
doping flag
doped or not
T
dopant type
a
dopant fully ionized ?
f
density profile
f,01
1.0d+18
parameter type
1
Doping Electronic Parameters
1.419,0.005,+1.0000d-07,+1.0000d-07
Compensated Defect control
t
Doping Number
00,01
dopant type
i
dopant ionized
t
density profile
```

16.0 概　述

```
f,01
+1.0000d+15
parameter type
1
Donor-like 1 SRH Parameter
0.624,0.8,1.0000d-07,1.0000d-07
band tail control
f
Gauss Doping Control
f
```

每行都需要由熟悉相关规则的专门人员输入，新人根本不清楚其中阐述的内容，为此我们需要开发所谓的器件结构编辑器。

根据上述要求以及所面对的对象，初步想象一个器件结构编辑器应该具有如下"便利"：

（1）复杂器件结构的输入更加简单随意，操作人员对器件结构文件的读取与维护变得容易；

（2）能够初步判断所输入各个物理模型参数的"基本"合理性；

（3）能够将"原始"或"实验"物理模型参数转换成计算模块直接可用的数据；

（4）已有的器件结构文件容易拓展，不需要每次都重新编写新的文件；

（5）模型参数以库的形式存在，特定器件结构仅调用与之关联的模型参数；

（6）器件结构与数值分析任务以库的形式存在，特定任务仅调用与之关联的结构与任务。

一个典型编辑器的基本要素为数据类型、词法规则、语法规则、转换树、中间代码与编译、输出文件等六个，面向器件结构的编辑器必须依据太阳电池等光电器件的基本原理、材料生长、器件工艺与测试手段等环节建立这六个基本要素。

当前数值分析软件的器件结构编辑器的形式主要有两种。一种是采用可视化图形界面，每个物理模型以子窗口的形式存在，如 AMPS 等。另一种是采用可编程器件结构编辑器的形式，如 Silvaco、Crosslight。

最后需要强调的是，本章只是提供基本思路与实施示范，希望读者能够开发出属于自己的、功能强大、使用便利的器件结构编辑器，而不是陷在笔者的阐述形式里。

当前各种计算机程序设计语言，如我们最为熟悉的 C、C++、Fortran、Object C 等，广泛采用程序员按照词法规则与语法规则编写源代码，主要由数据类型声明初始化、对数据类型进行操作的子程序以及主程序等组成。编辑器编译链接生成可执行文件,编译过程主要分为词法分析、语法分析、中间代码生成、目标代码生成,同时有的编辑器还能进行预处理、语义分析、优化等功能[1]。除此之外,现代编辑器大多采用了部分人工智能的功能,使其具有更广泛和强大的纠错判断优化能力。基于上述思想,如果把复杂化合物半导体器件结构按照一定的词法规则、语法规则及子程序生成规则编写成源文件,同时编写一个能够识别归类整理并最终生成面向高效数值计算模块的目标文件的编辑器,将极大地扩展化合物半导体器件模拟软件的应用范围,同时也将使设计人员能够更加灵活地适应实际工作的飞速发展。

另外一方面,由于器件结构编辑器所针对的对象是半导体光电器件,基本要素必须充分反映其独有特征,如器件物理、材料制备、器件工艺、工作条件以及数值求解方法与过程控制参数等,因此,基本的面向光电转换器件的可编程器件结构编辑器应该具有如下几个要素。

(1) 能够便利地描述器件物理、材料制备、器件工艺、工作条件以及数值求解等所涉及的各种模型与过程的数据类型,我们称之为面向模型的数据类型。

(2) 能够便利地描述针对某一器件结构的数值分析任务与期望结果输出的用户定义子程序,以及能够关联器件结构与用户定义子程序的主程序。

(3) 文件组成规则,指模型数据、用户定义子程序、主程序的排列规则,以利于快速读取。

(4) 能够关联所涉及的模型数据、几何位置、数值任务的起到"抓手"作用的全局数据结构。

(5) 能够输出面向高效数值计算的目标文件,指满足数值计算高效要求的文件的数据格式及储存排列,通常有三点:① 各种实验数据转换成固定排列物理模型;② 链表数据格式转换成固定维数数组格式;③ 各种数据与数值任务在文件中的位置固定,数值计算模块会顺序读取。

16.1 物 理 模 型

半导体器件数值分析是建立在丰富多样的物理模型基础上的,数据量大且复杂,准确高效地输入大量模型数据是确保数值计算成功的关键,数据以模型的形式组织也能有利于后续数值计算的便利展开[2]。

16.1.1 模型分类

在建立面向模型的数据类型之前,我们先梳理一下半导体太阳电池数值分析所涉及的模型,这些模型都在载流子输运方程中涉及。

16.1 物理模型

(1) 材料模型，用来描述完美半导体材料本征物理特征，最基本应该包括如下两部分。

① 反映材料宏观性能的模型，例如，静态介电常数、高频介电常数、弹性力学模量等。

② 反映材料本征能带结构的模型，例如，能带自身对称性、能量与带边态密度等，能带之间跃迁的自发辐射复合、Auger 复合、雪崩等系数。

(2) 功能层模型，用来描述材料制备与器件工艺在本征半导体材料中所引入的物理参数，如迁移率、掺杂诱导缺陷等，也包含材料本征缺陷，因为往往与制备过程息息相关，应该包括：

① 反映电子/空穴迁移率空间分布的模型，例如，电子/空穴的迁移率可能是固定的，也可能随掺杂浓度的分布呈现一定的函数分布。

② 体材料中的离散能级缺陷与连续分布能级缺陷，例如，同属于单能级缺陷的用以调节材料化学势的掺杂和作为复合中心的深能级、带尾态、高斯态等。浓度往往具有空间非均匀分布，比如 III-V 族太阳电池生长中常把掺杂原子浓度设置成 $a+b(1-x)^n$ 或 $c+dx^m$ 的形式。扩散原子分布往往服从余误差函数分布、高斯分布等。

(3) 界面模型，用来描述器件与外界接触的表面与不同性质半导体材料所形成的界面，前者包括金属半导体接触、钝化、裸露的表面，后者包括异质界面、同质界面与面掺杂等，这里把面掺杂也当作界面。对于每个"面"，都需要描述载流子输运机制、电荷与各种形态的缺陷。需要注意的是，面掺杂浓度向两边呈现高斯分布。

(4) 网格模型，用来描述具有同一功能层模型的几何体网格离散方法与控制参数的模型。包含器件区域 (area) 数据类型及其网格划分模型 (grid) 数据类型，器件区域包括器件几何尺寸、空间分布等特征模型，网格划分模型包括某一区域上网格类型、网格尺寸、网格数目、网格分布等特征模型。

(5) 生长模型，用来描述多层材料制备生长所定义的几何尺寸、与功能层和界面等的关联。

(6) 工艺模型，用来描述材料制备后器件工艺过程所定义的几何尺寸、与界面和缺陷等的关联。

(7) 非局域模型，用来描述跨越不同空间位置物理量之间关联的物理特性。太阳电池器件物理主要涉及：体材料中的量子限制、体材料不同能带间的非局域量子隧穿、跨越界面的非局域量子隧穿、带间缺陷对能带或界面的隧穿、光子自循环等。

(8) 网格化模型，用来描述太阳电池不同功能层区与网格模型的关联。

(9) 器件模型，用来描述一个在实际上活灵活现的器件结构，涉及基本信息、材料生长、器件工艺、非局域特性、网格离散等要素。

【练习】

结合自己面对的器件结构及所涉及的物理模型，讨论其相关物理特征与关联数据。

16.1.2 模型特点

通过对各种模型的观察，我们发现它们的组成形态具有如下的特点。

(1) 单一参数描述一个值或者状态或者属性。

例如，实数表示浓度、能量、态密度等，整数表示数目，字符表示类型，逻辑变量表示状态或开关，字符串表示名字。

(2) 多个单一参数以结构或数组的形式描述一个"基本"的模型，这些参数不限于同一类型。

例如，函数分布模型描述各种空间分布函数，涉及以 x 与 $1-x$ 为基函数的多项式、指数函数、高斯函数、余误差函数、洛伦兹函数等分布，包含函数类型 type、参数个数 n、基函数类型、系数数组 P[n]、指数数组 I[n] 等五个成员。单能级寿命模型即缺陷的 SRH 模型，包含电子/空穴本征寿命、离导带/价带的距离、电子/空穴有效质量等 6 个成员。单能级密度模型描述仪器测试得到的缺陷物理特征，包含离导带/价带的距离、电子/空穴俘获截面、电子/空穴简并度、电子/空穴有效质量等 8 个成员。带尾态模型描述导带/价带脱尾缺陷态的物理特征，包含带尾态密度、指数分布衰减因子、电子/空穴俘获截面、电子/空穴简并度、电子/空穴有效质量等 8 个成员。高斯态模型描述材料带隙中态密度呈现高斯分布的缺陷态，包含展宽因子、能级位置、电子/空穴俘获截面、电子/空穴简并度、电子/空穴有效质量等 8 个成员。器件区域模型描述器件结构的空间组成、几何尺寸，包括几何尺寸、空间位置等成员。网格划分模型描述针对某一子区域的空间网格生成，包括某一区域上网格类型、网格尺寸、网格数目、网格分布等成员。

(3) 多个单一参数与基本模型组成一个"基本"复合模型。

例如，材料介电模型由分别表示静态介电常数与高频介电常数的两个函数类型组成。单能级缺陷模型包含缺陷名称、电荷类型、浓度空间分布(函数分布)、密度模型、寿命模型等几种原始数据类型与基本模型类型。连续能级密度模型描述仪器测试得到的缺陷物理特征，包含缺陷浓度能量空间分布函数、电子/空穴俘获截面、电子/空穴简并度、电子/空穴有效质量等 7 个成员，其中缺陷浓度能量空间分布函数采用模型函数分布 (fun) 的形式表达。

(4) 多个单一参数、多个基本模型与多个复合模型组成复杂或者层级更高的复合模型，嵌套。

例如，材料模型包含材料的宏观性能复合模型与能带结构复合模型。功能层描述特定半导体材料生长过程中修正属性的复合模型；包含迁移率函数、材料内部缺陷等基本与复合类型。

16.2 面向模型的数据类型

在对半导体太阳电池中各种物理模型分析的基础上，能够建立相对应的数据类型及其语法词法，实施大量数据的有序组织和分门别类。

16.2.1 种类

器件结构编辑器的数据类型必须满足模型参数有效赋值与形态丰富多样的要求，我们设计如下三种模型数据类型。

(1) 原始数据类型 (primitive type)：由整数 (integer)、实数 (real)、布尔变量 (logical)、字符 (char)、字符串 (string) 等五种固定值组成，以描述数目、数值、逻辑、属性、名称等。

(2) 基本数据类型 (basic type)：成员只能是 (1) 五种原始数据类型以单一值或数组的形式存在。

(3) 复合数据类型 (composite type)：是指那些包含多个原始、基本数据类型，或本身又嵌套复合数据类型的数据类型。

【练习】

结合自己的器件结构以及物理模型，谈论是否有其他面向模型的数据类型形态。

16.2.2 成员

考虑到组成多态性以及编辑器的整体要求，模型 xxx 的成员设置至少应该满足如下要求。

(1) 本征性：是指有成员能够涵盖模型的全部参数，并在读取过程中初步判别读取值是否满足该成员参数的数学或物理合理性，这部分成员又称为参数成员，其中部分是模型成立所必要的，部分可以选择性赋值。参数成员赋值过程以子程序 xxx_read 标志。

(2) 完整性：是指有成员能够反映模型必要参数成员是否已经赋值，称为完整性标示成员，用整型变量 Is_xxx 表示成员 xxx 赋值情况，读到 xxx 并判断合理即设置 Is_xxx 为 1，在赋值结束时检查所有必要参数的 Is_xxx 值，以子程序 xxx_check 标志。

(3) 导向性：是指有成员能够反映模型嵌套复合数据类型的情况，称为复合数据导向性成员，方便编辑器赋值过程中能够准确定位，用整型变量 Is_xxx_On 表示复合数据类型成员 xxx 开始，以下数据到同层次终止符为止归成员 xxx 所有，如果有多个复合数据类型成员，判断应该从哪一个开始的子程序并以 xxx_subcomon 标志，结束则是以子程序 xxx_end 归零 Is_xxx_On 并安全退出。

(4) 统计性：是指有成员能够反映模型成员组成情况的统计信息，称为统计性成员，如属性与个数，含有链表型成员的情况下用整型变量 nxxx 表示 xxx 个数，如单能级缺陷个数，统计过程是在赋值过程中伴随完成的。

(5) 标示性：是指有成员能够反映模型排队是否被某个器件结构使用，称为标示性成员，如整型变量 IsUsed 表示被使用状态及顺序，实型变量 val 表示排序过程的典型值。

根据惯例，所有模型的开始都有一个 xxx_begin 子程序负责内存分配、初始化等步骤。根据这五条基本要求，我们定义上述三种数据类型的声明如表 16.2.1 所示。

表 16.2.1　三种数据类型的典型声明

数据类型	类型声明	成员说明	关联子程序
原始	[primitive_type] xxx;	[primitive_type] a; 原始数据类型声明；	xxx_read
基本 复合	typedef struct xxx_ { int Is_a; [primitive_type] a; …… }xxx; typedef struct xxx_ { int Is_a; int Is_c; int Is_e_On; int Is_g_On; int ng; int IsUsed; [primitive_type] a; [basic_type] c; {composite_type}e; …… {composite_type}*g_head,*cg; …… }xxx;	(1) [primitive_type] a; 原始数据类型声明； (2) [basic_type] c; 基本数据类型声明； (3) {composite_type}e; 单一复合数据类型声明； (4) {composite_type}*g_head,*cg; 链表型复合数据类型声明，g_head 与 cg 分别表示头与当前赋值结点	xxx_begin xxx_read xxx_check xxx_begin xxx_subcomon xxx_read xxx_check xxx_end

16.2.3　树表示

随着模型的复杂度提高，成员类型与嵌套越来越复杂多样，借助于离散数学中的树图方法可以清晰地表示这种复杂度，鉴于有三种数据类型，我们约定用三种不同的图形表示结点 (图 16.2.1)。

16.2 面向模型的数据类型

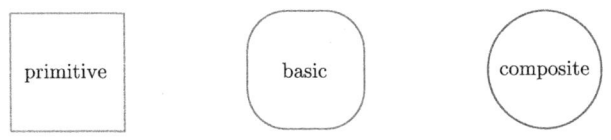

图 16.2.1 三种基本数据类型的标示

基本数据类型的树表示如图 16.2.2 所示。

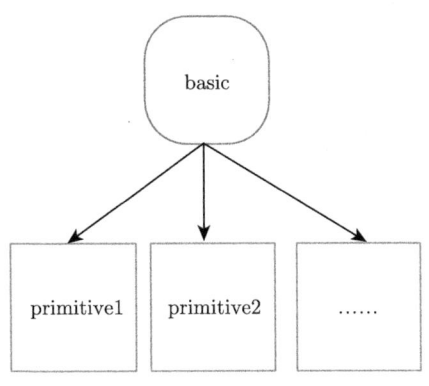

图 16.2.2 基本数据类型的树

复合数据类型的树表示如图 16.2.3 所示。

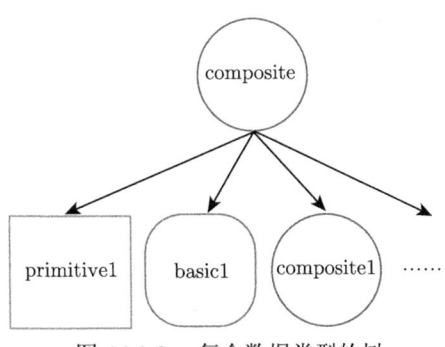

图 16.2.3 复合数据类型的树

显而易见,所有顶点的入度是 1,出度即使是同一种数据类型也不同,也不存在环。原始数据类型本身是叶,基本数据类型的子代都是叶,复合数据类型含有叶与下一层父代,复合数据类型可以是根。

16.2.4 词法与语法

对于编辑器而言,词法是用关键字或字符表示类型属性、参数隔离以及结束的规则,语法表示某一类型的完整性声明与参数赋值规则。我们约定三种数据类型的词法与语法如下所述。

(1) 原始数据类型的赋值声明为 "[类型] 名字：val = 值；" 的形式。

例如，定义掺杂 D1 的浓度为 $1\times 10^{18}\mathrm{cm}^{-3}$ 的赋值声明为

    [real] D1: 1.0d+18;

需要注意的是，原始数据类型成员需要用类型与名字共同确定，结束以分号作为标志。

(2) 基本数据类型的赋值声明采取 "[类型] 名字：成员 1 = 值，成员 2 = 值，…；" 的形式。

例如，定义价带上 0.8eV，电子/空穴俘获截面为 $1\times 10^{-15}\mathrm{cm}^2$，基态简并度为 2 的深能级点缺陷密度模型 D2 为

    [ddm] D1 : edc = 0.8, sgn = 1e-15, sgp = 1e-15, g = 2.0;

例如，定义一指数函数为

    [fun]f: type = 2; p = 50 + e^(10.*x^5);

基本类型声明赋值各分项以逗号分隔，结束以分号作为标志。

(3) 复合数据类型的成员赋值采取 "[类型] 名字：{[成员 1] 名字：…；[成员 2] 名字：…；…}" 的形式。

例如，定义深单能级缺陷 D1 为

    {sld}D1:
    {
        [logical] ionized : f;
        [fun]空间分布：…；
        [ddm]电子模型：…；
        [ltm]复合模型：…；
        …
    }

复合数据类型的声明赋值部分的开始与结束都用一对花括号。

16.3　典型数据类型

半导体太阳电池数值分析涉及的物理模型繁杂多样，这里选取几种比较常见的进行阐述。

16.3.1 分布函数模型

在光电器件尤其是太阳电池中,经常遇到某个参数分布随空间变化的情形,下面举几个例子。

(1) 晶体硅太阳电池中的扩散过程。这个过程是晶体硅太阳电池制备工艺环节的核心,通常被用来制备 p 型硅太阳电池的发射区与背场,n 型太阳电池的前场、发射区及接触区等,这里从数学模型上说主要分成两种。

非耗尽扩散模型,认为涂覆在硅材料表面的掺杂源浓度 N_s 无限多,掺杂原子在硅材料中分布呈现余误差函数分布 (complementary error function distribution):

$$N(x,t) = N_s \text{erf}\left(\frac{x}{2\sqrt{Dt}}\right) = N_s\left(1 - \frac{2}{\sqrt{\pi}}\int_0^{\frac{x}{2\sqrt{Dt}}} e^{-\xi^2}d\xi\right) \quad (16.3.1.1)$$

耗尽扩散模型认为涂覆在硅材料表面的掺杂源 Q_s 初始浓度固定,随着扩散时间的增长,表面掺杂源浓度在下降,掺杂原子在硅材料中分布呈现高斯分布 (Gauss distribution):

$$N(x,t) = \frac{Q_s}{\sqrt{\pi Dt}} e^{-\left(\frac{x}{2\sqrt{Dt}}\right)^2} \quad (16.3.1.2)$$

在 (16.3.1.1) 与 (16.3.1.2) 中,D 是扩散系数;t 是时间。

(2) CIGS 电池中基区的带隙渐变。器件物理告诉我们,能带渐变材料中的附加电场强度与带隙渐变成正比,为了降低基区与背接触层界面的高复合速率所带来的负面效应,CIGS 电池中通常采用多种分布的带隙渐变来提高长波响应与开路电压 (Ga grading)。CIGS 带隙随组分比 $x = \text{Ga}/(\text{In}+\text{Ga})$ 的关系为

$$E_g(x) = 1.02 + 0.67x + 0.11x(1-x) \quad (16.3.1.3)$$

相关带隙的增加带来导带带边的提升,进而引入附加漂移电场 $E = \dfrac{dE_g(x)}{dx}$。

(3) Ⅲ-Ⅴ 电池中发射区/窗口层、基区/背场等附近的指数掺杂。在 Ⅲ-Ⅴ 族太阳电池中,同样也是为了降低界面高复合速率的负面影响,采用指数掺杂形成很陡的掺杂原子分布 (扩散先不考虑),如 AlGaInP 子电池中常用的 p 型基区靠近背场设计 Zn 掺杂分布函数为

$$N_{\text{Zn}}(x) = 10^{16}(1 + 200x^8) \quad (16.3.1.4)$$

这里的 x 是空间位置,方向设定为从基区功能层到背场功能层,值被整个基区功能层厚度归一化成由 0 增长为 1,掺杂原子 Zn 浓度从 10^6cm^{-3} 增加到

$10^{18}\mathrm{cm}^{-3}$。在金属有机物化学气相沉积 (MOCVD) 生长中，如果是正向电池，通常是先生长背场功能层，再生长基区功能层，方向相反，这时的分布函数成为

$$N_{\mathrm{Zn}}(x) = 10^{16}\left(1 + 200\left(1-x\right)^8\right) \tag{16.3.1.5}$$

掺杂原子 Zn 浓度从 $10^{18}\mathrm{cm}^{-3}$ 降低到 $10^{16}\mathrm{cm}^{-3}$。这样做既可以降低界面复合速率又可以降低多子空穴向背场的输运势垒。对于 III-V 空间多结太阳电池，这种做法还有一个工程应用的需求，就是降低了空间粒子辐照下的性能衰退。

(4) 二次离子质谱 (SIMS) 测试得到的掺杂原子分布。尽管在器件结构设计时我们得到了优化的材料组分渐变、掺杂原子浓度渐变，但是在材料制备与器件工艺过程中，还是会有各种各样的偏差。器件数值分析的一个主要目标就是观察实际情况下各种分布对性能的影响，因此希望能够输入实际测试数据。但是通常测试数据由于实验仪器、测试过程或样品制备的原因，最终反映的原子分布一般都是局部振荡，无法直接供给数值分析，通常的实验数据处理方法是数据拟合成多项式或者指数函数或者高斯函数的形式。

目前我们先暂定允许 6 种函数形式，如表 16.3.1 所示。

表 16.3.1 基本函数形式

类型	模型	方程	参数数目
0	均匀	c	1
1	线性	$a + bx$	2
2	抛物性	$a + bx + cx^2$	3
3	高次多项式	$\sum_i a_i x^{n_i} + \sum_j b_j (1-x)^{m_j} + c$	$\sum_i 1 + \sum_j 1 + 1$
4	指数函数	$\sum_i a_i \mathrm{e}^{x n_i} + \sum_j b_j \mathrm{e}^{(1-x)m_j} + c$	$\sum_i 1 + \sum_j 1 + 1$
5	余误差	$N_\mathrm{s}\mathrm{erf}\left(\dfrac{x}{2\sqrt{Dt}}\right)$	$2:(N_\mathrm{s}, D)$
6	高斯	$\dfrac{Q_\mathrm{s}}{\sqrt{\pi Dt}}\mathrm{e}^{-\left(\frac{x}{2\sqrt{Dt}}\right)^2}$	$2:(N_\mathrm{s}, D)$
7	热导率温度变化函数	$\kappa_{300\mathrm{K}} \times \left(\dfrac{T}{300\mathrm{K}}\right)^\alpha$	$2:(\kappa_{300\mathrm{K}}, \alpha)$
8	晶格比热容温度变化函数	$c_{\mathrm{L},300\mathrm{K}} + c_1 \dfrac{\left(\dfrac{T}{300\mathrm{K}}\right)^\beta - 1}{\left(\dfrac{T}{300\mathrm{K}}\right)^\beta + \dfrac{c_1}{c_{\mathrm{L},300}}}$	$3:(c_{\mathrm{L},300\mathrm{K}}, c_1, \beta)$

16.3 典型数据类型

要注意的是，我们把表 16.3.1 中类型 3 和 4 中的 c、$a_i x^{n_i}$、$b_j(1-x)^{m_j}$、$a_i e^{x n_i}$ 与 $b_j e^{(1-x)m_j}$ 等项称为函数单元，常数、x 与 $1-x$ 称为基函数，类型分别标示为 0、1 与 2。

为了应对上述情况，我们定义空间分布函数型数据结构 fun，如表 16.3.2 所示。

表 16.3.2　空间分布函数数据结构

模型	成员树	数据结构	成员变量说明

分布函数	(名字 char*name、函数类型 int type、单元项数 int n、基函数类型数组 int*flg、单元系数数组 double*coe、单元指数数组 double*ind)	`typedef struct fun_`
		`{`
		`　int Is_type;`
		`　int Is_flg;`
		`　　int Is_coe;`
		`　int type;`
		`　int n;`
		`　int *flg;`
		`　double *coe;`
		`　double *ind;`
		`　char name[50];`
		`}fun;`
			1. 参数成员变量 type 与 coe 二者有一；
			2. 整型变量 Type 标志函数类型；
			3. 整型变量 n 标志函数单元个数；
			4. 整型可分配数组 flg 标志类型 3 和 4 中的函数单元的基函数类型；
			5. 双精度型可分配数组 coe 储存类型 0~6 中的系数，ind 储存类型 3，4 中的指数

关于类型 0~8 系数的约定：类型 0，coe[0]=c；类型 1，coe[0]=a，coe[1]=b；类型 2~4，coe[0]=a，coe[1]=b，coe[2]=c；类型 5，6：coe[0]=$N_s(Q_s)$，coe[1]=D；类型 7，coe[0]=κ_{300K}，coe[1]=α；类型 8，coe[0]=$c_{L,300K}$，coe[1]=c_1，coe[2]=β。

【练习】

1. 编写表 16.3.2 中的函数读取程序，并进行调试运行。

2. 查看自己实际工作中是否存在除了表 16.3.2 中所示的其他形式的空间分布函数，如果有，建立相应的数据结构。

16.3.2　光学参数模型

太阳电池中涉及的关于光学方面的模型主要来自两方面：材料光学参数与入射光参数，前者涉及 nk 对波长的色散关系。实际中色散关系的来源有模型介电函数 (MDF) 与插值椭偏仪测试数据两种渠道。模型介电函数可以是用户提前定义好的内置函数，也可以是储存在器件结构文件中按照规则用户自己编写的函数。测试数据则含有数据源文件名字，无论如何都需要一个变量来表明是 MDF 还是测试数据解析，比如，内置函数可以是 0，用户定义函数可以是 1，插值测试数据可以是 2，等等，同时有一个字符串成员表明函数名字、数据源文件等。色散关系还需要定义一个光学截止波长成员，用于有效截断光生电流密度计算时的波长。入射光参数涉及入射层的名字、波长范围与取样点间隔、强度分布等三个成员设置，波长范围可以是单波长或区间，强度分布可以是量子效率测试时的均匀或者某种光谱。具体如表 16.3.3 所示。

表 16.3.3　典型光学模型的数据结构

模型	成员树	数据结构	成员变量说明

色散	色散关系 dispersion — 类型 int type / 来源 char* source / 光学截止波长 double wcutoff	```typedef struct dispersion_
		{
		    int Is_type;
		    int Is_source;
		    int Is_wcutoff;
		    int name_line;
		    int source_line;
		    int wcutoff_line;
		    int type;
		    double wcutoff;
		    char *name;
		    char *source;
		}dispersion;```
			成员变量 type、source 与 wcutoff 缺一不可

入射光	入射光 light — 入射层 char*inl / 波长范围 interval *wls / 光照强度 intensity *inp	```typedef struct light_
		{
		    int name_line;
		    int Is_inl;
		    int Is_wls;
		    int Is_inp;
		    char *name;
		    char *inl;
		    interval *wls;
		    intensity *inp;
		}light;```
			成员变量 inl、wls 与 inp 三者缺一不可

下面分别定义了基于实验测试数据的 10%Al 组分的 AlGaInP 的色散关系与照射在 alinp 层上的波长在 300~650nm 的 AM0 光谱,所有参数的单位在器件结构的通用性数据中说明。

```
[dispersion]al10gainp:type = 1,source = ../../a10gip.dat,
wcutoff= 630;
{light}l0 =
{
    [string] inl:alinp;
    [interval]wls:start = 300,end = 650;step = 5;
    [intensity]inp:type = 1,source = AM0;
}
```

16.3.3　材料参数模型

基本的材料模型需要给出如第 4 章中面向数值计算模块的材料模型,从这个角度来说,两者的基本构成是一样的,主要包括介电常数模型与能带结构模型两

16.3 典型数据类型

种。介电常数根据器件物理模型需要，成员包括静电介电常数空间分布与色散关系两个。色散关系可以分成模型介电函数与测试数据两种，分别用整形变量与字符型变量标志。当然成员也可以扩展，如高频介电常数，对于太阳电池数值分析而言，通常不涉及高频介电常数，但偶尔也会用到。能带结构模型与表 3.8.1 电子态相关数据结构类似，只是这里以 16.2 节中的输入形态数据类型表现出来。相关模型数据的定义及成员变量说明如表 16.3.4 所示。

表 16.3.4　材料模型相关成员的数据结构

模型	成员树	数据结构	成员变量说明

介电	介电模型 DEC → 静电介电模型 fun*sdc，色散关系模型 dispersion*nk	`typedef struct dec_ {`
		`  int type_line;`
		`  int name_line;`
		`  int Is_sdc;`
		`  int Is_nk;`
		`  char *name;`
		`  fun *sdc;`
		`  dispersion *nk;`
		`}dec;`
			(1) 默认静电介电常数必须，色散关系可以缺省；
			(2) 字符型数组变量 name 表示名字；
			(3) 函数型变量 sdc 表示静电介电常数

晶格热	晶格热流 lhf → 密度 fun*g，热导率 fun*κ_L，晶格热容 fun*c_L	`typedef struct lhf_ {`
		`  int type_line;`
		`  int name_line;`
		`  int Is_g;`
		`  int Is_Cl;`
		`  int Is_Kl;`
		`  fun* g;`
		`  fun* Cl;`
		`  fun* Kl;`
		`  char *name;`
		`}lhf;`
			g，κ_L 和 c_L 用三个函数型变量表示

自发辐射复合 B2	辐射复合 B2 → 成对能带名字 string*partner，值 fun*B	`typedef struct b2_ {`
		`  int name_line;`
		`  int type_line;`
		`  int Is_partner;`
		`  int Is_b;`
		`  int np;`
		`  char *name;`
		`  char *partner;`
		`  fun *b;`
		`}b2;`
			(1) 成对能带名字与值缺一不可；
			(2) 字符型数组变量 partner 表示成对能带名字；
			(3) 函数型变量 b 表示值；
			(4) np 表示最终输出到计算模块的 partner 编码

续表

模型	成员树	数据结构	成员变量说明

Auger 复合 Auger	类型 integer* itype / 成对能带名字 string* partner / 值 fun*c （Auger 复合 Auger）	```typedef struct auger_
		{
		    int name_line;
		    int type_line;
		    int np;
		    int Is_partner;
		    int Is_type;
		    int Is_c;
		    int itype;
		    char *name;
		    char *partner;
		    fun *b;
		}auger;```
			(1) 成对能带名字、类型与值缺一不可；
			(2) 整型变量 itype 表示类型 $1:c_n n^2 p$, $2:c_p n p^2$；
			(3) 字符型数组变量 partner 表示成对能带名字；
			(4) np 表示最终输出到计算模块的 partner 编码

单带 seb	简并度 integer M / 非抛物参数 real α / 带边密度 fun*N / 能量 fun*E / 能量弛豫时间 fun*τn / 驰豫复合 B2*B head / Auger 复合 Auger*C head / 带隙收缩 bgn*bn （单带模型 seb）	```typedef struct seb_
		{
		    int type_line;
		    int name_line;
		    int Is_N;
		    int Is_E;
		    int nB2;
		    int nAuger;
		    int index;
		    double val;
		    char* name;
		    integer M;
		    double alpha;
		    // DOS Energy
		    fun* N;
		    fun* E;
		    fun* te;
		    B2* b2_head, *cb2;
		    auger* c_head, *cc;
		    bgn* bn;
		    struct seb_* next;
		}seb;```
			(1) 成员变量 N 与 E 默认缺一不可，约定所有能量位置以电子亲和势衡量；
			(2) 实型变量 val 是临时变量，方便能带排序；
			(3) B2 和 Auger 都是指针链表
			(4) next 指针型变量是链表通用格式

能带集合 ebs	单带链表 seb*b_head, *cb / 类型 integer* nsb （能带集合 ebs）	```typedef struct ebs_
		{
		    int type_line;
		    int name_line;
		    int Is_seb_on;
		    int nsb;
		    char* name;
		    seb* sb_head,*csb;
		}ebs;```
			(1) 整型变量 nsb 是统计的单带数目；
			(2) seb 是指针链表，指针型变量 b_head 表示单带链表的头，csb 表示链表当前结点

续表

模型	成员树	数据结构	成员变量说明

电子态配置 esc	电子态 esc → 导带系 ebs*cb, 价带系 ebs*vb	`typedef struct esc_`
		`{`
		`  int type_line;`
		`  int name_line;`
		`  int Is_cb_on;`
		`  int Is_vb_on;`
		`  int Is_cb;`
		`  int Is_vb;`
		`  char* name;`
		`  ebs* cb;`
		`  ebs* vb;`
		`}esc;`
			(1) 整型变量 Is_cb_on 与 Is_vb_on 标志成员变量 cb 与 vb 赋值状态开关；
			(2) 默认变量 cb_head、vb_head 与 tr_head 是否赋值，三者缺一不可；
			(3) 整型变量 ncb、nvb 与 ntr 是统计的导带、价带与带间跃迁数目；
			(4) 字符型数组变量 name 表示能带结构名字

另一方面，针对第 3 章 3.8.2 节双能级数据结构建立的数据结构如图 16.3.1 所示，为了适用如 CIGS 和组分缓变情形与有机材料的类高斯态密度，双能级结构的全部成员或者至少导带电子亲和势、带隙、导带/价带带边态密度四个成员被设置成空间分布函数类型 fun。

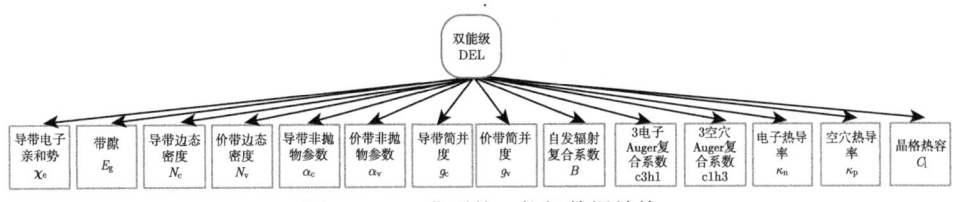

图 16.3.1　典型的双能级数据结构

在实际工作中随着器件结构的复杂性的提高，如第 6 章中所遇到的 2.1eV/1.7eV/4eV 三结太阳电池，涉及的材料至少 10 种，使得器件结构文件相当烦琐。但同时，其中几个层的材料仅是组分不同而已。一种做法是建立一些内置材料模型，如针对这种结构的一种比较简洁的方法是：

```
{material}
AlGaAs(0.0),AlGaInP(1.0),AlGaInP(0.3),AlGaInP(0.5),AlGaAs(0.6),
AlGaInP(0.2),AlGaInP(0.0),AlGaAs(0.22),AlGaAs(0.3),AlGaAs(0.2);
```

只用到了两种材料模型 AlGaAs 与 AlGaInP，括号内分别标志的是对应化合物材料中的 Al 组分，其中 AlInP、GaInP 和 GaAs 分别可以看作是 Al 组分为 1 的 AlGaInP、Al 组分为 0 的 AlGaInP 与 Al 组分为 0 的 AlGaAs。为了应对这种情况，需要在材料模型中增加 ebp_ID 和 xcom 两个成员来记录对应的内置材料模型与组分。

注意，与第 4 章中描述的面向数值计算的能带结构模型唯一的不同点是，材料模型由于输入数目的不确定,数据结构采用指针链表的形式,而数值计算模块中多采用固定维数数组。

有了介电常数模型与能带结构模型等两种数据结构,可以直接定义材料模型数据结构,如表 16.3.5 所示。

表 16.3.5 材料模型数据结构

模型	成员树	数据结构	成员变量说明
| 材料 | 材料模型 material<br>介电常数 dec*dc　晶格热流 lhf*lh　电子态 esc*es | ```
typedef struct material_
{
    int type_line;
    int name_line;
    int Is_es_on;
    int Is_dc_on;
    int Is_lh_on;
    int Is_dl_on;
    int Is_eb;
    int Is_dc;
    int Is_dl;
    int Is_lh;
    int Is_Used;
    int ID;
    int ebp_ID;
    int direction;
    double xcom;
    char *name;
    dec *dc;
    lhf *lh;
    esc *es;
    del *dl;
    struct material_*next;
}material;
``` | (1) 整型 direction 为各种空间分布函数方向,0表示默认输出,1表示反方向输出;<br>(2) 整型 Is_Used 与 ID 为解析提取标志与编号;<br>(3) 整型 ebp_ID 是内置函数 ID;<br>(4) dl 是双能级格式相关 |

这里需要指出的是,上述的单带模型、带间跃迁模型、能带结构模型、双能级模型与材料模型,都仅是给出太阳电池这一类器件数值分析所涉及的物理模型。但对于其他类型光电或固态器件,进行模型扩展也是水到渠成。下面以一种带隙为 1.424eV 的材料的器件结构定义文件:

```
{dec}dc =
    {
    [fun] sdc : type = 0, c0 = 12.9;
    [dispersion] nk : nk_type = data, source = ./gaas.csv,
        wcutoff = 870;
    }
{lhf}lh =
    {
```
```

16.3 典型数据类型

```
            [fun] g  : type = 0, c0 = 5.32;
            [fun] KL : type = 7, k300 = 0.460, alpha = - 1.28;
            [fun] CL : type = 8, cl300 = 0.322, c1 = 0.05, beta
                = 1.6;
        }
{esc} ebp =
        {
        {ebs}cb =
                {
                {seb} gama6c =
                        {
                        [real] alpha : 0.7;
                        [fun] N : type = 0, c0 = 4.0e+17;
                        [fun] E : type = 0, c0 = 0.0;
                        [fun] te : type = 0, c0 = 1.0;
                        {b2} spr   =
                                {
                                [string] partner : gama8v;
                                [fun] B : type = 0, c0 = 1.0e
                                    -10;
                                }
                        {auger} cn =
                                {
                                [integer] type = 1;
                                [string] partner : gama8v;
                                [fun] c : type = 0, c0 = 1.3e
                                    -27;
                                }
                        {auger} cp =
                                {
                                [integer] type = 2;
                                [string] partner : gama8v;
                                [fun] c : type = 0, c0 = 9.1e
                                    -28;
                                }
                        }
                }
        {ebs}vb =
                {
```

```
                    {seb} gama8v =
                        {
                        [fun] N : type = 0, c0 = 7.0e+18;
                        [fun] E : type = 0, c0 = 1.424;
                        [fun] te : type = 0, c0 = 1.0;
                        {b2} spr =
                            {
                            [string] partner : gama6c;
                            [fun] B : type = 0, c0 = 9.6e
                                -11;
                            }
                        {auger} cn =
                            {
                            [integer] type = 1;
                            [string] partner : gama6c;
                            [fun] c : type = 0, c0 = 1.3e
                                -27;
                            }
                        {auger} cp =
                            {
                            [integer] type = 2;
                            [string] partner : gama6c;
                            [fun] c : type = 0, c0 = 9.1e
                                -28;
                            }
                        }
                    }
                }
```

【练习】

1. 依据图 16.3.1 建立属于自己的双能级数据结构，并思考是否还有其他要补充的成员。

2. 将上述 1.424eV 带隙材料从电子态数据结构文件改写成双能级数据结构文件，并观察其中损失的信息。

16.3.4 功能层参数模型

功能层模型必须反映材料制备过程的一些特征，如迁移率、掺杂诱导缺陷等，同时又有一些衍生特征，如带隙收缩效应。属于器件结构的功能层模型与第 5 章中面向数值计算模块的功能层数据结构基本类似，只是多了一些描述输入过程状态与中间属性判断的量，包括电子/空穴迁移率模型、电子/空穴热导率系数、单

16.3 典型数据类型

能级缺陷模型、带尾态模型与高斯态模型,其中电子/空穴迁移率与热导率系数是函数型数据结构表示的空间分布变量。

与第 5 章表 5.8.1 中直接采用本征寿命描述单能级缺陷不同的是,对于器件结构文件输入的状态,描述单能级缺陷模型的体系有两种,一种是所谓实验测试得到的密度模型 ddm(浓度、能级位置、电子/空穴俘获截面、基态简并因子),一种是寿命模型 ltm(浓度、能级位置、电子/空穴本征寿命),根据第 5 章中描述的关系 (5.6.1.6) 和 (5.6.1.7),我们可以从一套模型体系转换到另一套模型体系,这两种体系的数据结构定义如表 16.3.6 所示。

依据这两个数据结构,可以定义单能级缺陷模型的数据结构如表 16.3.7 所示。

表 16.3.6 单能级缺陷的密度模型 ddm 和寿命模型 ltm 的数据结构

模型	成员树	数据结构

寿命模型	寿命模型 ltm → 导带边距离 Edc / 价带边距离 Edv / 电子寿命 tn / 空穴寿命 tp / 电子质量 me / 空穴质量 mh	```typedef struct ltm_
		{
		  int type_line;
		  int name_line;
		  int Is_Edc;
		  int Is_Edv;
		  int Is_tn;
		  int Is_tp;
		  int Is_me;
		  int Is_mh;
		  double edc;
		  double edv;
		  double tn;
		  double tp;
		  double me;
		  double mh;
		  char *name;
		}ltm;```

密度模型	密度模型 ddm → 导带边距离 Edc / 价带边距离 EdV / 电子俘获截面 sgn / 空穴俘获截面 sgp / 基态简并度 g / 电子质量 mh / 空穴质量 me	```typedef struct ddm_
		{
		  int Is_edc;
		  int Is_edv;
		  int Is_sgn;
		  int Is_sgp;
		  int Is_g;
		  double edc;
		  double edv;
		  double sgn;
		  double sgp;
		  double g;
		  char name[20];
		}ddm;```

表 16.3.7　单能级模型的数据结构

模型	成员树	数据结构	成员变量说明
单能级缺陷	单能级缺陷模型 sld —— 电荷类型 charge／离化状态 ionized／密度 fun*den／寿命 ltm*srh／密度 ddm*dep	typedef struct sld_ { 　int Is_typ; 　int Is_den; 　int Is_ddm; 　int Is_ltm; 　int charge; 　int ionized; 　double den; 　char *name; 　fun *denfun; 　ddm *dep; 　ltm *srh; 　struct sld_*next; }sld;	(1) 默认 charge、den 二者缺一不可，ddm 与 ltm 二选一； (2) 整型变量 charge 与 ionized 表示缺陷类型与是否完全离化； (3) double 型变量 den 表示浓度，是中间变量，字符数组 name 表示名字

根据物理模型，带尾态与高斯态缺陷定义的模型数据结构及成员变量说明如表 16.3.8 所示，需要注意的是，高斯态缺陷是复合数据类型，分别采用 gsp 与 fun 两种基本数据类型存放缺陷模型参数与空间浓度分布。

表 16.3.8　带尾态和高斯态缺陷的数据结构

模型	成员树	数据结构	成员变量说明
带尾态	带尾模型 bt —— 指数 et／浓度 nt／电子俘获截面 sgn／空穴俘获截面 sgp	typedef struct bt_ { 　int Is_et; 　int Is_nt; 　int Is_sgn; 　int Is_sgp; 　double et; 　double nt; 　double sgn; 　double sgp; }bt;	double 型变量 et、nt、sgn 与 sgp 分别表示带尾态模型的四个模型：指数、浓度、电子俘获截面与空穴俘获截面，默认 et、nt、sgn 与 sgp 四者缺一不可
高斯缺陷参数	高斯缺陷模型 gsp —— 能级位置 ep／方差 wp／电子俘获截面 sgn／空穴俘获截面 sgp／简并因子 g	typedef struct gsp_ { 　int Is_ep; 　int Is_wp; 　int Is_fdg; 　int Is_sgn; 　int Is_sgp; 　double ep; 　double wp; 　double g; 　double sgn; 　double sgp; }gsp;	double 型变量 ep、wp、g、sgn 与 sgp 表示高斯型缺陷模型的五个参数，默认 ep、wp、g、sgn 与 sgp 五者缺一不可

16.3 典型数据类型

续表

模型	成员树	数据结构	成员变量说明

高斯态	高斯缺陷模型 gs → 浓度 fun*np、缺陷参数 gsp*dp	```typedef struct gs_
		{
		  int Is_dp;
		  int Is_np;
		  fun *np;
		  gsp *dp;
		  struct gs_* next;
		}gs;```
			(1) fun 型变量 np 表示高斯型缺陷模型的空间浓度分布；
			(2) gsp 型变量 dp 表示高斯型缺陷的参数；
			(3) 默认成员变量 np 与 dp 两者缺一不可

在此基础上定义的缺陷复合体 defect 和功能层 functionalis 定义分别如表 5.8.1 和图 5.8.1 所示，相对应的数据结构如表 16.3.9 所示，在 functionalis 中附加了迁移率与热导率模型所形成的输运模型数据结构。另外，这里把带隙收缩模型放到了材料模型中的能带子模型中去了，实际中可以发现带隙收缩模型在整个数据结构的位置取决于所面对的器件的特征，放在材料模型与功能层模型都可以。

表 16.3.9 功能层的数据结构

模型	数据结构	成员变量说明

功能层	```typedef struct functionalis_
	{
	  int type_line;
	  int name_line;
	  int IsMa;
	  int IsTpc;
	  int IsDef;
	  int Is_tpc_on;
	  int Is_def_on;
	  int Used;
	  int ID;
	  int direction;
	  char *name;
	  char *ma_name;
	  char *dop_name;
	  char *dop_profile;
	  material *maPtr;
	  // transport coefficients
	  tpc *tc;
	  // defect complex
	  defect *def;
	  // next node
	  struct functionalis_*next;
	  struct functionalis_*prev;
	}functionalis;```
		(1) 整型成员 type_line 与 name_line 表示类型与名字所在行号；
		(2) 默认成员变量 ma_name 不可缺省；
		(3) 整型变量 Is_tpc_on 与 Is_def_on 用来区分读取过程中的输运系数与缺陷复合体，direction 表示函数型模型的输出方向，正向 0 正常输出，反向 1，做 x<->1-x 变换后输出；
		(4) 字符型数组变量 name, ma_name, dop_name 和 dop_profile 表示功能层、所对应的材料模型名字、掺杂名字和分布；
		(5) 指针型变量 next 与 prev 是双向链表通用格式

要注意的是，我们这里尽管假设掺杂与深能级缺陷都属于 sld 数据结构，但是为了方便输出，还是进行了区分，与单带模型区分导带与价带的做法类似，我们用前缀 s(d)_ 名字来区分掺杂与深能级缺陷。direction 变量是为了方便区分同一功能层是正向还是反向材料制备，制备方向不同往往导致掺杂分布的不同。下面以 Zn 掺杂的 Al30GaInP 材料为例，定义一个名字为 Al30GaInP_Zn_1E17 的功能层，含有四个互为补偿的单能级点缺陷。

```
{tpc}tp=
{
        {mc}m=
        {
                [fun] mn : type=0,c0=150;
                [fun] mp : type=0,c0=150;
        }
        {kc}c=
        {
                [fun] ce : type=0,c0=-0.5;
                [fun] ch : type=0,c0=-0.5;
        }
}
#
{defect} Al30GaInP_Si_1E18=
{
        {sld} Si=
        {
                [char] charge : d ;
                [logical] ionized : f;
                [fun] den: type=0, c0=1.0e+16;
                [ltm] srh :edc=0.005,tn=1.0e-7,tp=1.0e-7;
        }
        {sld} DX=
        {
                [char] charge : d ;
                [fun] den: type=0, c0=4.0e+16;
                [ltm] srh : edc=0.4, tn=1.0e-8, tp=1.0e-8;
        }
#
        {sld} cZn=
        {
                [char] charge : a ;
```

16.3 典型数据类型

```
                    [fun] den: type=0, p=5.0e+15;
                    [ltm] srh : edv=0.12, tn=1.0e-8, tp=1.0e-8;
            }
    #
            {sld} Zn=
            {
                    [char] charge : a ;
                    [fun] den: type=0, p=1.0e+17;
                    [ltm] srh :edv=0.025,tn=1.0e-8,tp=1.0e-8;
            }
    }
```

【练习】

将表 2.2.2 中三层微晶硅太阳电池材料带尾态与高斯态缺陷数据表示成模型参数的形式。

16.3.5 界面参数模型

界面是太阳电池数值分析中非常重要的一种物理模型,例如,背场与基区的界面往往决定着电池的开路电压。与第 8 章中定义的界面分类一致,器件结构文件中的界面也分为内部与外部两种,内部界面 ISurf 主要是指不同功能层之间的同质界面或异质界面,外部界面 OSurf 是指金属半导体接触或裸露表面,我们这里把面掺杂 (δ 掺杂) 也归为 ISurf。与功能层数据结构类似,内部界面的缺陷可以有很多种,比如单能级、多能级、带尾态、高斯态等,为了简化,这里仅定义了一种单能级缺陷,作为器件结构文件,分成缺陷密度模型数据结构 iddm 与界面速率模型数据结构 iltm。内部界面的面电荷源自界面处材料切换所引入的杂质、晶格失配所引起的断键等产生的电荷密度与由能级填充所引起的电荷密度,我们假定前一种电荷密度固定,后一种电荷密度与占据概率相关。

我们这里把 iddm 与 iltm 封装在内部缺陷模型数据结构 isld 中,这两个模型如表 16.3.10 所示。

界面单能级缺陷与界面的数据结构如表 16.3.11 所示。

表 16.3.10　界面单能级缺陷模型的数据结构

模型	成员树	数据结构	成员变量说明
| 内部界面密度 | 界面速率模型 iltm<br>左边导带边距离 Edcl／左边价带边距离 Edvl／左边电子复合速率 snl／左边空穴复合速率 spl／右边导带边距离 Edcr／右边价带边距离 Edvr／右边电子复合速率 snr／右边空穴复合速率 spr | ```
typedef struct iddm_
{
    int Is_Edcl;
    int Is_Edvl;
    int Is_sgnl;
    int Is_sgpl;
    int Is_Edcr;
    int Is_Edvr;
    int Is_sgnr;
    int Is_sgpr;
    double Edcl;
    double Edvl;
    double Edcr;
    double Edvr;
    double sgnl;
    double sgpl;
    double sgnr;
    double sgpr;
}iddm;
``` | 默认八个成员数据缺一不可 |
| 内部界面寿命 | 界面速率模型 iltm<br>左边导带边距离 Edcl／左边价带边距离 Edvl／左边电子俘获截面 sgnl／左边空穴俘获截面 sgpl／右边导带边距离 Edcr／右边价带边距离 Edvr／右边电子俘获截面 sgnr／右边空穴俘获截面 sgpr | ```
typedef struct iltm_
{
    int Is_Edcl;
    int Is_Edvl;
    int Is_snl;
    int Is_spl;
    int Is_Edcr;
    int Is_Edvr;
    int Is_snr;
    int Is_spr;
    double Edcl;
    double Edvl;
    double snl;
    double spl;
    double Edcr;
    double Edvr;
    double snr;
    double spr;
}iltm;
``` | 过程中默认八个成员数据缺一不可 |

16.3 典型数据类型

表 16.3.11 界面模型的数据结构

模型	成员树	数据结构	成员变量说明

内部单能级缺陷	界面单能级缺陷 isld — 电荷类型 int charge、离化状态 int ionized、密度 fun*den、界面密度模型 iddm*dep、界面速率模型 iltm*srh	`typedef struct isld_`
		`{`
		`  int Is_type;`
		`  int Is_den;`
		`  int Is_dep;`
		`  int Is_srh;`
		`  int ionized;`
		`  int charge;`
		`  fun *den;`
		`  iddm *dep;`
		`  iltm *srh;`
		`  char name[30];`
		`  struct isld_* next;`
		`}isld;`
			默认 charge_type 不可缺少，ddm 与 ltm 二者必须有一

内部界面	界面 isurf — 名字 strint*name、面电荷密度 double Cs、界面单能级缺陷 isld*	`typedef struct isurf_`
		`{`
		`  int Is_cs;`
		`  int Is_def;`
		`  int Is_Used;`
		`  int ID;`
		`  int nt;`
		`  int nt_D;`
		`  int nt_I;`
		`  int nt_A;`
		`  double Cs;`
		`  char name[50];`
		`  isld *Def_Head;`
		`  struct isurf_*next;`
		`}isurf;`
			默认固定数值面电荷密度 cs 与内部缺陷模型 isld 二者必须有一

太阳电池的外部界面中的金属半导体接触主要有 Ohmic 接触与 Schottky 接触两种，这两种接触的组成模型差异较大，导致各自需要单独的数据结构。另外从数据结构形式上说，外部界面的裸露表面 bare 可以直接借用功能层中的各种数据结构，只是本征寿命需要替换成界面复合速率，但是裸露表面的悬挂键容易吸引杂质而产生电荷，上面沉积钝化的氧化物中有时也会带有电荷，这时候在 OSurf 数据结构中也需要增加一个反映表面电荷密度的成员变量。于是外部界面起码需要 Ohmic、Schottky 与 Bare 等三个独立的数据结构，如表 16.3.12 所示。为了简单起见，这里暂时以表面缺陷仅有单能级缺陷一种，而且直接借用功能层中单能级缺陷 ddm 与 ltm 数据结构，只是换算的时候，寿命与浓度分别成为表面复合速率与面浓度这两个参数。

表 16.3.12　界面与表面相关的数据结构

模型	成员树	数据结构	成员变量说明
Ohmic 接触	欧姆接触 ohmic → 名字 string *name，电阻率 double resistivity	```\ntypedef struct ohmic_\n{\n int Is_res;\n double resistivity;\n char name[20];\n}ohmic;\n```	默认 name 与 resistivity 不可缺少
Schottky 接触	肖特基接触 shottky → 名字 string *name，面电荷密度 double Cs，肖特基势垒 double fbn，表面单能级缺陷 sld *sld_head	```\ntypedef struct schottky_\n{\n short Is_fbn;\n short Is_cs;\n short Is_sld;\n short nt;\n short nt_D;\n short nt_I;\n short nt_A;\n double Cs;\n double fbn;\n sld *sld_head;\n char name[50];\n}schottky;\n```	默认 name、fbn 与 sld_head 二者不可缺省
裸露表面	自由表面 bare → 名字 string *name，面电荷密度 double Cs，表面单能级缺陷 sld *sld_head	```\ntypedef struct bare_\n{\n int Is_cs;\n int Is_sld;\n int nt;\n int nt_D;\n int nt_I;\n int nt_A;\n double Cs;\n char name[50];\n sld *sld_head;\n}bare;\n```	sld_head 是必须参数
外部界面	表面 osurf → 名字 string *name，欧姆接触 ohmic *ohm，肖特基接触 shottky *ssf，自由表面 bare *bsf	```\ntypedef struct osurf_\n{\n int Is_ohm_on;\n int Is_ssf_on;\n int Is_bsf_on;\n int Used;\n int ID;\n int type;\n char name[20];\n bare *bsf;\n ohmic *ohm;\n schottky *ssf;\n struct osurf_*next;\n}osurf;\n```	ohm、ssf 与 bsf 三者必须有一

例如，下面就定义了电阻率为 1.0×10^{-4} 的 p-InP 的金属半导体 Ohmic 接触：

```
{osurf} PdZnPdAu =
    {
    {Ohmic} PdZnPdAu =
        {
        [real] resistivity:1.0e-4;
        }
    }
```

【练习】

1. 参考表 2.2.2 三层微晶硅太阳电池金属半导体接触参数，定义其前后表面 Schottky 接触数据。

2. 如果要在 Schottky 接触中增加从半导体材料到金属的量子隧穿，讨论如何定义新的 Schottky 接触数据结构。

16.3.6 网格生成参数模型

网格生成参数模型对应第 15 章中的初始网格生成，基本要求是依据器件几何与物理特征尽量给出能够贴近最终解的网格单元和格点分布。面向半导体太阳电池数值离散的网格参数模型包括两部分：① 目标区域几何与物理特征 (通常是功能层，需要描述其尺寸、形状、关键点、物理边界分布、内部掺杂特征等；② 结构网格单元和格点的生成模型。对于一般的半导体器件，相关的网格参数模型比较复杂。但对于半导体太阳电池而言，鉴于功能层几何与物理特征都相对简单，相应网格参数模型也能用比较简单的形式描述。比如，下面定义了一个最小网格单元直径为 0.5nm，单元数目为 100，采用控制字符 "m" 标示当前层存在两个界面的一维线性网格参数模型：

```
[linear] 50m : h_min = 0.5 ,n_grid = 100, type = 'm';
```

这里需要注意的是，Si 太阳电池具有与一般多层结构太阳电池不同的网格生成过程，相应的网格参数模型定义也相差很大。

在网格生成说明很多的情况下，可以采用批声明形式，如表 16.3.13 所示，进一步，对于复杂网格生成参数模型采用文件读取的形式。

【练习】

1. 结合图 15.1.1 的典型二维半导体太阳电池结构，纵向采用线性控制模型，横向采用指数控制模型，给出能够定义整体初始网格生成的数据结构。

2. 图 2.2.3 (a) 所示的 IBC 结构具有二维扩散电极特征 (对应图中的 n+-BSF 和 p+-emitter)，假设一器件结构：扩散原子服从余误差分布 (深度 $0.2\mu m$)，

电极分布 (宽度 100μm，间距 1cm)，前表面是钝化表面，硅片厚度 110μm，给出能够定义其整体初始网格生成的数据结构。

表 16.3.13　网格声明的两种形式

单独声明形式	批声明形式

`{grid}300m=`
`　　{`
`　　　[linear] 300m : h_min=0.5 ,n_grid=100, type=m;`
`　　}`
`{grid}20m=`
`　　{`
`　　　[linear] 20m : h_min=0.5 ,n_grid=20, type=m;`
`　　}`
`{grid}40m=`
`　　{`
`　　　[linear] 40m : h_min=0.5 ,n_grid=40, type=m;`
`　　}`
`{grid}10m=`
`　　{`
`　　　[linear] 10m : h_min=0.5 ,n_grid=20, type=m;`
`　　}`
`{grid}450m=`
`　　{`
`　　　[linear] 450m : h_min=0.5 ,n_grid=150, type=m;`
`　　}`
`{grid}100m=`
`　　{`
`　　　[linear] 100m : h_min=0.5 ,n_grid=100, type=m;`
`　　}`
	`{grid}: 300m(linear,0.5,100,'m'),`
	`20m(linear,0.5,20,'m'),`
	`40m(linear,0.5,40,'m'),`
	`10m(linear,0.5,20,'m'),`
	`450m(linear,0.5,150,'m'),`
	`100m(linear,0.5,100,'m');`

16.3.7　生长层参数模型

生长层模型 growth 成员变量定义了器件结构中生长层与功能层模型参数、几何尺寸的关联关系。根据材料生长的基本常识，每个生长层一旦完成，则它的厚度、材料特性与电子学特性基本就确定了 (当然后续退火效应也会有所修改，但也可以用一个功能层模型描述)。为了简单形象起见，我们用一个字符串 sq 来定义生长结构，语法规则是："生长层名字 (功能层名字，生长层厚度)| 界面"，生长层名字与功能层名字不相同的原因是，在某些电池结构如多结太阳电池中，同一功能层模型能够在多个场合出现，比如几个不同子电池的窗口层或背场层都采用同一模型参数。因此生长层模型的定义格式为

```
[string] sq : gowth layer(functionalis,Thickness) ISurface
|……| gowth layer(functionalis,Thickness)ISurface
```

注意，子成员之间的分隔符是 "|"，子成员可以是生长层名字 (功能层名字、厚度) 或者界面名字，界面没有厚度。下面定义了一个 InP(50nm)/InGaAs(30nm)/InGaAs(30nm)/InP(50nm) 隧穿结生长层结构，约定生长顺序是从左至右。

```
{growth} 999 =
   {
   [string]sq:p_contact(InP_Zn,50)|tj_p++(InGaAs_Zn++,30)|tj_n++
   (InGaAs_Si++,30)|n_contact(InP_Si,50);
   }
```

在这种设置下，每个生长层模型仅有一个字符串成员，每个生长层有生长层名字、功能层名字与生长层厚度等三个成员。

【练习】

针对自己的器件制备过程，给出相应的材料生长数据结构。

16.3.8 工艺参数模型

工艺模型 (process) 成员变量定义了金属镀膜 (mcoating)、光学镀膜 (ocoating)、表面钝化 (passivation)、退火扩散 (diffusion) 等器件工艺所限定的器件空间尺寸，同时也定义了表面/界面模型、特定缺陷模型与某一生长层的关联关系。例如，扩散就定义了在某一生长层与特定空间分布的缺陷 (掺杂) 的关联关系；钝化定义了某一生长层与特定表面模型的关联关系。金属镀膜主要是指金属半导体接触，对于太阳电池而言，仅有 n 型与 p 型金属半导体接触，不含有 Schottky 接触，这与高电子迁移率晶体管 (HEMT) 不同。光学镀膜主要是减反射膜，通常太阳电池背面的金属膜也承担了光学反射的作用，可以定义简单的多层结构光学膜 (ARC)，或者复杂的含有表面图形的减反射结构。为了准确描述这种关联关系，上面这些模型至少应该具有生长层名字、模型参数名字、相对位置等三个成员。如下面定义了一个一维生长结构的 n 型与 p 型金属半导体接触：

```
[contact]n_electrode:layer = n_contact, osurf = AuGeNi,
   location = right;
[contact]p_electrode:layer = p_contact, osurf = AuZnAu,
   location = left;
```

光学镀膜里含有最基本的减反射膜系数据定义，现实工艺中，减反射膜系通常蒸发在某个生长层表面上，如下面定义了一个在 tc_win 生长层上的 SiO/TiO 四层减反射膜系：

```
[string]arc: (air,inf)|L1(sio,93)|H1(tio,13)|L2(sio,22)|H2
(tio,38)|tc_win;
```

表 16.3.14 中定义了一个含有金属镀膜、光学镀膜、钝化与扩散等四个成员的工艺模型，当然也可以依据自己的工艺特色扩展成员。

表 16.3.14　典型的工艺模型数据结构组成

模型	成员树	数据结构	成员变量说明
器件工艺	工艺模型 process 金属镀膜 mcoating *ct　光学镀膜 ocoating *of　钝化 passivation*pn　扩散 diffusion *dn	typedef struct process_ { 　int Is_ct_on; 　int Is_of_on; 　int Is_pn_on; 　int Is_dn_on; 　int Is_ct; 　metalcoating *ct; 　opticalcoating *of; 　passivation *pn; 　diffusion * dn; 　char name[20]; }process;	默认金属镀膜 ct 不可缺少

【练习】

完善表 16.3.4 中关于钝化与扩散工艺模型的数据结构，其中钝化工艺中含有界面模型参数，扩散工艺中含有掺杂原子深度分布的函数，并结合自己面对的器件给出其典型声明。

16.3.9　非局域参数模型

非局域模型 (nonlocal) 定义了半导体太阳电池这种光电器件数值分析中非常重要的量子隧穿 (tunneling)、光子循环 (photonrecycling) 与量子限制 (quantumconfinement) 等三种物理特性，它们可以认为是对完整器件结构的补充。量子隧穿 (tunneling) 定义了非局域带对带 (BTBT)、缺陷对能带 (TTBT)、能带对界面 (BTST)、缺陷对界面 (TTST) 等量子隧穿的生长层、能带、缺陷之间的关联关系，异质材料层与异质界面/表面的位置关联关系包含材料本身名称与异质界面/表面名字，BTST 包含异质结能带排列方式、隧穿所涉及的两边异质材料层名称、生长层名称等成员，BTBT 包含类型、隧穿所涉及的两边材料生长层名称、两边电子/空穴有效质量、两边简并度等成员。光子循环 (photonrecycling) 定义了发生光子循环的生长层、波长范围的关联关系，光学层与异质材料层的关联关系包含光学层名称与异质材料层名称。量子限制 (quantumconfinement) 包含类型、异质结能带排列方式、隧穿所涉及的两边异质材料层名称、生长层名称、波函数两边扩展异质材料层名称、生长层名称等成员。

典型的数据结构定义如表 16.3.15 所示。

16.3 典型数据类型

表 16.3.15　非局域参数模型数据结构组成

模型	成员树	数据结构	成员变量说明

非局域	非局域模型 nonlocal / 量子隧穿 tunneling*qt / 光子循环 photonrecycling*pr / 量子限制 quantum confinement*qc	`typedef struct nonlocal_`
		 `{`
		 `  tunneling *qt;`
		 `  photonrecycling *pr;`
		 `  char name[20];`
		 `}nonlocal;`
			两个都可以缺省

【练习】

补充量子隧穿 (BTBT、TTBT、BTST、TTST)、光子循环和量子限制的数据结构。

16.3.10　网格对应模型

网格对应模型 mesh 定义了生长与工艺过程所定义的几何实体的网格离散与网格模型数据库中的成员之间的对应关系。对于一维器件结构，我们可以用很简单的字符串来形象地表示：

`[string]msh:p_contact(50m)|tj_p++(30m)|tj_n++(30m)|n_contact(50m);`

表 16.3.16 定义了一个简化的网格对应模型 (mesh)，与生长模型 (growth) 一样，还定义了储存解析出来的生长层与离散模型参数名字的辅助数据结构 mesh_node 链表，可在整个结构解析时索引使用。

表 16.3.16　网格对应模型的数据结构

模型	成员树	数据结构	mesh_node

网格化	网格对应模型 mesh / 网格化关联字符串 string*msh / 生成模型结点 mesh_node	`typedef struct mesh_`
		 `{`
		 `  int nms;`
		 `  int line_number;`
		 `  char name[20];`
		 `  char path[100];`
		 `  char *msh;`
		 `  mesh_node *me_head,*cme;`
		 `}mesh;`
			`typedef struct mesh_node_`
			 `{`
			 `  int line_number;`
			 `  char *gl;`
			 `  char *gd;`
			 `  struct mesh_node_*next;`
			 `}mesh_node;`

16.3.11 器件参数模型

器件模型数据结构 (device) 从基本信息、材料生长、器件工艺、非局域特性、网格离散等角度出发定义了一个我们实际中遇到的太阳电池或其他半导体器件，进而确定了一个实际器件中的物理特性、空间尺寸、网格离散与各种模型数据之间的关联关系，基本成员如下所述。

1. 基本信息 (general)

从整个器件结构的继承性与可维护性考虑，基本信息应该包括时间、路径、版本、作者等维护性信息，还应该包括维数、温度、长度、时间等典型物理参数数量级。下面定义了一个简化的 general 数据结构，仅包括了时间、路径、维数、模型种类、环境温度、长度与时间单位等。

```
typedef struct general_
{
  int Is_date;
  int Is_path;
  int Is_dim;
  int Is_mode;
  int Is_temp;
  int Is_time;
  int Is_length;
  int Is_del;
  int dim;
  int mode;
  double time_unit;
  double length_unit;
  double temp_unit;
  char *path;
  char *date;
}general;
```

如可以定义 general 数据：[general]1000:date=2019/02/22,path= ../../struct/, temp_unit=300, length_unit=10^{-9}, time_unit=10^{-9},;

2. 器件结构 (structure)

从最终实现的器件结构来说，所经历的过程是材料制备、器件工艺以及网格离散。之所以要将网格离散与材料制备、器件工艺两个模型放在一起，是由于网格离散的对象与材料制备、器件工艺两个环节所定义的物理和几何对象一一对应，因此包含生长模型 (growth)、工艺模型 (process)、网格离散对应关系 (mesh) 等三个成员变量。另外一个非常重要的成员是关于非局域物理特性的专门声明 nonlocal。表 16.3.17 定义了一个含有上述四个成员的器件结构,默认生长、网格、工艺等模型是必须的,非局域是可选择的。

表 16.3.17 典型的结构数据结构

模型	成员树	数据结构	成员变量说明
结构	结构模型 structure：生长 growth* grw、工艺 process* pcs、非局域 nonlocal* nlc、网格化 mesh* msh	```typedef struct structure_ { int Is_msh_on; int Is_grw_on; int Is_pcs_on; int Is_nlc_on; int Is_grw; int Is_msh; int Is_pcs; int Is_nlc; mesh *msh; growth *grw; process *pcs; nonlocal *nlc; char name[20]; }structure;```	至少生长与网格化两个成员均不能缺省
器件	器件模型 device：通用信息 general*s、结构 structure *str	```typedef struct device_ { int Is_gnl; int Is_str; int Is_Used; int Is_str_on; char name[20]; general *spf; structure *str; struct device_*next; }device;```	两个都不能缺省

16.4 程序功能

程序功能是用户通过数值分析想要得到的结果,可以分解成三部分:① 代表半导体太阳电池自身实验测试表征过程与结果的内置子程序;② 若干个内置子程序以及其调用参数的集合的用户定义子程序;③ 最终统一数值任务与器件结构的数值子程序。

16.4.1 内置子程序

内置子程序是我们通常希望得到的一些太阳电池或结构的基本特性,如热平衡能带、暗 IV、光照下的 IV、量子效率、反射谱、光学产生速率、量子限制等,以及一些测试方法如时间分辨光谱、深能级等,如表 16.4.1 所示。实际上,可以

把任何自己希望做的任务定义成一个内置子程序。由关键字定义的内置子程序的语法为

name(parameters1,……)output:result1,result2,…;

表 16.4.1 典型的半导体太阳电池内置子程序

内置子程序	计算功能	输入参数	输出参数
TE	热平衡能带特性	无	能带、载流子、内建电场等空间分布
DBIAS	某个偏压下特性	偏压	能带、载流子、内建电场、复合速率等空间分布
DIV	某一偏压区间下的电学曲线	偏压区间	IV
LBIAS	某一光照偏压区间下的特性	光照、偏压	能带、载流子、内建电场、复合速率、反射谱、光生载流子等空间分布
LIV	某一偏压区间下的电学曲线	光照、偏压区间	IV
RS	反射谱	波长范围	反射谱，反射积分电流密度
OPG	光学产生速率	波长、光学层	反射谱、反射积分电流密度、光学产生速率、特定层光生电流密度
QE	量子效率	入射光强度、波长范围	反射谱、IQE、EQE
DTB	缺陷-能带-隧穿特性	偏压、缺陷/能带对	能带、内建电场、场增强因子、寿命
BTB	能带-能带-隧穿特性	偏压、能带对	能带、内建电场、隧穿概率
PL	光致荧光	光照、波长范围	能带、内建电场、发光谱
TRPL	时间分辨荧光	激发光、辐射光参数	
DLTS	深能级谱		

【练习】
围绕自己在器件研发过程的工作内容，讨论优化的内置子程序声明形式。

16.4.2 用户定义子程序

当建立了一个器件结构后，设计人员希望能够实际掌握数值计算的具体细节与需要开展的数值分析任务，前者至少应该包括如迭代过程控制参数、线性矩阵求解方法、非线性方程的收敛策略等，后者则涉及若干个单一任务的内置子程序，它们共同调用同一个器件结构。根据这种设想，可以定义一个由用户定义的子程序数据结构，它的开始以关键字 subroutine 作为标示，形式参数封装在 () 内，形参仅有器件结构 device_ 一个，过程封装在 {} 中，含有描述数值过程参数、工作条件参数、单一数值任务及输出结果等三部分。

(1) 数值过程参数，包含求解方法和求解精度等。数值求解方法涉及：离散微分方程组所得到的线性方程组采用直接算法还是迭代求解算法；不同微分方程组之间是耦合求解还是依次求解；线性方程组采用的储存方式等控制模型。所述的求解精度涉及最大迭代次数、迭代收敛判断模型、解的误差、解的错误信息等控制模型。

(2) 工作条件控制参数对太阳电池来说应该包含：

① 温度条件。

例如，工作温度范围，低温与高温点，温度步长等控制模型。

16.4 程序功能

② 偏压条件。

例如，施加偏压范围，偏压开始与结束点，偏压施加方向，偏压施加步长等控制模型。例如定义一外加偏压为

```
{bias}B1 :
    {
        [logical]direction : ;
        [real] Vstart: ;
        [real]Vstop: ;
        [fun]Vstep: type = , c0 = ;
    }
```

③ 光照条件。

例如，光照波长范围，起始波长，光强随波长分布等控制模型。

(3) 调用数值过程参数、工作条件参数与器件结构参数的单一数值任务及期望输出结果。

用户定义子程序的结构树如图 16.4.1 所示。

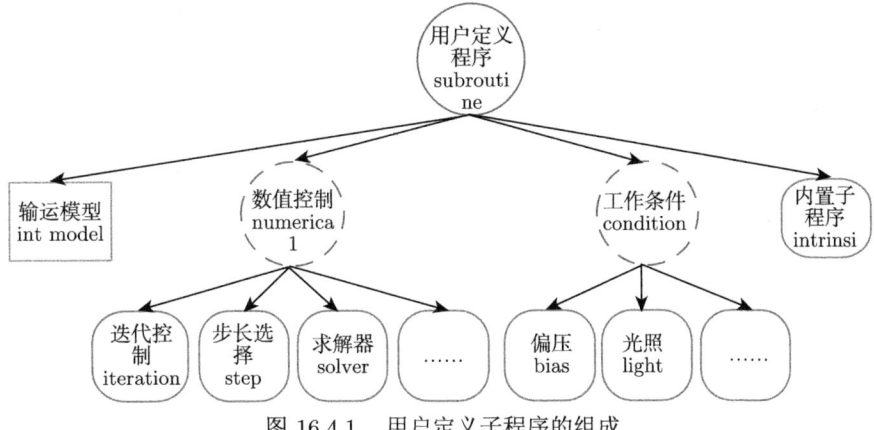

图 16.4.1 用户定义子程序的组成

典型的声明语法规则为

```
Subroutine used-defined-name( device device_name)
{
// part I : numerical control parameters
[integer] model: …… ;
[step_strategy] xxx : ……;
// part II: work condition
[interval] bias :……;
{light} l1 =
```

```
{……;}
//   intrinsic subroutine
TE() output : EBP,CARRIER,……;
DIV(b1) output : IV,EBP_END,CARRIER_END,RECOMBINATION_END;
LIV(b1,l1) output : IV,EBP_END,CARRIER_END,RECOMBINATION_END;
QE(l1) output : EQE,IQE,RS;
DTB(xxxV,DTB_in_device) output : FEF;
BTB(xxxV,BTB_in_device) output : TP,EF;
}
```

其中，EBP_END、CARRIER_ END、RECOMBINATION_END 分别表示 b1 电压偏置下的能带图、载流子浓度、复合速率结果；QE(l1) 表示光照条件 l1 下的量子效率计算。

DTB(xxxV,DTB_in_device) output : FEF 表示 xxxV 偏置下的缺陷能带隧穿计算，场增强因子。

BTB(xxxV,BTB_in_device) output : TP,EF 表示 xxxV 偏置下的带对带隧穿计算，输出隧穿概率与电场强度分布。任何计算与结果输出都可以通过编制特定的关键字获得。

16.4.3 数值任务主程序

有了器件模型与用户定义子程序，则我们需要能够把某一特定的器件结构数据与用户定义子程序联系起来的过程：主程序，如图 16.4.2 所示，它的定义采用关键字 run 声明，语法规则为

```
run user-defined-subroutine(user-defined-device);
```

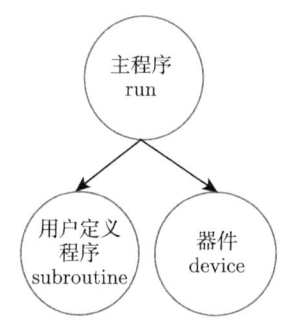

图 16.4.2 数值任务主程序声明

由于我们允许多任务模型，所以可以定义多个器件结构与用户定义子程序，然后通过不同的主程序 run 关联起来，通过进行反向解析，就可以获得面向数值计算模块的中间输出文件了。

16.5 器件结构文件

有了能够封装物理模型、器件结构、程序功能等的各类数据结构，就可以建立相应的器件结构文件的数据总体形态、总体架构与词法语法等，从而确立了器件结构文件的编写规则。

16.5.1 模型数据库

器件结构文件的开始部分是大量历次修改填补的关于材料层、功能层、表面、界面、网格生成、附加缺陷、结构、用户定义的子程序、主程序等模型数据，为了方便索引、检查、调整等整体操作，我们建立了数据库数据结构 base_，如表 16.5.1 所示。

表 16.5.1 数据库的组成

模型	成员树	数据结构

模型数据库	模型数据 data_base：材料 material *ma_head、功能层 functionalis *fu_head、界面 isurf *is_head、表面 osurf *os_head、网格生成 grid *ad_head、………	```typedef struct data_base_
		{
		  int nma;
		  int nfu;
		  int nos;
		  int nis;
		  int ngd;
		  int IsMa;
		  int IsFu;
		  int IsOs;
		  int IsIs;
		  int IsGd;
		  material *ma;
		  material *ma_head;
		  functionalis *fu;
		  functionalis *fu_head;
		  isurf *is;
		  isurf *is_head;
		  osurf *os;
		  osurf *os_head;
		  grid *gd;
		  grid *gd_head;
		}data_base;```

数据库	数据库 base：模型数据 data_base*d、器件结构 dev_base*v、用户定义子程序 sub_base*s、主程序run *r	```typedef struct base_
		{
		  int IsDa;
		  int IsDe;
		  int IsSb;
		  int IsRn;
		  base *d;
		  dev_base *v;
		  sub_base *s;
		  main_base *m;
		}base;```

其中，数据库包含模型数据 data_base_、器件结构 dev_base_、子程序 sub_base_、主程序 run 等四个子数据库的链表，而整型变量 IsDa、IsDe、IsSb 与 IsRn 用来指示当前读取过程是哪一种数据库。子数据库的成员包含链表头、当前结点指针，以及统计链表结点数目的整型变量等三个成员，具体如表 16.5.2 所示。

表 16.5.2　器件结构、子程序和主程序成员

数据库	器件结构	子程序	主程序
数据结构	typedef struct dev_base_ { 　int nde; 　device* de; 　device* de_head; }dev_base;	typedef struct sub_base_ { 　int nsb; 　subroutine *sub; 　subroutine *sub_head; }sub_base;	typedef struct main_base_ { 　int nrn; 　run *rn; 　run *rn_head; }main_base;

16.5.2　总体架构

随着器件结构的复杂与大型化，所涉及的数学与物理模型数据越来越多，这时就必须建立器件结构文件的组成规则，以方便维护与共用。所谓器件结构文件的组成规则，是指根据半导体太阳电池的结构以及数值计算等特征，将器件结构与数值计算要求分解成各种数据类型与子程序以及在文件中相应位置的规定。在我们上面所发展的可编程器件结构编辑器的基础上，典型器件结构文件应该分成如下三部分。

第一部分为各种数学与物理模型数据库，类似于各种编程语言中的数据初始化与赋值。在读取这部分数据时，先生成指向各种数据类型的指针，依次以链表的数据结构表示在文件中所遇到的各特性对象。由于采取指针动态分配空间，各种数据可以相互交叉，位置也不一定固定，读取程序会根据数据类型自动在已经读取的该种数据类型后面分配空间，并依据一般物理原则初步判断数据的合理性。主要由如下两类数据组成。

(1) 材料、界面/表面、功能层、缺陷、光学层、网格生成等数学与物理模型数据，采用基本数据类型、复合数据类型，其中表面、缺陷等也可以作为后续器件工艺所引入的模型，如合金、扩散与离子注入，可以进入某个功能层。

(2) 包含生长结构、器件工艺、数值求解与工作条件等模型参数的任务。

第二部分为以器件结构为参数，若干个内置求解程序为执行过程的子程序。

第三部分为器件主程序，将数值模拟设计任务转换成按顺序子程序调用典型数据类型数据的过程，并给出运行过程中的信息。

另外，作为一个器件结构文件，我们还希望能够自由地注释，包括空格行、单行与连续注释，如同 C 语言中的 "//" 与 "/**/"，另外我们也希望如同 Fortran 那样不分大小写。

16.5.3 语法树

在读取各种模型数据之前，我们需要能够依据空格、tab 字符以及跳过断行、单行注释、连续注释等关键字符分离出有用数据单元的数据结构，这些单元通常是指一个字符、一串字符或一个词，表示的形式是链表，通常称为语法树，它表示了一个终止符结束前所有的有用数据，我们这里用 term 与 term_link 表示这种单元与链表，各种数据类型的语法树如表 16.5.3 所示。

表 16.5.3　各种数据类型的对应语法树

单元	起始符	终止符	语法匹配规则	转换中间类型
原始数据类型	[	;	[xxx]xxx:yy;	data_basic
基本数据类型	[	;	[xxx]xxx:xx=yy,…;	data_basic
复合数据类型开始	{	=	{xxx}xxx=	data_composite
内置子程序	字母	;	xx(xx,…)output:xxx;	data_intrinsic
用户定义子程序	subroutine	)	subroutine xxx(device yyy)	data_user_sub
主程序	run	)	run xxx(yyy);	data_main_sub
左单花括号	{	{	single	
右单花括号	}	}	single	

16.6　数据读取

数据读取是把按照规则写好的器件结构文件依次进行单元解析、逻辑判断、数据归类和再处理的过程，读取的数据要准确到位，避免张冠李戴。

16.6.1 声明与读取

器件结构编辑器对结构文件中各种数据的读取过程，既要能够准确通过各种关键字与隔离符解析出对应数据并初步判断合理性，又要准确定位数据对应对象，三种数据类型的读取过程如下。

(1) 原始数据类型。声明赋值形式是 "[xxx]name:xxx;"，读取与解析就是在 "[" 与 "]" 中提取类型，在 "]" 与 ":" 之间提取名字，":" 与 ";" 之间提取值并判断合理性。

(2) 基本数据类型。声明赋值形式是 "[xxx]name:member1=xxx, member2=yyy, …;"，读取与解析就是在 "[" 与 "]" 中提取类型，"]" 与 ":" 之间提取名字，":" 与 ";" 之间分别通过 "=" 提取匹配成员名字提取值并判断值的合理性，最后判断完整性。

原始数据类型与基本数据类型具有共同的声明形式 "[xxx]name:" 与终止符，赋值紧接声明进行并在 ";" 之前完成，只是前者的值直接读取 ":" 与 ";" 之间的文本即可，后者需要进行成员解析与匹配过程。为了统一这两者的读取过程，我们要求编辑器如果遇到第一个隔离符是"[",要持续读到终止符";"才结束。我们定义了一种通用型数据结构 basic 用来储存类型、名字、":"与";"之间的文本,如表 16.6.1 所示。

表 16.6.1　基本数据类型的声明与读取

basic	成员说明	树转换

`typedef struct basic_`
`{`
`  int n_member;`
`  int separator[4];`
`  int is_primitive;`
`  int is_colon;`
`  int is_comma;`
`  int is_equal;`
`  int is_semicolon;`
`  int is_left_bracket;`
`  int is_right_bracket;`
`  int type_line;`
`  int name_line;`
`  int value_line;`
`  char *type;`
`  char *name;`
`  char *value;`
`  basic_member *member_head;`
`}basic;`
	(1) 整型成员 n_member 表示结点数目;
	(2) 整型成员 separator[4] 标识"["、"]"、":"与";"在文本中的位置;
	(3) 整型成员 is_primitive 标识是否原始数据类型;
	(4) 整型成员 is_xxx 用来标识当前隔离符状态,方便编辑器根据语法规则解析;
	(5) 整型成员 xxx_line 表示 xxx 所在行号,用来发生语法与逻辑错误时输出位置;
	(6) 字符串成员 type、name 与 value 分别储存类型、名字与":"与";"之间的文本;
	(7) basic_member 型链表成员储存
		`int term_link_to_basic(basic*db,term_link*t)`
		`{`
		`  term *tm=t->term_head;if(tm==NULL) return 0;`
		`  basic_default(db);`
		`  // 类型`
		`  tm=tm->next;db->type_line=tm->line_number;`
		`  db->type=(char*)malloc((tm->end-tm->start+1)*sizeof(char));`
		`  strcpy(db->type,tm->content);`
		`  //判断是否原始数据类型`
		`  if(strcmp("logical",db->type)==0){db->is_primitive=1;}……`
		`  // "]"`
		`  tm=tm->next;"["与"]"成对语法检查与位置获取`
		`  // 名字获取`
		`  tm=tm->next;……`
		`  // ":"`
		`  tm = tm->next;"["、"]"与":"成对语法检查与位置获取`
		`  // value begin`
		`  tm=tm->next;db->value_line= tm->line_number;`
		`  if(db->is_primitive!=0){原始数据 db->value 获取}`
		`  else{//成员解析`
		`  term_link_to_member(tm,&(db->n_member),&(db->member_head));`
		`  }`
		`  return 0;`
		`}`

定义 basic_member 储存","分隔的各成员所对应的文本、"="两边的名字与值,如表 16.6.2 所示。

16.6 数据读取

表 16.6.2 基本数据类型成员的声明与读取

member	成员说明	树转换

typedef struct basic_member_
{
  int number;
  int name_line;
  int value_line;
  char *content;
  char *name;
  char *value;
  struct basic_member_* next;
}basic_member;
	(1) 整型成员 member 标示结点序号；
	(2) 整型成员 xxx_line 表示 xxx 所在行号，用于在发生语法与逻辑错误时输出位置；
	(3) 字符串成员 content、name 与 value 分别储存成员文本、"=" 两边的名字与值文本
		``int term_link_to_member(term*thead, int*n,basic_member**mhead)
		{
		  term *tm= thead;basic_member *m=NULL,*cm=NULL;
		  while(tm!=NULL)
		    {if(tm->next->content[0]=='=')
		      {//读取成员名字与值
		      m=(basic_member*)malloc(sizeof(basic_member));
		      basic_member_default(m);
		      m->name_line=tm->line_number;
		      m->name=(char*)malloc((tm->end-tm->start+1)*sizeof(char));
		      strcpy(m->name,tm->content);
		      tm=tm->next->next;
		      m->value_line=tm->line_number;
		      m->value=(char*)malloc((tm->end-tm->start+1)*sizeof(char));
		      strcpy(m->value,tm->content);
		      // 链表头赋值
		      if(*mhead==NULL){*mhead=m;}
		      else{cm->next=m;}
		      ++*n;
		      // move link node
		      cm=m;m=cm->next;tm=tm->next->next;
		    }return 0;
		}```

(3) 复合数据类型。声明赋值形式为 "{type}name:{[member1]name:…;[member2] name:…;…;}"，定义数据结构 composite 封装复合数据类型的声明部分如表 16.6.3 所示。

复合数据类型的成员赋值读取与解析过程分成五步："{type}name={"、成员复合数据类型声明、原始与基本数据类型赋值、与 "}" 结束阶段。begin 负责内存空间分配与初始化；subcomon 负责成员复合数据类型 (仅限于存在复合数据类型成员情况) 的导向性成员 (Is_xxx_On 型变量) 设置与成员初始化；read 负责原始与基本数据类型的读取与解析 (要注意的是，处于开启状态的复合数据类型成员先赋值，自身原始与基本数据类型赋值，依据先类型后名字匹配原则)；check 负责结束前检查成员完整性；end 负责安全返回到合适的上一级并设置返回状态。表 16.6.4 总结了上述五个子程序的功能与内部结构。

表 16.6.3　复合数据类型的声明与读取

member	树转换

`typedef struct composite_`
`{`
　`int separator[4];`
　`int is_colon;`
　`int is_equal;`
　`int is_left_brace;`
　`int is_right_brace;`
　`int type_line;`
　`int name_line;`
　`char *type;`
　`char *name;`
`}composite;`
	`int term_link_to_composite(composite*dc,term_link*t)`
	`{term *tm=t->term_head;if(tm==NULL) return 0;`
	　`composite_default(dc); dc->separator[0]=tm->start;`
	　`//类型获取`
	　`tm=tm->next;dc->type_line=tm->line_number;`
	　`dc->type=(char*)malloc((tm->end-tm->start+1)*sizeof(char));`
	　`strcpy(dc->type,tm->content);`
	　`//"{" 与"}" 匹配检查`
	　`tm=tm->next;dc->separator[1]=tm->start;`
	　`//名字获取`
	　`tm=tm->next;dc->name_line=tm->line_number;`
	　`dc->name=(char*)malloc((tm->end-tm->start+1)*sizeof(char));`
	　`strcpy(dc->name,tm->content);`
	　`//"=" 检查`
	　`tm=tm->next;dc->separator[2]= tm->start;`
	　`return 0;`
	`}`

表 16.6.4　子程序的读取

xxx_begin(xxx**x, ...(辅助参数))	xxx_subcomon (composite*dc, xxx*x)	xxx_read(basic*db, xxx*x)	xxx_check(xxx *x)	xxx_end(int*Isxxx, xxxx*x)

分配 *x 内存；
xxx_default(*x);
辅助参数赋值
	`if(strcmp(dc->type,`
	`x->a->type)==0)//先`
	`类型后名字匹配原则`
	`{`
	　`if(strcmp(dc->name,`
	　`x->a->name)==0)`
	　`{`
	　　`a_begin(&(x->a));`
	　　`x->Is_a_On=1;`
	　`}`
	`}`
		`//依据导向性成员检查`
		`复合数据类型成员是否`
		`处于赋值状态`
		`if(x->Is_y_On)`
		`{y_read(db,x->y);}`
		`//自身原始与基本数据`
		`类型赋值，依据先类型`
		`后名字匹配原则`
		`if(strcmp(db->type,`
		`x->a->type)==0`
		`{`
		　`if(strcmp(db->name,`
		　`x->a->name)==0)`
		　`{`
		　　`a_begin(x->a);`
		　　`a_read(db,x->a);`
		　　`a_check(x->a);`
		　`}`
		`}`
			`If(x->Is_a==0)`
			`{`
			　`输出错误信息`
			　`与位置信息；`
			`}`
				`//xxx 自身结束判断`
				`if(所有 x->Is_a_`
				`On==0)`
				`{xxx_check(x);`
				`*Isxxx=0;`
				`return 0;`
				`}`
				`//xxx 成员结束判断`
				`if(x->Is_b_On==1)`
				`{`
				　`xxx_end(&(x->Is_b`
				　`_On),x->b);`
				　`return 0;`
				`}`
				`......`

16.6 数据读取

(4) 内置函数。声明赋值形式为 "name(parameter1,……)output:result1,……",鉴于形式参数与输出结果都是用 "," 分隔的字符串,首先定义一个能够封装字符串链表的数据结构 string_node,在此基础上定义了数据结构 intrinsic 封装内置函数的声明部分,如表 16.6.5 所示,树转换过程通过解析声明赋值形式中的字符与关键字完成。

表 16.6.5 内置函数的声明

string_node	intrinsic

typedef struct string_node_
{
  int line;
  int start;
  int end;
  char *content;
  struct string_node_*next;
}string_node;
	typedef struct intrinsic_
	{
	  int npara;
	  int noutput;
	  int name_line;
	  char *name;
	  string_node *para,*cp;
	  string_node *output,*co;
	}intrinsic;

(5) 用户定义子程序。声明赋值形式为 "subroutine name(device device_name)",语法检测、名字与参数分离解析等都比较简单,封装成员的数据结构 usersub,仅含有文本位置与名字两部分,如表 16.6.6 所示。

表 16.6.6 用户定义子程序成员的声明

usersub

typedef struct usersub_
{
  int name_line;
  int start;
  int end;
  char *name
}usersub;

但用户定义子程序成员却拥有目前最复杂的数据结构,同时含有原始数据类型、基本数据类型、复合数据类型、内置函数等四种成员,读取赋值五个子程序:begin(面向 structure)、subcomon(面向复合数据类型)、basic_read(面向原始数据类型与复合数据类型)、mission_read(面向内置函数)、check 与 end,其中 begin、subcomon、basic_read、check 与 end 等五个子程序与复合数据类型的完全相同,剩余 mission_read 输入参数是 intrinsic 而不是通常的 basic,另外,end 子程序是要清零用户定义子程序状态。表 16.6.7 示例了 mission_read 子程序的功能与内部结构。

表 16.6.7 用户定义子程序的读取

```
int subroutine_mission_read(intrinsic*di,subroutine*s)
// 内置函数遍历匹配
  if(strcmp("TE",di->name)==0)
    {
      te_begin(&(s->TE));
      re_read(di,s->TE);
    }
  else if(strcmp("DIV",di->name)==0)
    {
      div_begin(&(s->n_div),di,&(s->div_head),&(s->cdiv));
      div_read(di,s->cdiv);
    }
    ……
  else
    {
      printf("line No.%d undefined intrinsic In subroutine !\n",di->name_line);
      printf("name=%s\n",di->name);
      exit(-1);
    }
```

(6) 主程序。声明赋值形式为"run subroutine_name(device_name);"，封装成员的数据结构 run，含有文本位置、用户定义子程序与器件名字等三部分。

16.6.2 空间分布函数

空间分布函数模型 fun 的读取过程需要首先解析出函数类型，然后由类型依据表 16.3.1 中的系数排列规则依次解析出，其中比较复杂的是多项式函数的解析，需要单独的子程序来完成。

```
int fun_read( basic*db,fun*f )
{
  int i = 0;
  basic_member* pm = db-> member_head;
  // 找出类型
  while( pm != NULL )
    {
      i++;
      if( strcmp(pm->name,"type")==0 )break;
      pm = pm->next;
    }
  if( ascii_to_integer( pm->value,&(f->type) )!=0 ) return -1;
```

```
// 依据类型读取函数参数
……
return 0;
}
```

16.6.3 离散能级寿命

离散能级寿命模型是典型的含有四个原始数据类型成员的基本模型数据类型，它的读取代表了所有这类数据类型的操作过程。根据前面的结论，基本数据 (basic) 封装了类型、名字以及含有成员名字与值字符串的链表结点，成员数据的读取过程仅是遍历结点进行成员名字匹配，如果匹配成功并判断合理后，则读取相关成员数据。离散能级寿命模型有六个实数型成员：edc、edv、tn、tp、me 与 mh，就需要每个结点匹配六次，读取结束后进行完备性检查，如表 16.6.8 所示。

表 16.6.8 离散能级寿命的读取

ltm_begin(basic*db,ltm**s)	ltm_read(basic*db,ltm*s)	ltm_check(ltm*s)

int i=strlen(db->name);
s=(ltm)malloc(sizeof(ltm));
ltm_default(*s);
(*s)->name=(char*)malloc(i sizeof(char));
strcpy((*s)->name,db->name);
(*s)->type_line=db->type_line;
(*s)->name_line=db->name_line;
	int i=0;
	basic_member* pm=db->member_head;
	// find out type location
	while(pm != NULL)
	{i++;
	if(!s->Is_Edc)
	{
	if(strcmp(pm->name,"edc")==0)
	{
	s->Is_Edc=1 ;
	s->edc=atof(pm->value);
	if(s->edc<=0.0)
	{输出错误信息退出; exit(-1);}
	}
	}
	//其他成员读取判断部分
	else{……}
	pm=pm->next;
	}
		if(!s->Is_Edc)
		{
		printf("line No.%d LTM Edc NOT assgiend !\n",s->name_line);
		printf("name:%s\n",s->name);
		exit(-8);
		}
		//其他参数成员检查
		……

16.6.4 单能级缺陷

单能级缺陷模型数据既含有原始数据类型成员，也含有基本模型数据类型成员，但不含有复合数据类型，因此需要除 _subcomon 外的四个子程序，如表 16.6.9 所示。

表 16.6.9　单能级缺陷的读取

sld_begin(int*n,data_composite*dc,sld**head,sld**csld)	sld_read(data_basic*db, int*n,sld*s)	sld_check(sld*s)	sld_end(int Issld,sld*s)

sld*s=NULL;
++(*n); s=(sld*)malloc(sizeof(sld));
sld_default(s);
strcpy(s->name,dc->name);
s->type_line=dc->type_line;
s->name_line=dc->name_line;
if((*head)!=NULL)
　{
　　(*csld)->next=s;
　}
else
　{
　　*head=s;
　}
*csld=s;
	if(!s->Is_ion)//离化状态赋值
	{
	　if(sld_ionized_read(db,&(s->ionized)))
	　s->Is_ion=1;
	}
	else if(!s->Is_typ)//电荷类型赋值
	{
	　if(sld_charge_read(db,n,&(s->charge)))
	　s->Is_typ=1;}
	else if(!s->Is_den)//密度函数赋值
	{if(strcmp("fun",db->type)==0)
	　{if(strcmp("den",db->anme)==0)
	　　{fun_begin(db,&(s->den));
	　　fun_read(db,s->den);
	　　s->Is_den=1;}
	　else{……}
	　}
	}
	else{其他成员赋值……}
		if(!s->Is_typ)
		{
		printf("line No.%d SLD charge NOT assigned !\n",s->name_line);
		printf("name= %s\n",s->name);
		exit(-1);
		}
		else{其他参数成员检查……}
			sld_check(s);
			*Issld=0;
			return 0;

16.6.5　功能层

功能层模型数据（简写成 fns）同时含有原始数据类型、基本模型数据类型与复合模型数据类型等三种成员，读取赋值需要五个子程序：begin、subcomon、read、check 与 end，基本特征总结如表 16.6.10 所示。

read 与 end 两个子程序的概要如表 16.6.11 所示，为简单计这里省略了 check 子程序。

16.6 数据读取

表 16.6.10 功能层的读取

fns_begin(int*n,composite*dc, fns**head,fns**cf)	fns_subcomon(composite*dc,fns*f)

fns *f=NULL;
++*n;
f= (fns*)malloc(sizeof(fns));
fns_default(f);
strcpy(f->name,dc->name);
f->type_line=dc->type_line;
f->name_line=dc->name_line;
if(*n==1)
  {
  *head=f;
  }
else
  {
  (*cf)->next=f;
  }
*cf=f;
	if(strcmp("sld",dc->type)==0)
	{
	  if(strncmp("s_",dc->name,2)==0)
	    {//dopants
	    f->Is_dop_on=1;
	    sld_begin(&(f->ndp[0]),dc,&(f->dop_head),&(f->cdop));
	    }
	  else if(strncmp("d_",dc->name,2)==0)
	    {//deep centers
	    f->Is_dlt_on=1;
	    sld_begin(&(f->ndc[0]),dc,&(f->dlt_head),&(f->cdlt));
	    }
	  else
	    {SLD 前缀匹配失败，输出错误及位置信息;}
	}
	else
	{复合类型匹配失败，输出错误及位置信息;}

表 16.6.11 功能层读取过程的 read 和 end 两个子程序

fns_read(basic*db,fns*f)	fns_end(int*Isfns,fnsx*x)

// dopant assignment
if(f->Is_dop_on){sld_read(db,f->ndp,f->cdop);
return 0;}
// deep center assignment
if(f->Is_dlt_on){sld_read(db,f->ndc,f->cdlt);
return 0;}
// material name
if(strcmp("string",db->type)==0)
  {if(strcmp("ma_name",db->name)==0)
    {strcpy(f->ma_name,db->value);f->Is_Ma=1;}
  else
    {名字匹配失败或重复，输出错误及位置信息;}
  }
else if(strcmp("fun",db->type)==0)
  {if(functionalis_mobility_read(db,f))
    {名字匹配失败或重复，输出错误及位置信息;}
  }
else
  {基本数据类型匹配失败，输出错误及位置信息;};
	if(f->Is_dop_on+f->Is_dlt_on==0)
	{
	    fns_check(s);*Isfns=0;return 0;
	}
	if(f->Is_dop_on)
	{
	    sld_end(&(f->Is_dop_on),f->cdop);
	}
	else if(f->Is_dlt_on)
	{
	    sld_end(&(f->Is_dlt_on),f->cdlt);
	}
	else{……}

16.7 解析过程

解析过程是指把原始模型数据转换成面向数值计算模块的专门数据的过程。

16.7.1 基本过程

器件结构文件的解析过程与各种模型数据及程序的定义过程相反 (图 16.7.1)，每一个数值分析任务都从相应主程序的解析开始，从主程序的关键字 run 后面与括号中可以解析提取用户定义子程序 (subroutine) 与器件 (device) 的名字，进而对 device 的成员生长结构、器件工艺、网格化、非局域等逐步解析得到该器件所涉及的材料、功能层、表面、界面、光学膜、网格生成以及特定缺陷等模型参数库，以及它们之间的空间几何与位置关联关系；在用户定义子程序中可以得到该数值任务对应的数值控制参数与数值计算任务，或者一些控制参数与器件结构参数的关联关系。经过这两步，一个主程序所对应的数值分析任务就算完成了，后面的事情就是按照约定规则输出到相应中间文件，供数值计算模块使用。

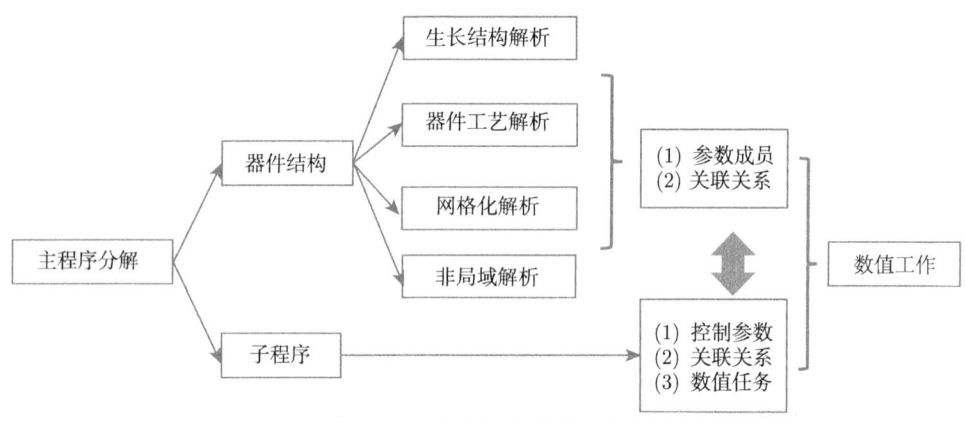

图 16.7.1　解析过程的基本框架

16.7.2 数据结构

为了方便统一管理器件结构文件解析过程所涉及的各种数据与任务特性，我们需要定义一个能够统领全局的"抓手"，即数值工作 (work)，它能够体现我们器件结构编辑器的主体思想：模型参数库–器件结构–数值分析控制特性，总体来说，应该具有如下几个特点。

(1) 能够有效索引该器件结构涉及的模型参数，能够全部并只索引涉及的材料、功能层、表面、界面、网格生成及特定缺陷等模型参数，而不是输出所有器件结构文件中列举的模型参数。

16.7 解析过程

(2) 能够有效描述模型参数之间与数值任务之间的关联关系，这种关联关系应该包括：
① 生长层与材料、功能层、界面的索引关系；
② 生长层边界与器件工艺所引入的表面接触模型的索引关系；
③ 生长层与网格生成模型的索引关系；
④ 生长层、能带名字、缺陷名字与非局域特性之间的索引关系；
⑤ 生长结构顺序与外加光照方向之间的关系；
⑥ 离散方向与器件结构的关系。

(3) 能够有效罗列单一数值任务的数值控制参数、与模型参数的关联关系，以及其关联的预期结果。

依据特点 (1)、(2) 和 (3) 定义数值工作 work 的成员数据结构 component、correlation 与 mission，同时把 device 中的 general 与 subroutine 中的 general 合并成一个总的 general 放在最前面，如表 16.7.1 所示。

表 16.7.1 数值工作 work 数据结构

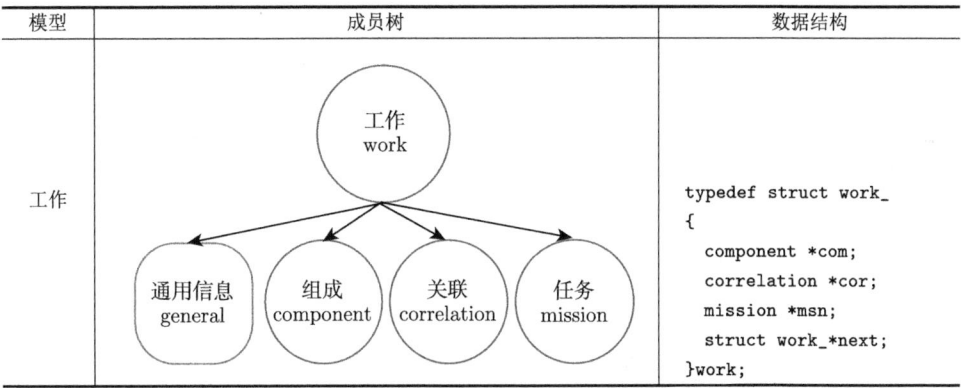

材料生长、器件工艺、非局域、网格化等参数的解析过程首先会将材料模型、功能层模型、界面模型、网格生成模型等库中所涉及的成员提取出来组成索引链表，统计各自数目后组成 (component) 变量，这主要是因为器件结构文件经过很多次修改或者多人使用后，往往放了大量数据，同时也方便进行多器件结构的数值分析。component 成员如表 16.7.2 所示。

过程中所提取的材料模型、功能层模型、界面模型、网格生成等库中的成员链表数据结构如表 16.7.3 所示。

表 16.7.2　component 数据结构

模型	成员树	数据结构

组成	组成 component → 材料链表 ma_link、功能链表层 fu_link、表面链表 os_link、界面链表 is_link、网格生成链表 gd_link	`typedef struct component_`
		`{`
		`  int nMa;`
		`  int nFu;`
		`  int nOs;`
		`  int nIs;`
		`  int nGd;`
		`  ma_link *Mal_head, *cml;`
		`  fu_link *Ful_head, *cfl;`
		`  os_link *Osl_head, *col;`
		`  is_link *Isl_head, *cil;`
		`  gd_link *Gdl_head, *cgdl;`
		`}component;`

表 16.7.3　各种链表数据结构

材料链表	功能层链表	界面链表	表面链表	网格生成链表

`typedef struct ma_link_`
`{`
`  int ID;`
`  material* MaPtr;`
`  struct ma_link_*next;`
`}ma_link;`
	`typedef struct fu_link_`
	`{`
	`  int ID;`
	`  functionalis *FuPtr;`
	`  struct fu_link_*next;`
	`}fu_link;`
		`typedef struct is_link_`
		`{`
		`  int ID;`
		`  isurf* IsPtr;`
		`  struct is_link_*next;`
		`}is_link;`
			`typedef struct os_link_`
			`{`
			`  int ID;`
			`  osurf* OsPtr;`
			`  struct os_link_*next;`
			`}os_link;`
				`typedef struct gd_link_`
				`{`
				`  int ID;`
				`  grid* GdPtr;`
				`  struct gd_link_*next;`
				`}gd_link;`

描述各种关联关系的 correlation 中含有三个成员链表：材料块 (mblock)、界面块 (sblock) 与减反射膜系。mblock 数据结构把生长过程中紧邻且具有相同材料模型的层合在一起并压缩成下一级数据结构子层 (sublayer)(如 5.8.2 节所述)，mblock 与成员 sublayer 采用双向链表结构，方便输出方向的选择。成员 sblock 包含了表面与界面对全局、mblock、sublayer 等的索引关系，比较简单的一维情况下，索引关系可以用一个二维的三维数组来实现，如表 16.7.4 所示。

材料块与界面块的定义如表 16.7.5 所示。

16.7 解析过程

表 16.7.4　关联数据结构

模型	成员树	数据结构
关联	关联 correlation — 材料块 mblock、界面块 sblock、减反射膜系 arc；材料块 → 子层 sublayer	```typedef struct correlation_
{
int nOc;
int nMb;
int nSl;
int nSb;
mblock *mb_head, *cmb;
sblock *sb_head, *csb;
arc *oc_head, *coc;
}correlation;```

表 16.7.5　材料块和界面块数据结构

模型	数据结构	成员说明
材料块	```typedef struct mblock_
{
int nSl;
int maID;
int oeNo;
int direction;
sublayer *csl;
sublayer *sl_head;
sublayer *sl_tail;
struct mblock_*prev;
struct mblock_*next;
}mblock;```	(1) 整型 nSl、MaID、oeNo 与 direction 分别表示材料块内子层数目、材料模型在材料模型链表中的位置、光学膜系中位置，以及材料块输出是正向还是反向； (2) material 指针型 next 与 prev 分别表示双向链表数据结构
界面块	```typedef struct sblock_
{
int sl[2][3];
isurf* IsPtr;
struct sblock_*next;
}sblock;```	整型数组 sl[2][3] 包含左右两边子层在全局与材料块内的索引关系

根据定义，子层 (sublayer) 是材料生长过程中的最小单元，承担了对功能层与网格生成模型参数等关联、邻接单元的空间几何方位等关系描述，成员应该覆盖生长过程的信息 (材料生长过程使用名字、生长厚度与方向等)、模型参数关联关系 (功能层与网格生成索引指针)、空间几何方位邻接关系 (界面与邻近子层关联数组) 等，典型的子层定义如表 16.7.6 所示。实际上一维界面邻接由三个二维整型成员 IsSurf、IsSurfOutter 与 SurfID 组成，分别代表是否存在能够起到物理作用的界面，这个界面是不是表面，界面地址等。

表 16.7.6　子层数据结构

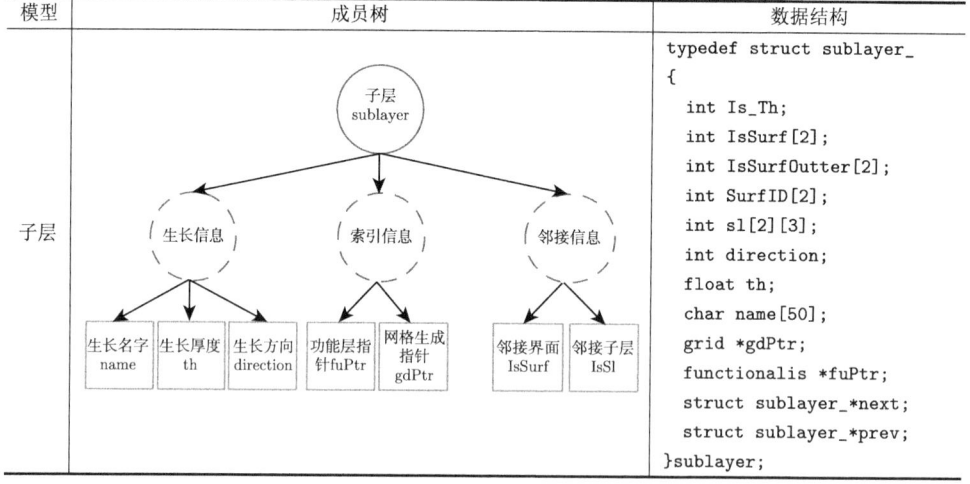

16.7.3　材料生长

生长结构的解析主要是以面向材料生长的功能层表象向以数值计算为服务对象的材料块–子层表象转换的过程，解析得到的材料块–子层表象将成为所有其他参数解析的参考，是整个解析过程的核心。根据前面关于材料生长的语法规则，生长结构解析的过程是字符串的提取、匹配、排序等过程，这在算法中都是很常见的内容。总体来说，生长结构解析过程应该具有如下几个功能。

(1) 按照生长结构的需要，将材料模型库、功能层模型库、界面模型库中所涉及的成员提取出来组成链表，并统计各自数目而组成了 component 变量。如果多个生长层采用同一个模型参数，则链表中不重复计入。component 数据结构的建立避免了非涉及模型参数的引用，这主要是因为器件结构文件经过很多次修改或者多人使用后，往往放了大量的数据，在多器件结构数值分析时各自使用。

(2) 将功能层/界面相接的生长结构分解成界面块 (sblock) 链表与材料块子层 (mblocksublayer) 链表，设置界面块链表与材料块子层链表中成员的相邻关系。我们明确，生长层与子层是一一对应关系。根据这种思路，界面链表除要含有指向界面模型的指针外，还要含有左右功能层的全局编码、材料块编码、材料块内功能层编码；材料块–子层链表中的子层除要含有功能层、网格生成模型参数地址外，还应该含有标志左右是否在界面，界面类型，界面编码等数据。这样可以方便数值计算模块在 Jacobian 赋值过程中进行界面修正。与第 4 章中定义的固定维数数组结构的材料块–子层不同的是，这里材料块–子层数据结构依然采用指针链表结构，而且是双向链表，以方便根据光线入射方向或电压施加方向重新排列生长层顺序。

16.7 解析过程

由于生长结构中仅有功能层与界面两种模型参数，字符串提取过程分成生长层与界面，为了方便，这里定义了两个辅助数据结构 growth_ node 与 isurf_node，定义与成员说明如表 16.7.7 所示。

表 16.7.7　growth_node 与 isurf_node 数据结构

模型	数据结构	成员说明
生长层	typedef struct growth_node_ { 　int line_number; 　char *gl,*fu,*th; }growth_node;	(1) 行号 line_number; (2) 字符串 gl、fu 与 th 分别表示生长层名字、功能层名字与厚度
界面	typedef struct isurf_node_ { 　int line_number; 　char *is; }isurf_node;	字符串 is 表示界面名字

匹配过程是通过调用 data_base 中的 functionalis 链表与 isurf 链表遍历比较名字，通过功能层可以确定涉及材料模型参数的链表，过程中建立 mblocks 与 sblock 链表，过程如表 16.7.8 所示。

表 16.7.8　生长过程的匹配

```
int Is_Match(isurf_node*in,data_base*d,work*w){
int IsMatch=0;isurf *is=d->is_head;component *c=w->com;correlation *r=w->cor;
while( is!=NULL ){if(strcmp(is->name,in->is)==0){IsMatch= 1;
// add new is_link node
if(is->Is_Used==0){++c->nIs;is->Is_Used= 1;is->ID=c->nIs;is_link_begin(c->nIs,is,&(c->Isl_head),&(c->cil));}break;}
is=is->next;}
if(IsMatch==0){输出错误信息与位置}
++r->nSb;sblock_begin(r->nSb,r->nSl,r->nMb,r->cmb->nSl,is,&(r->sb_head),&(r->csb));
return 0;}
int fu_Match(char**bm,growth_node*gn,data_base*d,work*w){
int IsFuMatch=0;sublayer *sl=NULL;material *ma=NULL;component *c=w->com;correlation *r=w->cor;
functionalis *fu=d->fu_head;
while(fu!=NULL){f(strcmp(fu->name,gn->fu)==0){IsFuMatch=1;
    // add new fu_link node
if(fu->Used==0){++c->nFu;fu->Used= 1;fu->ID=c->nFu;fu_link_begin(c->nFu,fu,&(c->Ful_head),&(c->cfl));}
break;}
fu=fu->next;}
if(IsFuMatch==0) {输出错误信息与位置}
ma=fu->maPtr;
```

续表

```
if(ma->Is_Used==0){++c->nMa;ma->Is_Used=1;ma->ID=c->nMa;ma_link_begin(c->nMa,ma,&(c->Mal_
head),&(c->cml));}
// 增加 sublayer 结点
++r->nSl; sublayer_begin(gn,fu,&sl);
if(sl->th<=0.0) {输出错误信息与位置}
// 检查是否增加 mblock 结点
if(strcmp(ma->name,*bm)==0){++r->cmb->nSl;r->cmb->sl_tail=sl;sl->prev=
r->cmb->csl;r->cmb->csl->next= sl;}
else
  {++r->nMb;mblock_begin(r->nMb,1,c->nMa,0,sl,&(r->mb_head),&(r->cmb));free(*bm);
   *bm =(char*)malloc(strlen(ma->name)*sizeof(char));strcpy(*bm,ma->name);}
r->cmb->csl=sl;
return 0;}
```

16.7.4 器件工艺

半导体太阳电池的工艺过程主要包括形成金属半导体接触的电极沉积、裸露表面的钝化、光学减反射膜的蒸发淀积 (表面织构) 以及扩散或者注入等。从器件物理模型的角度而言，电极沉积与表面钝化都会修改生长过程某个功能层的某个界面状态与界面模型，金属半导体接触使得表面复合速率变得很大，与多子输运存在一定的串联微分电阻，表面钝化则使得表面复合速率变小，减少了表面缺陷种类与数目。光学减反射膜的蒸发淀积则定义了功能层中光学产生速率的分布。

对于像太阳电池这样的双极器件，工作过程总是处在正向偏置下，因此我们总是假设 n 型金属半导体接触即负极在左边，p 型金属半导体接触即正极在右边。

光学镀膜的解析主要是基于对某个生长层上减反射膜系的分析：① 从材料模型数据库中挑选出涉及的部分与减反射膜层邻接链表 (与 sublayer 类似，只是要简单一些)，② 依据沉积关系将减反射膜系与生长部分连接起来组成整个光学膜系，以方便计算反射谱与光学产生速率等。鉴于每个 mblock 中的所有 sublayer 具有相同的光学色散模型，对于光学膜系而言，每个 mblock 是单独一层，厚度是所有 sublayer 的和。器件结构文件中减反射膜层含有名字、材料模型名字与厚度，与生长模型中生长层的组成相同，两者的解析与数据结构一样，唯一不同的是减反射膜系最终成员只有沉积上的生长层名字 (也是相应的 sublayer 名字)。第①部分对应的程序为 arc_match，第②部分对应的程序为 sublayer_match，如表 16.7.9 所示。

16.7 解析过程

表 16.7.9　sublayer 的匹配

```
int sublayer_match(int n,ocoating*o,node1m*gl,work*w)
{int i=n+1;int IsSlMatch=1;mblock *mb=w->cor->mb_head;sublayer *sl= NULL;
  // sublayer match
  while(mb!=NULL){sl=mb->sl_head;
     while(sl!=NULL){if(strcmp(sl->name,gl->name)==0){IsSlMatch=0;break;}sl=sl->next;}
     if(IsSlMatch==0) break;mb=mb->next;}
  if(IsSlMatch){输出错误信息}
// modify mblock optical location
   mb->oeNo=i;mb=mb->next;while(mb!=NULL){++i;mb->oeNo=i;mb=mb->next;}
   return 0;}
```

【练习】

1. 网格对应数据的解析与生长过程的原理相同，如 [mesh] 1000_mesh:p_contact(50m)|tj_p++(30m)|tj_n++(30m)|n_contact(50m); 试编制相关的解析子程序。

2. 非局域量子隧穿也具有类似的解析过程，如一个能带间量子隧穿 [BTB] AlGaAs_To_AlGaInP:pair=n++(d)/p++(a), mel=0.067, mhl=0.73, mer=0.067, mhr=0.73, gc=2.0, gv=1.0; 试编制相关子程序。

16.7.5　用户定义子程序

数值分析任务主程序的解析比较简单，首先通过解析得到用户定义子程序名字与器件名字，这是在读取过程中完成的，然后在用户定义子程序数据库 sub_base_ 与器件结构数据库 dev_base_ 中寻找与这两个名字匹配的项，程序上的实施表现为链表的遍历与字符串匹配。典型的程序实施如表 16.7.10 中程序所示。

表 16.7.10　用户定义子程序的解析

```
int run_decompose(const int i,run*r,base*d,dev_base*v,sub_base*s,work*w){
  int DeMatch=0, SubMatch=0;device *de=v->de_head;subroutine *sub=s->sub_head;
  while(de!=NULL)
  {
    if(strcmp(de->name,r->dev_name)==0){de->Is_Used=i;DeMatch=1;break;}
    de=de ->next;
  }
  if(DeMatch==0){printf("run %s not find dev match\n",r->dev_name);exit(-1);}
  while(sub!=NULL)
  {
    if(strcmp(sub->name,r->sub_name)==0){sub->Is_Used=i;SubMatch=1;break;}
    sub=sub ->next;
  }
  if(SubMatch==0){printf("run %s not find subroutine match\n",r->sub_name);exit(-2);}
  w->spf=de->spf;
  struct_decompose(de->str,d,w);
  w->ctr=sub;
  return 0;}
```

16.7.6 子程序

通过用户定义子程序的解析,我们获得数值计算过程的控制特性 numerical_ 与各个数值计算任务 mission_。下面示例的 numerical_ 只是简单地封装了迭代计算停止判断参数 iteration_ 与 newton 步长控制策略 step_ 两个控制属性,如表 16.7.11 所示,当然也可以根据自己的需要封装更加精细的控制参数,如线性方程组求解方法等,iteration_ 中封装了内外循环最大允许次数、绝对误差与相对误差等参数,mission_ 中封装了由用户定义参数所限定的内置单一任务子程序。

表 16.7.11　数值控制子程序的组成与声明

模型种类	数值计算控制参数	迭代中止控制参数	步长策略控制参数

数据结构	`typedef struct numerical_`
	`{`
	`  iteration *iter;`
	`  step *step;`
	`}numerical;`
		`typedef struct iteration_`
		`{`
		`  int is_iloop;`
		`  int is_oloop;`
		`  int is_iabseps;`
		`  int is_oabseps;`
		`  int is_ireleps;`
		`  int is_oreleps;`
		`  int iloop;`
		`  int oloop;`
		`  double iabseps;`
		`  double oabseps;`
		`  double ireleps;`
		`  double oreleps;`
		`  char name[20];`
		`}iteration;`
			`typedef struct step_`
			`{`
			`  int is_type;`
			`  int is_max_step;`
			`  int type;`
			`  double max_step;`
			`  char name[20];`
			`}step;`

16.8　输 出 文 件

解析完的各种数据需要输出给数值计算模块读取使用,为了尽可能减少数值计算模块的额外负担,需要建立面向输出文件的规则。

16.8.1　基本要求

为了尽可能提高计算效率,我们希望输出文件做到三点:① 各种数据在文件储存的位置固定,数值计算模块会顺序读取相关数据;② 链表数据格式转换成固定维数数组格式;③ 实验数据按照物理模型转换成物理模型。这里具体如下所述。

(1) 各种数学与物理模型数据依照数值计算模块的要求依次排列,我们这里假定位置如下:

第一部分是通用特性描述所涉及的数据;

16.8 输出文件

第二部分是各材料层、界面/表面、光学层、网格产生等数学与物理模型所涉及的数据；

第三部分是各材料层、界面/表面、光学层之间关联关系描述所涉及的数据；

第四部分是器件控制特性描述所涉及的数据。

(2) 各物理模型数据均以数组的形式存在。

读取器件结构时以链表储存的异质材料层、生长材料层、材料层中各种缺陷、关联特性、控制特性，均转换成固定数组形式。

(3) 缺陷模型统一成寿命模型。

如果材料/界面/表面缺陷数据格式是采用密度模型形式的，则转换成寿命模型。

(4) 各关联数组以对象数组编号作索引。

读取器件结构时以名字为索引的各物理对象，由于已经采用固定维数数组储存，所以各关联数组的名字索引转换成对象数组编号。例如，16.3.3 节中 1.424eV 材料的输出格式为

```
GaAs
  DIELECTRIC status: T
sdc status:     1
   0
   1
 1.2900e+01
nk status:      1
type :    2
   source : ./gaas.csv
T
 wcutoff 8.7000e+02

LATTICE HEAT status: T
           density
   0
   1
 5.3200e+00
Thermal conductivity
   7
 4.6000e-01 -1.2800e+00
      specific heat
   8
 3.2200e-01  5.0000e-02  1.6000e+00
   ELECTRONIC STATE : T
```

```
                    CB
         SEB_number:    1
gama6c
             M status: F
         alpha status: F
           DOS status: T
   0
   1
 4.0000e+17
        ENERGY status: T
   0
   1
 0.0000e+00
            te status: T
   0
   1
 1.0000e+00
             B2 STATE : T
                  No.    1
 partner :     1
   0
   1
 1.0000e-10
           Auger STATE : T
                  No.    1
     type :    1
 partner :     1
   0
   1
 1.3000e-27
                  No.    2
     type :    2
 partner :     1
   0
   1
 9.1000e-28
                    VB
         SEB_number:    1
gama8v
             M status: F
```

16.8 输出文件

```
        alpha status: F
          DOS status: T
  0
  1
7.0000e+18
       ENERGY status: T
  0
  1
1.4240e+00
           te status: T
  0
  1
1.0000e+00
          B2 STATE : T
             No.    1
partner :    1
  0
  1
9.6000e-11
       Auger STATE : T
             No.    1
   type :    1
partner :    1
  0
  1
1.3000e-27
             No.    2
   type :    2
partner :    1
  0
  1
9.1000e-28
```

16.8.2 示例: 能带模型数据的排列与关联

上面建立的能带模型数据结构 eb_ 的读取数据有如下几个特征。

(1) 导带与价带都是采用链表的形式, 按照器件结构文件中读取的先后排序。如果是导带与价带各仅有一个, 则这不会有任何问题, 实际上太阳电池是低浓度少子器件 (光生载流子浓度远低于带边态密度), 工作时通常处于近平衡状态, 导带与价带仅有一个就足够了。但 III-V 族化合物半导体多结太阳电池中的某些材料会出现几个能带位置相近的情况，例如，2.0eV 的 AlGaAs/AlGaInP 隧穿结中 AlGaAs 的 Γ、X 与 L 三个能带位置相近，这时输出文件需要某种规则将三个子带数据排列好。尽管可以在编写器件结构文件的时候就将导带与价带按照某种规则提前排列好，但这极大增加了维护难度与可读性，而且后续修改的人有时会忽略这个规则，随意附加上自己要使用的单带模型数据，这会给数值计算带来很大的随机性。

(2) 跃迁模型 eb_transition_ 数据中关于导带与价带模型 seb_ 数据的索引是根据它们的名字进行的，我们也希望这种索引能够转换成 (1) 中导带与价带排序后的数字位置。

总体来说，按照目前定义的能带模型数据结构 eb_，在输出文件时需要做好导带与价带模型数据排列，以及跃迁模型数据的数字关联这两个工作。对于多带情形，排列规则是由金属半导体接触端的那一层的能带排列决定的 (或者人为输入排列规则)，由于通常太阳电池的金属半导体接触处于热平衡，接触半导体层的导带排列规则是按照能量由低到高，价带由低到高，将排列好的导带与价带对称性或光谱特征标志编成一个表，就成为整个器件结构能带的排列规则，其他层就依据这个表排列导带与价带。导带与价带排列好，跃迁的数字索引就成了名字的匹配搜索这一简单任务。

通常金属端半导体层的各个能带按照能量 (按照约定，在器件结构文件读取状态是电子亲和势) 排列的方式有两种，无论采用哪一种，都需要先获得各个能带的电子亲和势，以方便确定排列后的位置。两种方法的区别在于是否需要改动链表结点的位置。

(1) 依据能量高低，相应调整链表 cb_head 与 vb_ head 中各个结点的位置，涉及指针的断开与重新链接，属于链表的基本操作之一，这种方法方便数据的输出；

(2) 依据能量高低对链表 cb_head 与 vb_ head 中各个结点排列后的能量位置 index 进行标志，数据输出时反复遍历链表，依据 index 输出。

考虑通常能带数目比较少以及不涉及指针位置的移动，我们这里选定方法 (2)。下面的函数 eb_ sort_energy 实施了 (2) 中的思想，过程如表 16.8.1 所示。

16.8 输 出 文 件

表 16.8.1　保持链表不动的缺陷排列法

输入输出参数	子程序
| `int eb_sort_energy(int type,`<br>`int n,seb**head)`<br>输入参数:<br>type: 导带还是价带<br>n: 能带数目<br>head: 能带链表头地址 | ```
int eb_sort_energy(int type,int n,seb**head)
{
  int i,j,k; int x[n]; double s,v[n]; seb *c=*head;
  if(n==1) return 0;
  // EB energy
  i=0;
  while(c!=NULL)
    {
      x[i]=i;v[i]=fun_value(c->E);c=c->next;i++;
    }
  if(type)
  {
  // CB : high to low
  for(i=0;i<n-1;i++)
     {
       for(j=i+1;j<n;j++)
         {
           if(v[i]<v[j])
             {
               k=x[i];x[i]=x[j];x[j]=k;s=v[i];v[i]=v[j];v[j]=s;
             }
         }
     }
  }
  else
     {
     // VB : low to high
     for(i=0;i<n-1;i++)
        {
          for(j=i+1;j<n;j++)
            {
            if(v[i]>v[j])
               {
                 k=x[i];x[i]=x[j];x[j]=k;s=v[i];v[i]=v[j];v[j]=s;
               }
            }
        }
     }
  i=0;
  c=*head;
  while(c!=NULL)
  {
    c->index=x[i];i++;c=c->next;
  }
  return 0;
}
``` |
```

16.8.3 示例：功能层模型数据的有序化

往往大部分半导体太阳电池材料都有多个不同能级的带隙内缺陷，半导体太阳电池数值分析的一个基本工作就是研究这些缺陷对光生载流子输运的影响机制。为了方便数值计算模块的便利调用，我们希望以一种"有序"的方式重新整理功能层数据 functionalis 中的 sld 型掺杂与深能级链表，在输出时表现成一种显而易见的数组形式，且满足：

(1) 按照电荷类型 charge_type 以施主 (d:0)、中性 (i:1)、受主 (a:2) 等顺序排列，也就是同样电荷类型的缺陷在数组中紧靠；

(2) 如果一种类型存在多个结点，则根据能级导带边距离 Edc 从小到大排列，这样在直观上就表现为在带隙内从低往高排列，这种排列对于一些简单的数值分析非常有用。

对于链表形式储存的数据，(1) 中的操作，我们采取的思想是，当前链表结点的电荷类型如果是 d，则放在链表头的前面；如果是 i，保持不变；如果是 a，则放在尾部，这样的操作遍历结点个数 n。(2) 中的操作依据各自的 Edc 进行比较排序，好在掺杂与深能级缺陷个数通常不是很多，排序很快。下面是一种半导体太阳电池材料中含有单能级缺陷的功能层数据的输出文件，可以看出四个单能级缺陷按照从导带到价带的顺序依次排列，这为数值计算模块带来了极大的便利。

```
Al30GaInP_Zn_1E17
 TPC status :   T
  mobility status :   T
    0
    1
 1.5000e+02
    0
    1
 1.5000e+02
  Thermal Conduct :   T
    0
    1
-5.0000e-01
    0
    1
-5.0000e-01
 DEF status :   T
     SLD status :   T
 number :    4
     Donor number: 2
```

16.8 输出文件

```
        0
f
        0
        1
  1.0000e+16
            Edc status: T
  5.0000e-03
            Edv status: F
  1.0000e-07  1.0000e-07
        0
f
        0
        1
  4.0000e+16
            Edc status: T
  4.0000e-01
            Edv status: F
  1.0000e-08  1.0000e-08
       Neutral number: 0
       Acceptor number: 2
        1
f
        0
        1
  5.0000e+15
            Edc status: F
            Edv status: T
  1.2000e-01
  1.0000e-08  1.0000e-08
        1
f
        0
        1
  1.0000e+17
            Edc status: F
            Edv status: T
  2.5000e-02
  1.0000e-08  1.0000e-08
    bandtail status :   F
       Gauss status :   F
```

16.9 文件读取

现在针对以上述组成规则形成的器件结构文件，就可以进行读取解析，基本过程如下所述。

(1) 读取一行。

(2) 简化处理，减去空格、tab 并将所有大写转换成小写，简化过程中有几种情形是要中止简化过程直接返回 step1 的，分别是：

① 第一个有效字符是 #，则设置单行注释标志并返回 step1；

② 前两个有效字符是/*，则设置连续注释标志为真并返回 step1；

③ 前两个有效字符是 */，则设置连续注释标志为假并返回 step1；

④ 有效字符数目是 0，则返回 step1；

⑤ 连续注释标志为真，则返回 step1。

(3) 如果有效字符串长度为 1，是 "{" 则判断即将赋值的数据类型是否为空；是 "}" 则标志着当前某个复合数据类型的结束，将该复合数据类型设置状态标志设置为 false；返回 step1。

(4) 如果有效字符串第一个字符是 "{"，标志着某个复合数据的开始，则提取复合数据类型与名字，结合现有复合数据设置状态，判断是属于正在赋值状态的复合数据的亚层次复合数据类型成员，还是一个全新的最高层次复合数据类型，设置新复合数据类型状态为 TRUE，分配内存空间并初始化，名字赋值，标志着后面数据都是属于该复合数据的成员直到遇到标志其结束的 "}"，返回 step1。

(5) 如果有效字符串第一个字符是 "["，标志着某个单元数据的开始，则提取单元数据类型与名字，结合现有复合数据设置状态，判断该单元数据是属于正在赋值状态的复合数据的亚层次成员，还是一个全新的最高层次数据，储存当前提取的属于该单元数据类型的内容，如果结尾是 "]"，结合当前赋值状态判断该单元数据的归属，进行单元数据的解析，返回 step1。

(6) 将有效字符串与已储存行接合，并判断结尾是否是 "]"，结合当前赋值状态判断该单元数据的归属，进行单元数据的解析，返回 step1。

(7) 将有效字符串与已储存行接合，返回 step1。

【练习】

结合本节内容，总结属于自己的文件读取规则，并编制程序实施。

16.10 纯光学器件结构编辑器

以反射谱拟合、减反射膜 (ARC) 设计与太阳电池结构整体优化为目标的纯光学设计在整个太阳电池的数值分析中占据着极其重要的位置，而且相对独立，

16.10 纯光学器件结构编辑器

这是由于光电联动设计中需要输入太多的材料能带参数与缺陷电子学参数而使得器件结构文件极其复杂。但实现上述光学设计仅涉及每层材料的色散关系与厚度，这就可以设计一个很简化的以上述光学设计为目标的器件结构编辑器。下面是 300~870nm AlGaInP/AlGaAs/GaAs 三结太阳电池的 ARC 设计为主的结构文件，其中表 16.10.1 是涉及的光学参数模型汇总。

表 16.10.1 光学参数模型汇总

material	nk_type	source	functionalis
air	const	1.0	
SiO	data	../nkfiles/sio_tj.csv	
TiO	data	../nkfiles/tio_tj.csv	
AlInP	model	../nkfiles/alinp.csv	_Si
Al30GaInP	data	AGIP(0.3)	_Si,_Zn
Al60GaInP	data	../nkfiles/al60gainp_zn.csv	_Zn
Al10GaInP_Te	data	../nkfiles/Al10GaInP_Te_600C.csv	_600C
Al60GaAs	data	../nkfiles/Al60GaAs_Si.csv	_C
Al30GaAs	data	../nkfiles/Al30GaAs_C_600C.csv	_C
Al22GaAs	data	../nkfiles/Al22GaAs.csv	_Zn
Al20GaAs	data	../nkfiles/Al20GaAs_Zn.csv	_Zn
GaInP	data	../nkfiles/GaInP.csv	_Si,_Zn
GaAsOx_1	data	../nkfiles/gaasox_1.csv	
GaAs	data	../nkfiles/GaAs.csv	_Si,_Zn

```
        #    optical data base
        #    光学参数模型
   [opp] air : nk_type = const,nr = 1.0;
   [opp] tio: nk_type = data, source =../nkfiles/tio_tj.csv;
   [opp] sio: nk_type = data, source =../nkfiles/sio_tj.csv;
   [opp] GaAs : nk_type = data,source = ../nkfiles/gaas.csv;
   [opp] AlInP: nk_type = data, source =../nkfiles/alinp.csv;
   [opp] Al60GaInP: nk_type = data, source =../nkfiles/
       al60gainp_zn.csv;
   [opp] Al30GaAs_C_600C: nk_type = data, source =../nkfiles/
       Al30GaAs_C_600C.csv;
   [opp] Al60GaAs: nk_type = data, nk_file =../nkfiles/
       Al60GaAs_Si.csv;
   [opp] Al10GaInP_Te_600C: nk_type = data, source =../nkfiles/
       Al10GaInP_Te_600C.csv;
   [opp] Al20GaAs_Zn: nk_type = data, source =../nkfiles/
```

```
        Al20GaAs_Zn.csv;
  [opp] GaAsOx_1: nk_type = data, source =../nkfiles/gaasox_1.
      csv;
  [opp] mAl30GaInP: nk_type = model, source = AGIP(0.3);
  [opp] mAl60GaInP: nk_type = model, source = AGIP(0.6);
  {device}023 =
  {
  [general]023 : date = 2017/06/15, path = ../../struct/,
      length_unit = nm;
  {structure}023 =
  {
                  #减反射膜+器件生长结构
  [string]023:(air,inf)|L1(sio,93)|H1(tio,13)|L2(sio,22)|H2(tio,
      38)|tc_win(AlInP,25)|tc(mAl30GaInP,460)|tc_bsf(Al0GaInP,
      50)|tm_p++(Al60GaAs,28)|tm_n++( Al10GaInP_Te_600C,28)|
      mc_win(AlInP,25)|mc_emitter(GaInP,40)|mc(Al20GaAs,1600)|
      mc_bsf(GaInP,50)|mb_p++(Al30GaAs_C_600C,20)|mb_n++(GaInP,20)|
      bc_win(AlInP,100)|bc(GaAs,3500)|bc_bsf(Al20GaAs,20)|sub
          (GaAs,inf);

  }
  }
  subroutine 023_ =
  {
          {light}10 =
          {
                  [string]inl: sio1;
                  [interval]wls:start = 300,end = 850,step = 5;
                  [intensity]inp:type = 1,source = AM0;
          }
  #优化层和目标
          {optimization}023=
          {
  [opt] sio1 : opl = sio1, lbound = 1,ubound = 200;
  [opt] tio1 : opl = tio, lbound = 1,ubound= 200;
  [opt] sio1 : opl = sio1, lbound = 1,ubound = 200;
  [opt] tio1 : opl = tio, lbound = 1,ubound= 200;
  [segment]3j:300|605|730|870;
  [active_layer]:tc|mc_emitter+mclbc;
          }
```

```
#数值任务：减反射膜优化和基于光生电流密度的优化
ARC_OPT(023)output:opl,Jop;
OPG_OPT(023)output:opl,Jop;
}
```

参 考 文 献

[1] 新设计团队. 编译系统透视: 图解编译原理. 北京: 机械工业出版社, 2015.

[2] Litsios J, Fichtner W. Automatic discretization and analytical Jacobian generation for device simulation using a physical-model description language//Proceedings of International Workshop on Numerical Modeling of Processes and Devices for Integrated Circuits: NUPAD V, 1994: 147-150.

第 17 章 架构与过程

17.0 概 述

本章结合第 2 章关于一般半导体器件数值分析流程以及第 3 ~ 16 章的内容构建太阳电池数值分析软件的总体架构，在此基础上阐述一些典型实施过程，这些框架与过程可能因器件而异，但总体上有一些共同点。大多数阐述半导体器件数值分析的书籍里对架构与过程往往没有着墨或者一笔带过，使得部分初学者难以入手，因此这部分内容是阐述半导体器件数值分析中不可或缺的一个环节。

17.0.1 总体架构

先进异质结构太阳电池模拟器 (AHSCS) 中的总体框架如图 2.3.1 所示，这也是通用半导体器件数值分析软件的总体框架。另一种框架是专门针对半导体太阳电池的，例如，简化前处理、网格生成与后处理相关内容到数值计算模块，提升光学部分为独立模块 (如 16.10 节所述)，这样软件的总体架构如图 17.0.1 所示，第一级模块包括器件结构编辑器 DevEdit、光学计算 Optics、数值计算 Numeric (对应图 2.3.1 中的 NumCore) 与可视化 View 等四个。其中 DevEdit 和 Optics 分别在第 16 章和第 6 章中阐述过，这里不再赘述，View 模块取决于读者是自己开发还是采用手头数据处理和显示软件，在我们所开发的 AHSCS 中，采用基于 OpenGL 的数据处理与显示模块，这些内容留待以后进行阐述，这里着重描述数值计算模块 Numeric 的构成。

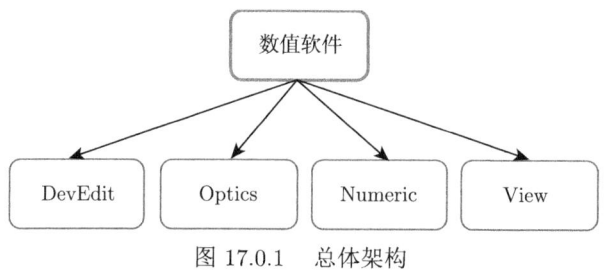

图 17.0.1 总体架构

17.0.2 Numeric 子模块

Numeric 包括辅助 auxiliary、电荷 charge、控制 control、数学 math、模型 model、网格 grid、流密度 flux、离散 discret、材料块 layer、格点与连通性 node、

17.0 概述

结构 struct、任务 work 等子模块，如图 17.0.2 所示。

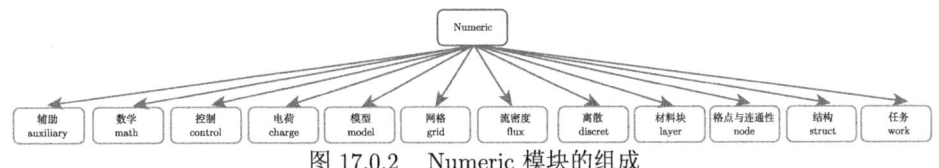

图 17.0.2　Numeric 模块的组成

各模块的基本功能概述如下。

(1) auxiliary 模块，包含启动 logo、通用信息 General、数值精度 ah_precision、物理与数值常数 Cons、动态矩阵 da、16.3.1 节中的分布函数模型 fun、错误信息 error、10.4 节中的归一化参数 scaler 等类型的声明及其子程序。

典型的 Cons 包括两部分：物理常数和数值计算的控制常数，如 10.4.1 节、11.1.3 节、量子限制和量子隧穿等所涉及的常数预设与计算。

典型的 da 包括如表 2.3.1 所示的利用指针建立的不定长度整形和实数数组、各种链表，用来储存网格单元和格点的编码与几何信息、各种材料块与子层上的格点变量等。

(2) charge 模块，包含各种输运体系中网格点电荷值及其各种偏导数计算。

(3) control 模块，包含器件的工作条件与数值过程控制参数等两部分。

(4) math 模块，包含 4.3 节中完备与非完备 Fermi-Dirac 积分的计算、5.5 节中的数值积分 Numerical Integration、第 9 章量子限制中遇到的 Airy 函数计算、第 11 章流密度计算中遇到的传递函数 transfer 计算、第 12 章中 Jacobian 矩阵的非物理填充与网格单元积分修正系数计算 Jacobian_auxil、第 13 章中稀疏线性矩阵求解以及条件数计算 slm、第 14 章中非线性方程组的迭代中止判断 nleqns、第 15 章的网格单元插值 element_interpolation，以及一些更普通的如开立方根矩阵范数计算 math_auxil 等子模块，如图 17.0.3 所示。

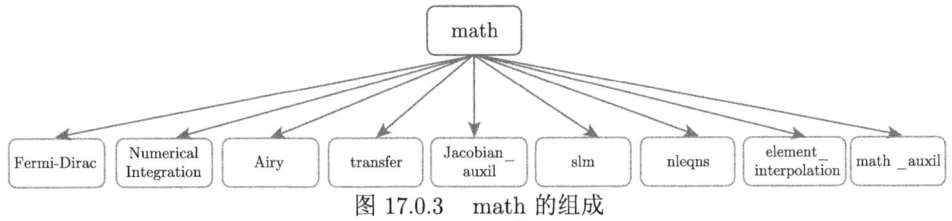

图 17.0.3　math 的组成

(5) model 模块，包含第 6 章光学参数 opnk、第 3 和 4 章材料模块 material、第 4 和 5 章功能层模块 functionalis、第 8 章表面与界面模块 surf、第 4 章量子限制模块 qc、第 9 章量子隧穿模块 qt 等子模块，AHSCS 中的 model 模块的嵌套如图 17.0.4 所示，其中虚线表示非模型程序。

相应的功能层模块 functionalis 和表面与界面模块 surf 的分层嵌套分别如图 17.0.5 和图 17.0.6 所示。

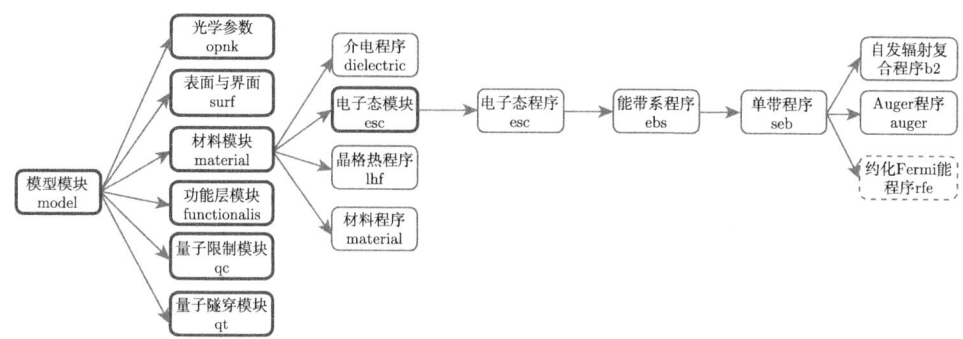

图 17.0.4　model 的组成

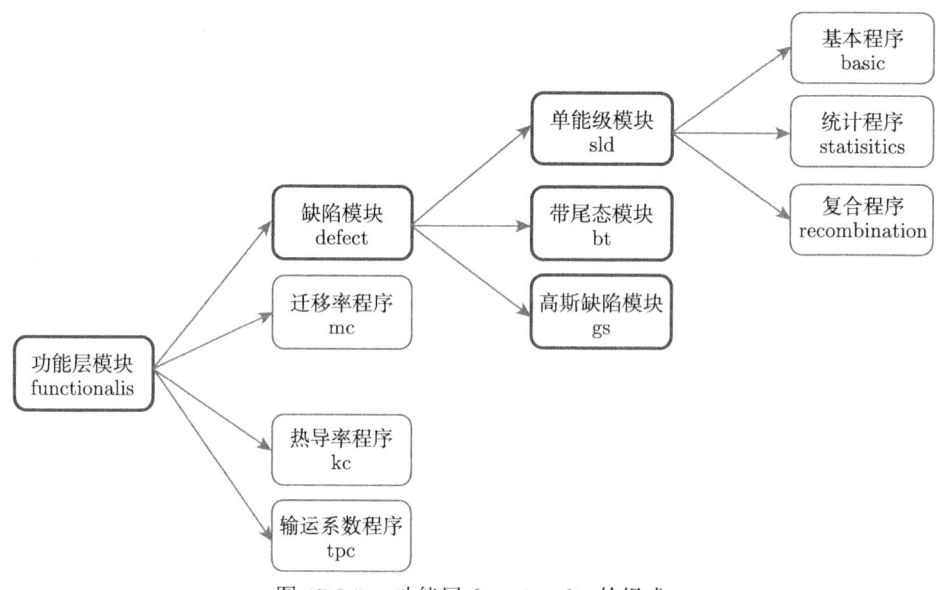

图 17.0.5　功能层 functionalis 的组成

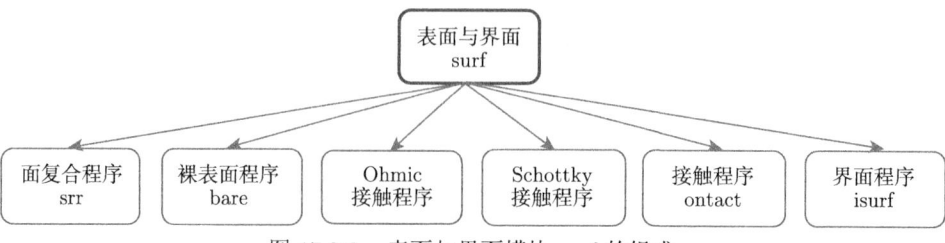

图 17.0.6　表面与界面模块 surf 的组成

(6) grid 模块，包括网格、单元、格点等数据类型定义及初始化，在此基础上的第 15 章中的初始网格生成算法实施，边界点集合等子模块。

(7) flux 模块，包括第 11 章中各种输运体系中流密度的计算等子程序。

(8) discret 模块，包括第 12 章中各种输运体系以格点为中心的输运方程的离散，返回函数值与各种偏导数。

(9) layer 模块，包括材料块、子层等数据结构的声明、初始化、模型参数索引和中间值计算等子程序，该模块确立了器件结构物理模型之间与几何模型之间以及两者之间的关联关系。

(10) node 模块，包括第 11 章和第 12 章中定义的网格点几何与物理参数及其连通性数据结构的声明、初始化、归一化、赋值计算等子程序。

(11) struct 模块，包括由材料块、表面与界面和各种非局域特性模型所定义的整体器件结构的数据结构的声明、初始化、读取、索引等子程序。

(12) work 模块，包括涵盖整个器件结构和数值任务的数据结构的声明、初始化、归一化、关联建立、各种内置本征函数计算等子模块，与之并行的还有一个能够依据器件结构文件执行全部任务的 run_time 子模块。

17.0.3 模块的分级编译

鉴于模块程序的层层嵌套，整个软件采用 makefile 分层编译的方式，做法是在每个目录下放一个关于本目录的编译文件，如对应 seb 模块的 makefile 为

```
MODLIB := -I../../../../../modules
flag1 := -Wuninitialized -Wimplicit-interface -Wunused-
    parameter -Wunderflow
flag2 := -Wconversion -fbounds-check -Wall -O2
flag3 := -Wuninitialized -Wunused-parameter -Wconversion -
    fbounds-check -Wall -O2
flag4 := -g -fbacktrace -ffpe-trap=zero,overflow,underflow,
    precision,denormal  -Wall -Wextra
source :=
fc = gfortran $(MODLIB) #$(flag1) $(flag4) $(flag2)

#
OBJ  =   rfe.o rfe_source.o\
         seb.o seb_basic.o seb_scale.o seb_configure.o
             seb_convert.o seb_value.o seb_charge.o
             seb_recomrate.o seb_qfguess.o
MOD  =   rfe.mod seb.mod
SMOD =   rfe_source.smod\
```

```
              seb_basic.smod seb_scale.smod seb_configure.smod
                  seb_convert.smod seb_value.smod seb_charge.smod
                  seb_recomrate.smod seb_qfguess.smod
all : $(OBJ)
        cp *.o    ../../../../../o/
        cp *.mod  ../../../../../modules/
        cp *.smod ../../../../../modules/
        rm -f *.smod
        rm -f *.o
        rm -f *.mod
        rm -f *~
#  ** common derived type **
seb_qfguess.o : seb_qfguess.f90
        $(fc) -c seb_qfguess.f90
seb_recomrate.o : seb_recomrate.f90
        $(fc) -c seb_recomrate.f90
seb_charge.o : seb_charge.f90
        $(fc) -c seb_charge.f90
seb_value.o : seb_value.f90
        $(fc) -c seb_value.f90
seb_convert.o : seb_convert.f90
        $(fc) -c seb_convert.f90
seb_configure.o : seb_configure.f90
        $(fc) -c seb_configure.f90
seb_scale.o : seb_scale.f90
        $(fc) -c seb_scale.f90
seb_basic.o : seb_basic.f90
        $(fc) -c seb_basic.f90
seb.o : seb.f90
        $(fc) -c seb.f90
rfe_source.o : rfe_source.f90
        $(fc) -c rfe_source.f90
rfe.o : rfe.f90
        $(fc) -c rfe.f90
clean :
        rm -f *.smod
        rm -f *.mod
        rm -f *.o
        rm -f ../../../../../modules/$(MOD)
        rm -f ../../../../../modules/$(SMOD)
```

17.1 读取过程

而在高层次目录则有针对下一层所有目录的 makefile，如 Numeric 下有

```
SUBDIRS = ./auxillary ./math ./grid ./model/opnk\
./model/material/esc/b2 ./model/material/esc/auger \
./model/material/esc/seb ./model/material/esc ./model/material\
./model/functionalis/defect/sld ./model/functionalis/defect\
./model/functionalis\
./model/surf ./model/qc ./model/qt ./model ./node ./layer\
./control ./struct ./charge\
./flux ./discret ./jacobian \
./work

all:$(SUBDIRS)
$(SUBDIRS):ECHO
        make -C $@
ECHO:
        @echo $(SUBDIRS)
clean:
        rm -f ././lib/libst0.a
        rm -f ././o/*.o
        rm -f ././modules/*.mod
        rm -f ././modules/*.smod
```

17.1 读取过程

数值计算模块中的读取工作比较简单，就是将第 16 章中转换的按照规则有序排列的文件输出。AHSCS 的 work_read 子程序中主要包括读取存放结果的文件路径、通用信息读取、模型数据读取、结构读取和控制参数读取等几部分，如下所示：

```
module subroutine work_read( u,ou,s )

    use struct  , only : struct_read
    use specif  , only : specif_read
    use mission , only : mission_read
    use control , only : control_read
    use model   , only : model_read

    implicit none
```

```
      integer :: u,ou
      type( work_ ) :: s
read( u,* )
!   结果路径
      read( u,'(A100)' ) s%result_path
read( u,* )
!   通用信息
      call Specif_read( u,ou,s%spec )
read( u,* )
!   模型参数读取
      call model_Read( u,ou,s%com )
read( u,* )
!   结构读取
call Struct_read( u,ou,s%str,s%com )
!   控制参数读取
call Control_read( u,ou,s%ctr )
!   数值任务读取
      call mission_read( u,ou,s%msn )

end subroutine work_read
```

17.2 初始化过程

初始化过程是指软件读取完器件结构编辑器所生成的输出文件后，为后续数值计算所做的准备工作，涉及依据计算要求设置的数值精度及相关常数，输运体系的归一化量，能带排列的转换，用来导出内建静电势的热平衡约化 Fermi 能，初始网格离散及单元与格点的各种编码，初始网格变量空间的建立，面向遍历顺序的子层各种模型与网格变量的索引，等等。

```
module subroutine runtime_init()
    implicit none
    call work_scalling( 6,job )
    call work_configuring( job,c )
    call work_convertfbXeToEcEv( 6,job )
    call work_GetValue( 0.0_wp,job )
    call work_CalYe( 6,job )
    call work_InitMesh( 6,job )
    call work_InitNvr( 6,job )
    call work_InitSpace( 6,job )
  end subroutine runtime_init
```

17.2 初始化过程

17.2.1 数值精度与常数

这部分包括三项内容：① 由用户所指定的计算精度所决定的各种计算中涉及的常数，如 π、π^2((9.4.1.2))、$\Gamma(3/2)$、$\log_{10} 2$、$1+\text{eps}=0$、精度位数、内置 Newton-Raphson 迭代次数与中止控制参数等，$1+\text{eps}=0$ 与精度位数分别能够通过 Fortran 内置子程序直接获得：eps=Epsilon(1.0_wp) 与 N_DIGITS = Precision(0.0_wp)；② 各种数值计算中数值截断的临界值，如指数函数为 $e^x=0$，$F_{1h}(x)=e^x$，传输函数中级数展开计算的临界点等；③ 各种物理常量的指数与小数部分 (见 (10.4.1.2a)~(10.4.1.2e)) 等，为归一化量的获取提供支撑。

【练习】

1. 编写一个能够涵盖自己器件结构所涉及的数值与物理常量的数据结构，并计算给出其中各个成员的数值。

2. 给出单精度与双精度中指数函数为 0 和 $F_{1h}(x)=e^x$ 的临界值。

17.2.2 归一化量

归一化量能够有效地将具有物理意义的输运方程体系转换成纯数学上的偏微分方程组，进而确保各种数值离散和求解方法的应用，其获得依据见 10.4.1 节，基本步骤如图 17.2.1 所示，典型实施过程如下：

```
module subroutine work_scalling( ou,w )
    implicit none
    integer , intent( in ) :: ou
type( work_ ) :: w
    call scaler_default( w%scl )
    call scaler_Init( w%spec,w%scl )
    call model_scaler( w%scl,w%com )
    call scaler_setup( w%scl )
    call scaler_output( ou,w%scl )
    call model_scalling( w%scl,w%com )
  end subroutine work_scalling
```

包括 ① 归一化量的缺省初始化 scaler_default；② 由用户观察实验数据和器件结构特征输入的归一化量 scaler_Init，如环境温度、几何尺寸和时间尺度等等；③ 遍历所有模型参数获得相应的归一化量 model_scaler，如介电常数、密度、迁移率、热导率、界面复合速率、界面电荷密度等；④ 计算输运方程体系数值计算中所有遇到的中间和各项归一化量 scaler_setup，中间归一化量包括环境温度载流子热能量、载流子热速率 (8.1.6.6a) 和 (8.1.6.6b)、波矢 (9.4.1.3) 和 (9.4.1.5)、二维载流子浓度 (4.7.1.1a) 等；⑤ 遍历所有模型参数进行相应归一化

model_scaling。这个过程使得所有模型的子程序中增加了归一化量获取与参数归一化两个功能实施。

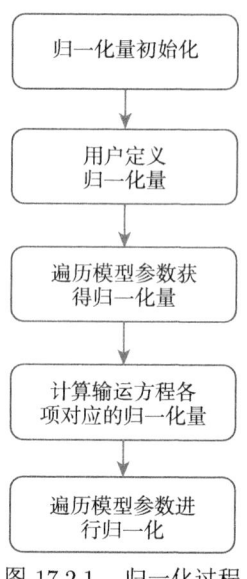

图 17.2.1 归一化过程

17.2.3 电子态能量从 Φ_B-χ_e 到 E_c-E_v 转换

通常的计算和画图显示若采用能带排列图像 (E_c-E_v),则要比 Φ_B-χ_e 图像简单,并且物理意义更明显一些,因此在数值计算开始前需要把所有材料电子态能量由 Φ_B-χ_e 图像转换成 E_c-E_v 图像。基本思路在 8.3.3 节中已经描述过,其中关键是要选取什么样的位置为 0 点,本书以 n 型接触金属 Fermi 能级 E_{Fm} 为 0 参考点,详细步骤如图 17.2.2 所示。

(1) 获取 n 型接触层材料最低导带电子亲和势 $\chi_e(1)$。

(2) 转换所有材料电子态能量从 Φ_B-χ_e 到 E_c-E_v:$E_{c,v}(i) = \chi_e(1) - \chi_{c,v}(i)$,注意,这样得到的 $E_c(1) = 0$, $E_v(1) = -E_g(1)$。

(3) 依据 n 型接触类型,获得材料所有电子态材料移动量 s,如果是 Ohmic 接触,需要计算 subalyer(1) 的热平衡约化 Fermi 能 η_e^0,移动量为 $s = -\eta_e^0$;Schottky 接触为 $s = \Phi_B$。

(4) 平移所有材料电子态能量 $E_{c,v}(i) = E_{c,v}(i) + s$,这里要注意的是,Ohmic 接触的移动量使得第一层的 $E_c(1) = -\eta_e^0$, $E_v(1) = -\eta_e^0 - E_g(1)$,从而热平衡静电势 $V_{bi}(1) = E_c(1) + \eta_e^0 = 0$,但是 Schottky 接触却不具备这样的性质。

17.2 初始化过程

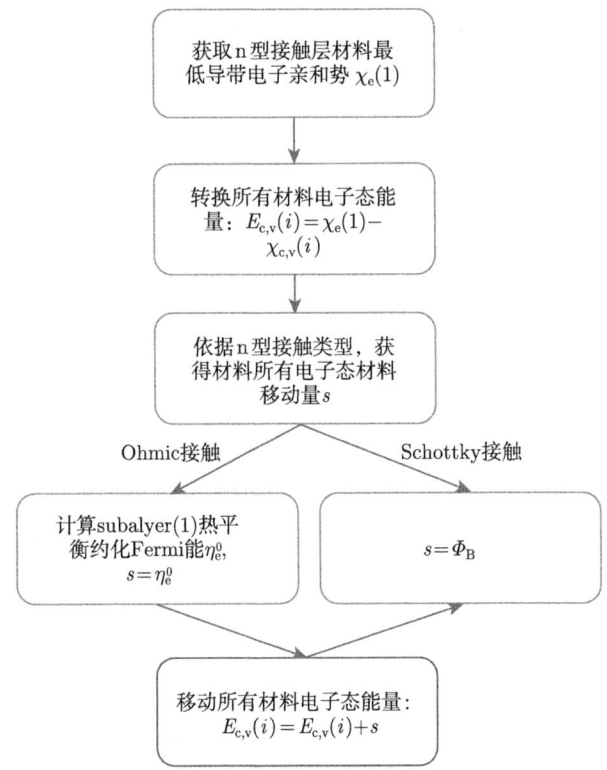

图 17.2.2 电子态能量从 $\Phi_B\text{-}\chi_e$ 到 $E_c\text{-}E_v$ 的转换过程

注意到，热平衡约化 Fermi 能 η_e^0 通过求解电荷中性方程 (5.2.3.1) 得到，考虑到数值稳定性，通常转换成 (5.9.1.6) 的形式并采用 5.9.2 节中的处理方法。

典型的程序如下所示：

```
module subroutine Work_ConvertfbXeToEcEv( ou,w )

    ! OBJECT :
    ! =======
    !       This subroutine convert Xe picture to Ec-Ev picture.
    ! =======


    ! Model :
    ! =======
    !       The Fermi level of the left metal is set to be '0' ,
    !       which depends on the type of the contact:
    !               (0) Ohmic    : Xm = Xe(1) - Ye(1)
    !               (1) Schottky : Xm = Xe(1) + Fbn
```

```
!       The CB edges of layers are positioned according to
  the difference
!       of Xm and Xe:
!                           Ec(i) = Xm - Xe(i)
! =======

! Implentment :
! =======
!       (1) firstly, convert XeEg picture to EcEg picture
  by Xe(1);
!       (2) secondly, shift the band edges according to the
  contact type by Ec-Ef = - Ye;
!       (3) call subroutine Xeb_TransferConfig and
  Xeb_SetValues0 to generate Xeb(1);
!       (4) call subroutine CHARGE_CalYe to calculate Ye;
!       (5) call subroutine Xebp_XeEg_To_EcEg to convert
  XeEg to EcEg.
! =======

use Fun , only : Fun_Value
use Esc , only : esc_shift,esc_GetEg,esc_GetValue2
use Layer , only : LAYER_
use Osurf , only : OSURF_
use Charge , only : CHarge_Ye
use Defect , only : defect_GetValue
use Material , only : MATERIAL_
use Functionalis , only : FUNCTIONALIS_
use Ah_Precision , only : wp => REAL_PRECISION
use Stop_Criteria , only : STOP_CRITERIA_


implicit none
integer , intent( in ) :: ou
type( work_ ) :: w

integer :: i
real( wp ) :: s,eg,ye0
type( layer_ ) , pointer :: hl
type( osurf_ ) , pointer :: sp
type( sublayer_ ) , pointer :: sl
```

17.2 初始化过程

```fortran
type( material_ ) , pointer :: mp,ma(:)
type( functionalis_ ) , pointer :: f
type( stop_criteria_ ) , pointer :: c

nullify( hl,sl,sp,mp,ma,f,c )

!     建立对材料模型、边界模型等的索引

ma => w%com%ma
hl => w%str%hl(1)
sl => hl%sl(1)
f  => sl%fptr
!     pointer to left contact
sp => w%com%os( sl%b(1)%sd_id )

!     生成第一层材料的电子亲和势

s  = fun_value( 0.0_wp,sl%mptr%e%cb%eb(1)%E )

!     依据第一层材料电子亲和势转换其他材料

do i = 1, w%com%nma, 1

   mp => ma( i )
   call esc_shift( .TRUE.,-s,mp%e )
   mp%Is_Ec = .TRUE.

end do

!     计算第一层材料热平衡约化Fermi能

select case( sp%Osurf_Type )
case( 0 )
    !      Ohmic接触 : Efm - Ec =  Ye
    !      获得第一层材料电子态参数
    call esc_GetValue2( 0.0_wp,sl%mptr%e,sl%m%e )
    eg = esc_getEg( sl%m%e )
    call defect_GetValue( eg,0.0_wp,sl%fptr%d,sl%f%d )

    !      索引迭代控制参数
```

```
        c    => w%ctr%nm%solver%outter
        ye0  = CHARGE_Ye( ou,sl%m%e,sl%f%d,c )

        F%Is_Used = .TRUE.
        F%ye0 = ye0

        sl%ye0  =  ye0
        write( ou,'("left Ye = ",es11.4,1X,"eV")' ) ye0*w%scl%
            energy
        s = - ye0

    case( 1 )
        !       Schottky 接触: Efm - Xe = fBn
        s =  sp%ssf%FBn

    case default
    end select


    !    移动所有材料的电子态的能量

    do i = 1, w%com%nma, 1
        call esc_Shift( .FALSE.,s,ma(i)%e )
    end do
    nullify( hl,sl,sp,mp,ma,f,c )
end subroutine Work_ConvertfbXeToEcEv
```

【练习】

考虑一下太阳电池结构中是否还有其他接触类型对能带排列转换的影响，编制相关子程序。

17.2.4 电荷中性方程

单层材料约化 Fermi 能通过求解电荷中性方程 (5.2.3.1) 获得，标准的单导带/价带电荷中性方程为

$$p(\eta_h) - n(\eta_e) + \sum_{i=1}^{n_D} N_D^i f_i^0 [n(\eta_e), p(\eta_h)] - \sum_{j=1}^{n_A} N_A^j f_j^1 [n(\eta_e), p(\eta_h)] = 0 \quad (17.2.4.1)$$

根据第 4 章中电子密度 n 和空穴密度 p 与其约化 Fermi 能之间的关联关系，以及热平衡状态电子与空穴准 Fermi 能级重合的事实：

$$\eta_e = E_F - (E_c - qV) = qV - E_c \quad (17.2.4.2a)$$

17.2 初始化过程

$$\eta_\mathrm{h} = (E_\mathrm{v} - qV) - E_\mathrm{F} = -\eta_\mathrm{e} - E_\mathrm{g} \tag{17.2.4.2b}$$

热平衡电子约化化学势就是 Fermi 能级与导带边的距离，可以把它作为电荷中性方程的唯一变量进行求解，这是一个单变量非线性方程：

$$p(-\eta_\mathrm{e} - E_\mathrm{g}) - n(\eta_\mathrm{e}) + \sum_{i=1}^{n_\mathrm{D}} N_\mathrm{D}^i f_i^0 \left[n(\eta_\mathrm{e}), p(-\eta_\mathrm{e} - E_\mathrm{g}) \right]$$

$$- \sum_{j=1}^{n_\mathrm{A}} N_\mathrm{A}^j f_j^1 \left[n(\eta_\mathrm{e}), p(-\eta_\mathrm{e} - E_\mathrm{g}) \right] = 0 \tag{17.2.4.3}$$

通过对方程 (17.2.4.3) 的数值求解，可以获得每层材料中 Fermi 能级与导带边的距离 η_e。电荷中性方程占据因子 f_TD 和 f_TA 非常容易出现数值上溢与下溢，使导数奇异，稳定数值方法见 5.9 节。

尽管 5.9 节中关于 SRH 电荷占据的局部数值归一化方法能够保证各个分量不出现数值计算上的异常，但电荷中性方程依然会出现数值上溢或下溢的情形。举个极端的例子，例如，材料纯度高到没有任何带隙间缺陷，Fermi 能级处在带隙中间导致电子/空穴约化 Fermi 势很小，电荷中性方程的 Newton 步长为

$$\frac{N_\mathrm{v} \mathrm{e}^{\ln F_{lh}(\eta_\mathrm{h})} - N_\mathrm{c} \mathrm{e}^{\ln F_{lh}(\eta_\mathrm{e})}}{N_\mathrm{v} \mathrm{e}^{\ln F_{mh}(\eta_\mathrm{h})} + N_\mathrm{c} \mathrm{e}^{\ln F_{mh}(\eta_\mathrm{e})}} \tag{17.2.4.4}$$

可见分母 $N_\mathrm{v} \mathrm{e}^{\ln F_{mh}(\eta_\mathrm{h})} + N_\mathrm{c} \mathrm{e}^{\ln F_{mh}(\eta_\mathrm{e})}$ 与分子 $N_\mathrm{v} \mathrm{e}^{\ln F_{lh}(\eta_\mathrm{h})} - N_\mathrm{c} \mathrm{e}^{\ln F_{lh}(\eta_\mathrm{e})}$ 都会出现数值溢出。通过上述观察与考虑，为了避免数值上的溢出，全局的归一化因子应该取 $\max\{\ln n, \ln p\}$。

到这里，我们可以系统整理出电荷中性方程的数值解法。

1. 给出电荷中性方程关于 η_e 的初始猜测值

初始猜测值方法通常有两种，一是根据材料掺杂特性设定一个比较宽的区间，通过二分法获得比较精确的解；二是设定缺陷完全离化，根据 Maxwell-Boltzmann 统计分布获得 η_e 的猜测值。

1) 二分法的区间

二分法的求解过程非常简单，如果连续函数 $f(x)$ 在区间 $[a,b]$ 上满足 $f(a)f(b) < 0$，那么通过反复迭代如图 17.2.3 所示的过程就可以找到近似零解。

关于二分法初始区间猜测，一个比较粗略的过程如下所述。

(1) n 型掺杂材料，表示 Fermi 能级与导带边的距离的 η_e 合理区间应该为 $[-0.5E_\mathrm{g}, E_\mathrm{g}]$。如果掺杂浓度比较低，那么导带边位于 Fermi 能级上面，此时 η_e 是负值，最大的距离是假设 Fermi 能级位于带隙中间 $-0.5E_\mathrm{g}$；掺杂浓度很高，甚

至简并的情况下，Fermi 能级位于导带边的上面，此时 η_e 是正值，这里我们假设上限是 E_g，因此在二分法里对于 n 型掺杂材料所选择的区间为 $[-0.5E_g, E_g]$。

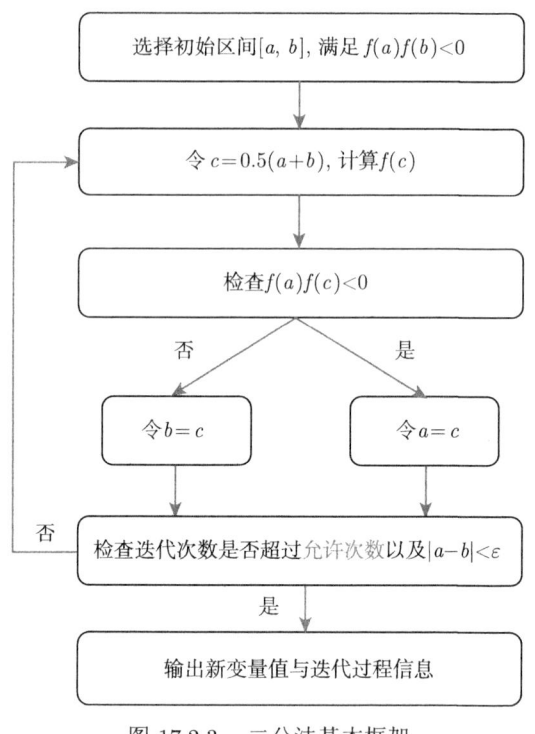

图 17.2.3　二分法基本框架

(2) p 型掺杂材料，掺杂浓度比较低的情况下，可以认为极限情况是 Fermi 能级位于带隙中间，因此下限是 $-0.5E_g$；掺杂浓度极高的情况下 Fermi 能级深入价带，这里取上限为 $-1.5E_g$。

(3) 本征材料，或掺杂浓度比较低的情形，Fermi 能级位于带隙间，下限与价带边重合，上限与导带边重合，这样初始猜测区间为 $[-E_g, 0]$。

总结成如 (17.2.4.5) 所示：

$$[a,b] = \begin{cases} \left[0.5\left(\ln\dfrac{N_v}{N_c} - E_g\right), 0.5E_g\right], & \text{n 型} \\ [-E_g, 0], & \text{本征} \\ \left[-1.5E_g, 0.5\left(\ln\dfrac{N_v}{N_c} - E_g\right)\right], & \text{p 型} \end{cases} \quad (17.2.4.5)$$

更进一步，如果施主浓度低于导带带边态密度，那么初始猜测区间可以进一

17.2 初始化过程

步收缩到 $[0.5(\ln N_v/N_c - E_g), 0]$；类似地，受主浓度低于价带带边态密度，初始猜测区间也可以进一步收缩到 $[-E_g, 0.5(\ln N_v/N_c - E_g)]$。

2) 直接 Newton 法的初始值

初始值可以采用二分法或者 Maxwell-Boltzmann 统计近似获得。这里讨论后面一种方法。假设掺杂完全离化，载流子分布服从 Maxwell-Boltzmann 统计，这样方程 (17.2.4.3) 在三种掺杂情况下简化为

$$\begin{cases} N_c e^{\eta_e} = N_D, & \text{n 型} \\ N_c e^{\eta_e} = N_v e^{-\eta_e - E_g}, & \text{本征} \\ N_v e^{-\eta_e - E_g} = N_A, & \text{p 型} \end{cases} \quad (17.2.4.6)$$

简单地求解式 (17.2.4.6) 中的代数方程，就可以分别得到 η_e 的初始猜测值

$$\eta_e = \begin{cases} \ln \dfrac{N_D}{N_c}, & \text{n 型} \\ 0.5\left(\ln \dfrac{N_v}{N_c} - E_g\right), & \text{本征} \\ -\ln \dfrac{N_A}{N_v} - E_g, & \text{p 型} \end{cases} \quad (17.2.4.7)$$

2. Newton 法迭代获得最终解

针对上面关于 Newton-Raphson 算法的讨论，具体实施时注意如下两点：

(1) 电荷中心方程的导数的归一化采用第 5 章中策略。

(2) 迭代过程的中止采用最大允许迭代数、函数残差、步长相对增加等三种方法进行判断。

整个 Newton 迭代过程与图 13.1.3 类似。显而易见的是，无论采用二分法还是 Newton 迭代法，我们都希望残差值是数学意义上的 "0"，而不是数值溢出的不正常的 "0"，因此这就更凸显出 5.9.1 节中数值处理方法的重要意义了。

```
real( wp ) function Charge_Ye( ou,e,d,s )
  ! Object :
  ! =======
  !        This subroutine calculate the electron reduced Fermi
       energy
  !        under thermo-equilibrium .
  ! =======
  ! Model :
  ! =======
  !        f = Nv*FD(-Eg-ye) - Nc*FD(ye) + Nd*f0 - Na*f1 = 0
```

```
! =======
! Implement :
! =======
!         ( 1 ) call function Charge_GuessYe to obtain initial
    ye;
!         ( 2 ) Call subroutine Esc_rfe3 to calculate Fermi-
   Dirace integrals.
!         ( 3 ) Call subroutine Charge_Point to calculate
   function values and derivatives.
! =======
use esc
use defect
use error
use Newton
use ah_precision , only : wp => REAL_PRECISION
use stop_criteria , only : stop_criteria_ ,Stop_Criteria_Test1

implicit none

integer , intent( in ) :: ou
type( esc_v_ ) :: e
type( defect_v_ ) , intent( in ) :: d
type( stop_criteria_ ) , intent( in ) :: s

interface
   real( wp ) function Charge_GuessYe( e,d )
     use esc , only : esc_v_
     use defect , only : defect_v_
     use ah_precision , only : wp => REAL_PRECISION
     implicit none
     type( esc_v_ ) , intent( in ) :: E
     type( defect_v_ ) , intent( in ) :: D
   end function Charge_GuessYe
   subroutine Charge_Point( ou,e,d,f )
     use esc , only : esc_v_
     use defect , only : defect_v_
     use ah_precision , only : wp => REAL_PRECISION
     implicit none
     integer , intent( in ) :: ou
     type( esc_v_ ) , intent( in ) :: e
```

17.2 初始化过程

```
            type( defect_v_ ) , intent( in ) :: D
            real( wp ) , intent( out ) :: f(3)
         end subroutine Charge_Point
      end interface

      logical :: flag
      integer :: i,code
      real( wp ) :: Eg,Ye,Ec0,Ev0,v(3)
      real( wp ) :: f(3),dx(20),fx(20),dfx(20)
      type( seb_v_ ) , pointer :: CB,VB

      v   = 0.0_wp
      dx  = 0.0_wp
      fx  = 0.0_wp
      dfx = 0.0_wp
      CB => e%CB%eb(1)
      VB => e%VB%eb(1)
      Ec0 = CB%E
      Ev0 = VB%E
      Eg  = Ec0 - Ev0

      !   Initial Ye guess based on Maxwell-Boltzmann
      Ye = Charge_GuessYe( e,d )
      write( ou,'("MB Guess = ",1X,es11.4)' ) Ye

      !   shift band edge according to the defination of Ye = - Ec
      CB%E = - Ye
      VB%E = - Ye - Eg

      !   reduced Fermi energy and related FD integrals
      call Esc_rfe3( v,e )

      i = 1
      code = 0
      flag = .FALSE.

100   continue

      !   calculate f(ye,yh),dye,dyh of Charge-Neutrality equation
      call Charge_Point( ou,e,d,f )
```

```
      !
      fx(i)  = f(1)
      !     dye = dye - dyh
      dfx(i) = f(2) - f(3)
      !    Newton step
      Dx(i) =  - fx(i)/dfx(i)

      !    New Ye
      Ye    =   Ye + dx(i)
      CB%E  = - Ye
      VB%E  = - Ye - Eg

      !    Check whether dx satisfying iteration terminating
           criteria
      call Newton_TestStep( Ye,dx(i),s%REL_ERR,flag,code )
      if ( flag ) goto 200
      call Newton_TestNumber( i,s%MAX_ITER_NUM,flag,code )
      if ( flag ) goto 200

      !    generate new reduced Fermi enrgy with new Ec and Ev
      call Esc_rfe3( v,e )

      i = i + 1
      goto 100

200 select case( code )
    case(-1)
        call Error_CN( ou,fx(i),dfx(i),dx(i),'CN Failed!' )
    case(2)
        call Error_CN( ou,fx(i),dfx(i),dx(i),'Step Terminated!',i
            )
    end select

    Charge_Ye = Ye
    CB%E = Ec0
    VB%E = Ev0

end function Charge_Ye
```

17.2 初始化过程

【练习】

(17.2.4.5) 中所取的二分法初始区间过大，通常计算量比较大，思考是否还有其他更好的区间确定方法能够有效减少二分法初始区间。

17.2.5 初始化子层模型参数值

子层模型参数值初始化包括子层在遍历顺序中第一个界面格点上的材料模型、输运模型和缺陷模型的参数值，如图 17.2.4 所示。

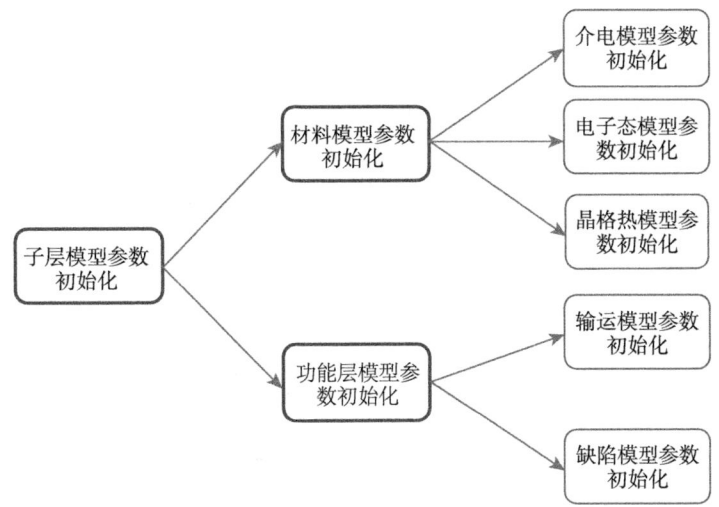

图 17.2.4　子层模型参数的初始过程

其中缺陷模型参数值的初始化需要当前位置材料带隙，是因为缺陷的寿命模型参数 (表 5.8.1) 中有时只输入了 E_{dc} 或 E_{dv} 中的一个值，在计算中需要补齐，下述子程序描述了该过程：

```
module subroutine Sublayer_GetValue( x,c,m,f,s )
    implicit none
    real( wp ) , intent( in ) :: x,c
    type( material_ ) , intent( in )  :: m
    type( functionalis_ ) , intent( in )  :: f
    type( sublayer_ ) :: s
    real( wp ) :: eg

    call material_getvalue( x,c,m,s%m )
    eg = esc_getEg( s%m%e )
    call functionalis_getvalue( eg,x,f,s%f )
end subroutine Sublayer_GetValue
```

17.2.6 计算热平衡约化 Fermi 能

热平衡约化 Fermi 能对于获得材料的静电势初始猜测值非常关键，均匀材料只需要计算一次即可，否则器件几何区域上的每个网格点都要进行计算，其中调用子程序 Charge_Ye 得到热平衡约化 Fermi 能。

```
module subroutine Work_CalYe( ou,w )
    ! OBJECT :
    ! =======
    ! This subroutine the reduced Fermi energy of each
        sublayers
    ! at thermal equalibrium
    ! =======
    implicit none
    integer , intent( in ) :: ou
    type( work_ ) :: w
    integer :: i,j,k
    real( wp ) :: y,eg
    type( seb_v_ ) , pointer :: c,v
    type( material_ ) , pointer :: m
    type( sublayer_ ) , pointer :: sl
    type( functionalis_ ) , pointer :: f
    type( stop_criteria_ ) , pointer :: s

    nullify( s,sl,f,c,v )

    s  => w%ctr%nm%solver%outter

    do i = 1, w%str%nhl, 1
       do j = 1, w%str%hl(i)%nsl, 1
          if( i.Eq.1.AND.j.Eq.1 )cycle
          sl => w%str%hl(i)%sl(j)
          f  => w%com%Fu(sl%Fu_ID)
          !write( ou,'("fu_ID =",1X,I4)') fu_ID
          if( F%Is_Used ) then
             sl%ye0 = f%ye0
             write( ou,'("Layer:",1X,I4,"Sublayer:",1X,I4,1X,"&
                 Ye0:",1X,f7.4,1X,"eV")' )&
                 &i,j,sl%Ye0*w%scl%energy
          else
```

17.2 初始化过程

```
                    m => w%com%ma(sl%ma_ID)

                    ! Get_Value2仅更新带边态密度与带边能量
                    call esc_GetValue2( 0.0_wp,m%e,sl%m%e )
                    eg = esc_getEg( sl%m%e )
                    call defect_GetValue( eg,0.0_wp,F%d,sl%f%d )
                    y  = Charge_Ye( ou,sl%m%e,sl%f%d,s )

                write( ou,'("Layer:",I4,"Sublayer:",I4,1X,"Ye0:",f7.4,"
                    eV")' )i,j,y*w%scl%energy
                    sl%Ye0 = y
                    F%Is_Used = .TRUE.
                    F%ye0 = y
                end if
            end do

        end do
        do i = 1, w%str%nhl, 1
            do j = 1, w%str%hl(i)%nsl, 1
                sl => w%str%hl(i)%sl(j)
                c => sl%m%e%CB%eb(1)
                v => sl%m%e%vB%eb(1)
                write(6,'(A6,1X,I4,A10,1X,I4,2(1X,es11.4))') 'Layer
                    :',i,'SubLayer:',j,&
                    &c%E,v%E
            end do

        end do
        nullify( s,sl,f,c,v )
    end subroutine Work_CalYe
```

17.2.7 初始网格离散

初始网格离散涉及以子层为单元的网格单元和网格点生成、全局和局域 (层和子层) 编码 (几何和物理两种编码)、边界格点编码和集合形成等三部分内容。下面程序显示了一维器件结构中的网格生成示例，其中每个子层都采用线性网格生成算法子程序 Mesh_Linear1d_GridGen。

```
    module subroutine work_InitMesh( ou,w )
        implicit none
        integer , intent( in ) :: ou
```

```
type( work_ ) :: w

integer :: i,j,k,l,n,ne,istat
real( wp ) :: th,xs

type( layer_ ) , pointer :: hl
type( sublayer_ ) , pointer :: sl
integer , pointer :: v(:)
type( da1 ) , pointer :: h(:),x(:)
type( ida ) , pointer :: s(:)
type( mesh_linear1d_ ) , pointer :: MS(:)

call grid_default( w%grd )

n = w%str%nhl
allocate( w%grd%h(n),stat=istat )
allocate( w%grd%x(n),stat=istat )
if (istat.eq.0) write(ou,10) 'h and x Allocated'
allocate( w%grd%vnode(n),stat=istat )
allocate( w%grd%snode(n),stat=istat )
if (istat.eq.0) write(ou,10) 'vnode and snode Allocated'

h => w%grd%h
x => w%grd%x
v => w%grd%vnode
s => w%grd%snode

ms => w%com%ms
w%grd%nl = n
xs = 0.0_wp

do i = 1, n, 1

    ne = 0
    th = 0.0_wp
    hl => w%str%hl(i)
    nullify( s(i)%a )
    s%number = hl%nsl
    allocate( s(i)%a(hl%nsl),stat=istat )
```

17.2 初始化过程

```
       do j = 1, hl%nsl, 1
          sl => hl%sl(j)
          sl%nonb(1) = nonb1_(.false.,.true.,w%grd%ne+i,w%grd%
              ne+1,ne+1,1,0)
          k = ms(sl%mesh_ID)%ne
          sl%ne = k
          ne = ne + k
          th = th + sl%th
          w%grd%ne = w%grd%ne + sl%ne
          s(i)%a(j) = k
          sl%nonb(2) = nonb1_(.true.,.false.,w%grd%ne+i,w%grd%
              ne+1,ne+1,k+1,-1)
       end do

       hl%ne = ne
       hl%th = th
       v(i) = ne + 1
       w%grd%th = w%grd%th + th

       h(i)%number = ne
       x(i)%number = ne + 1
       allocate( h(i)%a(ne),stat=istat )
       allocate( x(i)%a(ne+1),stat=istat )

       l = 0
       do j = 1, hl%nsl, 1

          sl => hl%sl(j)
          k  = sl%ne
          th = sl%th
          call Mesh_Linear1d_GridGen( xs,th,x(i)%a(l+1:l+k+1),h
              (i)%a(l+1:l+k),ms(sl%mesh_ID) )
          sl%sp%h => h(i)%a(l+1:l+k)
          sl%sp%x => x(i)%a(l+1:l+k+1)
          write( ou,20 ) 'layer', i, 'Sublayer', j, 'Grid
              Generated'
          l = l + k
          xs = xs + th

       end do
```

```
       end do
10  format( a21,I4 )
20  format( a20,I2,a20,I2,a20 )
   end subroutine work_InitMesh
```

其中 nonb1_ 是封装一维界面网格点各种编码与连通性的数据结构,如下所示:

```
type nonb1_
    logical :: IsLeft
    logical :: IsRight
    integer :: ip
    integer :: ig
    integer :: t
    integer :: tt
    integer :: e_offset
end type nonb1_
```

【练习】

自己编写能够处理以 Eriksson 函数形式控制网格分布的 work_InitMesh 函数。

17.2.8 初始网格变量

10.1.4 节中的变量在离散网格点上的离散值组成了网格变量数据结构,依据 12.1 节和 12.2 节的论述,网格变量是以材料块上网格点数目为长度的多个一维实数数组单元,如表 17.2.1 所示。

表 17.2.1 一维子层变量索引数据结构与实施子程序

数据结构	子程序

`type nvr_`
`  ! Space For Nodal Variables`
`  Type( da1 ) , pointer :: V(:)`
`  Type( da1 ) , pointer :: T(:)`
`  type( da1 ) , pointer :: Efe(:)`
`  type( da1 ) , pointer :: Efh(:)`
`  type( da1 ) , pointer :: te(:)`
`  type( da1 ) , pointer :: th(:)`
`end type nvr_`
	`module subroutine work_InitNvr( ou,w )`
	`  implicit none`
	`  integer , intent( in ) :: ou`
	`  type( work_ ) :: w`
	`  call nvr_default( w%nvr )`
	`  call nvr_setup( ou,w%grd%nl,w%grd%vnode,w%nvr )`
	`end subroutine work_Initnvr`

【练习】

编写按照初始网格离散所生成的数据初始化网格变量的程序 nvr_setup。

17.2.9 子层变量索引

子层变量索引包括设置对当前子层范围内的网格点几何位置与编码数组、以材料块为单元的网格变量数组等两个内存区域的指针指向过程，表 17.2.2 显示了封装这种一维内存区域的数据结构 Space_，以及对一维材料块 Layer_ 和子层 Sublayer_ 的相关程序。

表 17.2.2　一维子层变量索引数据结构与实施子程序

数据结构	子程序

``
type space_
  integer :: ne
  integer :: nn
  real(wp), pointer :: h(:)
  real(wp), pointer :: X(:)
  real(wp), pointer :: V(:)
  real(wp), pointer :: Efe(:)
  real(wp), pointer :: Efh(:)
  real(wp), pointer :: te(:)
  real(wp), pointer :: th(:)
end type space_
``
	``
	module subroutine Work_InitSpace(Ou,w)
	  implicit none
	  integer , intent(in) :: ou
	  type(work_) , intent(in) :: w
	
	  integer :: i,j,n,i0,i1
	  type(layer_) , pointer :: hl(:)
	  type(space_) , pointer :: sp
	  type(sublayer_) , pointer :: Sl
	
	  n = w%str%nhl
	  hl => w%str%hl(:)
	  do i = 1, n, 1
	
	    sp => hl(i)%sp
	    sp%ne = w%grd%h(i)%number
	    sp%nn = sp%ne + 1
	    sp%h => w%grd%h(i)%a
	    sp%x => w%grd%x(i)%a
	    sp%V => w%nvr%V(i)%a
	    sp%Efe => w%nvr%Efe(i)%a
	    sp%Efh => w%nvr%Efh(i)%a
	    do j = 1, hl(i)%nsl, 1
	      sl => hl(i)%sl(j)
	      i0 = sl%nonb(1)%t
	      i1 = sl%nonb(2)%t
	      sp =>sl%sp
	      sp%V => w%nvr%V(i)%a(i0:i1)
	      sp%Efe => w%nvr%Efe(i)%a(i0:i1)
	      sp%Efh => w%nvr%Efh(i)%a(i0:i1)
	    end do
	  end do
	end subroutine Work_InitSpace
	``

【练习】

表 17.2.2 并没有考虑光学产生速率的影响，修改其中数据结构与程序，使其适应存在光学产生速率的情形。

17.3 热平衡能带计算

热平衡时格点变量值是所有太阳电池数值分析任务的出发点，具有关键意义。热平衡情况的主要特征是所有区域的准 Fermi 能位于 0 点，在这种情况下，如果知道了热平衡约化 Fermi 能 η_e^0，那么依据其定义：$\eta_e^0 = E_{Fe}^0 + qV^0 - E_c = qV^0 - E_c$，可以得到 $\eta_e^0 + E_c = qV^0$，这样定义的静电势值通常称为内建静电势。

对于采用 13.1.7 节中所述的流程与实施子程序而言，前提是获得静电势的初始猜测值，这个过程可以分成三部分：材料内部、界面与表面。

(1) 材料内部网格点的初始猜测值来自依据电荷中性方程 (10.4.2.5a) 计算得到的热平衡约化 Fermi 能 η_e^0，如果是非均匀材料，则需要逐个格点计算，依据定义：

$$V^0 = \eta_e^0 + E_c \tag{17.3.1}$$

(2) 同质/异质界面上的网格点的初始猜测值利用了静电势在界面上连续的条件，取两边紧邻内部网格点静电势的初始猜测值 V^{0-} 与 V^{0+} 的算术平均值：

$$V^0 = 0.5 \times (V^{0-} + V^{0+}) \tag{17.3.2}$$

(3) 表面分成金属半导体接触与自由表面两种，金属半导体接触属于 Dirichlet 边界条件，静电势永远是固定值，为电荷中性方程所定义的内建静电势，依据 17.2.3 节中的结论，这样有一端的静电势为 0。自由表面的初始猜测值取其紧邻材料内部网格点处的内建静电势。

初始值猜测的相关程序见表 17.3.1。迭代过程与中止条件见 13.1.7 节和 13.1.5 节，这里需要注意的是，Poisson 方程迭代通常不需要采用步长收缩策略。

【练习】

结合自己面对的器件结构，编写适合的静电势初始猜测值子程序。

17.3 热平衡能带计算

表 17.3.1　热平衡静电势的初始值猜测

子层内初始值猜测	器件结构内初始值猜测
| ```
module subroutine
work_initV1d_sl(ou,fl,fr,sl)
  Use sublayer, only : sublayer_
  Use ah_precision, only : wp =>
REAL_PRECISION
  implicit none
  integer, intent( in ) :: ou
  real( wp ) :: fl,fr
  type( sublayer_ ), INTENT( in ) :: sl

  integer :: i0,i1
  real( wp ), pointer :: V(:)


  fr = sl%m%e%CB%eb(1)%E + sl%Ye0
  V => sl%sp%V
  i0 = sl%nonb(1)%tt
  i1 = sl%nonb(2)%tt
  select case( sl%b(1)%stype )
  case( 1,3 )
    V( i0 ) = fr
  case( 4,5 )
    V( i0 ) = 0.5_wp*(fl+fr)
  case default
  end select

  V( i0+1:i1-1 ) = fr
  write( ou,'(A20,1X,es11.4,1X,A4,/ )')
'qV :',fr ,'eV'
  select case( sl%b(2)%stype )
  case( 1,3 )
    v( i1 ) = fr
  end select
  fl = fr
end subroutine work_initV1d_sl
``` | ```
module subroutine work_initV1d( ou,w )
  use da , only : da1
  use layer , only : layer_
  use sublayer , only : sublayer_
  use ah_precision , only : wp => real_precision
  implicit none
  integer , intent( in ) :: ou
  type( work_ ) :: w
  integer :: i,j,n
  real( wp ) :: fl,fr
  real( wp ) , dimension( : ) , pointer :: a
  type( da1 ) , dimension( : ) , pointer :: V
  type( layer_ ) , pointer :: hl(:)
  type( sublayer_ ) , pointer :: sl(:)

  n = w%str%nhl
  V => w%nvr%V
  hl => w%str%hl
  fl = 0.0_wp
  fr = 0.0_wp
  do i = 1, n, 1
    a => V(i)%a
    sl => hl(i)%sl
    do j = 1, hl(i)%nsl, 1
      write( 6,'(A10,I4,1X,A10,1X,I4)' ) 'Layer:',i,'Sublayer:',j
      write(6,'(2(A6,1X,es11.4))') 'Ec = ',sl(j)%m%e%CB%eb(1)%E,&
        &'Ev = ',sl(j)%m%e%VB%eb(1)%E
      if( i.eq.1.and.j.eq.1 ) then
        a(1:sl(j)%ne+1) = 0.0_wp
        cycle
      end if
      call work_initV1d_sl( ou,fl,fr,sl(j) )
    end do
  end do
  ! ----------------
  ! 界面连续性条件补充
  ! ----------------
  do i = 1, n-1, 1
    V(i)%a(V(i)%number) = V(i+1)%a(1)
  end do
  nullify( V,hl )
end subroutine work_initV1d
``` |

17.4 基本功能

软件的基本功能实施的是 16.4.1 节所述的内置子程序，这里选取几个典型进行阐述。

17.4.1 暗电流电压曲线

IV 特性是太阳电池性能的最终表现，包括无光照 (DIV) 和有光照 (LIV) 两种，两者的出发点不同，DIV 以热平衡 (TE) 为出发点，LIV 以光照短路 (SC) 为出发点，但是其基本流程一样，如图 17.4.1 所示。

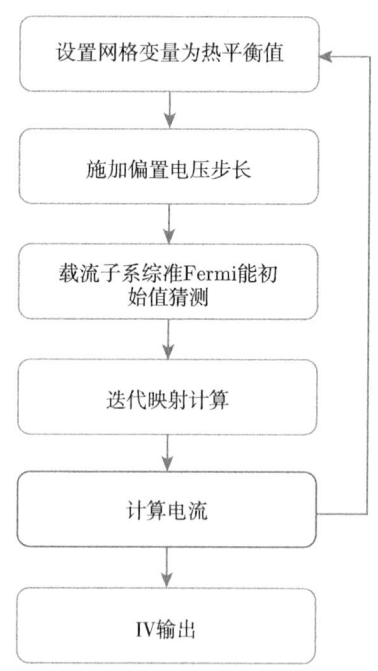

图 17.4.1　无光照 DIV 计算流程

下面程序示例了以长为 $1k_BT$ 的 71 个取样点的 DIV 计算过程，如果计算电流超过 $20\text{mA}/\text{cm}^2$ 则终止计算，最终输出 IV 和终止时网格变量数值，当然可以取任意非均匀步长的电压分布以及其他电流限制。

```
module subroutine work_div( ou,w,c1 )
    Use ah_precision ,  only : wp => REAL_PRECISION
    implicit none
    integer , INTENT( in ) :: ou
```

```fortran
    type( work_ ) , INTENT( in ) :: w
    type( connect_ )   :: c1

    integer :: i,ierr
    real( wp ) :: J(71)

    J = 0.0_wp

    !   reset to thermal eqillirium
    call nvr_reset_TE( w%nvr )

    !   current
    call work_Gummel( .false.,ou,c1,w,ierr )
    call work_nvr_current( J(1),c1,w )
    do i = 2, 71 , 1
       call work_nvr_Vstep( 1.0_wp,w )
       call work_Gummel( .false.,ou,c1,w,ierr )
       call work_nvr_current( J(i),c1,w )
       if( abs(J(i))>20.0_wp ) exit
    end do
    Call Work_Output_IV('/DIV.prn',w,i,J)
    Call Work_Output_Nvr('/nvr_1.6.prn',2,w)

end subroutine work_DIV
```

【练习】

编写一个以偏置电压数组为输入参数的 DIV 计算程序，其中偏置电压数组储存了用户定义的偏置电压取样点分布。

17.4.2 量子效率

量子效率 (QE) 的计算涵盖了感兴趣的起始终止波段，涉及光学产生速率、准 Fermi 初始值猜测、迭代映射、光生电流计算等步骤，其过程是先计算开始波长量子效率，然后依照步长逐个计算，流程如图 17.4.2 所示。这里需要注意的是：鉴于入射光强与器件内能带分布息息相关，最终影响计算结果，通常把这种量子效率与光强的相关性影响称为低光强效应，尽管这个效应可能比较微弱，但选择一个能够与实际测试强度一致的入射光，从理论上说是非常关键的。

下面程序显示了依照 AM0 光谱 300 ~ 650nm 的量子效率计算过程，其中光强值对应波长的 AM0 值。

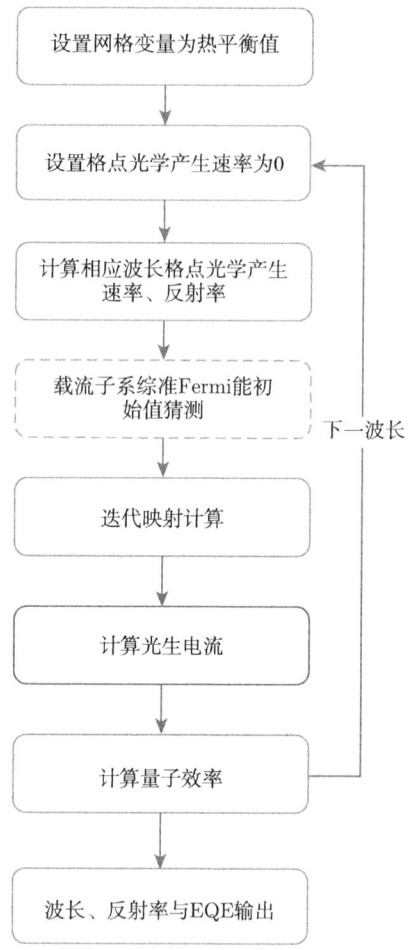

图 17.4.2 量子效率 QE 计算流程

```
module subroutine work_qe( ou,w,c1 )
    Use ah_precision , only : wp => REAL_PRECISION
    implicit none
    integer , INTENT( in ) :: ou
    type( work_ ) , INTENT( in ) :: w
    type( connect_ )   :: c1

    integer :: i,k,istart,ierr
    integer :: m( w%com%nol )
    real( wp ) :: dw,J(301),r(301)
    real( wp ) , pointer :: sw(:),si(:)
```

17.4 基本功能

```
    m = 1
       获得光学产生速率存在起始层编码

       do i = 1, w%str%nhl, 1
          if( w%str%hl(i)%Is_oe )then
             istart = w%str%hl(i)%oe_ID
             exit
          end if
       end do

       nullify( sw,si )
       sw => w%ctr%lgt%sp%sw
 si => w%ctr%lgt%sp%si
! 将相应格点光子产生速率初始化为0
 call work_nvr_Zerog( w )
! 继续相应波长光学产生速率
       dw = 0.5_wp*(sw(101)-sw(99))
 call work_oe_wOpGenRate( ou,istart,m,sw(100),dw,si(100),w,r(1))
! 载流子准Fermi能猜测
 call work_nvr_EfGuess( ou,w )
! 输运方程体系求解
 call work_Gummel( .false.,ou,c1,w,ierr )
! 电流密度计算
       call work_nvr_current( J(1),c1,w )
       J(1) = J(1)*(1239.8_wp/sw(100))/(si(100)*dw)*10.0_wp
 print*,'QE 300 = ',J(1)
! 以下步骤相同
       do i = 101, 399, 1
          k = i-100+1
          dw = 0.5_wp*(sw(i+1)-sw(i-1))
          call work_nvr_Zerog( w )
          call work_oe_wOpGenRate(ou,istart,m,sw(i),dw,si(i),w,r(k))
          call work_Gummel( .false.,ou,c1,w,ierr )
          call work_nvr_current( J(k),c1,w )
          J(k) = J(k)*(1239.8_wp/sw(i))/(si(i)*dw)*10.0_wp
          print*,'QE 300 = ',J(k)
       end do
       k = i-100+1
```

```
      dw = 0.5_wp*(sw(401)-sw(399))
      call work_nvr_Zerog( w )
      call work_oe_wOpGenRate( ou,istart,m,sw(400),dw,si(400),w,
          r(k) )
      call work_Gummel( .false.,ou,c1,w,ierr )
      call work_nvr_current( J(k),c1,w )
      J(k) = J(k)*(1239.8_wp/sw(i))/(si(i)*dw)*10.0_wp
      print*,'QE 300 = ',J(k)
      Call Work_Output_QE('/QE.prn',w,301,sw(100:400),r,J)
   end subroutine work_qe
```

其中函数 work_oe_wOpGenRate 计算了单波长光学产生速率：

```
   module subroutine work_oe_wOpGenRate(ou,istart,m,lw,dw,Is,w,r)
      use rat , only : opThinSysRefAmp
      use amp , only : opThinTransAmp0,opThinTransAmp1
      use opg , only : opThinOptGenRate11,opThinOptGenRate0
      use cons , only : PAI2
      use opinfo , only : op_GetTFInfo
      Use ah_precision ,  only : wp => REAL_PRECISION
      implicit none
      integer , INTENT( in ) :: ou
      integer , INTENT( in ) :: istart
      integer , INTENT( inout ) :: m( : )
      real( wp ) , INTENT( in ) :: lw,dw,Is
      type( work_ ) , INTENT( in ) :: w
      real( wp ) , OPTIONAL , INTENT( OUT ) :: r

      integer :: i,j,k,nl,np,istart
      real( wp ) :: k0,psum,ht( w%com%nol )
      complex( wp ) :: ep,em
      complex( wp ) :: nr( w%com%nol )
      type( opl_ ) , pointer :: ol(:)
      type( opnk_ ) , pointer :: op(:)
      type( space_ ) , pointer :: sp
      nullify( ol,op,sp )

      np = w%com%nop
      nl = w%com%nol
      ol =>w%com%ol
      op =>w%com%op
      do i = 1, nl ,1
```

17.4 基本功能

```
         ht(i) = ol(i)%th
      end do

      nr = cmplx( 0.0_wp,0.0_wp,wp )
      call op_GetTFInfo( np,op,nl,ol,lw,m,k,nr )
      call opThinSysRefAmp( ht,nr,k,lw,em )
      if( present(r) ) then
         r = abs( em )
         r = r * r
      end if
      if( k.lt.istart ) return
      ep = cmplx( 1.0_wp,0.0_wp,wp )
      psum = 0.0_wp
      k0   = PAI2 / lw

      if( istart.gt.2 ) then
         do i = 2, istart-1, 1
            call opThinTransAmp1(ep,em,ht(i-1),ht(i),nr(i-1),nr(i), lw )
            psum = psum - aimag(nr(i))*k0*ht(i)*2.0
         end do
      end if
      do i = 1, w%str%nhl, 1
         if( w%str%hl(i)%oe_ID.eq.istart ) then
            j = i
            exit
         end if
      end do

      do i = istart, k, 1
         sp =>w%str%hl(j)%sp
         if( i.lt.k ) then
            call opThinTransAmp1(ep,em,ht(i-1),ht(i),nr(i-1),nr(i), lw )
            call opThinOptGenRate11(sp%g,ep,em,sp%h,sp%ne,Is,nr(i),
               lw,dw,ht(i) )
            psum = psum - aimag(nr(i))*k0*ht(i)*2.0
         else
            call opThinTransAmp0(ep,em,ht(i-1),ht(i),nr(i-1),nr(i), lw )
            call opThinOptGenRate0( sp%g,ep,sp%h,sp%ne,Is,nr(i),
               lw,dw,psum )
         end if
```

```
            j = j + 1
        end do
        nullify( ol,op,sp )
    end subroutine work_oe_wOpGenRate
```

17.4.3 短路

短路 (SC) 情形与量子效率中单波长计算类似，唯一的区别是 SC 需要把所有目标波段的光强度都加在一起后开始计算，其流程如图 17.4.3 所示。

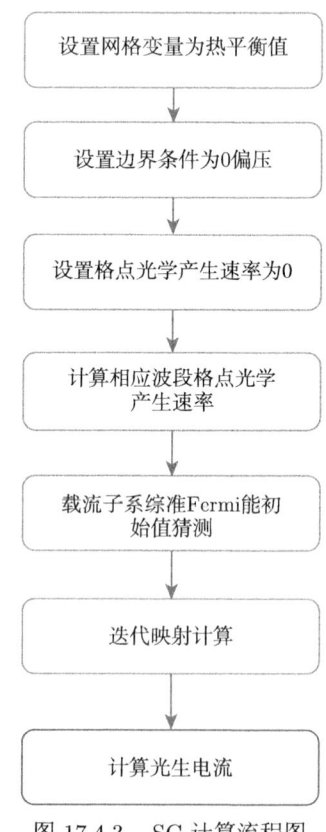

图 17.4.3　SC 计算流程图

【练习】

1. 编制 SC 子程序并选择一个器件结构进行计算。

2. 编制光照 LIV 数值计算流程图与程序。

3. 开路 (OC) 情形其中的关键是开路电压的确定，可以依据开路时电流为 0 的特点，从 LIV 的计算出发，通过反复缩小电压范围最终获得准确的开路电压，

17.4 基本功能

试编制 OC 数值计算流程图与程序。

17.4.4 时间分辨荧光

如 1.4.4 节所述，时间分辨荧光 (TRPL) 是太阳电池研制与表征过程中最常使用的工具，其过程是先施加一较短时间光脉冲，之后测试自发辐射光强随时间的变化，通过观察光强随时间演化规律推断其中的复合机制。然而这并不能与实际材料中的具体微观缺陷行为联系起来，因此需要对该流程进行数值模拟，并与测试结果相比较，从而建立缺陷电子学参数与材料整体光电性能之间的关联关系。从这个角度说，TRPL 的出发点是开路 (OC) 状态，其流程如图 17.4.4 所示，要注意的是，计算过程中选择的目标波长通常是探测器的波长。

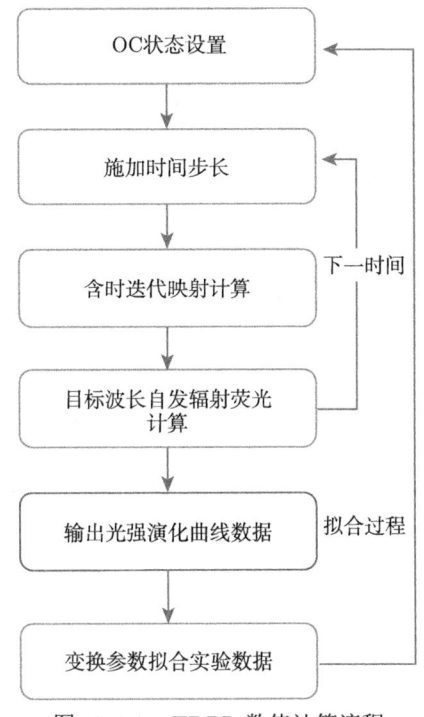

图 17.4.4　TRPL 数值计算流程

【练习】

1. 编制 TRPL 数值分析子程序，选择一个结构测试并拟合。
2. 深能级谱测试是半导体太阳电池研制过程中的一种关键测试，通过查找文献了解其原理，编制数值计算流程图与子程序，并进行与实验结果的拟合分析。

第 18 章 典型示例

18.0 概 述

本章选取两个典型半导体太阳电池结构,显示一些典型过程与运行结果,目的不是获得某个参数变化对器件性能的影响,而是让读者对数值运算过程有个基本了解。一方面,这些典型器件的结构具有广泛的代表性,所涉及的参数都来源于真实情形,被实际工作证明有效精确,数值计算过程与中间值也具有明显的可示范性。另一方面,这两个典型结构都来自作者长期工作的方向,而不是从文献中摘录获得。两个典型结构如下所述。

1) pin 单结太阳电池

这是一个典型的多异质界面结构,能够代表一大类器件 (如 CIGS、CdTe、有机材料等),典型特征如下:

(1) 电池结构由 Ohmic 接触层、窗口层、电池本体、背场层、另一端 Ohmic 接触层组成,电池本体是典型的 3 层 pin 结构,因此这是一个具有 Dirichlet 数值边界条件的数学问题;

(2) 组成器件的不同材料的电子态 (对称性、能级简并度、非抛物色散)、输运参数 (迁移率、热导率和晶格热容) 差异较大;

(3) 电池本体被宽带隙的窗口层与背场层包围,电池结构内存在较大的异质结 ($\sim$620meV),能够充分呈现热离子发射模型的数值特征;

(4) 带隙内存在多个类型不同、深浅不一的补偿单能级缺陷。

2) 异质隧穿结

这是一个广泛应用于 III-V 多结太阳电池的隧穿结构,典型特征如下:

(1) 由多个异质界面组成,隧穿结被宽带隙窗口层与背场层包围,隧穿结 n++/p++ 层呈现 II 型能带排列,能够呈现 BTBT 的基本数值特征 (参考 9.1 节 "导带/价带隧穿" 与 12.5.6 节);

(2) 重掺杂材料内存在掺杂剂诱导的深能级缺陷,能够呈现 TTBT 场增强因子 (参考 9.3 节 "缺陷到能带隧穿" 与 12.5.8 节) 的基本数值特征。

18.1 pin 单结太阳电池

该结构来源于当前五结太阳电池中的最上面顶电池，这是一个在生长上由 7 层材料组成的简单结构，器件工艺过程最终形成的结构如图 18.1.1 所示，n 接触层被刻蚀成栅线状，太阳光入射在窗口上。显而易见，光学结构 (图中虚线穿越部分) 和电学结构 (图中虚点线穿越部分) 不同，对于在一维结构假设上分析这样典型的二维结构，需要假设光学产生速率仅存在于窗口以下各层且 n 接触层以下区域也存在，电学性能则需要贯通整个器件结构。通常由于栅线面积占比较小 ($<2\%$)，一维假设引入的误差较小，这种一维取代二维的方法省却了数值计算的复杂性，又能给出有意义的结果，应用非常广泛。

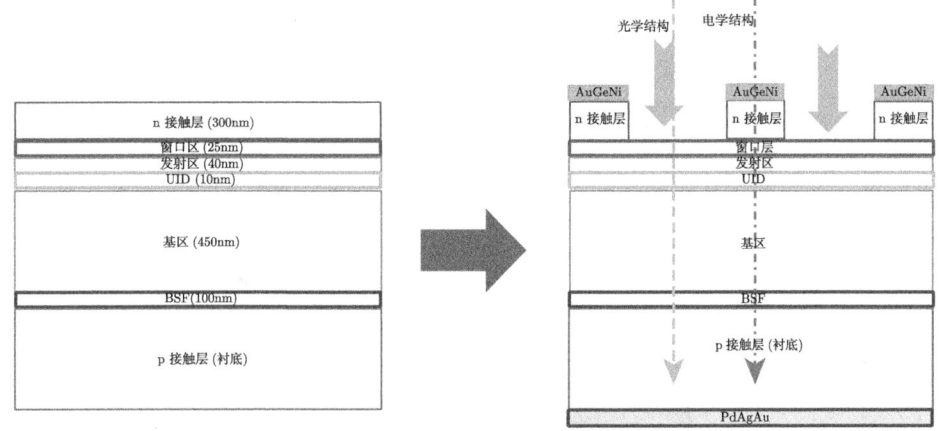

图 18.1.1　pin 太阳电池生长到最终器件示意图

相关器件的物理参数如图 18.1.2 所示 [1-7]。

1. 结构方面

(1) 介电常数：几种材料的相对稳态介电常数从 11.2 到 12.9 变化，变化幅度 $\sim 15\%$，光学色散关系除材料 1 采用测试数据外，其他几种分别对应同一种四元半导体化合物材料 AlGaInP 在不同 Al 组分时的情形，分别为 0、0.3、0.5 和 1，因此采用同一内置模型 AlGaInP(x_Al)。

(2) 晶格热：几种材料的晶体密度变化比较大，在 $3.6 \sim 5.32 \text{g/cm}^3$，晶格热导率除了材料 1 ((18.1.1a)) 比较大以外，其他几种材料比较小 ((18.1.1b))，比热容基本一致，除材料 1 外，这里采用同一热导率和比热容模型参数。

· 388 · 第 18 章 典型示例

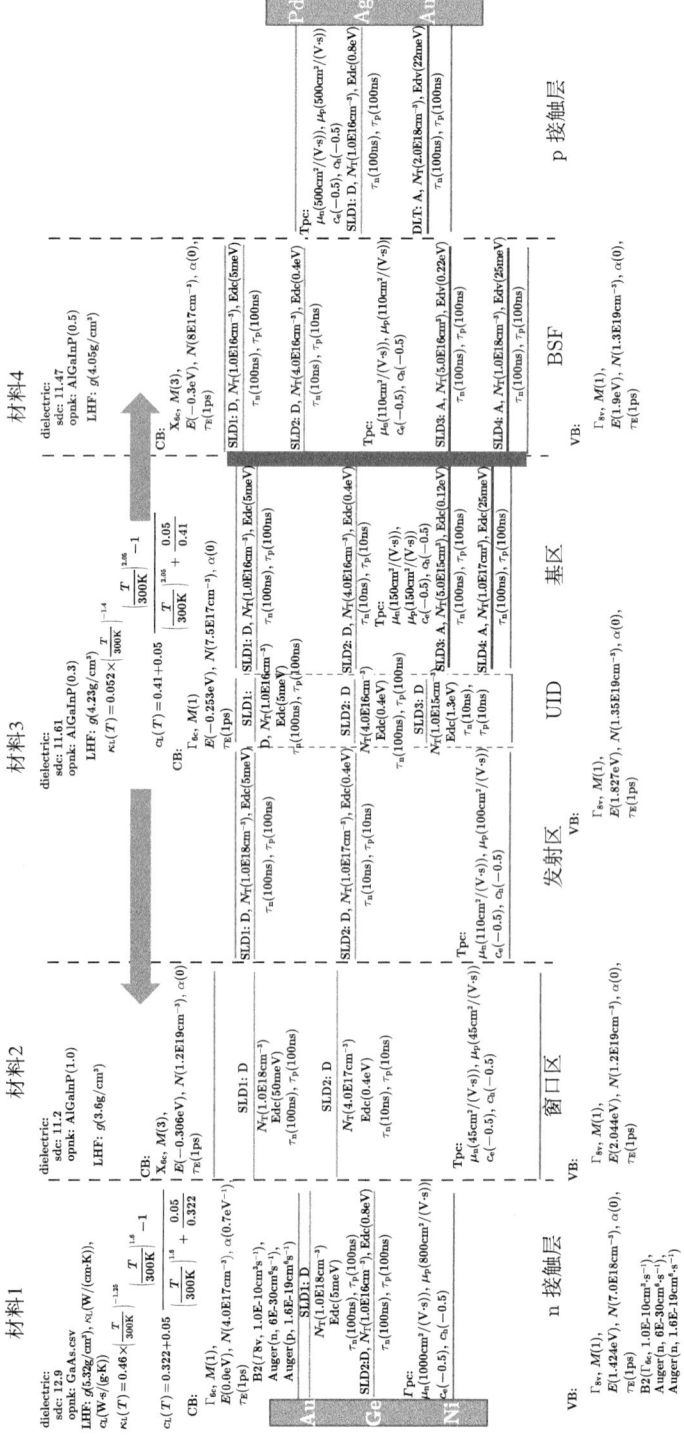

图 18.1.2 pin 结构器件物理参数

$$\kappa_{\mathrm{L}}\left(T\right)\left(\mathrm{W}/(\mathrm{cm}\cdot\mathrm{K})\right) = 0.46 \times \left(\frac{T}{300\mathrm{K}}\right)^{-1.25} \quad (18.1.1\mathrm{a})$$

$$\kappa_{\mathrm{L}}\left(T\right)\left(\mathrm{W}/(\mathrm{cm}\cdot\mathrm{K})\right) = 0.052 \times \left(\frac{T}{300\mathrm{K}}\right)^{-1.4} \quad (18.1.1\mathrm{b})$$

$$c_{\mathrm{L}}\left(T\right)\left(\mathrm{W}\cdot\mathrm{s}/(\mathrm{g}\cdot\mathrm{K})\right) = 0.322 + 0.05 \frac{\left(\dfrac{T}{300\mathrm{K}}\right)^{1.6} - 1}{\left(\dfrac{T}{300\mathrm{K}}\right)^{1.6} + \dfrac{0.05}{0.322}} \quad (18.1.2\mathrm{a})$$

$$c_{\mathrm{L}}\left(T\right)\left(\mathrm{W}\cdot\mathrm{s}/(\mathrm{g}\cdot\mathrm{K})\right) = 0.41 + 0.05 \frac{\left(\dfrac{T}{300\mathrm{K}}\right)^{2.05} - 1}{\left(\dfrac{T}{300\mathrm{K}}\right)^{2.05} + \dfrac{0.05}{0.41}} \quad (18.1.2\mathrm{b})$$

(3) 电子态：对称性方面，材料 2 的导带是 X_{6c}，其他都是 Γ_{6c}，因此材料 2 的导带简并度是 3，其他是 1 (参考 3.4.6 节 "Si 和 GaAs 的空间群表示")；能量排列方面，材料 2 形成的窗口层和材料 4 形成的背场层组成了双异质结 (注意，这里导带的电子亲和势仅借用其概念，值只是一种相对的电子亲和势，假设最左边材料 1 的电子亲和势为 0)；能带色散关系，材料 1 由于带隙比较窄而存在非抛物参数；带边态密度，几种材料的价带基本相同，导带起伏较大。

(4) 功能层：迁移率方面，除了材料 1 形成的迁移率比较大外，其他都比较小，都采用实验测试的固定常数模型；载流子热导率方面，这里假设统一的参数 $c = -0.5$；带隙间单能级缺陷方面，材料 1 形成的 n 接触层和 p 接触层都含有一个 Edc=0.8eV 的深能级缺陷，来源于材料自身制备过程，其余分别掺杂了 Si 和 Zn 两种 n 型和 p 型掺杂剂，鉴于材料 2～4 是同一四元材料不同组分的体现，有一些共同的本征缺陷，如 SLD1 和 SLD2，它们的电子学参数与掺杂剂浓度存在一定的关联关系，此外 UID 层里存在另一个深能级缺陷 SLD3，基区和 BSF 里存在 Zn 掺杂 SLD4 及其诱导的缺陷 SLD3，这里需要强调的是，能级间缺陷电子学参数受到了能带结构与掺杂剂特性的双重影响；厚度方面，数值分析中假设 n 接触层和 p 接触层为 300nm，发射区、UID、基区和 BSF 的厚度分别取 40nm、10nm、450nm 和 100nm。

(5) 表面与界面：金属半导体接触方面，假设 n 接触层和 p 接触层上分别沉积了两个电阻率为 0 的 AuGeNi 和 PdAgZu；界面方面，假设在基区和 BSF 之间存在一个晶格收缩引起的离散界面复合缺陷，复合速率 $10^2 \sim 10^6 \mathrm{cm/s}$，缺陷位于窄带隙基区一边，Edc=0.4eV (参考 8.2.2 节 "界面上的复合")；一维结构不存在自由或者裸露表面。

(6) 网格划分：所有层均采用两边界面致密、中间疏的线性网格生成，最小网格为 $h_{min} = 0.5nm$，初始网格数目，n 接触层和 p 接触层为 100，发射区、UID、基区和 BSF 厚度分别为 40nm、20nm、100nm 和 50nm。

(7) 器件工艺：四层减反射膜 MgF/ZnS 蒸镀在 AlInP 窗口层上，相关光学参数色散关系均由椭偏仪测试试验样品得到。

(8) 工作条件：在 AM0、1sun (1 倍光强) 照射情况下，外加正向偏压从 0 ~ 1.7V。

(9) 结构文件：结合上述说明，编制器件结构文件如下，其中光学模型参数、材料模型参数与功能层模型参数都储存在同一文件目录下以方便程序读取，分别如 16.3.3 节和 16.3.4 节所示。

```
/* NOTE
   this structure for pin simulation
*/
{material} GaAs, AlInP, Al30GaInP, Al50GaInP;
{functionalis}GaAs(Si,1E18),GaAs(Zn,2E18),AlInP(Si,1E18),
    Al30GaInP(Si,1E18),Al30GaInP(UID),Al30GaInP(Zn,1E17),
    Al50GaInP(Zn,1E18);
#
 {osurf} AuGeNi =
                {
                {ohmic} AuGeNi =
                        {
                        [real] resistivity:0.0;
                        }
                }
#
 {osurf} PdAgAu =
                {
                {ohmic} PdAgAu =
                        {
                        [real] resistivity:0.0;
                        }
                }
{isurf}is0 =
{
        {isld}sd1 =
        {
        [srr]sr1:edc = 0.4;sn = 1.0e3,sp=1.0e3;
```

18.1 pin 单结太阳电池

```
            }
    }
    #.      gridding parameters

    {grid}: 300m(linear,0.5,100,'m'), 20m(linear,0.5,20,'m'), 40m(
        linear,0.5,40,'m'), 10m(linear,0.5,20,'m'), 450m(linear,
        0.5,150,'m'), 100m(linear,0.5,100,'m');

    #
    {device}dpin =
    {
            [general]pin : date = 2021/11/13,  length_unit = nm;
            {structure}spin =
            {
                          {growth}gpin =
                          {
                                  [string]sq:
            cap(GaAs_Si_1E18,300)|window(AlInP_Si_1E18,20)|N
                (Al30GaInP_Si_1E18,40)|I(Al30GaInP_UID,10)|P
                (Al30GaInP_Zn_1E17,450)|is0|BSF(Al50GaInP_Zn_1E18,
                    100)|sub(GaAs_Zn_2E18,300);
                          }
                          {process}ppin=
                          {
                                  {mcoating}pin =
                                  {
                          [contact]n_electrode:layer = cap, osurf
                                  = AuGeNi, location = left;
                          [contact]p_electrode:layer = sub, osurf
                                  = PdAgAu, location = right;
                                  }
                          }
                          {mesh} pin =
                          {
            [string]mesh:cap(300m)|window(20m)|N(40m)|I(10m)|P(450m)|BSF
                (100m)|sub(300m);
                          }
                  }
          }
  }
```

```
subroutine pin( struct ss )
{
  [string]model: DD;
  {numeric}pin =
      {
        [iteration] num : i_loop = 50, o_loop = 50,i_abseps
           =1.0e-06,o_abseps=1.0e-05,i_releps = 1.0e-06,
           o_releps = 1.0e-05;

        [step] step: type = 1, max_step = 6;
      }
    {bias}B1 :
           {
             [logical]direction : +;
             [real] Vstart: 0;
             [real]Vstop: 1.7;
             [fun]Vstep: type = 0, c0 = 0.025;
           }

  {light} 3jam0 =
    {
       [interval]wavelength:start = 300, end = 600;
       [intensity]spectra:source = AM0;
    }

    TE()output:EBP;
    DIV(0,1.7,0.025)output:IV;
    QE(300,600,AM0)output:RS,EQE;
    LIV(0,1.7,0.025)output:RS,EQE;

}

run pin(dpin);
```

2. 数值计算过程

首先运行 DevEdit，将原始器件结构文件转换成面向数值计算模块的中间文件 (参考第 16 章)，之后开始运行 Numeric 对应的主程序 AHSCS，进行数值运算，调用第 17 章对应流程，各个步骤 (流程见第 17 章) 的基本结果如下所述。

18.1 pin 单结太阳电池

(1) 归一化量：对应 17.2.2 节，各种模型参数与输运方程项的归一化量分别为

基本归一化量

$$\mathrm{DOS} = 2.0000 \times 10^{18}$$

$$\mathrm{Mn} = 1.0000 \times 10^3$$

$$\mathrm{Mp} = 8.0000 \times 10^2$$

$$\mathrm{eps} = 1.1470 \times 10^1$$

$$\mathrm{sr} = 1.0000 \times 10^6$$

$$\mathrm{energy} = 2.5693 \times 10^{-2}$$

$$\mathrm{ve} = 5.3928 \times 10^6$$

归一化量输出

$$\mathrm{bulk\ charge}: 1.2281 \times 10^{-1}$$

$$\mathrm{Jn}: 8.2329 \times 10^{10} \mathrm{mA/cm}^2$$

$$\mathrm{OptGen\ rate}: 0.1000 \times 10^0 \mathrm{mA/cm}^2$$

$$\mathrm{SRH\ recombination}: 3.8922 \times 10^{-25} \mathrm{mA/cm}^2$$

$$\mathrm{therm-ionic\ emission} 2.0990 \times 10^{-2} \mathrm{mA/cm}^2$$

$$\mathrm{surface\ recombinatio} 3.8922 \times 10^{-3} \mathrm{mA/cm}^2$$

$$\mathrm{Jp}: 6.5863 \times 10^{10} \mathrm{mA/cm}^2$$

$$\mathrm{OptGen\ rate}: 0.1000 \times 10^0 \mathrm{mA/cm}^2$$

$$\mathrm{SRH\ recombination}: 4.8652 \times 10^{-25} \mathrm{mA/cm}^2$$

$$\mathrm{therm-ionic\ emission} 2.6237 \times 10^{-2} \mathrm{mA/cm}^2$$

$$\mathrm{surface\ recombinatio} 4.8652 \times 10^{-3} \mathrm{mA/cm}^2$$

$$\mathrm{Sn}: 2.1152 \times 10^9 \mathrm{mA \cdot eV/cm}^2$$

$$\mathrm{Sp}: 1.6922 \times 10^9 \mathrm{mA \cdot eV/cm}^2$$

(2) 热平衡电子约化 Fermi 能：对应 17.2.4 节，各功能层中在计算过程所采取的初始猜测值、迭代次数、最终收敛时的函数值、导数值、Newton 步长以及最

终热平衡约化 Fermi 能数值如表 18.1.1 所示,设定的迭代中止条件是函数值与步长小于 10^{-7},最大迭代次数为 50,可以看出 UID 和基区需要 6 和 5 次,而其他层仅需要 4 次,可能是由于前两层中单能级缺陷数目比较多,迭代中止时函数与步长基本能够在 10^{-8} 左右。

表 18.1.1　热平衡电子约化 Fermi 能计算过程细节

	n 接触层	窗口层	发射区	UID	基区	BSF	p 接触层
初始猜测值 $/k_B T_C$	1.6094	−2.4849	2.8768 $\times 10^{-1}$	−2.9312	−7.6052 $\times 10^{1}$	−8.3063 $\times 10^{1}$	−5.4172 $\times 10^{1}$
迭代次数	4	4	4	6	5	4	4
函数值	−3.48666 $\times 10^{-13}$	−7.59668 $\times 10^{-8}$	−1.07527 $\times 10^{-9}$	−1.39896 $\times 10^{-11}$	9.02813 $\times 10^{-11}$	2.60709 $\times 10^{-9}$	4.74541 $\times 10^{-8}$
导数值	−3.54490 $\times 10^{-1}$	−4.47970 $\times 10^{-1}$	−3.14314 $\times 10^{-1}$	−4.97621 $\times 10^{-3}$	−2.72421 $\times 10^{-2}$	−4.55168 $\times 10^{-1}$	−8.38933 $\times 10^{-1}$
步长 $/k_B T_C$	−9.83569 $\times 10^{-13}$	−1.69580 $\times 10^{-7}$	−3.42100 $\times 10^{-9}$	−2.81129 $\times 10^{-9}$	3.31404 $\times 10^{-9}$	5.72776 $\times 10^{-9}$	5.65649 $\times 10^{-8}$
η_e^0/eV	0.02773	−0.0722	−0.0022	−0.1112	−1.9375	−2.1292	−1.3837

(3) 能带排列:对应 17.2.3 节,把电子态能级从原先以电子亲和势描述方式转换成更加形象的能带带阶排列方式,可以看出 Ohmic 接触边界与左边 (光照方向第一层) 的重掺杂使得两边的导带都位于 0 以下,如图 18.1.3 所示,另外对于异质结分布也是非常清晰。

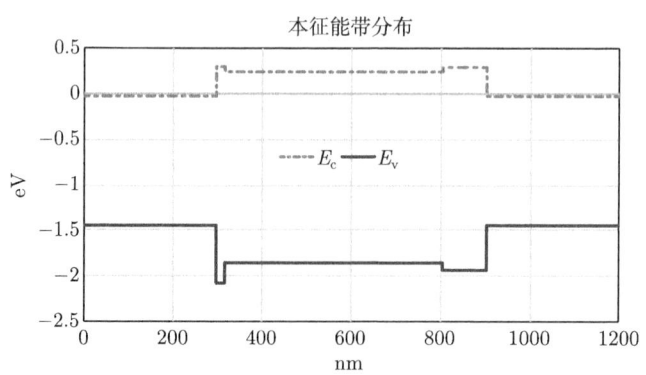

图 18.1.3　能带排列转换

(4) 热平衡情形:对应 17.3 节,分成初始值猜测与迭代计算两部分。

① 初始值猜测:对应表 17.3.1 热平衡静电势的猜测,各层具体数值分布如图 18.1.4 所示,可以看出,在这种左边设置为 0 的情况下,右边最后一层的值就是整个结构的内建静电势 V_{bi} (1.414V);

② 迭代计算:执行单 Poisson 方程迭代,函数范数值与步长范数值随迭代次

18.1 pin 单结太阳电池

数的变化如表 18.1.2 所示,可以看出两者都在持续下降,经过 8 次迭代,函数范数值首先满足迭代中止条件。

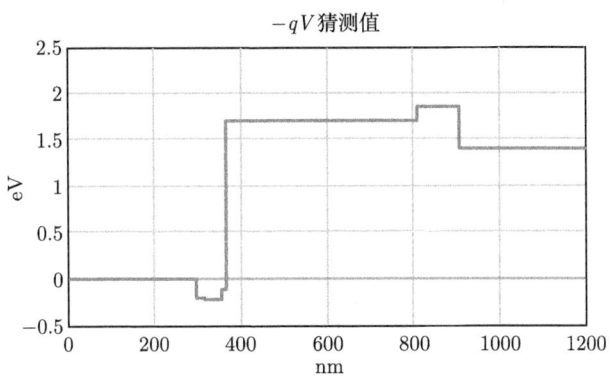

图 18.1.4 热平衡静电势初始猜测值

表 18.1.2 热平衡 Poisson 方程迭代计算中函数范数值与步长范数值

	$\|f\|_\infty$	$\|dx\|_\infty$
1	7.1948×10^1	3.9865×10^1
2	1.0082×10^0	2.9563×10^1
3	2.0321×10^{-1}	1.3041×10^1
4	2.1814×10^{-2}	5.1414×10^0
5	7.3212×10^{-3}	1.5142×10^0
6	1.4329×10^{-3}	2.2058×10^{-1}
7	6.0973×10^{-5}	7.1312×10^{-3}
8	1.0277×10^{-7}	1.0247×10^{-5}

图 18.1.5 是热平衡能带分布,具有一目了然的特点,实际上,热平衡能带分布大体上能够给出器件的一些主要分析结果。

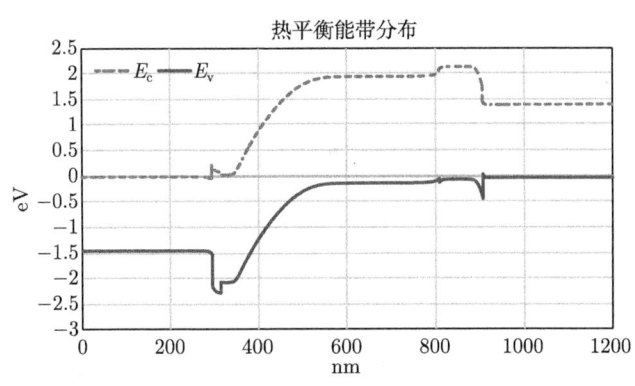

图 18.1.5 热平衡能带分布

(5) 无光照 DIV: 对应 17.4.1 节, 需注意的是 Gummel 迭代次数一般在 4 次和 5 次, 如表 13.3.1 中表明的一样, 施加电压终止在电流密度第一个超过 $2\text{mA}/\text{cm}^2$ 的值, 图 18.1.6 中的开启电压在 1.6V 左右, 显示该 pin 结构具有良好的结特性。

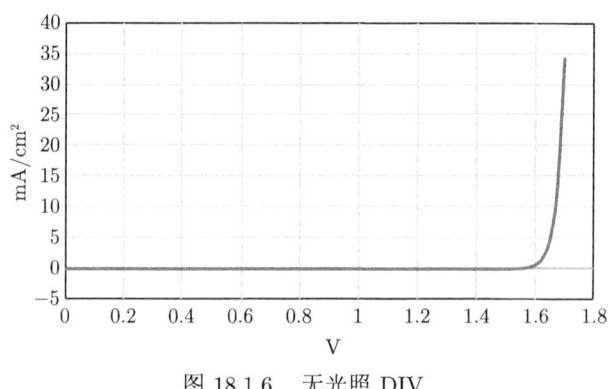

图 18.1.6　无光照 DIV

图 18.1.7 显示的是正向 1.7V 时的能带图, 对应电流密度是 $34.1\text{mA}/\text{cm}^2$, 其中有两点需要格外注意: ① n 接触层/窗口层与背场层/p 接触层之间较高异质结势垒引入的较大空穴和电子准 Fermi 能跳跃, 这也是导致数值不稳定的根源; ② 以少子体现的电子/空穴准 Fermi 能在靠近 Ohmic 接触处出现急剧变化, 这对网格划分具有很大的启示。

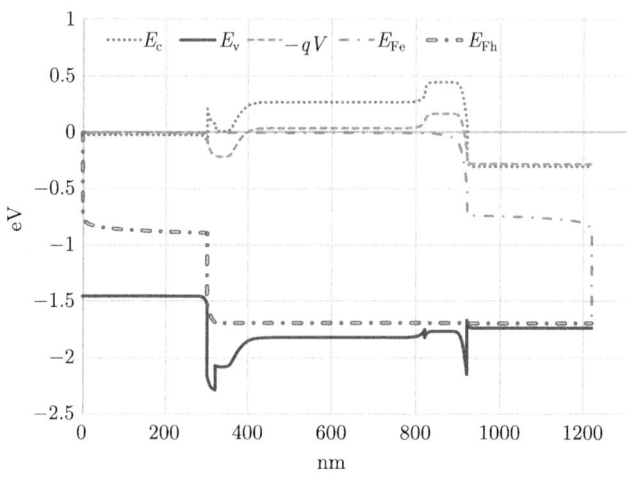

图 18.1.7　1.7V 正向偏压下的能带图

(6) 量子效率 (QE): 对应 17.4.2 节, 图 18.1.8 是在波长 500nm, AM0, 1sun

18.1 pin 单结太阳电池

光强下运行 work_oe_wOpGenRate 得到的光学产生速率在窗口层开始器件中的分布，图中起始低值部分对应 2nm 窗口层中分布，幅值在 $\sim 10^{-3}$，后面急剧升到 10^{-2}，然后指数下降的部分对应太阳电池本体，这种光强分布也为初始网格的生成提供了感性认识。

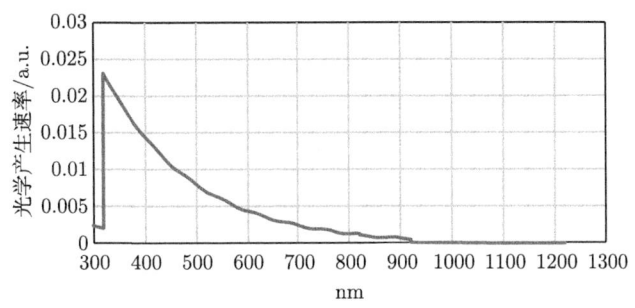

图 18.1.8　500nm 光学产生速率

图 18.1.9 是 300 ~ 600nm 计算得到的外量子效率 (EQE) 曲线。

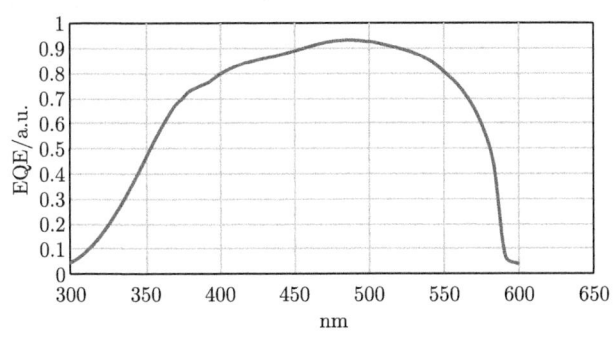

图 18.1.9　外量子效率图

(7) 光照短路 (SC) 情形：对应 17.4.3 节，图 18.1.10 是计算得到光照短路能带图，相应的短路电流为 12.092mA/cm^2，采用 Gummel 迭代映射，迭代次数为 6，其中首次迭代中，Poisson 方程、电子和空穴连续性方程的独立迭代次数分别为 6、13 和 21。

从光照短路 SC 状态通过施加偏压得到光照 IV，这里不再赘述。表 18.1.3 列举了 0 偏压情况下无光照/光照电子和空穴连续性方程的 Jacobian 的条件数，可以看出，光照对条件数的影响比较小，而异质结台阶是主导条件数的关键因素，空穴的条件数远大于电子的，主要是因为空穴在 n 接触层与窗口层之间的台阶要比电子在背场层与 p 接触层之间的大得多。

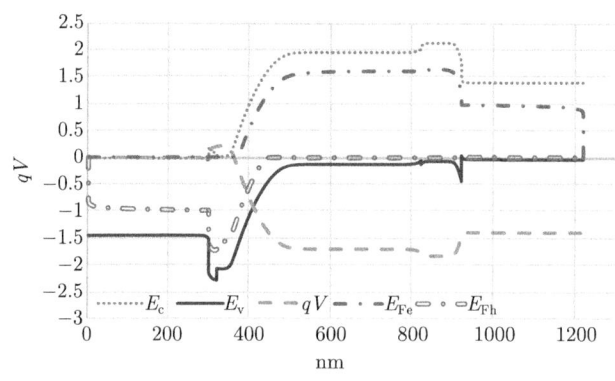

图 18.1.10　光照短路能带图

表 18.1.3　不同条件下的条件数

$\dfrac{1}{\kappa(A)}$	无光照	光照
J_e	8.9194×10^{-5}	1.8636×10^{-5}
J_h	8.5469×10^{-9}	7.0975×10^{-9}

【练习】

1. 参考 16.3.3 节和 16.3.4 节关于材料和功能层的示例，写出图 18.1.2 中所有材料和功能层的模型参数文件。

2. 依据图 18.1.2 中器件物理参数，结合自己所开发的能量输运方程模拟器进行数值计算，比较两者结果的区别。

3. 变换器件结构文件中界面复合 is0 中界面复合速率，观察对器件 LIV 的影响。

4. 依据图 13.3.4 中的流程，增加光子自循环效应，比较两者 LIV 的区别。

18.2　隧　穿　结

该结构来源于当前五结太阳电池中的 2.1eV 与 1.7eV 子电池之间的进行连接以提供极性转换的隧穿结，这是一个在生长上由 6 层组成的异质结构，涉及 5 种材料，6 个功能层，包括 n 接触层 (n-contact)，n 窗口层 (n-window)，隧穿结中的 n++ 层 (n++-$Al_{20}GaInP$)、p++ 层 (p++-$Al_{60}GaAs$)，p 背场层 (p-BSF) 和 p 接触层 (p-contact)，器件工艺过程后最终形成的结构如图 18.2.1 所示，还是采用一维器件模型进行数值计算。

18.2 隧穿结

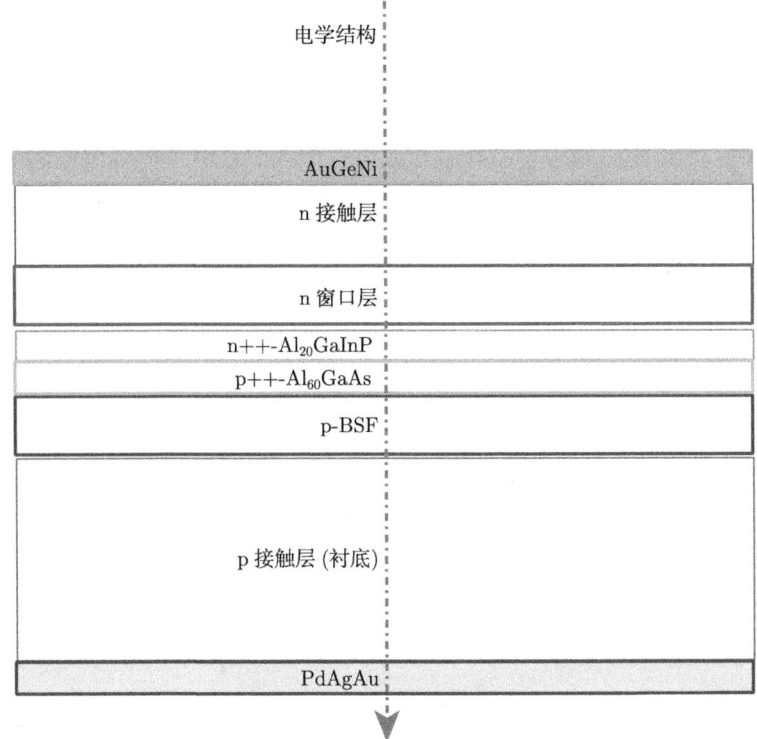

图 18.2.1　隧穿结器件结构

对应的器件物理参数如图 18.2.2 所示 [8-13]。

1. 结构方面

这里不再描述其中的具体细节，读者自己可以按照图 18.2.1 和图 18.2.2 来进行，直接给出原始器件结构文件，要注意的是，所有非局域隧穿描述数据结构放在结构中。

```
/* NOTE
   this structure for tunnel simulation
*/
{material} GaAs, AlInP, Al20GaInP, Al60GaAs,Al50GaInP;
{functionalis}GaAs(Si,1E18),GaAs(Zn,2E18),AlInP(Si,1E18),
    Al20GaInP(Te,5E19),Al60GaAs(C,1E20),Al50GaInP(Zn,1E18);
#
  {osurf} AuGeNi =
              {
               {ohmic} AuGeNi =
                   {
```

```
                                [real] resistivity:0.0;
                                }
                }
#
{osurf} PdAgAu =
                {
                {ohmic} PdAgAu =
                                {
                                [real] resistivity:0.0;
                                }
                }
#.      griding parameters
{grid}: 300m(linear,0.5,100,'m'), 20m(linear,0.5,40,'m'), 100m
    (linear,0.5,100,'m');


#
{device}d_tunnel =
        {
        [general]_tunnel : date = 2021/11/13,   length_unit =
            1.0e-9, temp =
        300, time_unit=1.0e-9, precision = d, mode = electric ;
        {structure}s_tunnel =
                {
                        {growth}g_tunnel =
                                {
                                [string]sq:
    cap(GaAs_Si_1E18,300)|window(AlInP_Si_1E18,100)|N++
        (Al20GaInP_Te_5E19,20)|P++(Al60GaAs_C_1E20,20)|BSF
        (Al50GaInP_Zn_1E18,100)|sub(GaAs_Zn_2E18,300);
                                }
                        {process}p_tunnel=
                                {
                                {mcoating}_tunnel =
                                        {
                [contact]n_electrode:layer = cap, osurf =
                    AuGeNi, location = left;
                [contact]p_electrode:layer = sub, osurf =
                    PdAgAu, location = right;
                                        }
                                }
```

18.2 隧穿结

```
                    {mesh} m_tunnel =
                        {
[string]mesh:cap(300m)|window(100m)|N++(20m)|P++(20m)|BSF(100m)
    |sub(300m);
                        }
                    {qt} qt_tunnel =
                        {
                        [BTB] AlGaAs_To_AlGaInP : pair
                            = n++(d)/p++(a),mel =
                            0.067,mhl = 0.73,mer =
                            0.067,mhr = 0.73,gc = 2.0,
                            gv = 1.0;
                        [DTB] AlGaInP : fun = n++,sld =
                            DX;
                        [DTB] AlGaAs  : fun = p++,sld =
                            DX;
                        }
                }
        }
subroutine tunnel( struct ss )
{
  [string]model: DD;
  {numeric}tunnel =
      {
         [iteration] num : i_loop = 50, o_loop = 50,i_abseps
            =1.0e-06,o_abseps=1.0e-05,i_releps = 1.0e-06,
            o_releps = 1.0e-05;
         [step] step: type = 1, max_step = 6;
      }
TE()output:EBP;
DIV(0,2.0,0.005) output:IV;

}
run tunnel(d_tunnel);
```

2. 数值计算过程

这里选择性地给出几种典型过程。

1) 热平衡情形

函数范数值与步长范数值随迭代次数的变化如表 18.2.1 所示，经过 6 次迭代，函数范数值首先满足迭代中止条件。

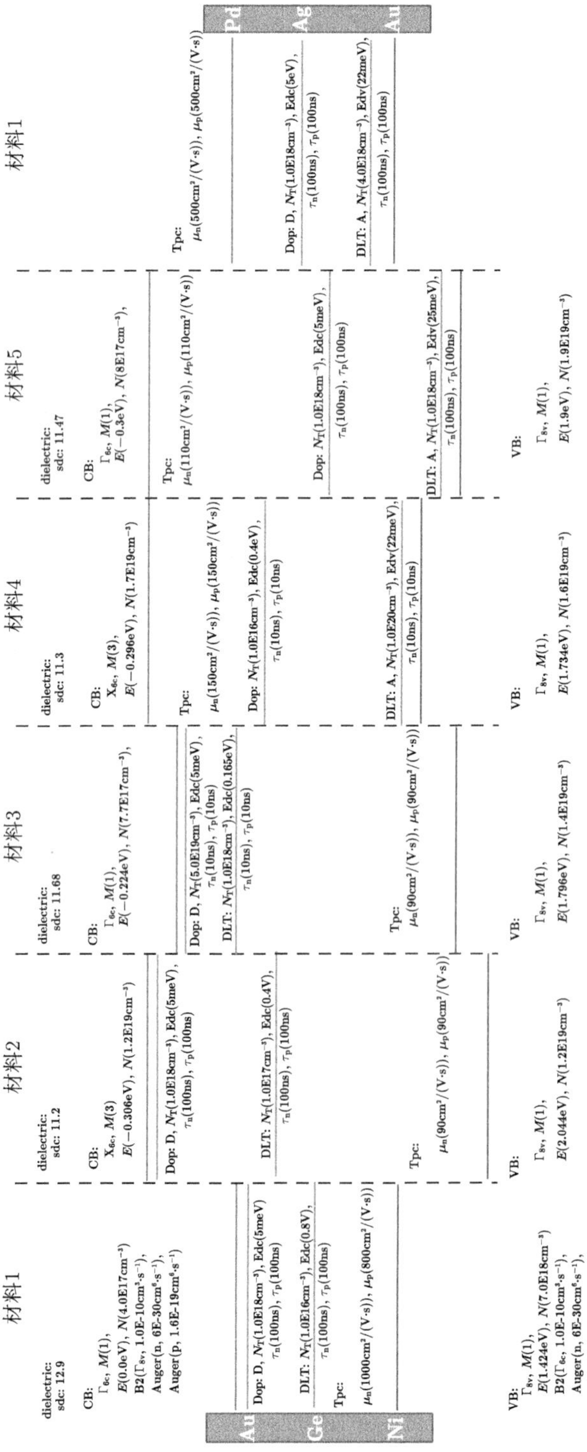

图 18.2.2 隧穿结器件物理参数

18.2 隧穿结

表 18.2.1　热平衡 Poisson 方程迭代计算中函数范数值与步长范数值

	$\|f\|_\infty$	$\|dx\|_\infty$
1	8.2313×10^1	4.3418×10^1
2	8.8620×10^0	5.5092×10^0
3	8.4332×10^{-1}	1.2283×10^0
4	7.8750×10^{-2}	1.5055×10^{-1}
5	3.9471×10^{-4}	3.3186×10^{-3}
6	1.3724×10^{-7}	—

图 18.2.3 是热平衡能带分布，可以看出隧穿存在于很窄的区域。

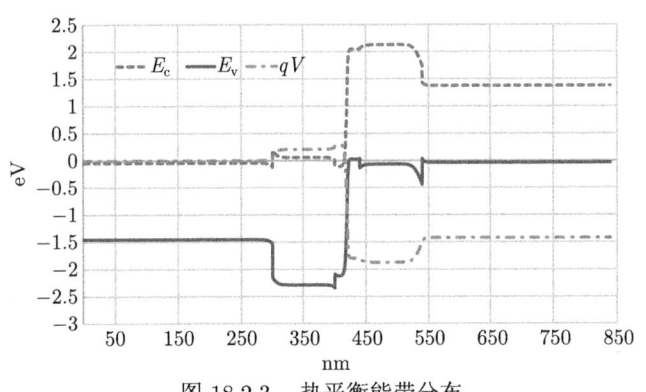

图 18.2.3　热平衡能带分布

2) 无光照 DIV

这里没有考虑 TTBT 效应，Jacobian 填充与 Gummel 迭代分别对应 12.5.6 节与 17.4.1 节，鉴于隧穿峰值通常很窄，设置的偏置电压步长为 $0.2(k_B \cdot 300K)$，整个 IV 如图 18.2.4 所示，可以看出峰值电流密度不到 30mA/cm^2，考虑到实际材料生长与器件工艺过程的复杂因素，峰值电流密度会进一步下降。

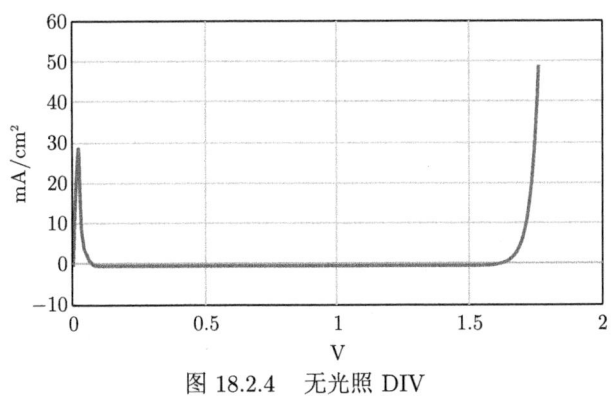

图 18.2.4　无光照 DIV

对应 1.76V 正向偏压下的能带分布如图 18.2.5 所示。

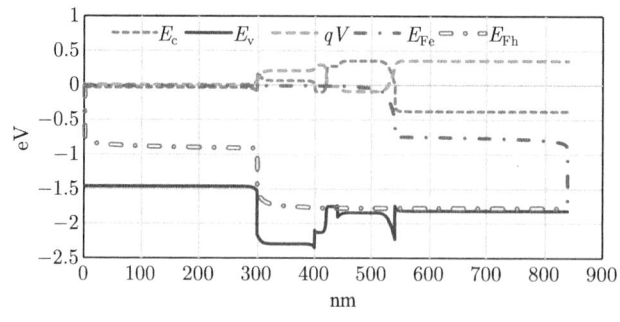

图 18.2.5　1.76V 能带图

【练习】

1. 类比 18.1 节中的结构文件，写出相应器件结构文件。

2. 重复 DIV 计算，通过调节网格单元直径、分布等，观察对 IV 计算结果的影响。

3. 依据 12.5.8 节中 Jacobian 填充程序，开展 n++-Al_{20}GaInP/p++-Al_{60}GaAs 中两个缺陷场增强因子下的 DIV 曲线计算。

4. 假设串联电阻是 0.1Ω，依据图 13.3.3 计算存在串联电阻情形下的 IV 曲线，并与无串联电阻情形相比较。

参 考 文 献

[1] Palankovski V, Quay R. Analysis and Simulation of Heterostructure Devices. Vienna: Springer, 2004: 41-48.

[2] Madelung O. Semiconductors: Group IV Elements and III-V compounds. Berlin, Heidelberg: Springer, 1991: 74-75.

[3] Suzuki M, Ishikawa M, Itaya K, et al. Electrical characterization of Si-donor-related shallow and deep states in InGaAlP alloys grown by metalorganic chemical vapor deposition. Journal of Crystal Growth, 1991, 115(14): 498-503.

[4] Cederberg C G, Bieg B, Huang J W, et al. Intrinsic and oxygen-related deep level defects in $In_{0.5}(Al_xGa_{1-x})_{0.5}P$ grown by metal-organic vapor phase epitaxy. Journal of Crystal Growth, 1998, 195(1-4): 63-68.

[5] Nozaki C, Ohba Y. A deep level in Zn-doped InGaAlP. Journal of Applied Physics, 1989, 66(11): 5394-5397.

[6] Sung W J, Huang K F, Tseng T Y. Deep electron trapping centers in Te-doped $(Al_xGa_{1-x})_{0.5}In_{0.5}P$ (x=0.5) layers grown by metal-organic chemical vapor deposition.

Japanese Journal of Applied Physics. Pt. 1, Regular Papers & Short Notes, 2002, 41(6): 3671-3672.

[7] Adachi S. Properties of Aluminum Gallium Arsenide. London: INSPEC, 1993: 278.

[8] Sharps P R, Li N Y, Hills J S, et al. AlGaAs/InGaAlP tunnel junctions for multi-junction solar cells. Conference Record of the Twenty-Eighth IEEE Photovoltaic Specialists Conference, 2000: 1185-1188.

[9] Walker A W, Theriault O, Wilkins M M, et al. Tunnel-junction-limited multijunction solar cell performance over concentration. IEEE Journal of Selected Topics in Quantum Electronics, 2013, 19(5): 1-8.

[10] 陆宏波, 沈静曼, 李欣益, 等. Te doped ultrabroad band tunnel junction. 半导体学报 (英文版), 2014, (10): 3.

[11] Walker A W, Wheeldon J F, Valdivia C E, et al. Simulation, modeling, and comparison of III-V tunnel junction designs for high efficiency metamorphic multi-junction solar cells. Proceedings of SPIE—The International Society for Optical Engineering, 2010, 7750: 77502X1.

[12] Guter W, Bett A W. Characterization of devices consisting of solar cells and tunnel diodes. IEEE 4th World Conference on Photovoltaic Energy Conference, 2006: 749-752.

[13] Bedair S M, Roberts J C, Jung D, et al. Analysis of p++-AlGaAs/n++-InGaP tunnel junction for high solar concentration cascade solar cells. Conference Record of the Twenty-Eighth IEEE Photovoltaic Specialists Conference, 2000: 1154-1156.